2006 黄河河情咨询报告

黄河水利科学研究院

黄河水利出版社

图书在版编目(CIP)数据

2006 黄河河情咨询报告 / 黄河水利科学研究院编著.
郑州：黄河水利出版社，2009.6
ISBN 978-7-80734-561-9

Ⅰ.2… Ⅱ.黄… Ⅲ.黄河–含沙水流–泥沙运动–影响–
河道演变–研究报告–2006 Ⅳ.TV152

中国版本图书馆 CIP 数据核字(2008)第 206957 号

组稿编辑：王路平 ☎ 0371-66022212 E-mail：hhslwlp@126.com

出 版 社：黄河水利出版社
　　　　　　地址：河南省郑州市顺河路黄委会综合楼14层　　邮政编码：450003
发行单位：黄河水利出版社
　　　　　　发行部电话：0371-66026940、66020550、66028024、66022620(传真)
　　　　　　E-mail：hhslcbs@126.com
承印单位：河南省瑞光印务股份有限公司
开本：787 mm×1 092 mm　1 / 16
印张：24
字数：550 千字　　　　　　　　印数：1—1 000
版次：2009 年 6 月第 1 版　　　印次：2009 年 6 月第 1 次印刷

定价：78.00 元

2006 咨询专题设置及主要完成人员

序号	专题名称	负责人	主要完成人			
1	2000 年以来黄河流域水沙变化分析	尚红霞	尚红霞	郑艳爽	李小平	孙赞盈
			彭 红	汪 峰	王卫红	李 萍
			赵 阳	陈永奇	苏 青	邢 芳
2	宁蒙河道冲淤规律及影响因素分析	张晓华 郑艳爽	张晓华	郑艳爽	尚红霞	左卫广
			樊文玲	汪 峰	李小平	王卫红
			孙赞盈	彭 红	张 敏	李 萍
3	黄河中游水土保持措施减沙作用分析与相关问题研究	冉大川	冉大川	左仲国	陈江南	李 勇
			郭宝群	申震洲	康玲玲	史学建
			王昌高	李 勉	吴 卿	董飞飞
			王玲玲	孙维营	侯素珍	尚红霞
			李小平	黄 静	付 凌	张 攀
4	2006 年三门峡水库冲淤演变分析	侯素珍 王 平	侯素珍	王 平	常温花	楚卫斌
			姜乃迁	张翠萍	林秀芝	田 勇
			伊晓燕	胡 恬		
5	2006 年小浪底水库运用及库区水沙运动特性分析	马怀宝 蒋思奇	马怀宝	蒋思奇	李 涛	李昆鹏
			王 岩			
6	小浪底水库运用以来下游河道冲淤效果分析	尚红霞 孙赞盈 李小平	尚红霞	李小平	孙赞盈	郑 艳
			张 敏	左卫广	王卫红	彭 红
			汪 峰	李 萍	赵 阳	陈永奇
			苏 青	邢 芳		
7	黄河下游河道中粗泥沙不淤对小浪底水库排沙及相应级配的要求分析	李小平 侯素珍	李小平	侯素珍	王 平	李 勇
			张晓华	常温花	尚红霞	苏运启
			王卫红	田 勇	郑艳爽	张 敏
			左卫广	汪 峰		

前　言

　　自黄河水利委员会(以下简称黄委)决定 2003 年启动"黄科院基础研究 5 年(2003～2007 年)计划"以来的 5 年中,黄河水利科学研究院针对黄河治理开发与管理的重大需求和黄河出现的新情况新问题,组织黄河河情咨询项目组科技人员,以"弄清情况、分析原因、总结规律、提出对策"为目标,开展了大量的跟踪咨询工作。一方面通过黄河最新资料和及时的现场调查,紧紧跟踪黄河河情及重大事件,分析原因和特点;另一方面结合以往的研究深入分析规律,探讨发生机理。通过两方面工作的有机结合,提出解决问题的建议和对策,并对未来发展趋势作出客观的估计。

　　(1)定量分析了水利水保措施及其不同配置条件下对暴雨洪水的影响。研究发现,水土保持措施对洪水泥沙的控制作用与降雨强度和措施配置密切相关,存在着降水阈值和措施配置的最大减洪减沙效应现象;淤地坝对泥沙粒径具有分选作用,产沙越粗的地区淤地坝"淤粗排细"的作用越明显。

　　(2)研究了潼关高程的变化规律。分析认为,中等流量以上的高含沙洪水对潼关高程具有强烈的冲刷作用,同时建立了洪水期潼关高程变化与洪水含沙量的关系。桃汛期洪峰流量在 1 500 m³/s 左右及其以下时,潼关高程难以冲刷下降;当洪峰流量在 1 900 m³/s 以上时,潼关高程下降值随洪峰流量的增大而增加。

　　(3)研究了小浪底水库异重流潜入条件、持续运行至坝前的临界水沙条件及排沙效果。小浪底水库发生异重流的临界水沙条件为:入库流量一般不小于 300 m³/s,悬沙中 $d<0.025$ mm 的沙重百分数一般不小于 70%。当流量大于 800 m³/s 时,相应含沙量不小于 10 kg/m³;当流量约为 300 m³/s 时,要求水流含沙量大于 100 kg/m³;当流量介于 300～800 m³/s 时,水流含沙量可随流量的增加而减小,两者之间的关系可表达为 $S \geqslant 154-0.18Q$。若水流细颗粒泥沙沙重百分数进一步增大,则流量及含沙量可相应减小。小浪底水库异重流持续运动的水沙条件:①入库流量大于 2 000 m³/s 且含沙量大于 10 kg/m³;②入库流量大于 500 m³/s 且含沙量大于 220 kg/m³;③流量为 500～2 000 m³/s 时,水流含沙量应满足 $S \geqslant 280-0.12Q$。同时,满足入库泥沙中 $d<0.025$ mm 的细泥沙的沙重百分数大于 50%,洪峰持续 1 d 以上。水流含沙量、流量及 $d<0.025$ mm 的细泥沙的沙重百分数之间基本可用函数关系描述。

　　(4)阐明了黄河下游河道一般含沙洪水的流量大小对冲刷效率的定量影响。当洪水期平均流量增大到 4 000 m³/s(相应日均洪峰流量约 5 000 m³/s)后,冲刷效率不明显。冲刷效率增幅减小主要是河床中的细颗粒泥沙补给强度不足造成的。另外,初步分析了不同粒径组泥沙沿程冲淤与水沙条件(主要是来沙级配)的关系等,并结合三门峡水库滞洪运用期排沙关系,初步提出了满足下游中粗沙基本不淤所需要的小浪底水库排沙比和调蓄库容条件等。

　　(5)初步研究得出了渭河下游河段、宁蒙河段和小北干流河段河道冲淤临界指标。当渭河下游汛期来水量超过 60 亿 m³、来沙系数小于 0.11 kg·s/m⁶ 时,可以使渭河下游河道不淤或冲刷;洪水期渭河下游冲淤临界条件为来沙系数约等于 0.11 kg·s/m⁶,同时建立了汛期、洪水期输沙用水量公式,以及平滩流量与径流量、流量的响应关系。宁蒙河道临界冲淤判别指标(S/Q)汛期约为 0.003 2 kg·s/m⁶,非汛期约为 0.001 7 kg·s/m⁶,洪水期约为 0.003 8

$kg \cdot s/m^6$。洪水期平均流量 2 000 m^3/s 的洪水过程，维持宁蒙河道冲淤基本平衡的平均含沙量约为 7.6 kg/m^3；小北干流河道的冲淤变化，上段与含沙量关系密切，下段与流量大小相关；当龙门含沙量为 13 kg/m^3 时，全河段基本不冲不淤；小北干流冲淤平衡的临界水沙搭配参数(S/Q)约为 0.01 $kg \cdot s/m^6$。

(6)总结分析了小浪底水库运用以来库区的淤积发展特点，下游的冲刷发展过程、冲刷量的时空分布规律，主槽行洪能力的恢复水平，并与三门峡水库拦沙期的冲淤变化进行了对比分析。

5 年来取得的大量成果在黄河治理开发与管理中发挥了很大的科技支撑作用，一些成果已得到应用。例如，提出的"以异重流方式出库的细颗粒泥沙在洪水平均含沙量 30 kg/m^3 时不明显影响下游河道的冲刷效果"的认识，为调水调沙期花园口含沙量控制指标的确定打下了基础；"小浪底水库异重流产生、运行条件以及浑水水库变化特点和排沙潜力"、"三门峡水库敞泄排沙期出库含沙量与流量的关系"等具体指标，在小浪底水库第二次、第三次调水调沙试验和处理"04·8"洪水等重大治黄实践中得到直接应用；"桃汛洪水对潼关高程具有明显的冲刷作用以及万家寨水库对桃汛洪水影响"的研究成果，已直接应用于优化桃汛洪水过程冲刷降低潼关高程试验中；水土保持综合治理减沙占主导地位的认识，为集中治理河龙区间(河口—龙门镇)粗泥沙集中来源区，在黄河中游尽快修建大型拦泥库，利用水土保持措施的"拦粗排细"作用进行黄河水沙调控等多沙粗沙区的治理规划提供了重要参数和科学依据。

在取得一系列重要成果的同时，培养人才方面也取得了显著成效，初步形成了一支相对稳定的研究队伍。

2006 年项目组围绕黄河水沙变化、三门峡库区冲淤演变、小浪底水库异重流排沙及库区冲淤演变以及黄河下游河道演变现状等进行了跟踪研究。针对近年来黄河流域水沙变化、宁蒙河道冲淤规律及萎缩成因、水土保持措施对洪水泥沙的作用、三门峡库区敞泄排沙及冲淤规律、小浪底水库运用以来库区冲淤变化及异重流排沙、下游河道冲淤变化，以及黄河下游漫滩洪水滩槽冲淤关系、黄河下游中粗泥沙不淤条件及对小浪底水库排沙组成的需求等方面开展了专题研究。对目前大家所关心的问题：①宁蒙河道近年来淤积加重的原因及冲淤基本平衡的临界水沙条件；②不同水保措施配置比例对减水减沙作用的影响；③小浪底水库淤积状况、下游河道主槽排洪输沙功能恢复程度及小浪底水库转入拦沙后期的时机；④小浪底水库拦沙运用后期下游河道中粗泥沙不淤对水库排沙的需求条件等作了重点咨询研究，提出了咨询意见，希望能够为小浪底、三门峡以及龙羊峡等水库发挥更大的综合效益提供科学的参考依据。

本报告研究成果主要由时明立、姚文艺、李勇、侯素珍、马怀宝、尚红霞、李小平、王平、冉大川、郑艳爽、王卫红、蒋思奇、孙赞盈、苏运启、张晓华等完成，其他参加人员不再一一列出。

姚文艺负责报告统稿。潘贤娣、赵业安、王德昌等教授级高级工程师在咨询工作中给予了指导，在此表示衷心的感谢。

黄河水利科学研究院
黄河河情咨询项目组
2007 年 8 月

目　录

第一部分　综合咨询研究报告

第一章　2006年黄河河情分析

一、黄河流域水沙特点

(一)降水量总体偏少

根据报汛资料统计，2006年(日历年)全流域年降水量为407.0 mm，较多年(1956~2000年，下同)同期减少9%。汛期降雨量头道拐以上减少8%，多沙区晋陕区间(山西、陕西区间，下同)、泾河渭河、北洛河减少2%~9%，黄河下游干支流减少4%~31%(见图1-1)。

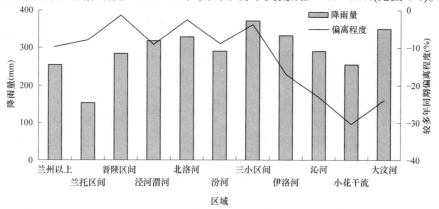

图 1-1　2006年汛期黄河流域各区域降雨量

2006年强降雨过程少，时空分布极不均匀。6月份兰州—头道拐降雨量仅为13 mm，而其余区间均在40 mm以上，特别是北洛河、小花区间干流(小浪底—花园口，下同)、黄河下游及大汶河降雨量在82~114 mm，较多年同期增加31%~88%；而10月份降雨量除兰州以上为27 mm，其他区域均不足20 mm，与多年同期相比减少48%~100%。

(二)干支流为枯水少沙年份

从运用年(指2005年11月至2006年10月，下同)来说，2006年是枯水少沙年，年水沙量与多年同期相比(见图1-2和图1-3)，水量减少4%~70%，沙量减少34%~100%，沙量减少幅度大于水量减少幅度。

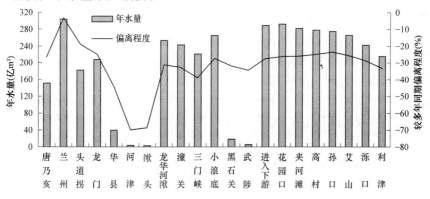

图 1-2　2006年运用年主要干支流水量分布

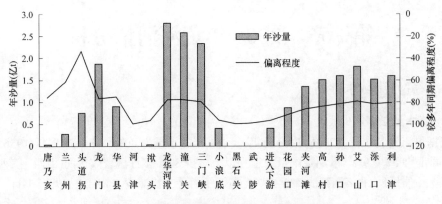

图 1-3 2006 年运用年主要干支流年沙量分布

唐乃亥、头道拐、龙门、潼关、龙华河洑(龙门、华县、河津、洑头，下同)、进入下游(小浪底、黑石关、武陟，下同)、花园口和利津站年水量较多年同期减少 19% ~ 33%；龙门、潼关、龙华河洑、进入下游、花园口和利津站年沙量较多年同期减少 77% ~ 96%。

由于龙羊峡和刘家峡水库泄水量大，兰州和头道拐非汛期水量分别较多年同期增加25%和13%；黄河下游花园口和利津站由于小浪底水库调水调沙泄水，水量分别较多年同期增加 19%和12%。

唐乃亥、头道拐、龙门、龙华河洑、进入下游、花园口和利津的汛期水量与多年同期相比偏少 37% ~ 61%。汛期水量占年比例除北洛河洑头和汾河河津为 60%左右、沁河武陟为 71%，其他区域均在 50%以下，特别是下游干流汛期水量占年比例仅 29% ~ 35%。

龙华河洑、进入下游、花园口和利津汛期沙量较多年同期偏少 79% ~ 96%，沙量偏少幅度大于水量。汛期沙量占年比例除头道拐和花园口—利津沿程各站不足 60%，其他各站均在 60%以上。

(三)洪水流量小、场次少

2006 年黄河流域没有大的降雨，汛期干支流没有发生大的洪水，仅发生小范围的雨洪。中游龙门发生洪峰流量超过 1 500 m³/s 的共 5 次，其中最大洪峰流量 3 710 m³/s，来自清涧河和无定河；黄河下游花园口洪峰流量 2 000 m³/s 以上的洪水仅 2 场，分别是非汛期小浪底水库调水调沙和 8 月下旬水库异重流排沙产生的洪水。支流渭河华县和大汶河戴村坝也出现几次小于 1 000 m³/s 的小洪水。汛期主要干流水文站没有日均流量在3 000 m³/s 以上的洪水过程，流量在 1 000 m³/s 以下的历时唐乃亥、头道拐、龙门、潼关、花园口和利津分别为 117、104、95、72、97 d 和 97 d，占汛期比例除潼关为 59%外，其余均在 78%以上。

小浪底水库调水调沙 6 月 15 日 9 时开始，29 日 0 时 54 分排沙洞关闭，调水调沙结束。期间小浪底水库最大泄流量 4 200 m³/s，最大出库含沙量 53.7 kg/m³，出库水量 54.97亿 m³，排沙量 0.084 亿 t；花园口站最大流量 3 970 m³/s，最大含沙量 26.4 kg/m³，水量55.01 亿 m³，沙量 0.182 亿 t，为历次调水调沙持续时间最长、流量最大的一次；相应利津最大流量为 3 750 m³/s，最大含沙量为 22.5 kg/m³。

9 月 20 ~ 21 日，清涧河和无定河受降雨影响发生小洪水，清涧河延川洪峰流量 335 m³/s，而含沙量最大达到 580 kg/m³；无定河白家川洪峰流量 2 100 m³/s，最大含沙量达到 550 kg/m³。受两支流洪水影响，龙门站洪峰流量 3 710 m³/s，最大含沙量 210 kg/m³；相应潼关洪峰流量 2 600 m³/s；三门峡水库利用洪水泄水排沙，最大泄流量 3 570 m³/s，最大含沙量 356 kg/m³；洪水被小浪底水库拦蓄，下游没有形成明显洪水过程。

受黄河中游干流来水影响，8 月 1～3 日三门峡水库入库流量较大，8 月 2 日 3 时左右水库开始畅泄排沙，历时达 17 h，出库最大流量 4 860 m³/s，最大含沙量达 454 kg/m³，三门峡水库敞泄冲刷产生的高含沙水流在小浪底水库发生了异重流，小浪底水库进行异重流排沙，出库最大流量 2 230 m³/s，最高含沙量达 303 kg/m³，相应花园口洪峰流量为 3 360 m³/s，比小浪底出库明显增大，扣除小花间支流的 110 m³/s 流量，花园口流量仍然增大约 1 020 m³/s，即增大了 45.7%，说明小花间发生了流量沿程增大现象。这是小浪底水库投入运用以来，第 3 次在黄河下游小花间发生洪峰流量沿程增大的"异常"现象，该次洪水利津洪峰流量 2 380 m³/s，最大含沙量 59.2 kg/m³。

另外，利用晋陕区间暴雨洪水，小北干流进行了三次放淤试验。第一次放淤试验从 7 月 31 日 12 时至 8 月 3 日 9 时结束，历时 69 h，期间龙门洪峰流量 2 480 m³/s，最大含沙量 82 kg/m³；第二次放淤试验从 8 月 26 日 11 时到 28 日 11 时，持续 48 h，期间龙门洪峰流量 2 370 m³/s，最大含沙量 104 kg/m³；第三次放淤试验从 8 月 31 日 5 时 30 分至 9 月 1 日 3 时，历时 21.5 h，期间龙门洪峰流量 3 250 m³/s，最大含沙量 148 kg/m³。

(四)水库运用调整了水沙过程

截至 2006 年 11 月 1 日，黄河流域主要水库蓄水总量 284.79 亿 m³，其中龙羊峡水库、小浪底水库和刘家峡水库蓄水量分别占 68%、15%和 10%。总蓄水量与 2005 年同期相比减少 73.93 亿 m³，其中龙羊峡水库和小浪底水库分别减少 41 亿 m³、25.3 亿 m³。非汛期水库向河道共补水 124.4 亿 m³，其中龙羊峡水库、小浪底水库和刘家峡水库补水量分别占 44%、40%和 7%。汛期水库蓄水，总蓄变量为 40.47 亿 m³，其中龙羊峡水库、小浪底水库和刘家峡水库蓄变量分别占 28%、49%和 11%。

龙羊峡水库是多年调节水库，刘家峡水库是不完全年调节水库，这两个水库控制了黄河上游的水量，对上中游水沙影响比较大；小浪底水库是多年调节水库，控制了黄河下游水沙量，将三大水库蓄泄水还原(见表 1-1)后可以看出，兰州、头道拐和花园口实测汛期水量占年水量比例分别为 38%、36%和 29%，水库还原后均在 60%左右，与多年平均接近。还原后汛期水量较实测水量增加 17%～53%，年水量较实测水量减少 15%～24%。

表 1-1　龙羊峡、刘家峡和小浪底水库对干流水沙影响

水文站	实测水量(亿 m³)		还原水量(亿 m³)		汛期/年(%)	
	汛期	年	汛期	年	实测	还原
兰州	116.89	303.90	136.64	259.30	38	53
头道拐	65.72	181.81	85.47	137.21	36	62
花园口	83.79	292.28	128.32	222.38	29	58

二、三门峡水库库区冲淤情况

(一)来水来沙特点与水库运用过程

1. 入库水沙概况

2006 年运用年三门峡水库入库站潼关水文站年径流量为 242.7 亿 m³，年输沙量为 2.57 亿 t，与 1986~2005 年(年均径流量 244.8 亿 m³，年沙量 6.66 亿 t)相比年径流量接近，年输沙量减少 61%，年平均含沙量由多年的 27 kg/m³ 减少为 11 kg/m³。

在黄委实施的利用并优化桃汛期洪水冲刷降低潼关高程的试验期间，潼关站桃汛最大洪峰流量恢复到 2 570 m³/s，最大含沙量为 17.1 kg/m³，洪量 17.3 亿 m³，与 1999~2005 年(即万家寨水库运用以来)平均值(洪峰流量 1 687 m³/s，洪量 13.9 亿 m³)相比洪峰流量增加 883 m³/s，洪量增加 3.4 亿 m³。

汛期入库水量偏枯，洪峰流量小(见图 1-4)。汛期潼关站来水量为 95.9 亿 m³，来沙量为 1.70 亿 t，与 1986~2005 年同期相比来水量减少 14%，来沙量减少 66%，平均含沙量从由多年平均的 44.8 kg/m³ 减少为 17.7 kg/m³。潼关站洪峰流量大于 2 000 m³/s 的洪水只有两场，最大洪峰流量为 2 630 m³/s；龙门站最大洪峰流量为 3 710 m³/s；渭河华县站最大洪峰流量 1 010 m³/s。

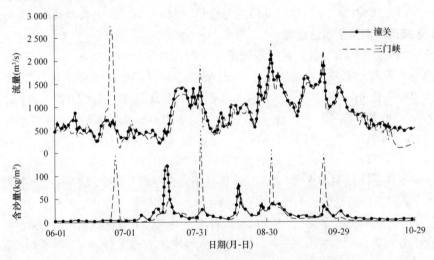

图 1-4 2006 年三门峡进出库流量、含沙量过程

2. 水库运用过程

非汛期运用过程较为平稳，基本在 315~318 m 变化，平均水位 316.21 m，最高水位 317.96 m。水位在 317~318 m 和 316~317 m 的天数分别为 107 d 和 87 d，共占非汛期运用天数的 80%。桃汛期库水位降到 313 m 以下。

汛期水库基本按洪水期敞泄排沙、平水期控制水位不超过 305 m 运用。6 月末至汛末先后进行了 3 次排沙运用，敞泄时间短(见表 1-2)。进出库流量、含沙量过程见图 1-4。汛期(含 6 月底敞泄期)水库总排沙量为 2.30 亿 t，排沙比为 1.35；敞泄期排沙量为 1.36 亿 t，占汛期的 59.1%，而出库水量仅占 98%，排沙比为 5.69。

表 1-2　敞泄运用情况

时段 (月-日)	天数 (d)	坝前水位(m)		潼关最大流量 (m^3/s)
		平均	最低	
06-26~06-28	3	291.52	286.62	950
08-02~08-03	2	297.63	294.51	1 780
09-01	1	297.96	297.96	2 630
09-22~09-24	3	299.32	294.49	2 600

(二)库区冲淤特点

1. 小北干流河段冲淤量及分布

根据库区实测大断面资料,2006 年小北干流河段共冲刷泥沙 0.623 亿 m^3,其中非汛期冲刷 0.726 亿 m^3,汛期淤积 0.103 亿 m^3(见图 1-5)。非汛期冲刷集中在黄淤 41—黄淤 55 河段,冲刷量为 0.440 亿 m^3,占全段的 61%。汛期淤积主要集中在黄淤 48—黄淤 61 河段,淤积量为 0.109 亿 m^3,其余河段有冲有淤,合计冲刷 0.006 亿 m^3。

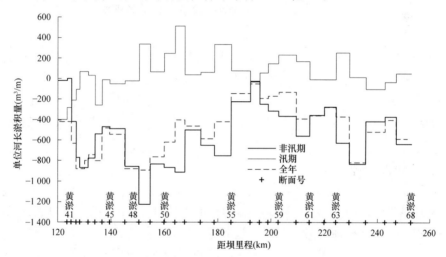

图 1-5　2006 年小北干流冲淤量沿程分布

2. 潼关以下库区冲淤量及分布

2006 年潼关以下库区共淤积泥沙 0.155 亿 m^3,非汛期淤积 0.726 亿 m^3,汛期冲刷 0.571 亿 m^3(见图 1-6)。非汛期淤积末端在黄淤 32 断面上下,黄淤 32 断面至潼关河段或冲或淤,冲淤基本平衡。非汛期淤积量较大的河段汛期冲刷量也较大。年内淤积集中在北村(黄淤 22 断面)以下和黄淤 29—黄淤 31 河段,而北村以下占全河段的 96%。

2003 年起非汛期最高水位控制 318 m 运用以来,2004 年和 2006 年由于汛期来水量小,年内均发生累积淤积(见表 1-3)。淤积集中在北村以下,2004 年北村以下淤积量占全段的 70%,2006 年占 96%。1986~2002 年间 17 年冲淤不平衡年份北村以下淤积占全段的 39%。可见 2004 年和 2006 年淤积明显靠下,这一方面是受非汛期淤积体下移的影响,另一方面是受汛期敞泄时间短、305 m 控制运用时间较长的影响。

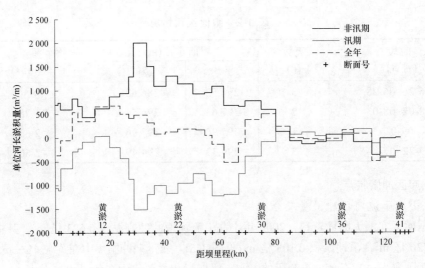

图 1-6 2006 年库区冲淤量沿程分布

表 1-3 潼关以下库区淤积年份各河段淤积量

年份	各河段淤积量(亿 m³)					黄淤 22 以下占全段(%)
	大坝—黄淤 22	黄淤22—黄淤 30	黄淤30—黄淤 36	黄淤36—黄淤 41	大坝—黄淤 41	
1986~2002 年平均	0.162	0.103	0.106	0.041	0.412	39
2004	0.307	0.054	0.045	0.035	0.441	70
2006	0.149	0.004	0.033	−0.031	0.155	96

(三)桃汛洪水冲刷作用

桃汛期龙门洪峰较大,含沙量低。根据沙量平衡法小北干流冲刷泥沙 0.079 亿 t。部分断面测量结果(见图 1-7)表明,小北干流河段沿程基本为全线冲刷,尤其是潼关附近断面冲刷较强,最大冲刷面积为 725 m²,过流能力增大。

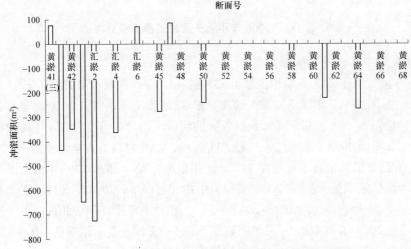

图 1-7 桃汛期小北干流河段沿程冲淤面积变化

桃汛期三门峡水库运用水位较低,潼关以下库区淤积部位调整。黄淤 26 断面以上发生冲刷,黄淤 26 断面以下发生淤积。桃汛前后黄淤 41—黄淤 26 断面测量较全,黄淤 26 断面以下只测量了部分断面。根据断面法计算,黄淤 41—黄淤 26 河段冲刷 0.117 亿 m³,但黄淤 26 断面以下冲淤量尚不能根据断面法求得。按输沙率法计算,桃汛期潼关以下淤积量为 0.170 亿 t,换算成体积淤积量为 0.121 亿 m³,加上黄淤 41—黄淤 26 河段冲刷量 0.117 亿 m³,也就是说,桃汛期包括入库泥沙和上段河道冲起的泥沙,共有约 0.238 亿 m³ 淤积在黄淤 26 断面以下,从而改善了非汛期淤积部位,有利于汛期排沙。

(四)潼关高程变化

非汛期潼关河段不受水库运用影响,处于自然演变状态,潼关高程从 2005 年汛后的 327.75 m 上升至 2006 年汛前的 328.10 m,上升 0.35 m。2005 年汛后至桃汛前,潼关高程升至 327.99 m,桃汛后潼关高程降至 327.79 m,下降 0.20 m。2006 年汛后潼关高程降至 327.79 m,汛期下降 0.31 m。由于汛期洪水流量小,潼关冲刷幅度小,运用年内潼关高程上升 0.04 m,汛期潼关高程变化见图 1-8。

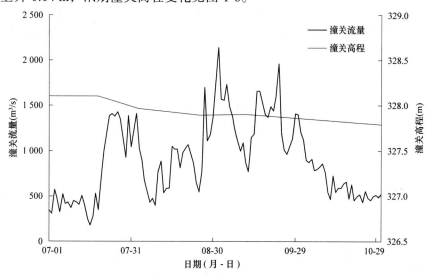

图 1-8　汛期潼关高程变化过程

三、小浪底水库运用基本情况

(一)来水来沙特点和水库运用过程

1. 入库和出库水沙概况

小浪底水库运用年入库水沙量分别为 221.0 亿 m³、2.32 亿 t,属枯水少沙年。汛期水量为 87.5 亿 m³,仅占全年入库水量的 39.6%;汛期沙量为 2.07 亿 t,占全年入库沙量的 89.2%。入库最大日均流量为 2 760 m³/s(6 月 25 日),入库最大日均含沙量为 198 kg/m³(8 月 2 日)。

运用年出库水量为 265.27 亿 m³,其中汛期水量为 71.55 亿 m³,仅占全年的 27.0%,而春灌期 3~5 月份水量为 78.1 亿 m³。除调水调沙期间出库流量较大外,其他时间出库流量较小且过程均匀。出库最大流量为 4 200 m³/s(6 月 26 日 8 时 48 分)。全年出库沙量为 0.40 亿 t，最大日均含沙量为 85.5 kg/m³(8 月 3 日)，图 1-9、图 1-10 分别为进出库日均流量、含沙量过程。其中 8 月 1~9 日和 8 月 31 日至 9 月 9 日出库沙量较多，排沙量为 0.274 亿 t，占全年排沙量的 68.5%；9 月 21~28 日入库沙量也多，但水库为蓄水状态，排沙量很少。从排沙比看，6 月份调水调沙期排沙比为 30.9%，7~8 月中旬库水位较低，期间洪水排沙比也较高，8 月中旬后受蓄水的影响，排沙比减小，排沙期总排沙比为 22.2%，年总排沙比为 17.2%，各时段排沙情况见表 1-4。

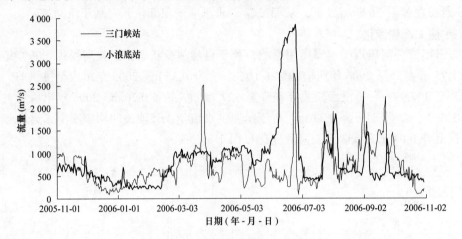

图 1-9　小浪底进出库日均流量过程

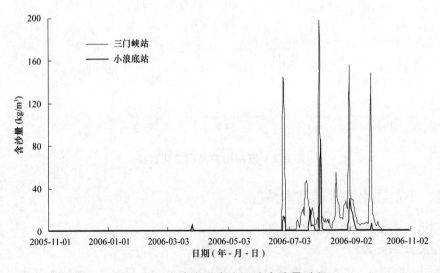

图 1-10　小浪底进出库日均含沙量过程

2. 水库运用过程

2006 年小浪底水库日均最高水位(库水位除调水调沙期间，其余均采用陈家岭水位站水位)达到 263.30 m(3 月 31 日)，相应蓄水量为 81.38 亿 m³(见图 1-11)。6 月 9~29 日为小浪底水库调水调沙生产运行期，从 6 月 9 日 14 时开始预泄时，相应坝前水位为 254.52 m，29 日 8 时调水调沙结束时坝前水位为 224.51 m。

表 1-4　小浪底水库各时段排沙情况

时段 (月-日)	水量(亿 m³)		沙量(亿 t)		排沙比(%)
	三门峡	小浪底	三门峡	小浪底	
06-25 ~ 06-29	5.402	12.279	0.230	0.071	30.87
07-22 ~ 07-29	7.990	8.097	0.127	0.048	37.93
08-01 ~ 08-06	4.671	7.698	0.379	0.153	40.41
08-31 ~ 09-07	10.791	7.608	0.554	0.121	21.77

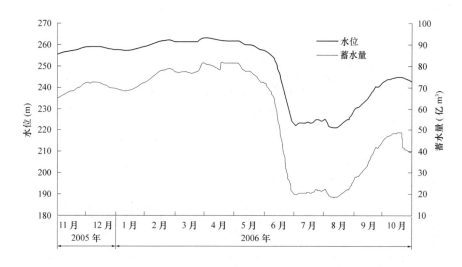

图 1-11　小浪底水库库水位(陈家岭水位站)及蓄水量变化过程

(二)库区冲淤变化

根据库区断面测验资料,2006 年小浪底库区全年淤积量为 3.45 亿 m³,90%以上集中于汛期,其中干流淤积量占全库区的 71.3%,支流淤积量占全库区的 28.7%。高程在180~230 m 库段发生淤积,高程在 235~275 m 库段发生冲刷(见图 1-12)。从沿程淤积分布来看,坝前—HH39 断面之间(含支流)淤积量与 180 ~ 230 m 高程相当;HH39 断面以上库段(含支流)发生冲刷,冲刷量与 235~275 m 高程相当。

2005 年 11 月至 2006 年 4 月下旬,大部分时段三门峡水库下泄清水,日均库水位在 255.42 ~ 263.30 m,高于水库淤积三角洲面,因此干流纵向淤积形态几乎没有变化(见图1-13)。经过调水调沙和汛期运用,库区淤积形态发生较大幅度的调整, 2006 年汛期距坝 70 ~ 106 km 河段(HH40—HH53)发生冲刷,汛末三角洲顶点向前推移至距坝 34.8 km 处,顶点高程为 223.06 m;距坝 34.8 ~ 105.85 km 为三角洲洲面段,比降为 2.8‰;距坝 27.19 ~ 34.8 km 库段为三角洲前坡段,比降约为 23.7‰;距坝 27.19 ~ 11 km 为异重流淤积段,淤积面总体上有所抬升;距坝 11 km 以下库段抬升幅度较大,其主要原因是异重流及浑水水库淤积沉降、前期库区淤积物随时间延长逐渐密实及非排沙期间运行至此的少量泥沙落淤。

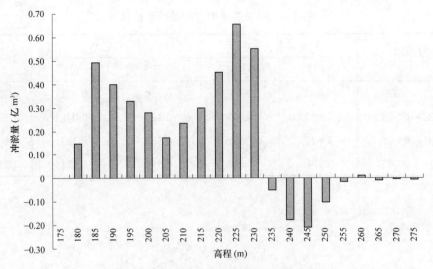

图 1-12　小浪底库区不同高程冲淤量分布

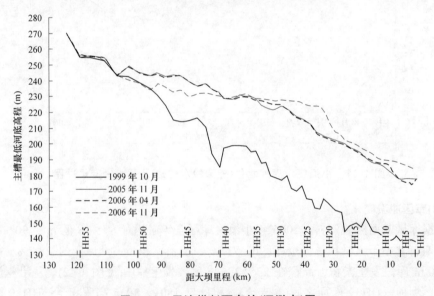

图 1-13　干流纵剖面套绘(深泓点)图

由于库区的冲淤变化主要发生在干流,小浪底水库总库容的变化量与干流库容变化量接近,支流冲淤变化较小。275 m 高程干流库容为 56.47 亿 m³,支流库容为 49.41 亿 m³,全库总库容为 105.88 亿 m³。

四、下游洪水及河道冲淤特性

(一)2006 年水沙概况

1. 水沙量及分配

2006 年运用年进入下游河道的水沙量与多年(1956～1999 年,下同)同期相比,水量减少 24%～34%,沙量减少均在 80%以上,沙量减少幅度大于水量减少幅度。

黄河下游主要控制站进入下游(小黑武)、花园口和利津站年水量分别为 289.12 亿、292.28 亿、215.63 亿 m³(见表 1-5)，与多年同期相比减少 26%~33%；年沙量分别为 0.398 亿、0.865 亿、1.592 亿 t，较多年同期减少 86%~96%。

表 1-5　2006 年下游主要控制站水沙量

水文站	水量(亿 m³)		沙量(亿 t)		汛期占年(%)	
	年	汛期	年	汛期	水量	沙量
小浪底	265.29	71.56	0.397	0.329	27	83
黑石关	18.38	6.30	0.000	0.000	34	—
武陟	5.45	3.94	0.000	0.002	72	—
进入下游	289.12	81.80	0.398	0.331	28	83
花园口	292.28	83.79	0.865	0.389	29	45
夹河滩	282.04	80.70	1.354	0.461	29	34
高村	278.30	86.12	1.502	0.556	31	37
孙口	275.40	84.41	1.594	0.598	31	38
艾山	265.66	85.25	1.803	0.615	32	34
泺口	242.85	80.57	1.512	0.588	33	39
利津	215.63	76.25	1.592	0.607	35	38

注：支流主要为报汛资料，其他主要为月报资料。

2. 洪水情况

2006 年进入黄河下游的洪水共两场，一场是 6 月中下旬的调水调沙洪水，另一场是发生于 8 月上旬的"06·8"洪水。调水调沙期小浪底站瞬时最大流量为 4 240 m³/s(相应花园口站的最大流量为 3 970 m³/s)，最大日均流量 3 840 m³/s，调水调沙洪水历时约 21 d，相应小黑武(小浪底、黑石关、武陟)径流量 56.6 亿 m³，沙量 0.074 亿 t。"06·8"洪水历时 53 h(2.2 d)，小浪底出库最大流量 2 230 m³/s，径流量 2.94 亿 m³，沙量 0.206 亿 t，这场洪水在小花间演进过程中发生了流量沿程增大现象，相应花园口最大流量为 3 360 m³/s，最大含沙量为 92.9 kg/m³；该次洪水在夹河滩洪峰流量为 3 030 m³/s，较花园口减少 10%；利津洪峰流量 2 380 m³/s，最大含沙量 59.2 kg/m³。

(二)下游河道冲淤概况

1. 各河段冲淤量

根据沙量平衡法计算各河段冲淤量(见表 1-6)，可以看出，非汛期高村以上河段冲刷 0.929 亿 t，高村以下河段冲刷 0.293 亿 t，全下游冲刷 1.290 亿 t；汛期高村以上和以下河段分别冲刷 0.198 和 0.110 亿 t，全下游冲刷 0.308 亿 t。运用年内下游河道冲刷 1.598 亿 t，其中高村以上冲刷 1.127 亿 t。

根据黄河下游河道 2005 年 10 月、2006 年 4 月和 2006 年 10 月三次统测大断面资料计算各河段冲淤量(见表 1-7)，可以看出，非汛期冲淤量的沿程分布具有"上冲下淤"的特点，夹河滩以上河段显著冲刷，其余河段冲淤量都不大，全下游总冲刷量为 0.464 亿 m³；下游河道汛期均为冲刷，冲刷量为 0.854 亿 m³，其中花园口—夹河滩河段占 53%。全年冲刷 1.318 亿 m³，其中汛期占 65%，全年冲刷量集中在夹河滩以上，尤其是花园口—夹河滩河段，这主要是由于汛期和非汛期同时冲刷造成的。

表 1-6　2006 运用年各河段冲淤量(沙量平衡法)　　　　(单位：亿 t)

河段	不同时段冲淤量		
	非汛期(11~6 月)	汛期(7~10 月)	运用年
小黑武—花园口	− 1.384	− 0.009	− 0.393
花园口—夹河滩	− 0.487	− 0.093	− 0.580
夹河滩—高村	− 0.057	− 0.097	− 0.154
高村—孙口	−0.100	− 0.054	− 0.154
孙口—艾山	− 0.227	− 0.012	− 0.239
艾山—泺口	− 0.166	0.010	0.176
泺口—利津	0.200	− 0.054	− 0.254
高村以上	− 0.929	− 0.198	− 1.127
利津以上	− 1.290	− 0.308	− 1.598

表 1-7　2006 运用年断面法冲淤量计算成果　　　　(单位：亿 m³)

河段	不同时段冲淤量		
	非汛期(10 ~ 4 月)	汛期(4 ~ 10 月)	运用年
白鹤—花园口	− 0.343	− 0.052	− 0.395
花园口—夹河滩	− 0.216	− 0.452	− 0.668
夹河滩—高村	− 0.033	− 0.044	− 0.077
高村—孙口	− 0.025	− 0.189	− 0.214
孙口—艾山	0.046	− 0.047	− 0.001
艾山—泺口	0.105	− 0.031	0.074
泺口—利津	0.002	− 0.040	− 0.038
高村以上	− 0.591	− 0.548	− 1.139
高村以下	0.127	− 0.306	− 0.179
利津以上	− 0.464	− 0.854	− 1.318

统计汛前下游春灌期及汛期较大流量过程共 7 场洪水特征值和冲淤量见表 1-8,可以看出,春灌期平均流量在 1 000 m³/s 左右时,高村以上河段均为冲刷(见图 1-14),高村以下河段以淤积为主,全下游表现为冲刷;调水调沙期,下游冲刷量最大,为 0.678 亿 t,占全年沙量平衡法冲刷量的 42%;其余各场洪水下游总体上是冲刷的,但在高村以下河段有冲有淤,冲淤量值均比较小(见图 1-15)。总体来看,除调水调沙期平均流量较大,其余在800 ~ 1 300 m³/s,当径流量较大时,下游河道的总冲刷量较大。

2. 同流量水位变化

汛期首场洪水和末场洪水的同流量水位变化可以大体上反映汛期河道的过流能力变化。2006 年黄河下游发生洪峰流量超过 2 000 m³/s 的洪水只有两场,分别是 6 月中下旬的调水调沙洪水和 8 月上旬的"06·8"洪水。点绘两次洪水的水位流量关系(见图 1-16)可以看出,从调水调沙涨水期到"06·8"洪水落水期,花园口流量 3 000 m³/s 水位上升 0.1 m,而流量 2 000 m³/s 水位下降 0.12 m,夹河滩流量 3 000 m³/s 水位下降 0.46 m,高村 2 000 m³/s 水位下降 0.03 m,同流量(3 000 m³/s)时孙口水位上升 0.03 m、艾山水位上升 0.06 m、泺口水位下降 0.18 m、利津水位上升 0.06 m。夹河滩同流量水位下降幅度大的主要原因可能是其下游贯台古城附近的畸形河湾在 2006 年 5 月 1 日前后突然发生自然裁弯，流路大大缩短所造成的。

表 1-8　2006 年黄河下游各场较大流量过程特征值和冲淤量

时间(月-日)		02-17~04-05	04-06~05-20	06-05~06-30	07-22~07-31	08-01~08-09	08-30~09-10	09-21~09-30
历时(d)		47	44	25	9	9	12	10
径流量(亿 m³)		41.6	38.6	62.9	10.4	11.2	11.1	7.0
平均流量(m³/s)		1 002	992	2 800	1 203	1 293	1 066	816
平均含沙量(kg/m³)		1.96	1.88	3.82	5.28	14.30	12.34	1.32
冲淤量(亿 t)	花园口以上	− 0.081	− 0.073	− 0.172	− 0.007	− 0.007	− 0.016	− 0.002
	花园口—夹河滩	− 0.077	− 0.063	− 0.182	− 0.021	− 0.012	0.009	− 0.013
	夹河滩—高村	− 0.054	− 0.027	− 0.034	− 0.012	− 0.004	− 0.026	− 0.003
	高村—孙口	0.041	0.037	− 0.143	− 0.006	− 0.026	− 0.009	− 0.001
	孙口—艾山	− 0.035	− 0.062	− 0.034	0.009	− 0.003	− 0.005	− 0.001
	艾山—泺口	0.037	0.027	0.017	− 0.006	0.007	− 0.009	0.004
	泺口—利津	0.018	− 0.014	− 0.129	0.015	− 0.015	− 0.005	− 0.004
	下游	− 0.153	− 0.174	− 0.678	− 0.027	− 0.060	− 0.061	− 0.021

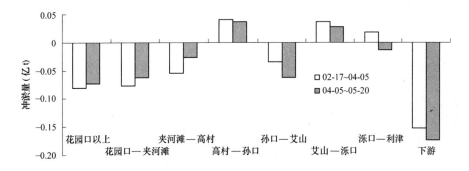

图 1-14　春灌期冲淤量沿程分布

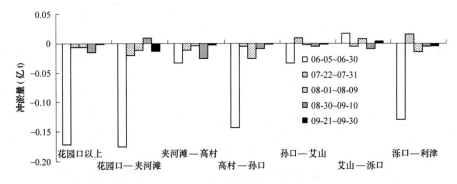

图 1-15　汛期较大流量过程冲淤量沿程分布

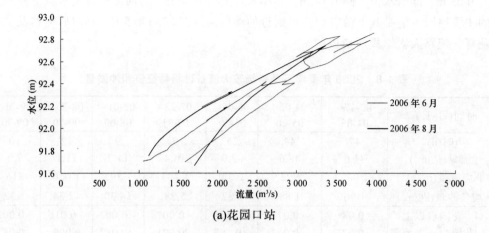

(a)花园口站

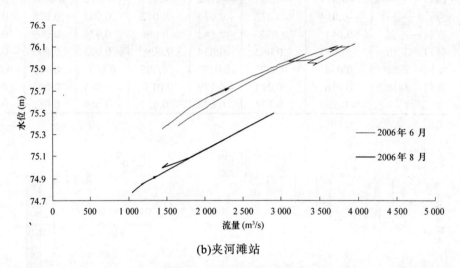

(b)夹河滩站

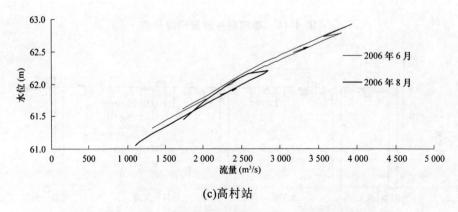

(c)高村站

图 1-16　2006 年 6 月和 8 月两次洪水不同水文站水位流量关系

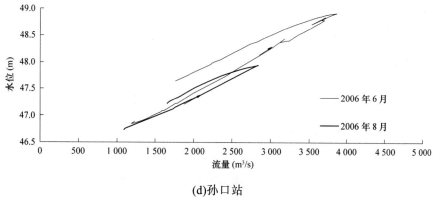

(d)孙口站

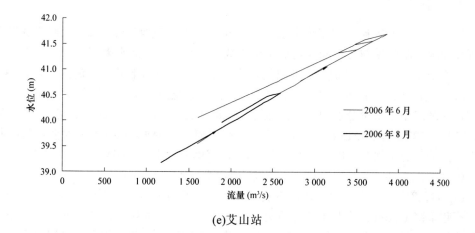

(e)艾山站

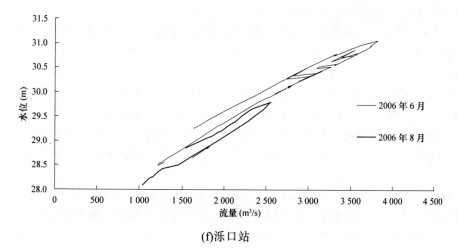

(f)泺口站

续图 1-16

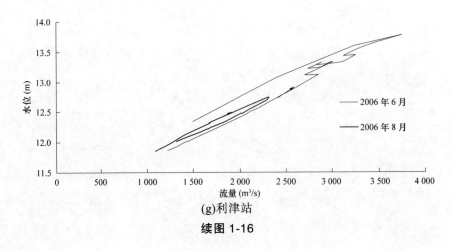

(g)利津站

续图 1-16

五、小结

(1)2006 年(日历年)流域年降水量 407.0 mm，较多年同期减少 9%，汛期流域强降雨过程比较少，降雨量与历年同期均值相比均减少，其中主要清水来源区头道拐以上减少 8%，多沙区晋陕区间、泾渭河、北洛河减少 2%~9%，黄河下游干支流减少 4%~31%。

(2)干支流仍然为枯水少沙年，唐乃亥、头道拐、龙门、潼关、龙华河洑、进入下游、花园口和利津站年水量分别为 151.35 亿、181.81 亿、207.15 亿、242.83 亿、253.1 亿、289.16 亿、292.28 亿、215.63 亿 m³，与多年同期相比减少 19%~33%；主要沙量控制站龙门、潼关、龙华河洑、进入下游、花园口和利津站分别为 1.864 亿、2.572 亿、2.788 亿、0.398 亿、0.865 亿、1.592 亿 t，较多年同期减少 77%~96%。

(3)通过万家寨水库调度优化桃汛洪水过程，潼关站桃汛洪峰流量达到 2 570 m³/s，潼关高程下降 0.20 m，小北干流和潼关以下较长河段发生冲刷，调整了库区淤积分布。由于汛期来水量少，洪峰流量小，2006 年潼关以下库区发生累积淤积，淤积主要集中在北村以下河段。年内潼关高程略有抬升。

(4)2006 年小浪底为异重流排沙，排沙总量为 0.40 亿 t，排沙期总排沙比为 22.2%，年排沙比为 17.2%。库区全年淤积量为 3.45 亿 m³，淤积主要集中于汛期。干流淤积量占全库区年的 71.3%；180~230 m 高程之间淤积量和坝前—HH39 断面之间库段(含支流)淤积量相当；HH39 断面以上库段(含支流)发生冲刷。2006 年库区淤积形态发生较大幅度的调整，三角洲顶点位于距坝 34.8 km 处，顶点高程为 223.06 m。

(5)2006 年黄河下游为枯水少沙，非汛期由于水库调水调沙，水沙量均较多年同期增加，汛期水沙量较多年同期减少。汛期流量仍然以小于 1 000 m³/s 为主，但输沙以较大流量为主。

2006 年下游利津以上冲刷 1.318 亿 m³，其中汛期占 65%，冲刷量集中在夹河滩以上，尤其是花园口—夹河滩河段。非汛期冲淤量的沿程分布具有"上冲下淤"的特点；汛期整个下游河道均为冲刷，冲刷量为 0.854 亿 m³，其中花园口—夹河滩河段占 53%。除夹河滩的同流量水位下降达 0.46 m，高村、孙口、艾山和泺口的同流量水位变化不明显，花园口和利津的同流量水位非但没有下降，还有所抬升。

第二章　近期黄河流域水沙变化特点分析

一、降水变化特点

(一)年降水量变化

表2-2统计了黄河流域2000～2005年的降水量。由表可知,6年平均降水量为433.1 mm,比多年(1956～2000年)均值447.1 mm减少3%,与20世纪90年代相比增加3%。6年中降雨量最多的是2003年的555.6 mm,比多年均值增加24%,为1949年以来的第5位多水年;最少的是2000年的381.8 mm,比多年均值减少15%,为1949年以来的第6位少水年。

表 2-1　黄河流域年降水量

区间	年平均降水量(mm)							较多年均值① (%)	较多年均值② (%)
	2000	2001	2002	2003	2004	2005	平均		
兰州以上	412.9	434.5	375.6	524.9	461.0	551.0	456.0	−5	−2
兰州—头道拐	182.9	238.3	261.0	282.4	228.1	143.7	222.7	−15	−16
头道拐—龙门	338.9	418.4	436.9	545.4	423.0	366.0	421.4	−3	4
龙门—三门峡	478.7	469.4	505.9	735.7	461.0	520.0	528.5	−2	7
三门峡—花园口	657.1	521.6	578.1	991.8	667.5	659.6	679.3	3	13
花园口以下	681.5	525.8	381.7	922.2	838.9	799.7	691.6	7	4
内流区	165.6	293.0	327.1	291.4	245.1	173.4	249.3	−8	−4
全流域	381.8	404.0	404.2	555.6	421.8	431.0	433.1	−3	3

注:2000～2005年降雨量主要来自水资源公报;①多年均值指1956～2000年,②多年均值指1990～1999年。

由图2-1可以看出,2000～2005年各区域与多年同期对比,主要清水来源区头道拐以上降水量减少5%～15%,特别是兰州—头道拐减少15%;主要来沙区头道拐—龙门减少3%;三门峡以下增加3%～7%。与20世纪90年代相比,兰州—头道拐降雨量减少16%,三门峡—花园口增加13%。

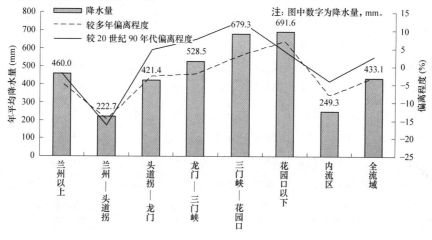

图 2-1　2000～2005年各区间年平均降水量

(二)汛期降雨量变化

根据水情简报统计了 2000~2006 年汛期降雨量(见图 2-2 和表 2-2)可以看出，与多年同期相比，上中游各区间均有不同程度减少，三门峡以下则有不同程度增加。其中主要清水来源区头道拐以上减少 7%~11%，主要来沙区晋陕区间和北洛河汛期平均降雨量与多年同期降雨量基本持平，而泾渭河减少 7%。9 月份降雨量较多年同期则增加 8%~46%，其中主要来沙区晋陕区间、北洛河和泾渭河增加 20%~27%(见图 2-3)。

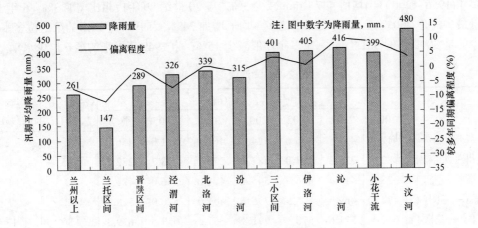

图 2-2　2000~2006 年汛期平均各区间降雨量

表 2-2　2000~2006 年汛期不同区域降雨量

区间	各年汛期降雨量(mm)								距多年均值(%)
	2000	2001	2002	2003	2004	2005	2006	平均	
兰州以上	227	271	165	321	269	320	254	261	−7
兰州—托克托	130	199	99	218	146	86	153	147	−11
晋陕区间	249	354	222	386	270	259	285	289	0
泾渭河	298	219	218	534	309	385	318	326	−7
北洛河	293	417	232	525	285	290	328	339	1
汾河	290	365	241	500	228	289	291	315	−2
三门峡—小浪底	419	329	236	612	382	455	372	401	4
伊洛河	439	299	260	643	442	422	333	405	1
沁河	373	340	282	731	373	523	291	416	10
小浪底—花园口	485	298	247	639	360	509	255	399	9
大汶河	404	357	173	707	714	654	351	480	4

注：多年均值指 1956~2000 年。

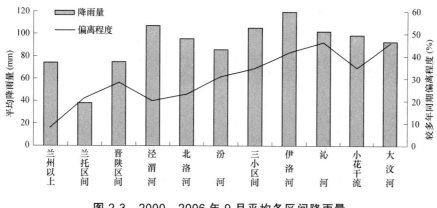

图 2-3　2000~2006 年 9 月平均各区间降雨量

二、径流和泥沙变化特点

(一)径流量和输沙量大幅度减少

1. 年水沙量变化

从图 2-4 和图 2-5 可以看出，近 7 年黄河主要干支流水沙量与多年同期相比普遍减少，水量减少幅度在 16%~71%，沙量减少幅度在 33%~99%，沙量减少幅度大于水量。与 20 世纪 90 年代相比，除华县、黑石关和武陟分别增加外，其余各站水量减少幅度在 2%~38%；沙量减少幅度在 2%~92%，沙量减少幅度也大于水量。这就是说，近 7 年水沙量在 20 世纪 90 年代明显减少的基础上又进一步减少。

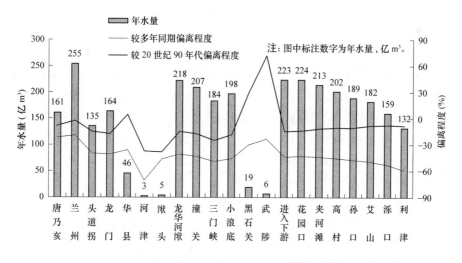

图 2-4　黄河主要干支流 7 年平均水量沿程分布

需要说明的是，2003~2005 年支流水量比较大，特别是 2003 年渭河华县、北洛河洑头、伊洛河黑石关和沁河武陟分别为 84.09 亿、9.63 亿、36.98 亿、10.17 亿 m³，与 20 世纪 90 年代相比分别增加 91%、28%、151%和 297%；2005 年河源区唐乃亥以上来水比较大，为 248.98 亿 m³，与 20 世纪 90 年代相比增加 29%；2006 年由于龙羊峡和刘家

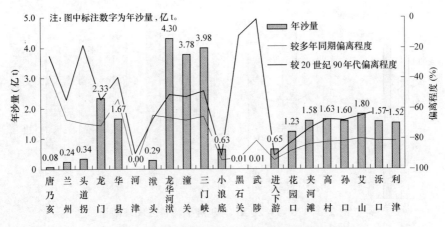

图 2-5 黄河主要干支流 7 年平均沙量沿程分布

峡水库大量补水,兰州—龙门干流水量比较大,兰州和头道拐分别为 303.9 亿 m³ 和 181.81 亿 m³,和 20 世纪 90 年代相比增加 14%~16%。

从沿程径流量变化看,唐乃亥、头道拐、龙门、龙华河湫、潼关和花园口 7 年平均水量分别为 160.74 亿、135.46 亿、164.35 亿、217.99 亿、206.66 亿、223.98 亿 m³,与 20 世纪 90 年代相比,分别偏少 9%、15%、18%、15%、18% 和 14%。

若以龙华河湫和黑石关、武陟的输沙量之和(6 站)代表黄河流域的来沙量,7 年流域年均来沙量为 4.314 亿 t,与 20 世纪 90 年代相比减少 51%,而相应水量仅减少 12%。如果以小黑武 3 站的输沙量之和代表进入下游的沙量,则 7 年进入下游的年均输沙量为 0.648 亿 t,与 20 世纪 90 年代相比减少 91%,相应水量减少 15%。

2. 年内水沙量

由图 2-6 和图 2-7 可以看出,水沙量减少主要集中在汛期。如龙门汛期平均水沙量分别为 63.26 亿 m³ 和 1.87 亿 t,较 20 世纪 90 年代同期分别减少 21% 和 55%;4 站(龙华河湫)汛期平均水沙量分别为 98.51 亿 m³ 和 3.588 亿 t,较 20 世纪 90 年代同期分别减少 12% 和 51%;进入下游水沙量分别为 84.39 亿 m³ 和 0.817 亿 t,较 20 世纪 90 年代同期分别减少 28% 和 91%。相应龙门、4 站和进入下游年水沙量较 20 世纪 90 年代同期分别减少 18% 和 54%、15% 和 51%、15% 和 91%,与汛期变化基本一致。此外,汛期沙量减少幅度大于水量减少幅度。

从沿程分布看,由于龙羊峡和刘家峡水库调节,兰州、头道拐和龙门汛期水量占年比例由多年平均的 60% 左右降低到 35%~41%;小浪底水库调节黄河下游干流汛期水量占年比例也由多年平均的 60% 左右降低至 40% 左右。头道拐和龙门汛期沙量占年比例由多年平均的 78% 和 88% 分别降低到 49% 和 80%;黄河下游干流汛期沙量占年比例由多年的 80% 降低至 60% 左右(见图 2-8)。

由于汛期水量减少幅度小于沙量,因此干流汛期平均含沙量有所降低。兰州、头道拐、龙门和潼关分别为 1.6、3.6、29.5、30.0 kg/m³,较 20 世纪 90 年代同期的 3.9、4.1、51.4、53.8 kg/m³ 明显减小,较多年同期的 3.7、7.3、47.3、48.5 kg/m³ 也有明显减小。

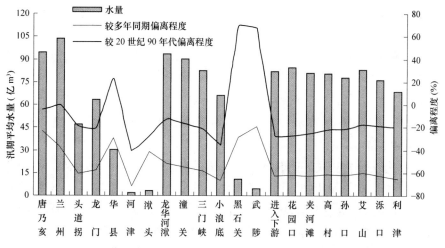

图 2-6　黄河主要干支流 7 年汛期水沙量平均水量沿程变化

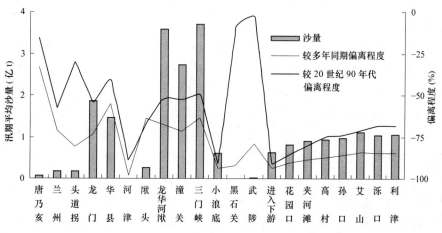

图 2-7　黄河主要干支流 7 年汛期平均沙量沿程变化

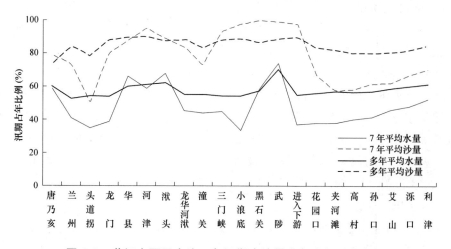

图 2-8　黄河主要干支流 7 年汛期水沙量占年比例沿程变化

(二)洪水变化特点

1. 洪水基本概况

2000～2006年的7年中，除2003年和2005年秋汛洪水比较大，其他年份只发生小范围的雨洪。

2002年7月中旬，在支流清涧河流域发生暴雨洪水，子长站7月5日出现建站以来最大洪峰流量4 250 m³/s的洪水。由于是局部雨洪，对黄河干流影响不大，6日龙门洪峰流量仅为4 600 m³/s。

2003年7月底，在晋陕区间北部发生暴雨洪水。7月30日干流府谷站洪峰流量为12 900 m³/s，为建站以来最大值，相应最大含沙量为219 kg/m³；7月31日龙门洪峰流量为7 230 m³/s，为7年中最大洪峰流量，最大含沙量127 kg/m³；8月1日潼关洪峰流量为2 150 m³/s，最大含沙量65 kg/m³。三门峡水库在洪水到来之前排沙运用，8月1日13.6时开始泄水排沙，8月1日17时含沙量达到793 kg/m³，居历史第二位(最大为1977年的911 kg/m³)，8月2日7.8时最大下泄流量2 270 m³/s，由于小浪底水库拦蓄，黄河下游没有形成洪水。

2003年8月下旬至10月中旬，黄河出现1964年以来少有的50多天持续降雨过程，中下游先后出现10多次洪水过程。其中渭河华县站出现5次大于2 000 m³/s的洪峰，最大洪峰流量3 570 m³/s，相应水位342.76 m，华县站洪峰在2 000~3 500 m³/s，历时61 d，咸阳、临潼、华县站均出现了有实测资料以来最高洪水位，渭河下游大面积漫滩。伊洛河黑石关站、沁河武陟站先后于8月28日至10月13日产生5次洪水过程，黑石关站9月3日2时洪峰流量2 220 m³/s，为1984年以来最大流量，出现1982年以来最高水位；武陟站10月12日16时洪峰流量900 m³/s，伊洛河夹滩地区出现漫滩，为"82·8"以来伊洛河夹滩地区最大的一次漫滩。受黄河中游洪水、伊洛河洪水和小浪底水库下泄流量影响，黄河下游花园口8月26日至11月31日持续产生5次洪水过程，花园口2 000 m³/s以上流量持续时间达60 d，黄河下游9月18日兰考蔡集生产堤溃口，漫滩面积近35万亩(1亩=1/15 hm²)。

2005年汛期洪水较多。上游唐乃亥出现两场洪峰流量大于2 500 m³/s的洪水，其中第二次洪水洪峰流量2 750 m³/s(10月6日8时)，相应水位2 518.22 m。渭河两次洪水华县洪峰流量分别为2 070 m³/s(7月4日15.7时)和4 820 m³/s(10月4日9.5时)，最大含沙量分别为177 kg/m³和36.6 kg/m³，华县站最高水位达342.32 m，为历史第二高洪水位。此外，下游伊洛河黑石关站10月4日0.7时出现最大流量1 870 m³/s；大汶河戴村坝站7月3日6时洪峰流量1 480 m³/s，9月22日8时洪峰流量1 360 m³/s，其中秋汛期洪水进入东平湖水库，9月25日6时库水位最高升至43.07 m，超过警戒水位0.07 m。

2. 洪水特点

图2-9是唐乃亥历年最大日流量过程，近7年与20世纪90年代对比，大于2 500 m³/s流量历时减少50%，7年平均仅0.6 d；而小于500 m³/s流量则增加163%，7年平均16.6 d，占汛期历时的14%。

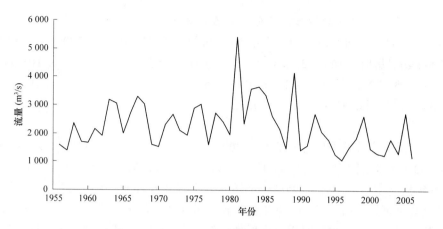

图 2-9   唐乃亥站历年最大日流量过程线

1956 ~ 1989 年头道拐最大日流量平均值为 2 917 m^3/s，1990 ~ 1999 年平均值为 2 258 m^3/s，近 7 年的最大日流量平均值为 1 984 m^3/s，分别较前两个时期减少了 32% 和 12%。从汛期各级流量历时看，近 7 年汛期大于 1 500 m^3/s 流量没有一天，而 20 世纪 90 年代平均出现 1.5 d；小于 500 m^3/s 流量汛期平均 74.8 d，较 20 世纪 90 年代的平均 65.4 d 增加 14%，占汛期历时的 61%。

潼关最大洪峰流量多年平均为 7 727 m^3/s，1990 ~ 1999 年平均为 5 053 m^3/s，近 7 年最大洪峰流量均值 3 064 m^3/s，分别较前两个时期减少了 60% 和 39%。20 世纪 90 年代潼关汛期日流量大于 5 000 m^3/s 的历时平均为 0.2 d，近 7 年一次没有出现，而日流量小于 500 m^3/s 的历时则由 26.8 d 提高到 41.3 d，占汛期历时的 30%。

由图 2-10 可以看出，花园口 1950 ~ 1989 年最大洪峰流量均值为 7 811 m^3/s，1990 ~ 1999 年最大洪峰流量均值为 4 436 m^3/s，近 7 年最大洪峰流量均值为 2 924 m^3/s，分别较前两个时期减少了 63% 和 34%。花园口站汛期出现日流量大于 3 000 m^3/s 的历时由 20 世纪 90 年代平均 3.5 d，减少到近 7 年的 0.3 d，而小于 500 m^3/s 流量年均出现的历时则由 20 世纪 90 年代平均 28.9 d 增加到近 7 年的 35.2 d，增加 22%。

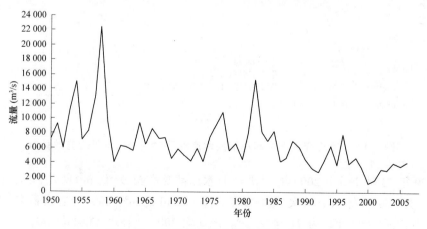

图 2-10   花园口站历年最大洪峰过程线

3．汛期低含沙量历时增加，高含沙量历时减少

近7年汛期龙门日平均含沙量小于 50 kg/m³ 历时 107.6 d，大于 200 kg/m³ 历时 1.1 d，大于 300 kg/m³ 历时 0.86 d；20 世纪 90 年代汛期平均小于 50 kg/m³ 历时 101.5 d，大于 200 kg/m³ 历时 5.2 d，大于 300 kg/m³ 历时 1.5 d；近7年与 20 世纪 90 年代同期相比，小于 50 kg/m³ 历时增加 6%，大于 200 kg/m³ 历时减少 67%，大于 300 kg/m³ 历时减少 43%。

近7年汛期潼关日平均含沙量大于 200 kg/m³ 历时 1 d，大于 300 kg/m³ 历时 0.29 d；20 世纪 90 年代同期大于 200 kg/m³ 历时 4.8 d，大于 300 kg/m³ 历时 0.9 d；近7年与 20 世纪 90 年代同期相比，大于 200 kg/m³ 历时和大于 300 kg/m³ 历时均增加。

综上分析可知，与 20 世纪 90 年代相比，近7年洪峰流量进一步减小；较大流量历时进一步缩短，而小流量历时进一步增加；较高含沙量历时进一步减少，低含沙量历时进一步增加。

(三)水库调节对径流和泥沙的影响

1999 年 11 月以来，由于小浪底水库调蓄作用，洪峰流量较龙羊峡和刘家峡水库运用后进一步大幅度削减。如果按洪水传播时间将日均流量过程还原，可以得到龙羊峡和小浪底水库不调蓄情况下花园口的日均流量过程。以 2003 年和 2005 年秋汛期洪水为例，2003 年 9 月 24 日至 10 月 27 日，如果龙羊峡和小浪底水库不拦蓄，花园口最大日平均流量将由实测值 2 740 m³/s 增加到 6 240 m³/s(见图 2-11)。2005 年如果没有龙羊峡和小浪底水库共同调蓄，花园口最大日流量可达 6 235 m³/s(10 月 4 日)，是实测值 2 600 m³/s 的 2.4 倍(见图 2-12)。

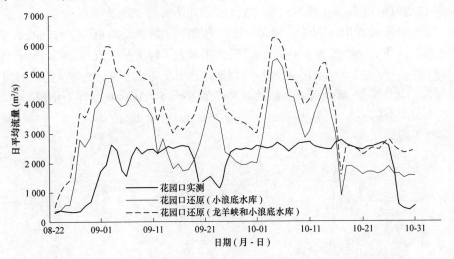

图 2-11　2003 年龙羊峡和小浪底水库调蓄对花园口日平均流量影响

1999 年 11 月 1 日至 2006 年 11 月 1 日水库蓄变量 55.93 亿 m³(见表 2-3)，其中 2003 年最多，为 150.68 亿 m³；其次是 2005 年，为 114.40 亿 m³。2006 年补水最多，为 73.93 亿 m³；其次是 2002 年，为 71.14 亿 m³。汛期除 2002 年补水 43.91 亿 m³，其余年份汛期蓄变量均在 50 亿 m³ 以上，2003 年和 2005 年汛期蓄变量均达 170 亿 m³ 以上。

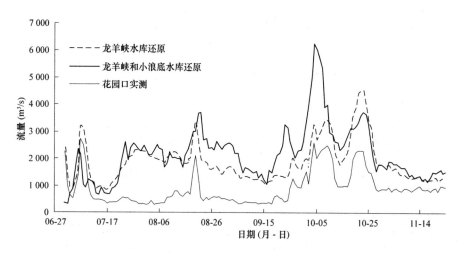

图 2-12　2005 年龙羊峡和小浪底水库调蓄对花园口日流量过程影响

表 2-3　黄河主要水库历年蓄变量　　　　　　　　　　　　　（单位：亿 m³）

年份	龙羊峡	刘家峡	万家寨	三门峡	小浪底	陆浑	故县	东平湖	合计
2000	−29.00	−2.60	−1.42	−1.08	41.37	2.43	−0.05	1.96	11.61
2001	−21.00	4.60	2.22	0.34	−15.50	−2.21	0.24	−1.31	−32.62
2002	−39.90	−7.30	−1.82	−0.85	−18.70	−0.12	−0.23	−2.22	−71.14
2003	49.90	10.90	1.87	0.82	78.80	2.44	2.97	2.98	150.68
2004	8.00	0.30	−1.62	0.23	−48.20	−0.90	−0.90	0.02	−43.07
2005	89.00	−0.50	0.65	0.55	24.60	0.53	0.67	−1.10	114.40
2006	−41.00	−3.60	−1.75	0.90	−25.30	−2.89	−2.06	1.77	−73.93
7年总量	16	1.8	−1.87	0.91	37.07	−0.72	0.64	2.1	55.93
7年平均	2.29	0.26	−0.27	0.13	5.30	−0.10	0.09	0.30	7.99

注：−表示水库补水。

　　水库蓄水不仅减少了进入下游河道的水量，还将汛期来水调节到非汛期下泄，改变了水量的年内分配(表 2-4)。

表 2-4　水库调蓄对年水量影响　　　　　　　　　　　　　（单位：亿 m³）

年份	实测水量			还原龙、刘两库后水量		
	兰州	头道拐	花园口	兰州	头道拐	花园口
2000	265.26	143.43	149.3	233.66	111.83	159.07
2001	234.62	112.63	179.8	218.22	96.23	147.9
2002	240.45	125.15	199.4	193.25	77.95	133.5
2003	213.72	110.92	215.89	274.52	171.72	355.49
2004	236.92	125.97	290.67	245.22	134.27	250.77
2005	287.09	148.3	240.53	375.59	236.8	353.63
2006	303.9	181.81	292.28	259.3	137.21	222.38
平均	254.57	135.46	223.98	257.11	138	231.82

兰州、头道拐和花园口 7 年汛期平均水量分别为 103.92 亿、47.26 亿、84.39 亿 m³，水库还原后分别为 149.21 亿、92.56 亿、154.01 亿 m³，分别较实测增加 43%、96% 和 82%。但不同年份汛期由于水库蓄水和补水情况不同，水量变化不一样。

由表 2-5 可以看出，水库调蓄对水量年内分配影响也比较大。7 年平均兰州、头道拐和花园口汛期实测水量占年比例分别是 41%、35%、38%，水库还原后分别是 58%、67% 和 66%，与天然情况的 60% 比例接近。还原后汛期水量占年比例 2003～2005 年兰州增加 20%，头道拐增加 36%，花园口 2004～2006 年增加 30%。

表 2-5　水库调蓄对汛期水量占年比例(%)的影响

年份	兰州		头道拐		花园口		
	实测	还原龙、刘两库	实测	还原龙、刘两库	实测	还原小浪底	还原龙、刘、小三库
2000	37	50	32	56	33	45	64
2001	39	55	32	67	25	38	61
2002	39	44	26	29	46	34	38
2003	50	72	47	83	65	71	84
2004	38	58	30	67	30	38	58
2005	45	66	41	76	39	53	74
2006	38	53	36	62	29	41	58
平均	41	58	35	67	38	47	66

水库蓄水拦沙不仅减少下游来水，还减少了下游来沙。

三、降雨、径流、泥沙关系的变化

由于资料的局限，在以下降雨、径流和泥沙分析时均采用日历年，多年均值采用 1956～1999 年系列。

点绘头道拐—龙门 7～8 月降雨量—径流量关系可以看出(见图 2-13)，大致可以用 1973 年来区分其变化规律，径流量随着降雨量的增大而增大，但在相同降雨条件下，1973 年前后明显地分成两组线，说明 1973 年后径流量减少了，但由于 1977 年遇大暴雨，局部地区还有垮坝现象，所以点子偏上。也可看出，1973 年前出现大降雨量的年份较多，1973 年后出现大降雨量的年份减少了。同时可见，20 世纪 90 年代以后的关系与 1973～1989 年的关系变化不大。

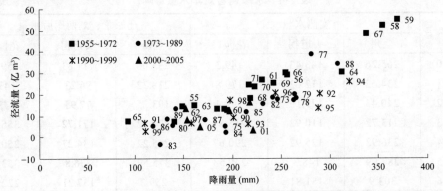

图 2-13　河龙区间 7～8 月径流量与降雨量关系

7～8月水沙关系在进入21世纪后发生明显改变,同样水量条件下的输沙量显著减少(见图2-14)。同样15亿 m³ 水21世纪前可输送3亿～4亿 t 泥沙,现在只能输送1亿～2亿 t,减少一半。导致水沙关系改变的原因可能与流量偏小、高含沙小洪水发生较多有关;而且由于近期水量一直较小,没有大水量的实测数据,因此不能对水量增大时的水沙关系做出预估。这两方面的问题都需要开展深入系统的研究才能得到答案。

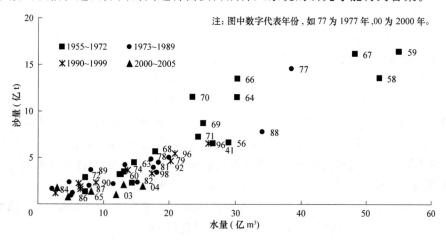

图 2-14　河龙区间 7～8月沙量与水量关系

以花园口以上20世纪50年代人类活动少的天然径流量作为基准(50年代花园口以上年降水量 460.8 mm,天然径流量 596.8 亿 m³),2000～2005 年天然径流量 416.85 m³ 较50年代天然径流量减少了 179.95 亿 m³,按50年代的降水量与天然径流量相关关系图(见图2-15)估算,2000～2005 年花园口以上年平均降水量大约 436 mm,相应天然径流量应该为 545 亿 m³,因降水量变化导致的天然径流量减少仅 51.8 亿 m³,占天然径流量减少的29%,而人类活动影响则占71%。

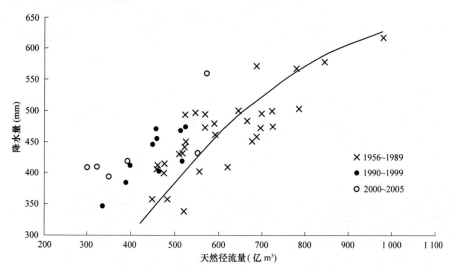

图 2-15　花园口以上年降水量与天然径流量关系

花园口以上实测沙量较 20 世纪 90 年代同期减少 5.54 亿 t，其原因一方面是水库拦沙(2000~2005 年三门峡水库和小浪底水库拦沙年平均拦沙 3.91 亿 t)；另一方面是主要来沙区间产沙少，如 2000~2005 年头道拐—龙门年平均产沙仅 1.938 亿 t，华县年平均产沙仅 1.8 亿 t，与 20 世纪 90 年代同期相比，分别减少 59%和 37%。

四、小结

(1)2000~2005 年年平均降水量比多年均值减少 3%，减少区间主要在头道拐以上，增加区间主要在三门峡以下，与 20 世纪 90 年代相比则增加 3%。2000~2006 年汛期平均与多年同期对比，7 年汛期降雨量清水来源区头道拐以上减少 7%~11%，主要来沙区晋陕区间和北洛河 7 年与多年同期基本持平，而泾渭河减少 7%。

(2)与多年同期相比，近 7 年黄河主要干支流实测水沙量普遍偏枯，其中水量减少幅度在 16%~71%，沙量减少幅度在 33%~99%。与 20 世纪 90 年代相比，沙量减少 2%~92%；除华县、黑石关和武陟增加，其余各站水量减少 2%~38%。沙量减少幅度大于水量，水量减少幅度大于天然径流量，天然径流量减少幅度大于降水量。

(3)2000~2005 年干流汛期实测水量占年比例由 60%左右降低到 40%以下，汛期沙量占年比例中游由 90%降低到 80%，下游由 80%降低到 60%。

(4)与 20 世纪 90 年代相比，干流洪峰流量大幅度减小，其中河源区唐乃亥偏小 8%，头道拐偏小 12%，潼关偏小 39%，花园口偏小 34%。汛期较大流量历时明显减少，小于 500 m³/s 历时大幅度增加；汛期高含沙量历时明显减少，低含沙量历时增加。

(5)2000~2005 年兰州、头道拐、龙门、三门峡、花园口站年均天然径流量分别为 281.93 亿、267.11 亿、302.26 亿、357.35 亿、416.85 亿 m³，与 20 世纪 90 年代比兰州基本持平，其余偏少 8%左右。兰州—花园口近 6 年天然水量比 1922~1932 年还枯，原因有待研究。

第三章 水土保持措施对洪水泥沙的作用初步分析

一、黄河中游水土保持措施减洪减沙效果分析

以黄河中游河口镇—龙门区间(简称河龙区间,下同)、泾河张家山站、北洛河洑头站、渭河华县站(不包括泾河张家山站)、汾河河津站等"一区间四站"控制面积作为黄河中游水土保持措施减沙量分析范围。该研究区域合计面积约为 28.72 万 km^2,占黄河中游(河口镇—桃花峪)总面积的 83.5%。

(一)1970~1996 年黄河中游水土保持措施减沙量

1. 河龙区间及泾洛渭水土保持措施减洪减沙量

根据水利部水沙基金第二期项目研究成果(见表3-1),1970~1996 年河龙区间 21 条支流(已控区)及泾河、北洛河、渭河流域水土保持措施年均减少洪水 5.456 亿 m^3,年均减沙 2.238 亿 t,分别占对应区间及流域多年平均来水来沙量总和的 4.6%和 22.9%。水土保持措施减洪减沙量依时序递增:20 世纪 80 年代水土保持措施减洪减沙量比 20 世纪 70 年代分别增大了 25.7%和 11.7%,90 年代(1990~1996 年)和 70 年代分别增加 41.2%、30.7%。

表 3-1 黄河中游水土保持措施减洪减沙作用计算成果

时段	不同区间减洪量(亿 m^3)					不同区间减沙量(亿 t)				
	河龙区间	泾河	北洛河	渭河	合计	河龙区间	泾河	北洛河	渭河	合计
1970~1979	3.352	0.298	0.310	0.579	4.539	1.458	0.224	0.143	0.168	1.993
1980~1989	3.521	0.592	0.227	1.364	5.704	1.398	0.463	0.136	0.230	2.227
1990~1996	3.993	0.573	0.418	1.425	6.409	1.688	0.437	0.206	0.274	2.605
1970~1996	3.581	0.478	0.307	1.090	5.456	1.495	0.368	0.157	0.218	2.238

2. 黄河中游水土保持措施减沙量

根据水利部水沙基金第二期项目研究,黄河中游水土保持措施(即梯、林、草、坝)减沙量计算成果见表3-2。其中,河龙区间水土保持措施减沙量包括了未控区减沙量。

表 3-2 黄河中游水土保持措施减沙量计算成果   (单位:亿 t)

时段	不同区间减沙量					减沙量合计
	河龙区间	泾河	北洛河	渭河	汾河	
1969 年以前	0.721	0.099	0.093	0.035	0.153	1.101
1970~1979	2.034	0.224	0.143	0.168	0.342	2.911
1980~1989	1.933	0.463	0.136	0.230	0.344	3.106
1990~1996	2.423	0.437	0.206	0.274	0.353	3.693
1970~1996	2.097	0.368	0.157	0.218	0.346	3.186

在以往的减沙效益计算中,对黄河中游河龙区间未控区未曾考虑。为完整分析黄河中游水土保持措施的减沙量,对河龙区间未控区水土保持措施减沙量进行了分析。结果表明,1970~1996年该区水土保持措施年均减沙0.602亿t,占河龙区间水土保持措施年均总减沙量2.097亿t(已控区与未控区之和)的28.7%,可见,其比例是很大的。

由表3-2可见,1970~1996年黄河中游水土保持措施年均减沙量约为3.2亿t;较1969年以前年均新增减沙量约2.1亿t。其中20世纪90年代年均减沙量较80年代增加了18.9%,而80年代较70年代仅增加了6.7%。

3. 黄土高原水土保持措施减沙量

表3-3为黄土高原水土保持措施的减沙量,其中包括黄河中游水土保持措施减沙量与河口镇以上区域水土保持措施减沙量。

由表3-3可知,1970~1996年黄土高原水土保持措施年均减沙量约为3.5亿t;较1969年以前年均新增减沙量约1.7亿t。但20世纪80、90年代的减沙量分别较70、80年代减沙量的增幅却有不断降低的趋势。

表3-3 黄土高原水土保持措施减沙量计算成果 (单位:亿t)

时段	不同区间减沙量						合计
	河口镇	河龙区间	泾河	北洛河	渭河	汾河	
1969年以前	0.700	0.721	0.099	0.093	0.035	0.153	1.801
1970~1979	0.011	2.034	0.224	0.143	0.168	0.342	2.922
1980~1989	0.530	1.933	0.463	0.136	0.230	0.344	3.636
1990~1996	0.448	2.423	0.437	0.206	0.274	0.353	4.141
1970~1996	0.316	2.097	0.368	0.157	0.218	0.346	3.502

4. 黄河中游水土保持措施蓄水量

根据水利部水沙基金第二期项目研究,黄河中游水土保持措施(即梯、林、草、坝)蓄水量见表3-4。其中河龙区间水土保持措施蓄水量包括了未控区蓄水量。

表3-4 黄河中游水土保持措施蓄水量计算成果 (单位:亿m³)

时段	不同区间蓄水量					合计
	河龙区间	泾河	北洛河	渭河	汾河	
1969年以前	1.958	0.184	0.161	0.145	0.348	2.796
1970~1979	4.676	0.298	0.310	0.579	1.188	7.051
1980~1989	4.860	0.592	0.227	1.364	1.826	8.869
1990~1996	5.827	0.573	0.418	1.425	8.120	16.363
1970~1996	5.043	0.478	0.307	1.090	3.221	10.139

由表3-4计算结果可知,1970~1996年黄河中游水土保持措施年均蓄水量约10亿m³,较1969年以前年均增加蓄水量7.343亿m³,其中,20世纪90年代较80年代新增蓄水量达84.5%,远比80年代较70年代新增的25.8%大。

(二)降水及人类活动对减沙量的影响分析

河龙区间 21 条主要支流降水与人类活动对减沙量影响的分析成果见表 3-5。泾河、渭河流域的分析成果分别见表 3-6、表 3-7。

表 3-5　河龙区间降水与人类活动对减沙量的影响

时段	年降水量(mm)	实测值(万 t)	计算值(万 t)	总减沙量(万 t)	人类活动影响		降水影响		减沙效益(%)
					减沙量(万 t)	占总减沙量(%)	减沙量(万 t)	占总减沙量(%)	
1969 年以前	487.8	82 185	89 765						
1970~1979	442.3	61 254	80 324	28 511	19 070	66.9	9 441	33.1	23.7
1980~1989	425.8	29 311	64 243	60 454	34 932	57.8	25 522	42.2	54.4
1990~1996	439.6	42 355	77 636	47 410	35 281	74.4	12 129	25.6	45.4
1970~1996	435.5	44 523	73 671	45 242	29 148	64.4	16 094	35.6	39.6

表 3-6　泾河流域降水与人类活动对减沙量的影响

时段	年降水量(mm)	实测值(万 t)	计算值(万 t)	总减沙量(万 t)	人类活动影响		降水影响		减沙效益(%)
					减沙量(万 t)	占总减沙量(%)	减沙量(万 t)	占总减沙量(%)	
1956~1969	565.3	30 120							
1970~1979	528.8	25 960	30 670	4 160	4 710	113	−550	−13	15.4
1980~1989	502.3	18 650	24 590	11 470	5 940	52	5 530	48	24.2
1990~1996	497.7	27 480	31 460	2 640	3 980	151	−1 340	−51	12.7
1970~1996	510.9	23 650	28 630	6 470	4 980	77	1 490	23	17.4

表 3-7　渭河流域降水与人类活动对减沙量的影响

时段	年降水量(mm)	实测值(万 t)	计算值(万 t)	总减沙量(万 t)	人类活动		降水影响		减沙效益(%)
					减沙量(万 t)	占总减沙量(%)	减沙量(万 t)	占总减沙量(%)	
1969 年以前	640.1	18 500	19 400						
1970~1979	613.7	13 700	16 880	5 700	3 180	55.8	2 520	44.2	18.8
1980~1989	623.7	10 500	19 000	8 900	8 500	95.5	400	4.5	44.7
1990~1996	537.0	5 400	13 400	14 000	8 000	57.1	6 000	42.9	59.7
1970~1996	597.5	10 360	16 760	9 040	6 400	70.8	2 640	29.2	38.2

由以上计算结果可以看出，1970~1996 年河龙区间人类活动与降水影响减沙之比约为 6.5：3.5；泾河流域 1970~1996 年人类活动与降水影响减沙之比为 7.7：2.3；渭河流域 1970~1996 年人类活动与降水影响减沙之比约为 7.1：2.9。

从降雨变化情况来看，河龙区间 1970~1996 年年均降水量比 1969 年以前减少了10.7%；泾河、渭河流域同期年均降水量则分别减少了 9.6%和 6.6%。

二、水土保持措施对暴雨洪水的作用分析

在特定的区域和一定的降雨条件下，洪水特征主要取决于下垫面条件。20 世纪 70 年代以来实施的大量水土保持措施，使流域下垫面发生了比较明显的变化，必将影响降雨—洪水关系；通过治理前后对比，可以分析水土保持措施对洪水的影响。

图 3-1、图 3-2 分别是皇甫川流域面洪水总量与平均降雨量、总降雨量的关系；图 3-3、图 3-4 分别是皇甫川流域面最大日降雨量、平均降雨量与洪峰流量关系。可以看出，如以 1970 年作为流域治理前后的分界年份，则当降雨量小于 50 mm 时，1970 年以后的点据多数偏于下方，说明治理后相同降雨量对应的流域产洪量减小，水土保持措施有一定的减洪作用；当降雨量大于 50 mm 时，1970 年前、后的点据混在一起，没有明显的单向变化趋势，看不出水土保持措施对洪水的影响，说明水土保持措施对暴雨的控制作用并不明显。因此，皇甫川流域水土保持措施控制洪水的降雨阈值约为 50 mm。

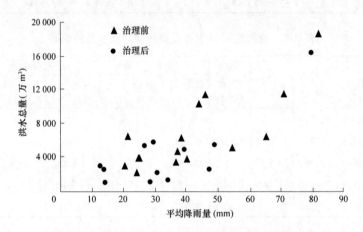

图 3-1 皇甫川流域洪水总量与平均降雨量关系

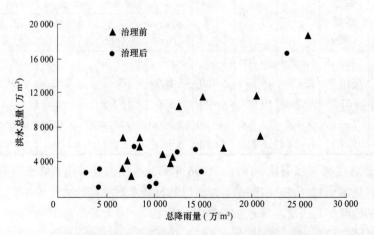

图 3-2 皇甫川流域面洪水总量与总降雨量关系

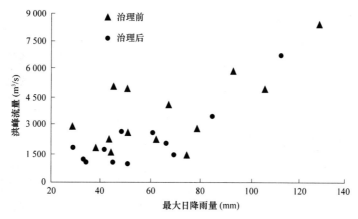

图 3-3　皇甫川流域洪峰流量与最大日降雨量关系

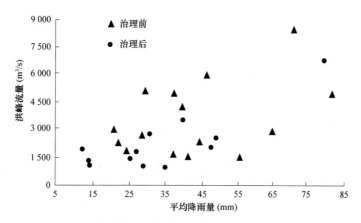

图 3-4　皇甫川流域洪峰流量与平均降雨量关系

　　皇甫川流域基本为黄土丘陵沟壑区，地貌类型较为单一，流域面积 3 906 km²。为探索"流域治理对洪水的控制存在着降雨阈值关系"这一结论在地貌类型较为复杂的流域是否仍然成立，对地貌类型较为复杂且流域面积很大的泾河流域最大 1 日降雨量(面平均雨量)与年洪水量的关系进行了分析。

　　泾河流域总面积 45 421 km²，全流域可分为黄土丘陵沟壑区、黄土高塬沟壑区、土石山区、林区和黄土阶地区等 5 个地貌类型区。泾河流域历年面平均最大 1 日降雨量与张家山水文站年洪水总量、年最大洪峰流量的关系分别见图 3-5、图 3-6。

　　由图 3-5 可以看出，当流域最大 1 日降雨量超过 30 mm 以后，水土保持综合治理的效果已不明显，而且随着降雨量的增大，洪水还有增大现象。由图 3-6 可以看出，当流域最大 1 日降雨量超过 35 mm 以后，水土保持综合治理的削峰效果也不明显，而且只要超过最大 1 日降雨量 35 mm 这一阈值，不论是 3 000 m³/s 以下洪峰流量还是 5 000 m³/s 以上洪峰流量，水土保持综合治理的削峰效果均不明显。

　　马莲河是泾河的最大支流，流域面积 19 019 km²，地貌类型以黄土丘陵沟壑区为主。其上游环江流域洪德水文站控制面积 4 640 km²，是黄河中游粗泥沙的主要来源区之一。马莲河雨落坪水文站年洪水总量与流域最大 1 日降雨量的关系见图 3-7。

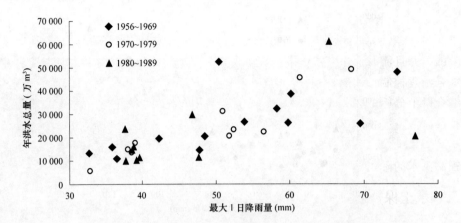

图 3-5　泾河流域年洪水总量与最大 1 日降雨量关系

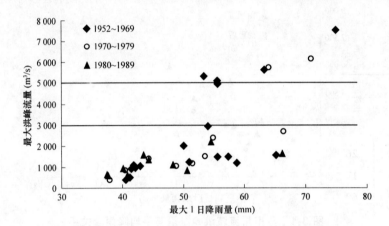

图 3-6　泾河流域最大洪峰流量与最大 1 日降雨量关系

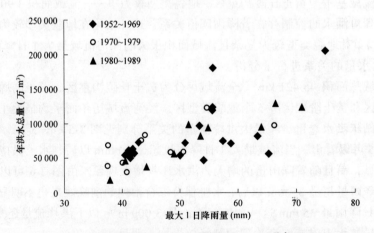

图 3-7　马莲河流域年洪水总量与最大 1 日降雨量关系

由图 3-7 也可以看出，当马莲河流域最大 1 日降雨量超过 35 mm 以后，治理前后的点据也混在一起，水土保持综合治理的效果也不明显；随着降雨量的增大，洪水也有增大现象。

因此，在地貌类型相对复杂的大流域，流域水土保持措施对暴雨洪水的控制作用也是有限的，并且流域治理对洪水的控制也存在着降雨阈值现象。对泾河流域而言，水土保持综合治理控制洪水的降雨阈值为 35 mm。

综合以上分析，在黄河中游地区，流域治理对洪水的控制存在着降雨阈值。降雨阈值的大小因流域而异，流域越大降雨阈值越小。根据对黄河中游典型支流的分析结果，皇甫川流域水土保持措施控制洪水的降雨阈值约为 50 mm；泾河流域水土保持综合治理措施控制洪水的降雨阈值约为 35 mm。

三、水土保持措施配置对减洪减沙影响的分析

(一)不同类型水土保持措施的减洪减沙作用分析

表 3-8 为河龙区间及泾河、北洛河、渭河、皇甫川、三川河等 5 流域 1970～1996 年 4 大水土保持措施减洪减沙比例的计算成果。

表 3-8　黄河中游不同类型水土保持措施减洪减沙比例(%)

区间	减洪比例				减沙比例			
	梯田	林地	草地	淤地坝	梯田	林地	草地	淤地坝
河龙区间	9.2	29.3	2.2	59.3	7.9	25.1	2.3	64.7
泾河	26.1	34.1	6.1	33.7	32.6	42.3	7.8	17.3
北洛河	17.3	36.8	2.0	43.9	21.6	46.0	2.5	29.9
渭河	60.7	26.6	7.2	8.5	58.0	8.6	5.8	27.6
皇甫川	2.7	34.4	1.3	61.6	2.6	32.2	1.2	64.0
三川河	10.0	17.2	0.4	72.4	8.9	15.5	0.3	75.3

由表 3-8 可知，河龙区间坝地年均减洪减沙比例最大，林地次之，梯田第三，草地最小。进一步分析可知，各流域之间由于其措施配置不同，相同类型的措施量大小不同，因而各流域同样措施的减洪减沙比例是有差异的。例如，泾河流域林地年均减洪减沙比例最大，草地年均减洪减沙比例最小；坝地减洪次之，梯田第三；梯田减沙次之，坝地第三。北洛河流域坝地年均减洪比例最大，年均减沙比例次之，林地年均减沙比例最大，年均减洪比例次之，梯田年均减洪减沙比例位居第三，草地年均减洪减沙比例最小。渭河流域梯田年均减洪减沙比例最大，林地减洪次之，坝地第三，草地最小；坝地减沙次之，林地第三，草地最小。皇甫川和三川河流域坝地年均减洪减沙比例均为最大，林地年均减洪减沙比例次之，梯田第三，草地最小。因此，不同类型的水土保持措施具有不同的减洪减沙作用。

(二)水土保持措施配置的减洪减沙效应

图 3-8、图 3-9 是三川河流域的降雨—洪水关系。如果将其与地貌类型基本相似的皇甫川相比，结合图 3-3 可见，无论是洪峰流量或洪量，在相同最大日降雨条件下，自 20世纪 70 年代治理以来，三川河流域各年代的削峰效果不断增加，尤其在日降雨量大于

35 mm 左右时，其削峰效果更为明显，而且降雨量大于 50 mm 左右时，仍能起到削峰减洪作用。这与皇甫川流域反映的规律是不同的。根据统计，在 20 世纪 90 年代初，三川河流域治理程度已达 33.1%，比皇甫川流域同期高 10%以上。同时，水土保持措施配置体系也不尽相同，如三川河的工程措施面积比为 23.0%，比皇甫川同期多 20.2%。再者，三川河流域修建中型水库 2 座、小(一)型水库 2 座及小(二)型水库 5 座，控制面积达 708 km²，占流域面积的 17.0%，其总库容为 3 312 万 m³；皇甫川流域仅在其支流十里长川有一些小型坝库工程，控制面积仅为 268 km²，只占流域面积的 8.4%，还难以起到显著的拦蓄作用。

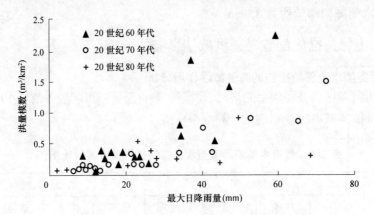

图 3-8   三川河流域最大日降雨量与洪量模数关系

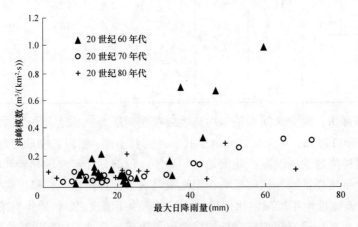

图 3-9   三川河流域最大日降雨量与洪峰模数关系

由此可见，皇甫川和三川河流域水土保持措施在控制洪水方面存在差异，其主要原因是两个流域的治理程度以及水土保持治理措施配置体系的不同。

1. 不同水保措施配置的减沙效益分析

水土保持措施配置比是指各单项水土保持措施保存面积与总治理保存面积之比。表 3-9 是河龙区间水土保持措施配置比与相应减沙比的计算成果，由此可以看出，自 20 世纪 70 年代开始，河龙区间水土保持措施的配置比从大到小依次是林地、梯田、草地及坝地；减沙比从大到小依次是坝地、林地、梯田和草地。

河龙区间水土保持措施的减沙比与配置比的关系比较复杂。就单项水土保持措施而言，梯田的配置比从 20 世纪 70 年代的 19.6%下降为 90 年代的 14.0%，但对应的减沙比却相应由 6.4%上升为 10.0%。林地减沙比与配置比成正比关系，减沙比增幅是配置比增幅的 3.75 倍，减沙作用比较明显。草地的减沙作用微弱。坝地的减沙比与配置比呈正比关系，如配置比从 20 世纪 70 年代的 3.1%下降为 90 年代的 2.1%，只下降了 1 个百分点，对应的减沙比却由 70 年代的 80.0%下降为 90 年代的 47.6%，下降了 32.4 个百分点。由此说明，坝地的减沙作用是非常大的，坝地配置比的较小变化可以引起其减沙比的较大变化。

表 3-9　河龙区间水土保持措施配置比(%)及减沙比(%)

时段	参数	梯田	林地	草地	坝地
1969 年以前	配置比	20.3	67.2	10.1	2.4
	减沙比	9.0	15.8	3.0	72.2
1970~1979	配置比	19.6	69.2	8.1	3.1
	减沙比	6.4	12.2	1.4	80.0
1980~1989	配置比	14.9	74.4	8.2	2.5
	减沙比	7.7	26.8	2.2	63.3
1990~1996	配置比	14.0	76.3	7.6	2.1
	减沙比	10.0	38.8	3.6	47.6

进一步分析知，最大减洪减沙效应所对应的措施配置视不同流域而有所不同。例如，河龙区间和泾河流域最大减洪减沙效益均出现在 20 世纪 80 年代；河龙区间最大减洪减沙效益对应的水土保持措施配置比例为梯田：林地：草地：坝地=14.9：74.4：8.2：2.5；泾河流域最大减洪减沙效益对应的水土保持措施配置比例为梯田：林地：草地：坝地=27.6：58.9：12.7：0.8；北洛河流域最大减洪减沙效益对应的水土保持措施配置比例为梯田：林地：草地：坝地=17.0：67.0：14.4：1.6。当然，表 3-10 所给出的最大减洪减沙效益及其对应的措施配置并非理论上的最优值，而是现有治理模式下的相对值。关于理论上的配置最大效应问题有待进一步研究。

总之，水土保持措施配置比例不同，减沙效益不同，水土保持措施配置对流域的减洪减沙效应具有非常明显的影响。

2. 淤地坝配置比与减沙比的关系分析

表 3-10 是河龙区间 4 大典型支流淤地坝配置比及减沙比的关系。从 20 世纪 70 年代开始，4 大典型支流中只有皇甫川流域淤地坝的配置比和减沙比呈同步上升的趋势：90 年代与 70 年代相比，在淤地坝配置比增大 34.6%的情况下，减沙比相应增大了 48.3%，高出坝地配置比增幅 13.7 个百分点。其余三大典型支流淤地坝的配置比和减沙比均呈同步衰减的趋势：90 年代与 70 年代相比，窟野河、无定河、三川河流域淤地坝配置比分别减小了 26.7%、33.3%和 25.0%，减沙比分别减小了 18.9%、60.9%和 21.0%。

表 3-10　4 大典型支流淤地坝配置比(%)与减沙比(%)关系

时段	参数	皇甫川	窟野河	无定河	三川河
1969 年以前	配置比	1.8	1.3	1.8	4.6
	减沙比	40.7	55.8	76.7	68.8
1970~1979	配置比	2.6	1.5	2.4	4.4
	减沙比	43.3	52.9	84.1	85.1
1980~1989	配置比	2.6	1.2	1.9	3.9
	减沙比	57.2	42.1	62.5	74.9
1990~1996	配置比	3.5	1.1	1.6	3.3
	减沙比	64.2	42.9	32.9	67.2

　　从各支流淤地坝配置比与减沙比的关系看，皇甫川流域只要淤地坝配置比达到 2%以上，减沙比即可达到 40%，减沙效益明显；窟野河流域当淤地坝配置比达到 1%以上时，减沙比可以达到 40%以上，减沙效益也十分明显；无定河流域当淤地坝配置比达到 1.5%以上时，减沙比可以达到 30%以上；三川河流域当淤地坝配置比达到 4%左右时，减沙比可以达到 75%左右。显然，窟野河流域达到同样减沙比所需要的淤地坝配置比最低，三川河最高，皇甫川和无定河基本相当。1970～1996 年 27 年平均，当 4 大典型支流淤地坝配置比平均达到 2.5%时，淤地坝减沙比平均可以达到 60%。因此，淤地坝依然是 4 大典型支流减沙首选的水土保持工程措施。为有效、快速地减少入黄泥沙，河龙区间水土保持措施应采用以淤地坝为主的工程措施与坡面措施相结合的综合配置模式；淤地坝的配置比应保持在 2%以上。河龙区间淤地坝面积配置比的下限应为 2%。

四、水土保持措施调控泥沙级配的功能分析

(一)水土保持综合治理调控泥沙级配功能分析

　　表 3-11 是黄河中游粗泥沙集中来源区支流及干流水文站实施水土保持措施前后的泥沙粒径变化情况。

表 3-11　黄河中游粗泥沙集中来源区支流及干流水文站实施水土保持措施前后的泥沙粒径变化情况

(单位：mm)

河　流	水文站	治理前 d_{50}	治理后 d_{50}	治理前 d_{cp}	治理后 d_{cp}
皇甫川	皇　甫	0.066 0	0.053 8	0.156 0	0.137 3
孤山川	高石崖	0.045 3	0.035 4	0.066 6	0.056 4
窟野河	温家川	0.078 3	0.049 0	0.089 7	0.108 5
秃尾河	高家川	0.094 8	0.064 5	0.158 1	0.126 3
佳芦河	申家湾	0.042 2	0.041 0(0.034 4)	0.060 8	0.091 9(0.059 5)
无定河	白家川	0.035 8	0.031 8	0.052 0	0.046 5
清涧河	延川	0.031 7	0.026 8	0.041 6	0.035 2
延　河	甘谷驿	0.032 4	0.028 1	0.057 5	0.048 3
黄　河	府谷	0.025 9	0.022 9	0.039 9	0.042 5
黄　河	吴堡	0.028 8	0.029 0	0.047 2	0.044 6
黄　河	龙门	0.032 4	0.026 5	0.053 6	0.038 0

　　注：1. 资料系列截至 2004 年。佳芦河申家湾水文站括号内为截至 1989 年的资料。
　　　　2. d_{50} 代表中值粒径，d_{cp} 代表平均粒径。泥沙颗粒级配资料系列中 1980 年以前的"粒径计法"资料已全部改正为"吸管法"资料。

由表 3-11 统计结果可以看出，实施水土保持综合治理后(以 1970 年为界)，泥沙中值粒径明显变细。泥沙粒径变化以皇甫川、窟野河、秃尾河 3 条支流最为明显。

黄河中游河龙区间干流及部分支流水文站实施水土保持措施前、实施水土保持措施后(1970～2004 年)长时段的粒径变化对比见图 3-10，可以看出，绝大部分流域实施水土保持综合治理后的泥沙中值粒径和平均粒径变细。但对于窟野河温家川水文站控制流域，虽然实施了水保治理，由于开矿等人为新增水土流失却导致泥沙平均粒径反而变粗。佳芦河申家湾水文站进入 20 世纪 90 年代后，可能由于开矿和特大暴雨的共同影响，中值粒径由 0.034 4 mm 增大到 0.041 0 mm；平均粒径由 0.059 5 mm 增大到 0.091 9 mm，急剧变粗。

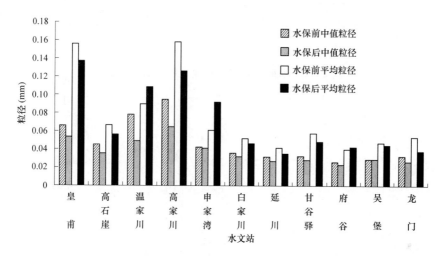

图 3-10 粗泥沙集中来源区及干流泥沙粒径变化对比

综合以上分析可以认为，实施水土保持综合治理后，粗泥沙集中来源区绝大部分支流及干流水文站的泥沙中值粒径和平均粒径变细，说明水土保持措施具有调控泥沙级配的功能。但大规模的开矿等开发建设能使入黄泥沙粒径明显变粗。

(二)淤地坝拦粗排细功能分析

对黄河中游 54 座淤地坝的钻探取样颗分资料分析表明，淤地坝对泥沙淤积具有分选作用。坝前泥沙粒径小于坝尾泥沙粒径，而且泥沙粒径越粗，坝前、坝尾差别越大，分选越明显。同时，淤地坝有一定的淤粗排细功能。在淤地坝对泥沙的分选作用下，到达坝前的泥沙粒径小于坝尾泥沙粒径，对于排洪运用的淤地坝，排出的泥沙粒径相对较细，从而起到了淤粗排细的作用。

图 3-11 是取样的淤地坝淤积泥沙的平均颗粒级配曲线。可以看出，坝前淤积泥沙颗粒级配曲线位于下方，表明坝前淤积泥沙颗粒较坝尾的细。

图 3-12 是坝前和坝尾不同粒径级所占比例变化情况，可以看出，小于 0.1 mm 的泥沙所占比例坝前大于坝尾；大于 0.1 mm 的泥沙所占比例坝前小于坝尾。

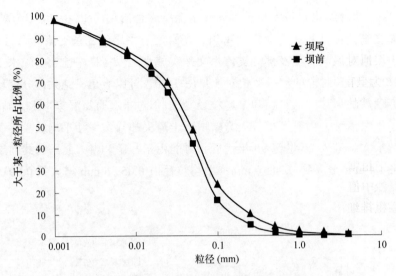

图 3-11　坝前、坝尾淤积泥沙粒径级配曲线

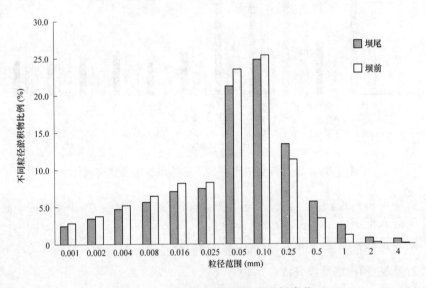

图 3-12　不同粒径淤积泥沙比例变化

(三)典型支流淤地坝的拦粗排细作用分析

皇甫川和无定河同是黄河中游水土流失治理的重点支流,但由于地质条件的差异,两个流域的来沙组成也有一定差别。皇甫川流域砒砂岩面积比重大,侵蚀产沙粒径粗,多年(1966~1997年)输沙平均粒径为 0.16 mm,多年平均悬沙粒径大于 0.05 mm 的粗泥沙占总沙量的百分比为 46.0%,在河龙区间诸多支流中来沙组成最粗。无定河流域地面物质组成以黄土为主,多年(1966~1997年)输沙平均粒径仅为 0.05 mm,多年平均悬沙粒径大于 0.05 mm 的粗泥沙占总沙量的百分比为 32.2%。因此,选取皇甫川和无定河来分析不同产沙条件下淤地坝的拦粗排细作用。

根据皇甫川和无定河流域内坝前、坝尾泥沙粒径级配曲线,可以看出皇甫川流域内坝前泥沙粒径细化较明显，说明坝地对泥沙粒径的分选作用较大；无定河流域内坝前泥沙粒径也有细化趋势，但不太明显，说明坝地对泥沙粒径的分选作用较小。因此，来沙组成越粗，坝地对泥沙粒径的分选作用越明显。

表 3-12 为皇甫川皇甫站 7~8 月泥沙粒径变化统计结果，可以看出，粒径<0.025 mm 的泥沙所占全沙比例由 20 世纪 60 年代的 35.0%增加到 90 年代的 52.7%；粒径 0.025~0.05 mm 的泥沙所占全沙比例由 20 世纪 60 年代的 15.6%减少到 90 年代的 12.5%；粒径>0.05 mm 的泥沙所占全沙比例由 20 世纪 60 年代的 49.5%减少到 90 年代的 34.8%。说明输沙量中粗颗粒泥沙所占比重减小，细颗粒泥沙所占比重增大。相应地，治理后河道悬移质泥沙中值粒径和平均粒径都有所减小。因此，淤地坝在来沙组成很粗的流域具有明显的拦粗排细作用。

表 3-12　皇甫川皇甫站 7~8 月泥沙粒径统计

时段	平均输沙量(万 t)	各粒径组泥沙重量比(%)			中值粒径(mm)	平均粒径(mm)
		<0.025 mm	0.025~0.05 mm	>0.05 mm		
1966~1969	2 928	35.0	15.6	49.5	0.059	0.152
1970~1979	2 822	39.5	15.0	45.4	0.059	0.132
1980~1989	1 990	41.6	15.2	43.2	0.051	0.127
1990~1995	1 027	52.7	12.5	34.8	0.030	0.104

表 3-13 是无定河流域治理前后各断面的悬移质泥沙粒径变化情况。根据姚文艺等的分析，悬移质泥沙级配变化的原因可能与无定河流域修建大量的淤地坝有关。20 世纪 70 年代，无定河流域淤地坝建设发展很快，10 年内形成坝地面积达 11 300 hm^2。相应地，上游产生的粗泥沙会首先沉积在坝区内，输送到下游的细颗粒泥沙就相对增加，悬移质泥沙的中值粒径就会变细。而干流的川口站泥沙中值粒径稍有增粗，是由于在拦粗排细作用下支流进入干流的泥沙粒径变细，增大了水流的挟沙能力，使得干流河床发生冲刷。因此，由于大量的淤地坝等沟道工程措施的建设，导致无定河入黄泥沙粒径变细，说明淤地坝在来沙组成较细的流域同样具有拦粗排细的作用。

表 3-13　无定河流域治理前后各断面悬移质泥沙粒径变化情况　　（单位：mm）

控制断面	治理前中值粒径 d_{50}	治理后中值粒径 d_{50}
川口(干流)	0.035	0.038
赵石窑(干流)	0.049	0.044
绥德(大理河)	0.044	0.044
李家河(小理河)	0.044	0.038

综合以上分析，由于皇甫川流域治理前后的泥沙级配变化比无定河更加明显，因此流域产沙越粗，淤地坝拦粗排细效果越明显。

(四)坝地淤积物粒径空间变化规律研究

选择淤地坝建设历史较早的陕北韭园沟流域进行淤地坝淤积物采样分析。通过野外调查，考虑淤地坝的控制面积大小、放水工程类型以及是否受上游淤地坝影响等因素，在众多淤地坝中选择了 8 座有代表性的淤地坝进行取样和分析后，得到如下主要结论：

(1)在垂直剖面上，淤地坝堆积物表现为颗粒较粗的粉土层与颗粒较细的黏土层相间分布，具有一定的沉积层理。特别是在控制面积较大或者排水不畅的淤地坝坝前，厚薄不一的粉土层与黏土层相间分布更加明显。

(2)淤地坝淤积物的颗粒级配在水平方向上存在明显的差异，表现为上游较下游粗，下游粗泥沙明显减少。说明淤地坝具有明显的"淤粗排细"作用。

(3)具有同样放水工程的淤地坝，控制面积大的较控制面积小的淤积物细；无放水工程的淤地坝属于全拦全蓄"闷葫芦"坝，坝前黏土层厚度较大；缺口坝同样有"淤粗排细"的作用。

(五)黄河干流泥沙级配变化

水土保持综合治理减水减沙效益显著，特别是淤地坝还具有明显的淤粗排细功能，支流的治理对干流泥沙组成产生了一定的影响。从 20 世纪 70 年代水土保持措施实施以来到 90 年代，汛期中游控制站府谷、吴堡和龙门泥沙粒径逐渐变细(见表 3-14)，但 2000 年以来，中游控制站龙门、吴堡和渭河控制站华县，出现了来沙粒径变粗、粗沙占全沙比例增大的现象，但龙门、吴堡粗沙比例仍然小于治理前的 60 年代。这种现象与降雨、水土保持综合治理力度、人为新增水土流失、河道冲淤、大型水库调节等因素有关。但是导致泥沙粒径变粗的主要原因还有待研究。

五、初步认识

(1)水土保持综合治理减沙作用远大于降雨影响。

根据前述研究成果，1970～1996 年，黄河中游水土保持措施年均减沙约 3.2 亿 t；较 1969 年以前年均新增减沙量约 2.1 亿 t。黄土高原水土保持措施年均减沙约 3.5 亿 t；较 1969 年以前年均新增减沙量约 1.7 亿 t。黄河中游地区自 1970 年实施大规模水土保持综合治理以来的近 30 年间，因人类活动与降雨影响的双重作用，输沙量明显减少；人类活动与降雨影响减沙之比约为 6.5：3.5。因此，在多年平均情况下，黄河中游水土保持综合治理减沙占主导地位，其减沙作用远大于降雨影响。

(2)水土保持措施对洪水泥沙的控制作用有限，且存在着降雨阈值关系。

根据皇甫川流域水土保持措施对洪水的影响分析，当降雨量小于 50 mm 时，水土保持措施具有一定的减洪作用；当降雨量大于 50 mm 时，水土保持措施对洪水的影响不明显。若发生中小洪水或较大洪水，水土保持措施有一定的削峰作用；若遇大洪水，则对洪峰流量起不到控制作用。在地貌类型相对复杂且面积很大的泾河流域，水土保持措施对暴雨洪水的控制作用也是有限的，当最大 1 日降雨量大于 35 mm 时，水土保持措施对洪水的控制也不明显。

因此，黄河中游地区水土保持措施对洪水泥沙的控制作用有限，并且存在着降雨阈值关系。由于各区域地貌类型的复杂性，不同流域水土保持措施对洪水泥沙的控制作用还需继续开展研究。同时，提高水土保持对洪水泥沙的控制作用，也是当今治黄面临的重大任务。

表 3-14　汛期分组沙量及占全沙比例

站名	时段	沙量(亿 t)					占全沙比例(%)			
		全沙	细泥沙	中泥沙	粗泥沙	特粗泥沙	细泥沙	中泥沙	粗泥沙	特粗泥沙
府谷	1966～1969	4.110	1.925	0.912	1.273	0.409	47	22	31	10
	1970～1979	2.018	0.943	0.461	0.614	0.215	47	23	30	11
	1980～1989	1.605	0.875	0.328	0.402	0.126	55	20	25	8
	1990～1999	0.571	0.372	0.102	0.097	0.021	65	18	17	4
	2000～2004	0.078	0.055	0.012	0.011	0.004	71	15	14	5
吴堡	1960～1969	6.181	2.845	1.407	1.929	0.751	46	23	31	12
	1970～1979	4.478	2.153	1.000	1.325	0.429	48	22	30	10
	1980～1989	2.646	1.294	0.606	0.745	0.159	49	23	28	6
	1990～1999	1.896	1.045	0.428	0.424	0.083	55	23	22	4
	2000～2004	0.540	0.291	0.106	0.143	0.053	54	20	26	10
龙门	1961～1969	10.675	4.719	2.921	3.034	0.873	44	27	29	8
	1970～1979	7.809	3.635	2.096	2.079	0.620	47	27	26	8
	1980～1989	3.880	1.950	1.043	0.887	0.179	50	27	23	5
	1990～1999	4.125	2.013	1.193	0.919	0.143	49	29	22	3
	2000～2004	1.913	0.923	0.523	0.467	0.146	48	27	25	8
华县	1960～1969	3.876	2.542	0.956	0.379	0.093	65	25	10	2
	1970～1979	3.634	2.330	0.906	0.398	0.102	64	25	11	3
	1980～1989	2.367	1.483	0.615	0.269	0.034	63	26	11	1
	2000～2004	1.578	0.948	0.396	0.235	0.036	60	25	15	2

(3)水土保持措施对洪水泥沙拦蓄作用的大小与措施配置密切相关，存在着措施配置的最大减洪减沙效应现象。

流域治理效应是一种非线性的高阶响应过程，不同水土保持措施配置体系对应的流域治理效应差异很大。因此，流域治理效应与水土保持治理措施配置密切相关。对于皇甫川、三川河等典型支流及河龙区间的平均情况来说，当淤地坝坝地配置比<2%时，流域治理的减沙效益很低。

(4)淤地坝具有"淤粗排细"的作用，产沙越粗的地区淤地坝"淤粗排细"的作用越明显。

黄河中游地区淤地坝具有一定的"淤粗排细"功能，并且产沙区域越粗，淤地坝"淤粗排细"效果越明显。同时，水土保持措施也具有"拦粗排细"的功能。因此，继续强化黄河中游水土保持生态工程建设，加快淤地坝建设，特别是在粗泥沙集中来源区大规模建设淤地坝，利用水土保持措施尤其是淤地坝的"淤粗排细"功能进行黄河流域水沙调控，对有效减少入黄粗泥沙、实现黄河下游"河床不抬高"将起到积极的作用。

第四章　宁蒙河段冲淤规律初步分析

一、宁蒙河段冲淤变化及原因分析

(一)河道淤积显著加重

天然情况下，宁蒙河道处于缓慢抬升趋势，多年平均淤积厚度为 0.01~0.02 m。但是在 1986 年之后，由于气候和人类活动的综合影响，河道淤积加重，尤以内蒙古河段最为严重(见表 4-1、表 4-2)。例如，1991~2004 年内蒙古河段河道年均淤积量为 0.647 亿 t，为 1962~1991 年年均淤积量的 6.4 倍多。表 4-3 是根据输沙率法计算的内蒙古河段年均冲淤量，该成果与断面法冲淤量有一定差异。输沙率法计算成果与断面法的差异主要是由于内蒙古河段十大孔兑中只有三大孔兑的资料，没有考虑其他孔兑来沙以及入黄风沙量，因此输沙率法冲淤量较断面法冲淤量偏小。

同时，河道淤积纵向分布主要集中在三湖河口—昭君坟河段(见图 4-1)，横向分布主要集中在河槽内。实测断面资料表明，内蒙古河段河槽淤积量由 1982~1991 年的 65%增加到 1991~2004 年的 87%(见表 4-4 和表 4-5)。

表 4-1　内蒙古河段年均冲淤量断面法计算成果

时段 （年-月）	不同河段冲淤量(亿 t)				
	巴彦高勒— 三湖河口	三湖河口— 昭君坟	昭君坟— 蒲滩拐	巴彦高勒— 蒲滩拐	总量
1991-12~ 2000-07	0.139	0.332	0.177	0.648	5.832
2000-07~ 2004-07	0.220	0.201	0.225	0.646	2.584
1991-12~ 2004-07	0.164	0.292	0.192	0.647	8.416

表 4-2　三盛公至河口镇河段河道 1962~1991 年冲淤量断面法计算成果

1962~1982 年			1982~1991 年			1962　~　1991 年		
河段	长度 (km)	冲淤量 (亿 t)	河　段	长度 (km)	冲淤量 (亿 m³)	长度 (km)	冲淤量 (亿 t)	年均 (亿 t)
三盛公—新河	336	−2.35	三盛公—毛不浪孔兑	250	1.29			
新河—河口镇	175	+1.74	毛不浪孔兑—呼斯太	206	2.07			
			呼斯太—河口镇	55	0.16			
三盛公—河口镇	511	−0.61	三盛公—河口镇	511	3.52	511	+2.93	0.1

表 4-3 内蒙古河段年均冲淤量沙量法计算成果

时段	不同河段冲淤量(亿 t)			
	石嘴山—巴彦高勒	巴彦高勒—三湖河口	三湖河口—头道拐	巴彦高勒—头道拐(总量)
1991~2003	0.046 7	0.233	0.188	5.473

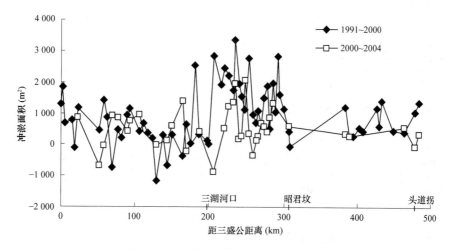

图 4-1 内蒙古河道冲淤面积沿程变化

表 4-4 内蒙古河段(三盛公—河口镇)1982~1991 年河道淤积量分布

河段	淤积量(亿 t)		主槽占全断面(%)	淤积厚度(m)	
	全断面	主槽		主槽	滩地
三盛公—毛不浪孔兑	1.29	0.84	64	0.4	0.048
毛不浪孔兑—呼斯太	2.07	1.22	59	0.7	0.11
呼斯太—河口镇	0.16	0.16	100	0.4	—
全 河 段	3.52	2.22	65	0.52	0.066

表 4-5 内蒙古河段(巴彦高勒—蒲滩拐)1991~2004 年河道冲淤量纵横向分布

河段	冲淤总量(亿 t)	各河段占总量(%)	河槽淤积占全断面(%)
巴彦高勒—三湖河口	0.164	25	80
三湖河口—昭君坟	0.292	45	84
昭君坟—蒲滩拐	0.192	30	98
巴彦高勒—蒲滩拐	0.648	100	87

(二)过流能力明显降低

根据内蒙古河段河宽变化过程分析,除头道拐断面,巴彦高勒、三湖河口和昭君坟河段 1965~1986 年的断面平均河宽约在 550 m，而 1986~2000 年巴彦高勒、三湖河口和昭君坟平均河宽减小到 450 m 左右(见图 4-2)。与此同时，河床高程则不断抬升(见图 4-3)，如巴彦高勒断面深泓点从 1986~2000 年抬高了 2 m 多。河宽缩窄和河底高程的抬升必然引起断面面积的减小，例如，从 1986~2004 年石嘴山断面面积在水位 1 087.49 m 和 1 091 m 时分别减少 271 m^2 和 293 m^2(见表 4-6)，三湖河口在水位 1 019.13 m 和 1 020 m 时分别减少 709 m^2 和 917 m^2(见表 4-7)。

表 4-6　石嘴山站各代表年同水位面积比较

年份	水位(m)	面积(m^2)	与前一次同水位面积差(m^2)
1965	1 087.49	585	
1986	1 087.49	767	182
1996	1 087.49	570	−197
2004	1 087.49	496	−74
1965	1 091.00	1 856	
1986	1 091.00	1 985	129
1996	1 091.00	1 796	−189
2004	1 091.00	1 692	−104

表 4-7　三湖河口站各代表年同水位面积比较

年份	水位(m)	面积(m^2)	与前一次同水位面积差(m^2)
1965	1 019.13	899	
1986	1 019.13	1 226	327
1996	1 019.13	897	−329
2004	1 019.13	517	−380
1965	1 020.00	1 133	
1986	1 020.00	1 722	589
1996	1 020.00	1 352	−370
2004	1 020.00	805	−547

过水面积的减小，使得平滩流量降低。20 世纪 90 年代以前，巴彦高勒平滩流量变化在 4 000~5 000m³/s，三湖河口在 3 000~5 000 m³/s；20 世纪 90 年代以来平滩流量持续减少，到 2004 年在 1 000 m³/s 左右，部分河段 700 m³/s 即开始漫滩。昭君坟站 1974~1988 年平滩流量在 2 200~3 200 m³/s，到 1995 年仅约为 1 400 m³/s。

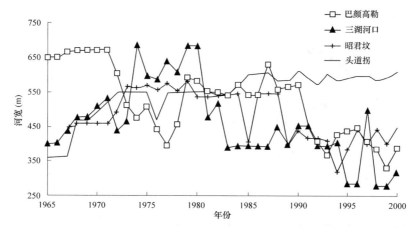

图 4-2 内蒙古河段各水文站断面河宽变化套绘图

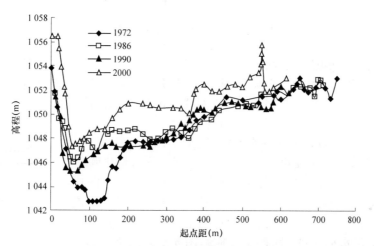

图 4-3 内蒙古巴彦高勒水文站断面

河道淤积使得同流量水位抬升(表 4-8)。1986 年 10 月上游龙羊峡水库运用以来至 2004 年,巴彦高勒—昭君坟 2 000 m³/s 同流量水位升高 1.35 ~ 1.72 m。同水位流量减少,如水位在 1 050.5 m 时,1985 年的流量为 2 500 m³/s,而 2002 年的流量仅为 200 m³/s 左右(见图 4-4)。

表 4-8 内蒙古河段不同时期同流量(2 000 m³/s)水位升降值

站名	间距(km)	不同时期水位升降值(m)					
		1961 ~ 1966	1966 ~ 1968	1968 ~ 1980	1980 ~ 1986	1986 ~ 1991	1991 ~ 2004
青铜峡		0.17	−0.20	−0.27	−0.30	0	−0.02
石嘴山	194	−0.12	0.10	−0.06	0.08	0	0.09
磴口	87.7	0.18	−0.16	0.26	−0.16		
巴彦高勒	142	−0.48	−0.50	0.36	−0.38	0.70	1.02
三湖河口	221	−0.22	−0.60	0.14	−0.32	0.60	0.75
昭君坟	126	−0.16	−0.32	0.06	0.06	0.60	0.50*
河口镇	174	−0.06	−0.28	−0.42	0.60	0	0.30

注:带*昭君坟数据为 1991 ~ 1994 年。磴口站 1986~2004 年无资料。

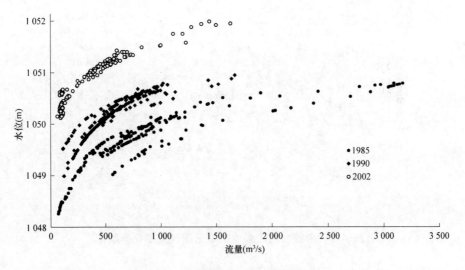

图 4-4　巴彦高勒站水位—流量关系

(三)河道淤积加重原因分析

初步分析表明,引起宁蒙河道近期淤积严重、河槽淤积萎缩和河道排洪能力降低的主要原因是大型水库的调节、降雨径流的减少和引水增加等。

1. 大型水库调节水沙过程对河道的影响

龙刘水库(龙羊峡、刘家峡水库)联合运用以来,汛期削减洪峰,非汛期加大流量,年内流量过程发生较大变化,汛期、非汛期进出库水量比例改变,汛期水量占年水量的比例减少,龙羊峡水库运用前后出库汛期水量占年水量的比例由 60%左右减少到近40%(见表 4-9)。同时,刘家峡水库 1968 年蓄水单独运用以来,削峰作用就很明显,削峰比一般为 20%~50%。从龙羊峡水库运用后,两库的削峰作用更为明显,凡流量超过1 000 m³/s 的洪水都受到不同程度的削减(图 4-5)。

表 4-9　龙羊峡水库进出库水文站不同时段水量变化

站名	时段	水量(亿 m³)			汛期占年水量(%)
		非汛期	汛期	全年	
唐乃亥	1957~1968	78.3	131.1	209.4	62.6
	1969~1986	85.2	133.8	219.0	61.1
	1987~2004	75.5	99.1	174.6	56.8
贵德	1957~1968	82.3	136.3	218.6	62.4
	1969~1986	88.9	135.5	224.4	60.4
	1987~2004	106.3	68.6	174.9	39.2

水库蓄水削峰的同时,若遇上支流高含沙量洪水,更易造成河道淤积,例如,1989年 7 月 21 日西柳沟发生 6 940 m³/s 洪水,径流量 0.735 亿 m³,沙量 0.474 亿 t,实测最大含沙量 1 240 kg/m³。黄河干流流量在 1 000 m³/s 左右,在入黄口处形成长 600 m 多、宽约 7 km、高 5 m 多的沙坝,堆积泥沙约 3 000 万 t,使河口上游 1.5 km 处的昭君坟站同流量水位猛涨 2.18 m,超过 1981 年 5 450 m³/s 洪水位 0.52 m。

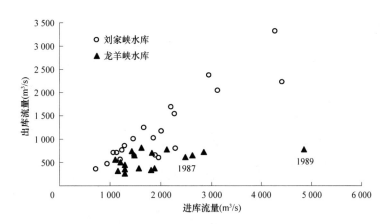

图 4-5　龙羊峡、刘家峡水库进出库流量

2. 降水和天然径流量减少的影响

兰州以上 1990~2004 年平均降水量为 458.3 mm,比 1956~1989 年多年均值偏少 6.2%(见表 4-10)。兰州—头道拐区间 1990~2004 年平均降水量为 256.5 mm,比多年均值偏少 2.4%。1990~2004 年兰州、头道拐站年均天然径流量分别为 274.3 亿、271 亿 m³,分别比多年均值偏少 21.6% 和 23.2%(见表 4-11),实测径流量也分别比多年均值减少 23.6% 和 40.2%。

表 4-10　各时段降水量比较

时段	兰州以上	兰州—头道拐
1990~2004①(mm)	458.3	256.5
1956~1989②(mm)	488.6	262.7
(①−②)/②(%)	−6.2	−2.4

表 4-11　天然径流量和实测径流量比较

时段	兰州				头道拐			
	天然径流量(亿 m³)	实测径流量(亿 m³)	减少量(%)		天然径流量(亿 m³)	实测径流量(亿 m³)	减少量(%)	
			天然	实测			天然	实测
1956~1989	350	330.3	21.6	23.6	353	243.7	23.2	40.2
1990~2004	274.3	252.5			271	145.8		

3. 引水及支流的影响

从宁蒙河道引水量变化可看出(见表 4-12),1987~2003 年年均引水量与 1961~1967 年均值相比,引水量增加约 30 亿 m³。年均引沙量约在 0.3 亿 t,变化不大。

表 4-12　宁蒙河道汛期、年平均引水引沙量

时段	汛期		年		汛期/年(%)	
	引水量(亿 m³)	引沙量(亿 t)	引水量(亿 m³)	引沙量(亿 t)	引水量	引沙量
1961~1967	53.9	0.285	90.4	0.346	59.6	82.4
1968~1986	64.5	0.254	118.9	0.304	54.3	83.6
1987~2003	63.4	0.312	119.9	0.334	52.8	93.4

由于上游具有水沙异源的特性，水量主要来自兰州以上干流，泥沙主要来自支流，因此河道淤积支流来沙起着主要作用。1987~2003 年与 1961~1969 年相比，除清水河来沙量增加较多，其他支流沙量基本没有增加。支流年均来水减少 0.69 亿 m^3(见表 4-13)。

表 4-13 宁蒙河段各时段支流年均水沙量

站名	水量(亿 m^3)			沙量(亿 t)			含沙量(kg/m^3)		
	1961~1969	1970~1986	1987~2003	1961~1969	1970~1986	1987~2003	1961~1969	1970~1986	1987~2003
祖厉河	1.44	1.11	0.91	0.62	0.47	0.36	430.6	423.4	395.6
清水河	1.52	0.76	1.28	0.21	0.18	0.39	138.2	236.8	304.7
西柳沟	0.35	0.29	0.32	0.03	0.04	0.06	85.7	137.9	187.5
毛不浪孔兑	0.10	0.09	0.21	0.02	0.02	0.08	200.0	222.2	381.0
年均总量	3.41	2.26	2.72	0.88	0.70	0.89	258.1	309.7	327.2

从 1986 年以来的各影响因素的变化来看，降水减少小于 10%，天然径流量和实测径流量分别减少 20%~40%，而引水量仅增加 30 亿 m^3，支流年均水量仅减少 0.69 亿 m^3，年均来沙与多年平均来沙量基本相当。

各个因素交织在一起共同导致宁蒙河道淤积形式的恶化。粗略估算若没有水库和引水增加的影响，汛期来沙系数为 0.003 4 kg·s/m^6，有水库后汛期来沙系数上升为 0.01 kg·s/m^6，而非汛期来沙系数则由 0.006 2kg·s/m^6 下降至 0.001 86 kg·s/m^6，因此河道淤积量可能不会很大，呈微淤状态。

至于哪个因素居主要地位，哪个居次要地位，基本影响量多少，是十分复杂的问题，因为这些因素身也是不固定的，是伴随其他因素而改变的，如引水量的影响，虽然看来增加不多，但汛期来水就偏枯，引水量的影响比来水多的时期要大。导致宁蒙河道淤积加重的定量影响需要大量细致、科学的研究才能搞清楚。

二、宁蒙河段河道输沙关系分析

(一)河道冲淤与水沙的关系

河道冲淤强弱反映了河道输沙能力的高低，宁蒙河道为典型的冲积性河道，来水来沙条件是影响冲积性河道冲淤演变的主要因素，黄河上游的水沙主要来自汛期，冲淤调整也主要发生在汛期。由图 4-6 可以看出，宁蒙河道汛期单位水量冲淤量随着来沙系数的增大而增大：来沙系数大，单位水量冲淤量大；来沙系数小，单位水量淤积量减少，甚至还可能冲刷。分析表明，当宁蒙河道汛期来沙系数约在 0.003 2 kg·s/m^6 时，河道基本保持冲淤平衡。如宁蒙河道汛期平均流量在 2 000 m^3/s、含沙量约 6.4 kg/m^3 时，河道基本保持冲淤平衡。内蒙古河道来沙系数在 0.003 4 kg·s/m^6 时(见图 4-7)，河道基本保持冲淤平衡，大于此值发生淤积，反之则发生冲刷。

从宁蒙河道洪水期冲淤与水沙条件的关系(见图 4-8)可以看出，洪水期河道冲淤调整与水沙关系十分密切，单位水量冲淤量随着来沙系数的增大而增大。来沙系数较小时，河道单位水量淤积量小，甚至发生冲刷。宁蒙河段当来沙系数约为 0.003 8 kg·s/m^6 时河道基本冲淤平衡。内蒙古河段来沙系数约为 0.003 8 kg·s/m^6 时河道基本冲淤平衡(见图 4-9)。

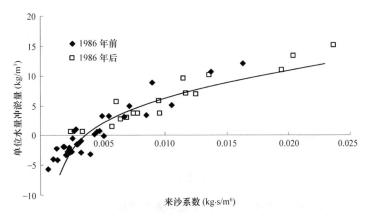

图 4-6　宁蒙河道汛期冲淤与来沙系数的关系

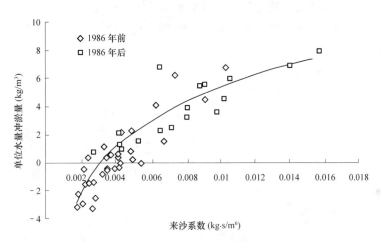

图 4-7　内蒙古河道汛期冲淤与来沙系数的关系

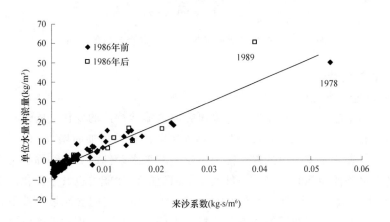

图 4-8　宁蒙河道洪水期冲淤与来沙系数的关系

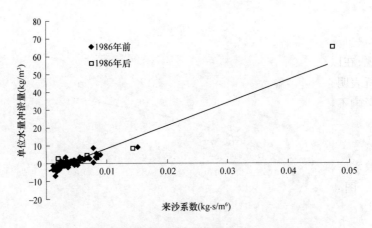

图 4-9　内蒙古河道洪水期冲淤与来沙系数的关系

在非汛期，宁蒙河道输沙能力大小与来水来沙条件也有较大关系。从非汛期河道冲淤与水沙关系(见图 4-10)可以看出，来沙系数在 0.001 7 kg·s/m⁶ 左右时，河道冲淤基本平衡。

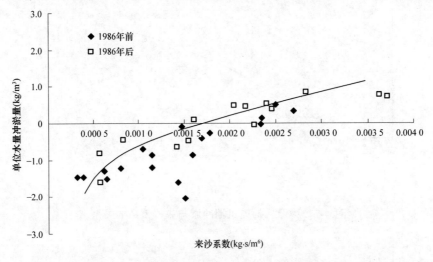

图 4-10　宁蒙河道非汛期冲淤与来沙系数的关系

(二)河道的输沙特性

1. 宁蒙河道汛期的输沙特性

下面主要利用输沙率和流量的关系来研究河道输沙特性的变化。从图 4-11、图 4-12 典型站输沙率和流量的关系中可以看出，输沙率随流量的增加而增大。

进一步分析表明宁蒙河道的输沙能力不仅随着来水条件而变化，而且与来沙条件关系很大，当来水条件相同时，来沙条件改变，河道的输沙能力也发生变化。当上站含沙量(即来沙条件)较高时，相应输沙率也较大。同样，在一定的含沙量条件下，输沙率也随流量的增大而增大。因此，输沙率与流量和上站含沙量都是正比关系，这反映了冲积性河道"多来多排多淤"的特点。例如，在石嘴山站流量 2 000 m³/s 条件下，当上站来沙量为 9 kg/m³ 时，河道输沙率约为 10 t/s，而上站来水含沙量为 19 kg/m³ 时，河道输沙率达到 30 t/s。

以上述研究成果为基础,可以得出两点认识:①由于上游含沙量相对比中下游较低,对其有所忽视,在以往使用输沙率—流量关系进行输沙或河道冲淤计算时多采用平均线,但是本次分析表明来沙的影响是较大的,即使绝对量不大,但由于宁蒙河道冲淤本身就很小,因此影响不小,需要充分考虑含沙量这一重要因素。②从水沙关系可以看到,点群似乎是以时期分带,在同流量条件下 1969～1986 年和 1987～2003 年的输沙率都较前期减小了,认为刘家峡水库 1968 年开始运用后宁蒙河道的输水能力降低了,1986 年龙羊峡、刘家峡水库联合运用后河道的输沙能力进一步降低。从图中点据旁注的上站含沙量(见图 4-11、图 4-12)可以看到,实际上影响输沙率的是来水的含沙情况,水库运用后

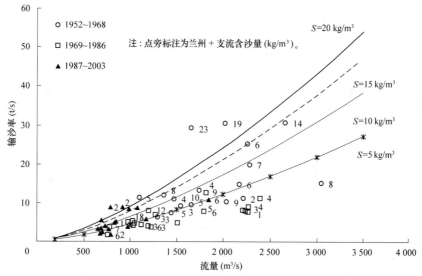

图 4-11　石嘴山站汛期输沙率与流量关系图

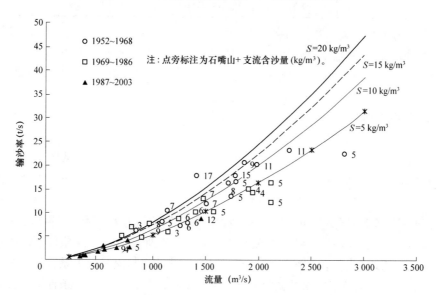

图 4-12　头道拐站汛期输沙率与流量关系图

引起河道来沙条件的变化是真正导致输沙率降低的根本因素。1968年后河道输沙能力的降低，是由于上游来水含沙量降低引起的河道输沙率的减小。例如，头道拐站在流量为1 400 m³/s时，当上站来沙含沙量为17 kg/m³时，河道的输沙率为18 t/s；而当上站来沙含沙量为6 kg/m³时，河道的输沙率仅为10 t/s。因此，大型水库运用后宁蒙河道的冲淤规律和输沙规律并未发生明显的改变。同样，从冲淤规律的关系可见，1986年前后河道冲淤与水沙条件的关系并未发生趋势性改变，说明宁蒙河道的冲淤演变仍遵循同一规律。

根据石嘴山站输沙率与流量和兰州及支流、以及头道拐站输沙率与流量和石嘴山及支流含沙量的相关关系，经过综合分析得出汛期宁夏、内蒙古河段的输沙公式(4-1)和式(4-2)。其中$Q_{下1}$和$Q_{S下1}$为石嘴山流量(m³/s)、输沙率(t/s)，$S_{上1}$为兰州+支流的含沙量(kg/m³)。$Q_{下2}$和$Q_{S下2}$为头道拐站流量(m³/s)、输沙率(t/s)，$S_{上2}$为三湖河口+支流的含沙量(kg/m³)。

$$Q_{S下1}=0.000\,096\,5Q_{下1}^{1.44}S_{上1}^{0.495} \tag{4-1}$$

$$Q_{S下2}=0.000\,042Q_{下2}^{1.63}S_{上2}^{0.294} \tag{4-2}$$

式(4-1)、式(4-2)的相关系数分别为0.80、0.96。

利用实测资料对公式进行了检验，经计算值与实测值相比，二者基本一致，宁夏河段偏大8%(见表4-14)，内蒙古河段偏小9%，故计算方法可行，计算结果可信。

表4-14 汛期公式计算值与实测值比较

河段	方法	进口沙量 (亿t)	引沙量 (亿t)	出口沙量 (亿t)	冲淤量 (亿t)	误差值 (%)
宁夏	实测	17.12	3.65	9.53	3.93	8
	计算	17.12	3.65	9.21	4.25	
内蒙古	实测	12.16	1.65	4.11	6.40	−9
	计算	12.16	1.65	4.67	5.85	

2. 宁蒙河道洪水期的输沙特性

宁蒙河道洪水期的输沙特性更明显的随来水来沙条件而改变，即使来水条件相同，来沙条件改变，河道的输沙能力也发生变化。因此，洪水期的输沙率不仅是流量的函数，还与来水含沙量有关。宁蒙河道各水文站流量与输沙率关系，按上站来水含沙量大小则自然分带，写成函数形式

$$Q_S=KQ^aS_{上}^b \tag{4-3}$$

式中：Q_S为输沙率，t/s；Q为流量，m³/s；$S_{上}$为上站来沙含沙量，kg/m³；K为系数；a、b为指数。

由于洪水期河道调整比较迅速，因此河段划分较细，分为下河沿—青铜峡、青铜峡—石嘴山、石嘴山—巴彦高勒、巴彦高勒—三湖河口、三湖河口—头道拐。根据1965年以来各段进出口水文站及支流实测资料，建立洪水期输沙率与流量及上站含沙量的关系式(见表4-15)。同样用实测资料对公式进行了验证，计算值基本与实测值相吻合(见图4-13～图4-15)。

表 4-15 宁蒙河段不同河段输沙率与流量及上站含沙量的关系式

站名	公式	相关系数
青铜峡	$Q_{S下}=0.011\,702Q_{下}^{0.705}S_{上}^{0.794}$	0.70
石嘴山	$Q_{S下}=0.000\,424Q_{下}^{1.242}S_{上}^{0.412}$	0.88
巴彦高勒	$Q_{S下}=0.000\,164Q_{下}^{1.240}S_{上}^{1.083}$	0.93
三湖河口	$Q_{S下}=0.000\,159Q_{下}^{1.377}S_{上}^{0.489}$	0.98
头道拐	$Q_{S下}=0.000\,064Q_{下}^{1.482}S_{上}^{0.609}$	0.96

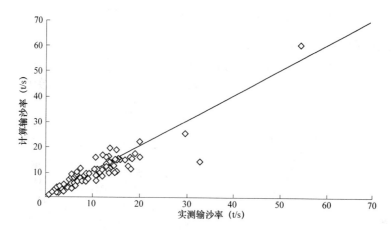

图 4-13 石嘴山站洪水期计算输沙率和实测输沙率比较

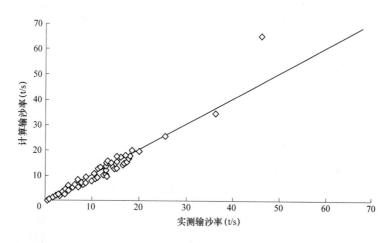

图 4-14 三湖河口站洪水期计算输沙率和实测输沙率比较

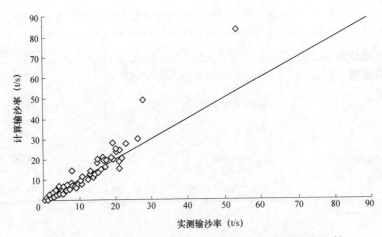

图 4-15　头道拐站洪水期计算输沙率和实测输沙率比较

3. 宁蒙河道非汛期的输沙特性

虽然非汛期来水的含沙量很低,但对河道输沙能力的影响也很显著。由石嘴山站和头道拐站输沙率与流量和上站含沙量的关系可见(见图 4-16、图 4-17),不同流量下的输沙率差别很明显。

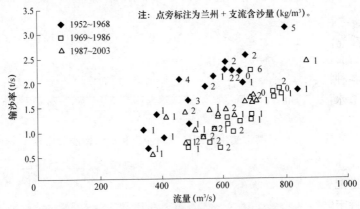

图 4-16　石嘴山站非汛期输沙率与流量关系

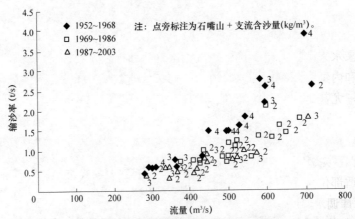

图 4-17　头道拐站非汛期输沙率与流量关系

根据 1967 年以来实测资料建立石嘴山站流量与输沙率和兰州+支流含沙量,以及头道拐站输沙率与流量和石嘴山及支流含沙量的相关关系,经过综合分析得出非汛期宁夏、内蒙古河段的输沙量公式(4-4)和式(4-5)。利用实测资料对公式进行了验证(见表 4-16),计算值与实测值基本一致,宁夏河段偏大 3%,内蒙古河段偏小 11%,说明公式可用于输沙量的估算。

宁夏河段 $\qquad Q_{S下}=0.000\ 012\ 4Q_{下}^{1.81}S_{上}^{0.107}$ (4-4)

内蒙古河段 $\qquad Q_{S下}=0.000\ 004\ 7Q_{下}^{1.947}S_{上}^{0.143}$ (4-5)

式(4-3)、式(4-4)的相关系数分别为 0.85、0.9。

表 4-16　非汛期公式计算值与实测值比较

河段	方法	进口沙量 (亿 t)	引沙量 (亿 t)	出口沙量 (亿 t)	冲淤量 (亿 t)	误差值 (%)
宁夏	实测	3.39	0.81	4.79	− 2.21	− 3
	计算	3.39	0.81	4.72	− 2.14	
内蒙古	实测	4.85	0.33	2.68	1.84	− 11
	计算	4.85	0.33	2.88	1.64	

三、缓解宁蒙河道淤积的措施

从以上分析看出,河道淤积加重的原因是多方面的,因此针对这些产生原因需要综合治理,发挥各种措施的综合作用。根本措施一是增水减沙,减少河道来沙、增加河道输沙;二是调节水沙过程、协调水沙关系,充分发挥河道自身的输沙能力多输送泥沙。

(一)维持宁蒙河道的健康生命需要一定量的水

天然来水来沙赋予冲积河流以生命原动力。要想保持河流的生命力,就必须要维持一定的水流强度和适宜的来沙条件,即要维持一定的河流能量来塑造河床。如果长期流量过小或水沙搭配失调,就会引起河槽萎缩,生命力退缩。

因此,维持宁蒙河道的健康生命,最主要的是要有水量和一这流量级洪水的保证。增加河道来水有两条路径,一是从外流域调水,如南水北调西线工程,工程从黄河上游引水入黄河干流,能够直接增加河道水量;二是节水,减沙沿程引水以做到相对增水。

(二)加大上游多沙支流水土保持治理力度

黄河上游来水来沙具有特殊性,水主要来自兰州以上,泥沙主要来自兰州以下的祖厉河、清水河和内蒙古的十大孔兑。由于气候条件的不同,水沙常不能同步,因此水沙关系较难协调。尤甚是内蒙古十大孔兑的来沙以小洪量、短历时高含沙的过程在短时间内汇入干流河道,依靠短时的干流来水很难输送,直接造成内蒙古河道的淤积。而且一旦淤积下来,再输送走耗用的水量更大。因此,对来沙来说,最根本、直接、高效的解决措施就是在泥沙进入干流河道前即减沙,水土保持措施是根本,必要时也可争取工程措施在沟口合适部位修筑拦泥坝拦截支流来沙。

(三)利用水库调水调沙

龙刘水库(龙羊峡、刘家峡水库)削峰调平全年水流过程,即"大水带大沙"的水沙关系为"小水带大沙"，是造成河道萎缩的一个重要原因。针对于此，需要恢复协调的水沙关系，利用水库调蓄能力充分发挥大水输沙的特性多输沙。因此，在汛期来沙多的时期河道要维持一定量级的大流量过程。在上游水利工程现状条件下，要修正龙刘水库的部分开发目的，调整运行模式，汛期一定时期内不拦蓄洪水。而在远期规划中，可结合黑山峡规划的水利枢纽，在开发任务中考虑维持宁蒙河道及黄河中下游河道的健康问题，在汛期泄放一定量级的洪水。

另外，从水资源合理高效利用的角度出发，宁蒙河道汛期的输沙水量要小于非汛期。石嘴山站多年平均汛期含沙量(6 kg/m³)条件下，输沙水量在 1986 年前约为 140 m³/t (见图 4-18)，但由于水库的调节，使水流过程调平，输沙能力降低，在相同含沙量下输沙水量约为 280 m³/t。此外在非汛期多年平均含沙量为 2.5 kg/m³ 条件下，1986 年前输沙水量为 400 m³/t(图 4-19)，而在 1986 年之后约为 600 m³/t，可见汛期输沙水量小于非汛期。这说明如果利用水库增加汛期水量能达到更好的减淤效果。

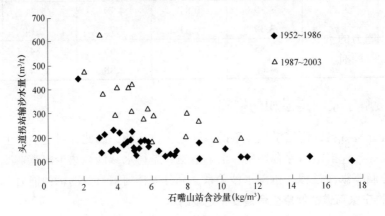

图 4-18　汛期输沙水量与来水量的关系

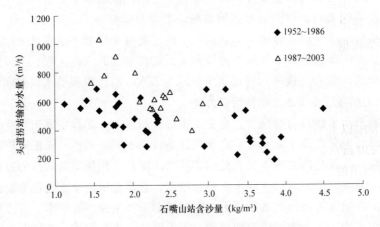

图 4-19　非汛期输沙水量与来水量的关系

有关调水调沙冲淤平衡水沙指标本次也开展了一点初步探索。根据前述研究成果宁蒙长河段洪水期冲淤与水沙条件的关系，可以得到洪水期平均来沙系数约为 0.003 8 kg·s/m⁶

时河道基本冲淤平衡，即泄放平均流量 2 500 m³/s、含沙量约 9.5 kg/m³ 时的洪水过程长河段可保持基本不淤积。

(四)采取必要人工措施减少河道淤积

黄河属于资源紧缺水的流域，因此在进行治理开发时要充分认识到这一点，尤其在水资源紧缺的今天，是否高效利用水资源成为评价治理开发措施的一个重要标准。相对于黄河其他冲刷性河道，如下游河道、小北干流和渭河下游，宁蒙河道的输沙能力较低，输沙水量(输送单位沙量所需的水量)较大，这就需要考虑合理高效利用河道的自身输沙功能的同时辅助以更高效的措施解决局部河道突出淤积问题。

黄河下游汛期输送 1 亿 t 泥沙约需水 30 亿 m³，小北干流为 20 亿 m³，渭河下游为 15 亿 m³，而宁蒙河道高达 140 亿 m³，因此完全依靠水量来解决泥沙问题并不经济，而且宁蒙河道淤积有其独特的特点，如十大孔兑大量来沙堆积在入黄口，这一淤积与其用水冲不如采取局部挖沙疏浚等更直接的人工措施更为有效。

当然，人工挖沙疏浚只是解决局部河段淤积问题，要维持宁蒙河段的健康还是以保证一定输沙能力的水量为主。同时从全流域的角度出发，一定量级的水流对中下游河段也是必要的，同时人工措施效益如何还需从规模、效果、投资等多方面进行评价，并与其他措施相比较才能决定。

四、认识与建议

冲积性河道的河床演变是一个复杂的系统，只有通过大量深入的研究才能揭示其规律和发生机理。宁蒙河道由于系统实测资料的缺乏以及开展研究时间较短，对其河道演变的认识还很不深入。本次研究较系统地收集了相关资料，计算分析了宁蒙河道各时期来水来沙和冲淤演变特点；在探讨各河段汛期、非汛期和洪水期冲淤规律和输沙特性的基础上，提出调节宁蒙河道来水来沙的关键技术指标。在分析各时期降雨天然径流量、水库调节、引水引沙、支流来水来沙等变化的基础上，探讨了近期河道淤积加重的主要原因，进一步提出相应的解决措施和建议，为黄河水沙调控体系建设及全河调水调沙的实施提供科学依据，得出以下认识与建议。

(一)认识

(1)宁蒙河道在天然状态下，长时期是缓慢抬升的，年均淤积厚度在 0.01~0.02 m。1986 年后，河道淤积明显加大，1991~2004 年内蒙古巴彦高勒—头道拐河段年均淤积 0.647 亿 t，80%以上淤积在河槽，导致河道排洪能力下降，2004 年内蒙古河段平均平滩流量降至 1 230 m³/s，同流量水位年均上升 0.1 m 左右，对防洪非常不利。

(2)宁蒙河道的冲淤演变与来水来沙条件(包括量及过程)密切相关，河道单位水量冲淤量与来沙临界(来沙系数)关系较好，当汛期来沙系数约为 0.003 4 kg·s/m⁶，非汛期约为 0.001 7 kg·s/m⁶，洪水期约为 0.003 8 kg·s/m⁶ 时宁蒙河段可不淤不冲，这还可以作为宁蒙河道临界冲淤判别指标。

(3)宁蒙河道的输沙特性同样具有多来多排的特点，水文站输沙率不仅与流量而且与上站含沙量关系密切，在相同流量条件下含沙量高的水流输沙能力大于含沙量低的水流，研究中给出宁蒙河道汛期、非汛期的输沙率计算公式，由此说明水库运用后由于减少了大流量过程，导致宁蒙河道输沙能力降低。

(4)黄河上游水沙异源的特点，决定了其自身的河道冲淤性质，经初步分析，近期淤积加重的原因主要有与多年均值相比天然来水量减少 76 亿 m³ 左右，减幅为 22%；近期引水量与 1961~1967 年相比增加约为 30 亿 m³，增幅为 33%，而且在枯水时期引水的影响更大，在来沙多的时期削弱水流输沙作用，水库汛期蓄水减少水量和大流量过程，非汛期泄水，在来沙少、输沙能力低时增加河道来水，这一调整大大降低了河道输沙量；支流来水来沙与水保治理后的 1970~1989 年相比有所增加(基本恢复到治理前 1960~1969 年水平)，来沙增多对河道淤积影响比较大。

(二)建议

鉴于上述基本认识，提出解决宁蒙河段淤积加重措施的建议：

(1)在南水北调西线工程等增水和减沙治黄引水等相对增水措施的作用下，保证河道一定量的输沙水量。

(2)为高效利用水资源，建议近期利用龙、刘水库河段少蓄水或泄放洪水过程，远期利用黑山峡水利枢纽调节水流过程，增加汛期水量多输沙；调控流量为 2 000~2 500 m³/s 为宜，含沙量为 7.6~9.5 kg/m³，时机根据支流来沙较多的时间。

(3)从根本上出发要加快加大多沙支流水土保持治理进度和力度，从源头上减少河道来沙。

(4)与黄河其他冲积性河道相比宁蒙河道的输沙用水量偏大，因此适当地采取人工拦沙、挖沙疏浚等措施解决局部突出淤积河段的问题更有利于高效利用水资源。

(5)应大力加强宁蒙河道的测验工作。宁蒙河道的观测工作较薄弱、基本资料较欠缺，如河道基本大断面的测验时间间距很长，以及支流不进行级配的测量等，给全面、科学地认识宁蒙河道增加了许多困难，需要及时加强实测资料的测量。

(6)应加大宁蒙河道基础研究工作，宁蒙河道的研究工作开始得比较晚，研究成果较少，对河道的河床演变特性和冲淤规律还没有完全掌握，更缺乏对宁蒙河道问题的较完整、系统的认识，因此应加大基础研究工作，为其他工作的深入开展奠定基础。

第五章　三门峡水库敞泄排沙及冲淤变化规律研究

近年来，三门峡水库运用方式进行了调整，非汛期最高水位不超过 318 m，汛期平水按 305 m 控制，流量大于 1 500 m³/s 时敞泄，因而库区演变出现新特点。为此，对 2003 年非汛期 318 m 控制运用以来库区冲淤变化、汛初敞泄冲刷期的排沙效果以及小北干流的冲淤规律进行了初步分析。

一、非汛期318 m控制运用以来库区冲淤变化

(一)库区冲淤量及分布特点

1974 年蓄清排浑运用以来三门峡水库非汛期最高运用水位逐步下降，特别是 1993 年以后除个别年份外基本不超过 322 m。2003 年起三门峡水库非汛期最高水位控制不超过 318 m，较之前降低 2 m 以上。2003～2006 年非汛期平均水位在 315.59～317.1 m，平均 316.31 m，与 1993~2002 年非汛期平均水位 315.72 m 相比高出 0.59 m。非汛期回水末端在黄淤 34 断面上下，潼关河段基本不受水库运用的影响，处于自然河道演变状态。

由于非汛期来沙基本上被三门峡水库全部拦截，因而非汛期淤积量的多少主要受来沙量的影响。2003~2006 年非汛期潼关来沙量在 0.67 亿~0.87 亿 t，期间，库区淤积量为 0.817 亿 m³(见表 5-1)，比 1993~2002 年非汛期平均值减少 0.464 亿 m³。

表 5-1　非汛期年均淤积量及各河段淤积比例

时段	项目	坝址—黄淤 12	黄淤 12—黄淤 22	黄淤 22—黄淤 30	黄淤 30—黄淤 36	黄淤 36—黄淤 41	坝址—黄淤 41
1993~2002	淤积量(亿 m³)	0.048	0.328	0.592	0.303	0.011	1.281
2003		0.033	0.290	0.431	0.068	−0.002	0.821
2004		0.022	0.294	0.452	0.113	−0.03	0.850
2005		0.191	0.268	0.359	0.082	−0.035	0.866
2006		0.103	0.343	0.269	0.027	−0.016	0.726
1993~2002	占潼关至大坝的百分数	4	26	46	24	0.9	100
2003		4	35	52	9	−0.2	100
2004		3	35	53	13	−4	100
2005		22	31	41	9	−4	100
2006		14	47	37	4	−2	100

非汛期最高水位的降低使库区淤积体下移(见图5-1)，淤积末端下移至黄淤 32—黄淤 33 断面。2003~2006 年大禹渡(黄淤 30 断面)以下各河段淤积量显著增加，占潼关以下淤积量由 1993~2002 年的 76%增加至 91%~98%，北村(黄淤 22 断面)以下淤积比例逐年增加。坫埝—大禹渡河段淤积比重则由 1993~2002 年的 24.1%减少为 4%~13%。潼关—坫埝河段连续 4 年均为冲刷。

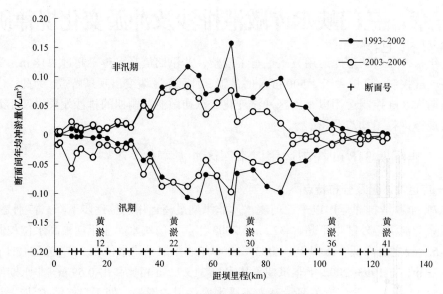

图 5-1　非汛期和汛期冲淤分布

2003～2006 年汛期水库仍按平水控制 305 m、洪水敞泄运用。2003 年渭河下游遇多年不遇的"华西秋雨"，出现连续长时段洪水过程，潼关汛期水量达 157 亿 m³，为 1990 年以来汛期最大值，水库进行了 4 次共计 32 d 的敞泄运用，库区共冲刷泥沙 2.183 亿 t，不仅将当年非汛期淤积物冲出库，还将前期淤积物 1.357 亿 t 冲出库。2005 年汛期来水量也较大，渭河下游出现 1981 年以来最大洪峰流量 4 880 m³/s，潼关汛期水量为 113 亿 m³，大于 1993~2002 年汛期平均水量 95 亿 m³，水库进行了 6 次共计 25 d 的敞泄运用，水库冲刷泥沙 1.577 亿 t，除去当年非汛期淤积物，还冲出前期淤积物 0.711 亿 t。2004 年和 2006 年汛期黄河干支流来水均较少，潼关水量分别为 75 亿 m³ 和 96 亿 m³，水库敞泄时间分别只有 8 d 和 9 d，水库冲刷量分别为 0.409 亿 t 和 0.571 亿 t，均小于非汛期淤积量(见表 5-2)。可见汛期入库水量和敞泄时间是影响库区冲刷量的主要因素。

表 5-2　汛期入库水量与冲淤量

时段	汛期入库水量(亿 m³)	敞泄天数(d)	冲淤量(亿 t)
2003	157	32	−2.183
2004	75	8	−0.409
2005	113	25	−1.577
2006	96	9	−0.571

(二)潼关高程变化

1995～2002 年潼关高程均处于较高状态(见图 5-2)，特别是 2002 年 6 月渭河的高含沙小洪水造成潼关高程上升，达到 329.14 m，为历史最高，汛后降为 328.78 m，为历年汛后最高值。2003 年来自渭河的秋汛洪水使得潼关站汛期水量增加，潼关高程发生持续稳定冲刷，汛末降到 327.94 m。2004～2006 年非汛期抬升、汛期下降，汛末潼关高程均在 328 m 以下，已接近 1991～1994 年的平均水平。

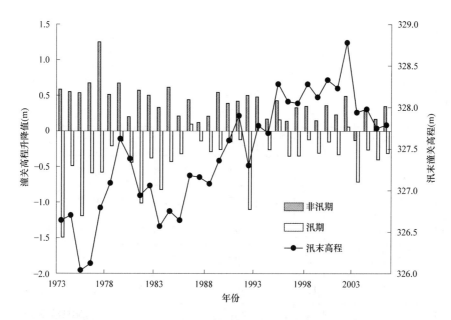

图 5-2 三门峡水库蓄清排浑运用以来潼关高程变化

二、敞泄期水库冲刷及排沙效果分析

(一)冲刷效果分析

表 5-3 按输沙率法统计了 2003～2006 年汛期各敞泄期排沙特征值，可以看出，4 年敞泄期的排沙总量占汛期排沙总量的 78.8%，敞泄期的冲刷总量大于整个汛期的冲刷总量，如 2003 年汛期冲刷量为 2.38 亿 t，而敞泄期冲刷总量为 3.06 亿 t。首次敞泄的冲刷效率(单位水量冲刷量)往往最大，但随着敞泄次数的增加，敞泄期冲刷效率逐渐降低，如 2003 年汛期第一次敞泄冲刷效率为 219 kg/m³，到第四次敞泄则减小到 30 kg/m³。

敞泄期水库冲刷以溯源冲刷为主，当入库流量较大时同时产生自上而下的沿程冲刷。以 2003 年汛期为例来说明二者的发展过程(见图 5-3)。从图中可看出，第一次敞泄后溯源冲刷自坝前向上发展到黄淤 14 断面，自北村向上发展到大禹渡(黄淤 30 断面)。到 8 月 9 日第二次敞泄后，上下两段溯源冲刷基本衔接，溯源冲刷发展到黄淤 32 断面。第三、四次敞泄期间，入库流量较大，库区冲刷强烈，到 10 月 20 日溯源冲刷发展到黄淤 34 断面，而黄淤 34 断面以上河段发生沿程冲刷。若以黄淤 34 断面为界划分汛期溯源冲刷和沿程冲刷的范围，两者冲刷量分别为 2.009 亿 m³ 和 0.195 亿 m³，分别占汛期总冲刷量的 91% 和 9%，可见溯源冲刷效果远大于沿程冲刷效果。

表 5-3 汛期和敞泄期排沙统计

年份	时段 (月-日)		天数 (d)	洪峰流量 (m³/s)	坝前平均水位 (m)	潼关 水量 (亿 m³)	潼关 沙量 (亿 t)	三门峡沙量 (亿 t)	冲刷量 (亿 t)	单位水量冲刷量 (kg/m³)
2003	敞泄期	07-17~07-19	3	901	300.17	1.9	0.07	0.49	0.42	219
		08-01~08-03	3	2 150	295.98	3.2	0.19	0.65	0.46	144
		08-27~09-10	15	3 250	294.82	35.1	2.18	3.47	1.29	37
		10-03~10-13	11	4 430	297.86	30.1	0.87	1.76	0.89	30
		合计	32		296.48	70.3	3.31	6.37	3.06	44
	汛期		123		304.06	157	5.38	7.76	2.38	15
2004	敞泄期	07-07~07-10	4	1 140	287.75	2.8	0.03	0.43	0.40	143
		08-22~08-25	4	2 300	292.84	5.7	1.01	1.60	0.59	103
		合计	8		292.37	8.5	1.04	2.03	0.99	111
	汛期		123		304.78	75	2.33	2.72	0.39	5
2005	敞泄期	06-28~06-30	3	1 060	288.58	1.2	0.005	0.41	0.405	333
		07-04~07-07	4	1 840	292.51	4.2	0.39	0.79	0.40	96
		07-23	1	1 420	294.05	0.5	0.12	0.27	0.15	294
		08-20~08-22	3	2 130	297.3	4.6	0.17	0.51	0.34	74
		09-22~09-25	4	2 810	294.3	6.6	0.14	0.59	0.45	69
		09-30~10-09	10	4 500	297.6	23.9	0.57	0.93	0.36	15
		合计	25		295	41	1.39	3.5	2.11	52
	汛期		123		303.36	115	2.50	4.03	1.53	13
2006	敞泄期	06-26~06-28	3	853	291.52	1.5	0.005	0.23	0.225	153
		08-02~08-03	2	1 450	297.63	2.1	0.05	0.35	0.30	141
		09-01	1	2 210	297.96	1.9	0.08	0.32	0.24	132
		09-22~09-24	3	1 940	299.32	4.1	0.11	0.46	0.35	87
		合计	9		296.19	9.54	0.24	1.36	1.12	118
	汛期		123		304.43	97.6	1.70	2.30	0.60	6

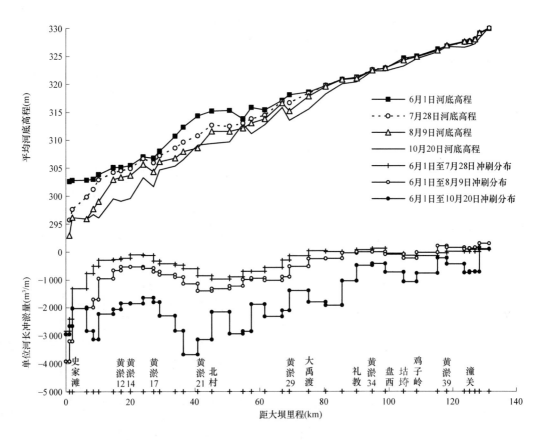

图 5-3　2003 年汛期平均河底高程与冲刷量分布变化

(二)排沙量与水流条件的关系

点绘敞泄期累积冲刷量和累积入库水量的关系(见图 5-4)可以看出，冲刷量随入库水量的增大而增大。根据图中点据建立冲刷量与入库水量关系式为：

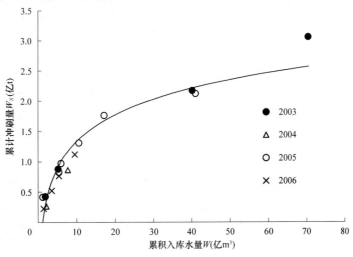

图 5-4　敞泄期累积冲刷量与累积入库水量的关系

$$W_S = 0.642\,3\ln W - 0.123\,3 \tag{5-1}$$

式中：W_S为冲刷量，亿t；W为水量，亿m³。

式(5-1)的相关系数为0.96。

图5-5为汛初首次敞泄排沙出库含沙量与流量的关系，可以看出，出库含沙量随流量的增大而增大，但2003年和2005年与2004年和2006年处于两条不同的关系带上。2003年、2005年形成的关系为

$$S = 221\ln Q - 1\,158 \tag{5-2}$$

2004年、2006年的关系为

$$S = 184\ln Q - 1\,071 \tag{5-3}$$

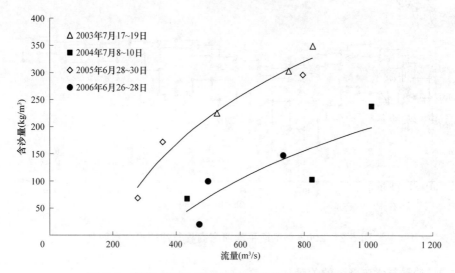

图5-5 汛初首次敞泄排沙出库含沙量与流量的关系

敞泄期相同流量下出库含沙量的差异与前期淤积物储备情况及下泄流量过程等有关。2003年和2005年敞泄期同为3 d，来水量相差0.7亿m³，2003年之前有多年的累积性淤积，2005年坝前段有2004年的淤积残留，故这两年出库含沙量大，排沙关系非常接近；2004年首次敞泄期流量较大，继2003年汛期坝前大量冲刷、河床粗化，出库含沙量相对较小，但流量大、敞泄时间略长(7月7日开始)，故其冲刷量与2003年和2005年相比并未明显减少；2006年敞泄期流量小，在经过2005年汛期冲刷后坝前淤积物减少，而低水位运用时间也只有2 d，故2006年汛初首次敞泄时含沙量低，冲刷量也少。

从三门峡水库汛初首次敞泄期冲刷量看，2003年、2004年和2005年库区冲刷量很接近，一般为0.402亿~0.425亿t，2006年只有0.230亿t。冲刷量中粒径小于0.025 m的细泥沙占全沙的29%~44%，平均为34%；粒径为0.025~0.05 mm的中颗粒泥沙占全沙的28%~51%，平均为40%；粒径大于0.05 m的粗泥沙占全沙的20%~32%，平均为26%(见表5-4)。

表 5-4　汛期首次敞泄分组泥沙冲刷量

年份	分组泥沙冲淤量(亿 t)				分组泥沙百分比(%)		
	<0.025 mm	0.025~0.05 mm	>0.05 mm	全沙	<0.025 mm	0.025~0.05 mm	>0.05 mm
2003	0.123	0.217	0.085	0.425	29	51	20
2004	0.125	0.172	0.104	0.402	31	43	26
2005	0.142	0.134	0.130	0.407	35	33	32
2006	0.101	0.064	0.064	0.230	44	28	28
平均	0.123	0.147	0.096	0.366	34	40	26

三、小北干流河段冲淤规律初步分析

1974 年以来小北干流河段累积淤积泥沙 5.455 亿 m³,其中 1974～1986 年仅淤积 0.038 亿 m³,基本冲淤平衡;1987～1999 年累积淤积 6.248 亿 m³,2000～2006 年发生冲刷,冲刷量为 0.831 亿 m³(见表 5-5)。小北干流在年内表现为非汛期冲刷、汛期淤积,其冲淤变化与来水来沙条件密切相关。与 1974～1986 年比较,1987～1999 年汛期龙门站水量减少 46%,沙量减少 17.8%,含沙量从 33.3 kg/m³ 增加到 50.4 kg/m³,而非汛期水量减少,沙量增加,冲刷量减少,全年河段累积淤积达 6.25 亿 m³;2000～2006 年汛期龙门站水量减少 60%,沙量减少 68%,平均含沙量减为 27 kg/m³,汛期淤积量减少,非汛期沙量的减少显著大于水量的减少,河段冲刷量增加,时段累积为冲刷。

表 5-5　不同时段龙门站水沙量及小北干流冲淤量

时段	时段总冲淤量 (亿 m³)	年均水量 (亿 m³)		年均沙量(亿 t)		平均含沙量(kg/m³)	
		非汛期	汛期	非汛期	汛期	非汛期	汛期
1974~1986	0.038	136.4	160	0.836	5.326	6.13	33.3
1987~1999	6.248	117.2	86.8	0.920	4.379	7.85	50.4
2000~2006	−0.831	101.4	63.3	0.463	1.709	4.57	27.0
1974~2006	5.455	121.3	114	0.790	4.186	6.51	36.7

龙门以上是粗泥沙来源区,汛期洪水出禹门口进入开阔河段,流速减小,泥沙开始落淤,而非汛期含沙量低,水流经过小北干流河段发生冲刷。从各河段冲淤变化与流量和含沙量的关系看,黄淤 59—黄淤 68 河段的淤积量与龙门含沙量的关系密切(见图 5-6),含沙量越大,河段淤积量越大;而黄淤 41—黄淤 45 河段的冲淤量与龙门流量的关系更为密切(见图 5-7),流量增大时段河段淤积量呈减少趋势,当汛期平均流量达到 1 800 m³/s 以上时,河段发生冲刷。

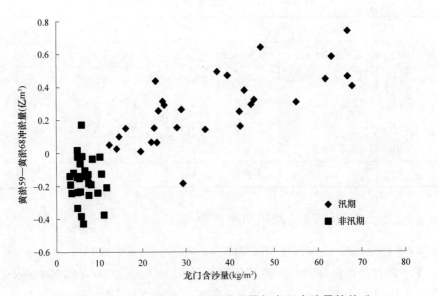

图 5-6   黄淤 59—黄淤 68 河段冲淤量与龙门含沙量的关系

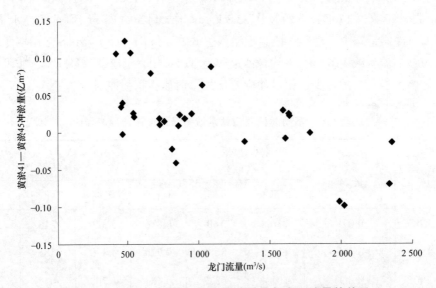

图 5-7   黄淤 41—黄淤 45 河段冲淤量与龙门流量的关系

从全河段看，汛期和非汛期的冲淤量与含沙量具有较好的关系，其相关系数达 0.89(见图 5-8)，当含沙量大于 13 kg/m³ 时，河段一般发生淤积，反之发生冲刷。

从水沙搭配关系来说，平均情况下当 S/Q 大于 0.013 kg·s/m⁶ 时一般发生淤积；当 S/Q 小于 0.013 kg·s/m⁶ 时不会造成河段的严重淤积，多会发生冲刷(见图 5-9)。在含沙量 13 kg/m³ 的情况下，平均流量达到 1 000 m³/s 可以基本保持小北干流河段的不淤积。

因此，适当增大汛期流量、加强控制区间泥沙来源是减轻河段淤积的根本。

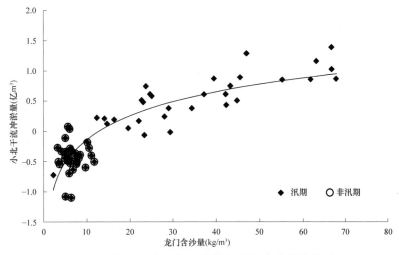

图 5-8　小北干流河段冲淤量与龙门含沙量的关系

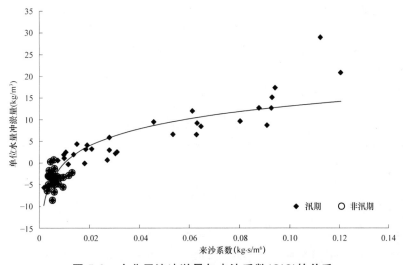

图 5-9　小北干流冲淤量与来沙系数(S/Q)的关系

四、初步认识

(1)三门峡水库非汛期最高水位 318 m 控制运用有效改善了库区淤积分布,淤积重心下移至北村断面附近,有利于汛期排沙,淤积末端在黄淤 32—黄淤 33 断面,潼关河段基本为自然演变状态。2003～2006 年潼关高程维持在 328 m 以下,接近 1991～1994 年水平,是来水来沙条件、非汛期控制 318 m 运用、汛期洪水敞泄等综合作用的结果。

(2)三门峡水库蓄清排浑运用以来,全年泥沙要在汛期排出,汛期敞泄是实现水库排沙、年内冲淤平衡的重要方式。敞泄期出库沙量与来水量具有较好的相关关系;汛期首次敞泄出库含沙量与流量具有较好的相关关系,并受前期冲淤的影响。

(3)近年来龙门非汛期和汛期来沙量锐减,使小北干流河段非汛期冲刷量增大,汛期淤积量减少,呈现冲刷态势。小北干流河道的冲淤变化,上段与含沙量关系密切,下段与流量大小相关;小北干流冲淤平衡的临界水沙搭配参数(S/Q)约为 0.03 kg·s/m^6。

第六章　小浪底水库运用以来冲淤效果分析

小浪底水库 1997 年 10 月截流，1999 年 10 月 25 日开始下闸蓄水，至 2006 年汛后已经蓄水运用 7 年，库区淤积量为 21.58 亿 m³。7 年来，黄河流域枯水少沙，洪水较少，仅 2003 年秋汛期水量较为丰沛。水库为满足黄河下游防洪、减淤、防凌、防断流以及供水(包括城市、工农业、生态用水，以及引黄济津等)需要，进行了一系列调度。水库运用以蓄水拦沙运用为主，洪水期以异重流形式排细泥沙出库，其余时期基本为下泄清水，69%左右的细泥沙和 94%以上的中粗泥沙被拦在库内(截至 2005 年底，下同)，进入黄河下游的泥沙明显减少，从而使得下游河道发生了持续的冲刷，7 年累计冲刷 9.038 亿 m³。

一、小浪底库区泥沙冲淤效果分析

(一)库区泥沙淤积分布

自截流至 2006 年 10 月，小浪底全库区断面法淤积量为 21.581 亿 m³，年均淤积量 3.083 亿 m³，其中，干流淤积量为 18.315 亿 m³，支流淤积量为 3.267 亿 m³，分别占总淤积量的 84.87%和 15.13%。支流淤积量占支流原始库容 45.16 亿 m³ 的 7.23%。小浪底水库历年干、支流冲淤量见表 6-1。

表 6-1　小浪底水库历年干、支流冲淤量

时段(年-月)	干流冲淤量(亿 m³)	支流冲淤量(亿 m³)	总冲淤量(亿 m³)
1999-09 ~ 2000-11	3.842	0.241	4.083
2000-11 ~ 2001-12	2.550	0.422	2.972
2001-12 ~ 2002-10	1.938	0.170	2.108
2002-10 ~ 2003-10	4.623	0.262	4.885
2003-10 ~ 2004-10	0.297	0.877	1.174
2004-10 ~ 2005-11	2.603	0.308	2.911
2005-11 ~ 2006-10	2.463	0.987	3.450
1999-09 ~ 2006-10	18.315	3.267	21.581

自水库运用至 2000 年 11 月，干流淤积呈三角洲形态，三角洲顶点距坝 70 km 左右，此后，三角洲形态及顶点位置随着库水位的升降而变化及移动，总的趋势是逐步向下游推进。历次干流纵剖面套绘(深泓点)如图 6-1 所示。

从淤积部位来看，泥沙主要淤积在汛限水位 225 m 高程以下，225 m 高程以下的淤积量达到了 20.08 亿 m³，占总量的 93.04%，不同高程下的累计淤积量见图 6-2。随干流淤积面的抬高，支流沟口淤积面同步抬升(图 6-3、图 6-4 分别为距坝 38 km、17 km 左右的西阳河和畛水的历年淤积纵剖面)，没有出现明显的倒锥体淤积形态。

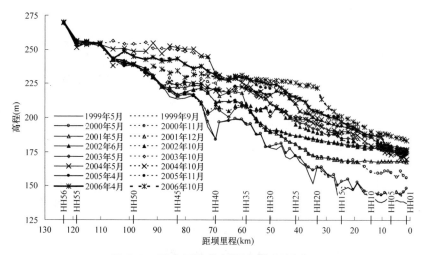

图 6-1　历次干流纵剖面套绘(深泓点)

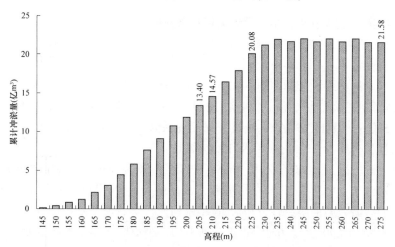

图 6-2　小浪底库区运用以来不同高程下的累计冲淤量

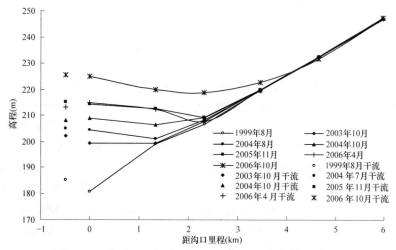

图 6-3　支流西阳河历年淤积纵剖面(平均河底高程)

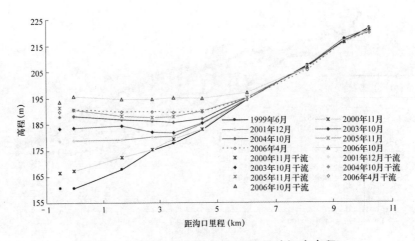

图 6-4　支流畛水历年淤积纵剖面(平均河底高程)

(二)水库实际运用与初设、招标设计运用对比分析

1. 初步设计及招标设计阶段研究成果

1)设计水沙条件

小浪底水库初步设计选择 2000 年设计水平 1950~1975 年 25 年系列翻番组合 20 世纪 50 年代表系列，龙、华、河、洑4 站(龙门、华县、河津、洑头，下同)年平均水沙量分别为 335.5 亿 m³ 及 14.75 亿 t，经过 4 站至潼关及三门峡水库的调整，进入小浪底库区年平均水沙量分别为 315.0 亿 m³ 及 13.35 亿 t。

招标设计阶段采用 2000 年水平 1919~1975 年 56 年系列，并从水库运用初期遭遇丰或平或枯水沙条件的角度考虑，从 56 年系列中组合 6 个不同的 50 年系列进行水库淤积及黄河下游减淤效益的敏感性分析。56 年系列龙、华、河、洑4 站年平均水沙量分别为 302.2 亿 m³ 及 13.90 亿 t。6 个 50 年系列平均，小浪底入库年水沙量分别为 289.2 亿 m³ 及 12.74 亿 t。

2)水库运用方式

小浪底水库主汛期(7 月 11 日至 9 月 30 日)采用以调水为主的调水调沙运用方式。水库拦沙期，通过调水调沙提高拦沙减淤效益，正常运用期，通过调水调沙持续发挥调节减淤效益。

小浪底水库以调水为主的调水调沙运用目标是：发挥大水大沙的淤滩刷槽作用、控制河道塌滩及上冲下淤、满足下游供水灌溉、提高发电效益、改善下游河道水质和生态环境等。

调水调沙调度方式可概括为：增大来流小于 400 m³/s 的枯水，保证发电，改善水质及水环境；泄放 400~800 m³/s 的小水，满足下游用水；调蓄 800~2 000 m³/s 的平水，避免河道上冲下淤；泄放 2 000~8 000 m³/s 的大水，有利于河槽冲刷或淤滩刷槽；调节 400 kg/m³ 以上的高含沙水流；滞蓄 8 000 m³/s 以上的洪水。显然，水库调度下泄流量的基本原则是两极分化，水库主汛期调度方式见表 6-2。

10 月至翌年 7 月上旬为水库调节期，其中 10 月 1~15 日预留 25 亿 m³ 库容防御后期洪水，1~2月防凌运用，其他时间主要按灌溉要求调节径流，并保证沿程河道及河口有一定的基流，6月底预留不大于10亿 m³的蓄水供7月上旬补水灌溉。

表6-2　小浪底水库主汛期调度方式

入库流量(m³/s)	出库流量(m³/s)	调节目的
< 400	400	①保证最小发电流量；②维持下游河道基流，改善水质及水环境
400~800	400~800	①满足下游用水要求；②使下游淤积量较小
800~2 000	800	①消除平水流量，避免下游河道上冲下淤；②控制蓄水量不大于3亿 m³，若大于3亿 m³，按5 000 m³/s或8 000 m³/s造峰至蓄水量1亿 m³
2 000~8 000	2 000~8 000	较大流量敞泄，使全下游河道冲刷
> 8 000	8 000	大洪水滞洪或防洪运用

3)水库运用阶段

为最大限度地发挥水库拦沙减淤效益并满足水库发电的需要，水库采取逐步拦高主汛期水位运用方式。

(1)蓄水拦沙阶段。起调水位为205 m，进行蓄水拦沙调水调沙运用。

(2)逐步抬高阶段。当坝前淤积面高程达205 m以后，水库转为逐步抬高主汛期水位拦沙调水调沙运用。坝前淤积面高程由205 m逐步抬升至245 m，主汛期运用水位亦随淤积面的抬高而逐渐升高。

(3)淤滩刷槽阶段。随着库区壅水淤积及敞泄冲刷，滩地逐步淤高而河槽逐步下切，最终形成坝前滩面高程为254 m、河底高程为226.3 m的高滩深槽形态。

(4)正常运用期。水库正常运用期采用调水调沙多年调沙运用。主汛期一般水沙条件下，利用滩面以下10亿 m³库容进行调水调沙运用，遇大洪水进行防洪调度运用。水库各运用阶段坝前淤积面高程及淤积量见表6-3。

表6-3　水库各阶段淤积量(各设计系列年平均)

阶段	坝前淤积面高程(m)		年序	累积淤积量(亿 m³)
	槽	滩		
蓄水拦沙	≤205		1~3	17
逐步抬高水位拦沙	205~245		4~15	76
形成滩槽	226.3~245	245~254	16~28	76~81
正常运用	226.3~248	254	29~50	76~81

4)水库拦沙及减淤效益

采用2000年设计水平6个20世纪50年代表系列进行水库淤积效益分析的结果表明，水库运用50年，各系列水库淤积104.3亿~99.9亿 t，黄河下游的总减淤量为72.1亿~84.6亿 t，全下游相当不淤年数18.3~22.3年。

以设计的6个系列平均计，水库拦沙101.7亿 t，下游减淤78.7亿 t，拦沙减淤比1.3，全下游相当于20年不淤积。其中，前20年水库拦沙100亿 t，下游利津以上减淤约69

亿 t，进入河口段沙量减少 31 亿 t；后 30 年小浪底库区为动态平衡，调水调沙的作用可使下游减淤 9.2 亿 t。

2．水库排沙及水位对比分析

在招标设计阶段成果中前 3 年淤积量为 19.11 亿 m^3，年均淤积量 6.37 亿 m^3，平均排沙比为 10.52%(见表 6-4)。由于自水库运用以来来水来沙量偏小，延长了水库拦沙初期运用时间，至 2006 年 10 月淤积量为 21.58 亿 m^3，实际年均入、出库沙量平均分别为 3.91 亿、0.643 亿 t，排沙比 16.5%，年均淤积量 3.08 亿 m^3。也就是说，实际运用的年均淤积量，较设计运用年均淤积量小 51.65%。

表 6-4　招标设计阶段前 3 年排沙

年份	入库沙量(亿 t)	出库沙量(亿 t)	淤积量(亿 m^3)	排沙比(%)
第 1 年	9.20	0.64	6.58	6.96
第 2 年	9.93	1.12	6.78	11.28
第 3 年	8.63	1.16	5.75	13.44
平均	9.25	0.97	6.37	10.52
合计	27.76	2.92	19.11	10.52

招标设计阶段起调水位为 205 m，进行蓄水拦沙调水调沙运用。对比分析实际运用 7 年的资料和招标设计的前 3 年成果认为，7~8 月水位平均运用水位偏高 3.133~6.526 m，在主汛期的 9 月份由于提前蓄水，水位偏高(表 6-5)。

(三)水库实际运用与施工期设计运用对比分析

1．水库施工期设计运用效果

1)运用方式

小浪底水库施工期水库运用方式的研究更侧重于建成后如何进行实际操作和运用。分析认为，小浪底水库运用是一个动态过程，应随水库淤积及下游河道冲刷发展过程中出现的问题不断作出合理调整。基于这种思路，首先开展水库拦沙初期运用方式的研究，拟订了拦沙初期水库减淤运用方案。运用方案的拟订，既考虑提高艾山以下河道的减淤效果，又注意避免宽河道冲刷塌滩等不利情况。在满足防洪减淤要求的同时，提高了灌溉、发电的综合利用效益。

根据研究成果，推荐调控上限流量采用 2 600 m^3/s，调控库容采用 8 亿 m^3，起始运行水位 210 m。具体的调节操作方法是：

(1)当水库蓄水量小于 4 亿 m^3 时，小浪底水库出库流量仅满足供水需要，即凑泄花园口流量 800 m^3/s，同时小浪底水库出库流量不小于 600 m^3/s，满足 2 台机组发电。

(2)当潼关、三门峡平均流量大于 2 500 m^3/s 且水库可调节水量不小于 4 亿 m^3 时，水库凑泄花园口流量大于或等于 2 600 m^3/s，至水库可调水量余 2 亿 m^3。

(3)7 月中旬至 9 月上旬水库可调节水量达 8 亿 m^3，水库凑泄花园口流量大于或等于 2 600 m^3/s，至水库可调水量余 2 亿 m^3。

(4)9 月中下旬水库可提前蓄水。

(5)当花园口断面过流量可能超过下游平滩流量时，小浪底水库开始蓄洪调节，尽量控制洪水不漫滩。

表 6-5 招标设计阶段同实际运用阶段汛期水位对比

实际运用水位(m)			招标设计期水位(m)			
时间(年-月)	最高	最低	平均	年份	最高	最低	平均
2000-07	203.65	193.42	199.44	第 1 年	216.40	207.55	211.21
2001-07	204.06	191.50	196.56	第 2 年	217.87	210.23	213.20
2002-07	236.49	216.87	225.62	第 3 年	219.74	212.61	215.34
2003-07	221.42	217.98	219.47	—	—	—	—
2004-07	236.58	224.19	227.98	—	—	—	—
2005-07	225.21	219.78	221.91	—	—	—	—
2006-07	225.07	222.36	223.70	—	—	—	—
7 月平均	221.78	212.30	216.38	7 月平均	218.00	210.13	213.25
2000-08	217.30	203.53	209.52	第 1 年	211.16	200.60	209.81
2001-08	213.81	196.2	203.80	第 2 年	213.78	210.65	211.63
2002-08	216.39	210.93	213.32	第 3 年	215.68	213.42	214.09
2003-08	237.07	221.26	228.23	—	—	—	—
2004-08	224.89	218.63	223.68	—	—	—	—
2005-08	234.42	222.82	226.59	—	—	—	—
2006-08	227.94	221.09	223.44	—	—	—	—
8 月平均	224.55	213.50	218.37	8 月平均	213.54	208.22	211.84
2000-09	223.83	217.64	220.83	第 1 年	211.10	209.65	210.36
2001-09	223.93	214.36	219.82	第 2 年	214.07	211.79	212.34
2002-09	213.82	208.32	210.27	第 3 年	216.01	214.02	214.91
2003-09	254.78	238.75	249.50	—	—	—	—
2004-09	236.24	220.91	229.03	—	—	—	—
2005-09	246.47	235.12	240.21	—	—	—	—
2006-09	241.64	229.15	235.31	—	—	—	—
9 月平均	234.39	223.47	229.29	9 月平均	213.73	211.82	212.54
2000-10	234.30	224.75	230.43	第 1 年	232.74	210.03	217.93
2001-10	225.43	223.90	224.48	第 2 年	229.29	211.98	221.89
2002-10	213.70	208.86	211.13	第 3 年	214.56	212.72	213.62
2003-10	265.48	254.15	262.07	—	—	—	—
2004-10	242.26	236.68	240.59	—	—	—	—
2005-10	257.47	247.51	225.10	—	—	—	—
2006-10	244.75	242.14	243.92	—	—	—	—
10 月平均	240.49	233.99	233.96	10 月平均	225.53	211.58	217.81

小浪底水库在主汛期进行防洪和调水调沙运用,10 月份在满足防御后期洪水的前提下,综合考虑下游用水和兼顾电站发电要求进行蓄水调节。11 月至翌年 7 月上旬,与三门峡水库联合运用,按照黄河干流水量分配调度预案所统一安排的三门峡以下非汛期水

量调度要求进行调度运用。

2)库区淤积过程

通过小浪底库区物理模型试验及数学模型计算对库区淤积过程进行了研究。模型试验结果表明,在小浪底水库初步运用5年内,水库运用初期基本上为异重流排沙,潜入点一般位于三角洲顶点下游的前坡段;库区干流淤积形态为三角洲,随着水库运用时间的延长,三角洲洲面逐步抬升,三角洲顶点不断向下游推进;若支流位于干流异重流潜入点下游,则干流异重流会沿河底倒灌支流。模型试验结果表明,初期运用5年库区淤积量为29.44亿 m^3,其中干流淤积23.69亿 m^3,占总淤积量的80.47%。

2. 水库淤积及运用水位对比分析

1)运用水位

小浪底水库自1999年蓄水以来,非汛期2004年运用水位最高为264.3 m,2000年运用水位最低为180.34 m;汛期运用水位变化复杂,2000~2002年主汛期平均水位在207.14~214.25 m变化;2003~2006年主汛期平均水位在225.98~233.86 m变化,其中2003年主汛期平均水位最高达233.86 m(见表6-6)。

表6-6 2000~2006年小浪底水库实际运用情况

年　份		2000	2001	2002	2003	2004	2005	2006
汛限水位(m)		215	220	225	225	225	225	225
汛期	最高水位(m)	234.3	225.42	236.61	265.48	242.26	257.47	244.75
	日期(月-日)	10-30	10-09	07-03	10-15	10-24	10-17	10-19
	最低水位(m)	193.42	191.72	207.98	217.98	218.63	219.78	221.09
	日期(月-日)	07-06	07-28	09-16	07-15	08-30	07-22	08-11
	平均水位(m)	214.88	211.25	215.65	249.51	228.93	233.84	231.57
汛期开始蓄水的日期		08-26	09-14	—	08-07	09-07	08-21	08-27
主汛期平均水位(m)		211.66	207.14	214.25	233.86	225.98	230.17	227.4
非汛期	最高水位(m)	210.49	234.81	240.78	230.69	264.3	259.61	263.3
	日期(月-日)	04-25	11-25	02-28	04-08	11-01	04-10	03-11
	最低水位(m)	180.34	204.65	224.81	209.6	235.65	226.17	223.61
	日期(月-日)	11-01	06-30	11-01	11-02	06-30	06-30	06-30
	平均水位(m)	202.87	227.77	233.97	223.42	258.44	250.58	257.79
年平均运用水位(m)		208.88	219.51	224.81	236.46	243.68	242.21	248.95

注: 1. 主汛期为7月11日至9月30日。

2. 汛期开始蓄水的日期是指汛期库水位开始超过当年汛限水位之日。

3. 2006年采用陈家岭水位资料。

按小浪底水库施工期研究拟订的水库运用方式进行调节试验计算的结果是,运用初期按照前3年主汛期平均水位在220.27~222.96 m变化,后两年平均水位升高至226~228.89 m;非汛期水库运用水位亦随水库运用时间逐步抬高,第1年运用水位最低为224.13 m,第5年最高达268.59 m。

表 6-7 列出了水库施工期研究拟订方案水库调节与水库实际运用过程，主汛期历年汛期水位特征值。两者对比可以看出，在运用前 3 年，除 2002 年实际运用最高水位偏高外，其余实际运用的都低于施工期设计水位；在运用后 4 年，实际运用最高水位、平均水位偏高。

表 6-7　小浪底水库拦沙初期汛期 7~9 月水位对比　　　　（单位：m）

模型试验				实际运用			
时间	最高水位	最低水位	平均水位	年份	最高水位	最低水位	平均水位
第 1 年	228.19	211.81	220.27	2000	228.83	193.42	209.81
第 2 年	226.95	215.69	222.04	2001	223.93	191.50	206.59
第 3 年	225.66	215.23	220.96	2002	236.49	208.32	216.47
				2003	254.78	217.98	233.68
				2004	236.58	218.63	226.87
				2005	246.47	219.78	229.46
				2006	241.64	221.09	227.40
平均	226.93	214.24	221.09	平均	238.39	210.10	221.47

2)水库排沙特性

水库运用以来，回水区水流挟沙基本为异重流输沙流态，水库排沙比有增大之势，这与小浪底水库模型试验结论是一致的。历年模型试验与水库实际运用排沙情况见表 6-8。

表 6-8　小浪底水库运用初期模型试验及实际运用排沙比

模型试验				实际运用			
时间	入库沙量（亿 t）	出库沙量（亿 t）	排沙比（%）	年份	入库沙量（亿 t）	出库沙量（亿 t）	排沙比（%）
第 1 年	11.960	1.495	12.50	2000	3.570	0.042	1.18
第 2 年	8.650	1.302	15.05	2001	2.831	0.221	7.81
第 3 年	4.890	0.497	10.16	2002	4.375	0.701	16.02
第 4 年	10.560	2.441	23.12	2003	7.564	1.206	15.94
第 5 年	5.480	1.950	35.57	2004	2.638	1.487	56.37
				2005	4.076	0.449	11.02
1~3 年平均	8.500	1.095	12.94	2006	2.324	0.398	17.13
1~5 年平均	8.308	1.537	18.40	平均	3.911	0.643	16.45

自水库运用以来至 2006 年 10 月实际年均入、出库沙量平均分别为 3.911 亿 t 和 0.643 亿 t，排沙比 16.45%；小浪底水库运用初期 1~5 年模型试验排沙年均入、出库沙量分别为 8.308 亿 t、1.537 亿 t，排沙比为 18.40%。扣除来沙量偏小的因素，排沙比基本接近。

3)水库淤积形态

图 6-5 为小浪底水库运用以来库区干流淤积形态变化过程与模型试验的对比。可以

看出，两者库区淤积体均呈三角洲淤积形态，且三角洲洲面逐步抬升，顶点逐步下移而向坝前推进，两者的变化趋势基本一致。由于设计来沙量大于实际来沙量，因而三角洲推进速度大于实际运用的速度。

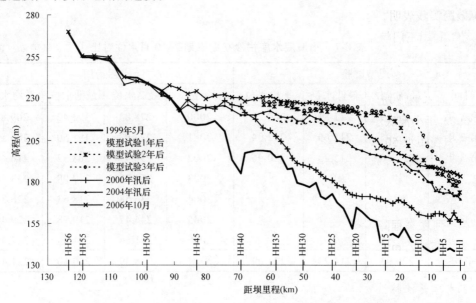

图 6-5　小浪底水库运用以来库区干流淤积形态变化过程与模型试验的对比

图 6-8 为距坝 11.42 km 处的 HH9 断面淤积过程，可以看出，HH9 断面一直处于异重流淤积段，淤积面基本为平行抬升过程。

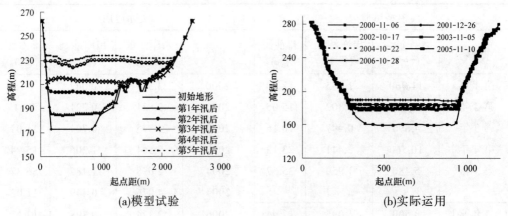

图 6-6　HH9 断面套绘图

可见，尽管模型预报试验所采用的水沙条件及水库运用水位与小浪底水库运用以来实际情况不完全相同，但两者在输沙流态、淤积形态及变化趋势等方面趋势是一样的。

(四)库区淤积形态可调整性分析

自坝址至水库中部的板涧河河口长 61.59 km，除八里胡同河段，河谷底宽一般在 500～1 000 m；坝址以上 26～30 km 为峡谷宽 200～300 m 的八里胡同库段，该段山势陡峻、河槽窄深，是全库区最狭窄河段。板涧河口至三门峡水文站河道长度 62 km，河谷底宽 200 ~ 300 m，亦属窄深河段。这种库形对冲刷三角洲洲面、调整库区淤积形态是有利的。

运用实践表明，小浪底水库上段三角洲洲面的淤积物遇有利的水流条件，相机降低库水位，利用三门峡水库泄放的持续大流量过程冲刷三角洲洲面，可产生大幅度的调整，使三角洲淤积体向坝前推进，可实现恢复小浪底调节库容，调整库区泥沙淤积分布的目标。可以从小浪底水库实际发生的三角洲冲刷过程来说明。

1. 调水调沙期间塑造异重流的冲刷

2003 年小浪底水库蓄水位较高，受 2003 年秋汛洪水的影响，上游洪水挟带的大量泥沙淤积在距坝 50 ~ 110 km 的库段内。黄河第三次调水调沙试验(6 月 19 日 9 时至 7 月 13 日 8 时)期间，库水位从 249.06 m 降至 225 m，在距坝 70 ~ 110 km 的库段内三角洲洲面发生了明显的冲刷。同调水调沙试验以前 5 月份淤积纵剖面相比，三角洲的顶点下移距离 24.6 km，高程从 244.86 m 下降至 221.17 m，下降 23.69 m。在距坝 94 ~ 110 km 的河段内，河底高程降到了 1999 年水平(见图 6-7)。冲刷三角洲所用水量为 6.76 亿 m³，冲刷量为 1.376 亿 m³，最大冲深在 HH48 断面，达 18.41 m(见表 6-9)。

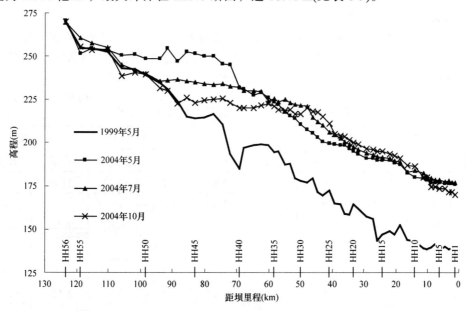

图 6-7 小浪底水库淤积纵剖面

表 6-9 小浪底水库三角洲冲刷时期特征值

时段 (年-月-日)	入库水量 (亿 m³)	入库沙量 (亿 t)	最大 洪峰流量 (m³/s)	三角洲顶点		冲刷量 (亿 m³)	最大冲刷 深度(m)
				推进距离 (km)	下降高度 (m)		
2004-07-05~07-10	6.76	0.382	5 130	24.6	23.69	1.376	18.41
2004-08-22~08-31	10.27	1.711	2 920	3.47	3.78	1.046	14.20
2006-06-25~06-28	5.339	0.230	4 820	14.52	2.81	0.530	9.99

2006 年调水调沙期间,库水位由 255.42 m 逐步下降至 225 m 左右,期间所用水量 5.339 亿 m³,库区淤积形态发生较大幅度的调整,三角洲顶点由距坝 48 km 左右下移 14.52 km 至距坝 33.48 km 处,顶点高程也由 224.68 m 降至 221.87 m;冲刷量为 0.53 亿 m³,最大冲深在 HH44 断面,达 9.99 m(见表 6-9)。

2. 汛期发生洪水时的冲刷

2004 年 8 月,受"04·8"洪水(8 月 22 日至 8 月 31 日)的影响,三门峡水库敞泄运用,小浪底库水位从 224.16 m 降至 219.61 m,期间所用水量 5.339 亿 m³。小浪底水库三角洲顶坡段继调水调沙之后再次发生冲刷,三角洲顶点下移 3.47 km,顶点高程从 221.17 m 下降至 217.39 m,下降 3.78 m。冲刷量为 1.046 亿 m³。

可以说,在小浪底水库拦沙初期,水库水位运用较高,引起淤积部位偏上游,通过万家寨、三门峡、小浪底三库联调塑造人工洪峰或利用汛期洪水,降低库水位运用,可以冲刷三角洲洲面,使三角洲顶点向坝前推进,改变不利的淤积形态,同时增强小浪底水库运用的灵活性和调控水沙的能力。

二、异重流排沙分析

(一)场次洪水异重流排沙分析

小浪底水库自蓄水以来历次异重流期间入出库水量、沙量、库区淤积量、排沙情况见表 6-10,可以看出 2004 年以后,汛期异重流产生的排沙比均大于汛前异重流排沙比。2001 ~ 2006 年异重流产生的排沙比平均为 26%。

表 6-10　小浪底水库各时段异重流排沙情况

年份	日期 (月-日)	历时(d)	水量(亿 m³)		沙量(亿 t)		出库/入库(%)	
			三门峡	小浪底	三门峡	小浪底	水量	沙量
2001	08-20 ~ 09-07	19	14.14	2.97	2	0.13	21.00	6.5
2002	06-23 ~ 06-27	5	5.34	3.05	0.79	0	0.57	0
	06-28 ~ 07-03	6	4.9	3.8	0.24	0.01	0.78	0.03
	07-04 ~ 07-15	12	9.4	27	1.81	0.32	2.83	0.18
2003	08-02 ~ 08-14	13	9.743	2.76	0.832	0.003	0.283	0.004
	08-27 ~ 09-20	25	49.844	21.247	3.399	0.84	0.426	0.247
2004	07-07 ~ 07-14	8	4.77	15.32	0.385	0.054 8	321.17	14.23
	08-22 ~ 08-31	10	10.27	13.83	1.711 3	1.423 2	134.66	83.16
2005	06-27 ~ 07-02	6	4.03	11.09	0.45	0.02	275.19	4.44
	07-05 ~ 07-10	6	4.16	7.86	0.7	0.31	188.94	44.29
2006	06-25 ~ 06-29	5	5.402	12.279	0.23	0.071	227.3	30.87
	07-22 ~ 07-29	8	7.989 4	8.097	0.126 8	0.048 1	101.35	37.93
	08-01 ~ 08-06	6	4.671 6	7.698	0.378 9	0.153 1	164.78	40.41
	08-31 ~ 09-07	8	10.791 4	7.6075	0.554 4	0.120 7	70.50	21.77

(二)人工塑造异重流排沙效果分析

所谓塑造异重流，是在汛前充分利用万家寨、三门峡水库汛限水位以上水量泄放的水流，冲刷三门峡水库非汛期淤积的泥沙与堆积在小浪底库区上段的泥沙，在小浪底水库回水区形成异重流并排沙出库。汛前塑造异重流总体上可减少水库淤积，特别是在经常发生峰低量小而含沙量高的洪水年份，对保持水库库容并减缓下游淤积尤为重要。在今后的一定时期内，随着小浪底水库淤积，库区地形更有利于异重流排沙，塑造异重流排沙的效果及作用将更加显著。

2004~2006年汛前的调水调沙过程中，均成功地塑造出异重流并实现排沙出库。虽然3次塑造异重流均为"基于干流水库群联合调度模式"，但由于其来水来沙条件、河床边界条件及调度目标不同，在进行异重流排沙设计时的关键技术亦不同。

1. 2004年异重流塑造

2004年汛前在小浪底水库淤积三角洲堆积大量泥沙，调水调沙将调整小浪底三角洲淤积形态及塑造异重流排沙出库作为重要的调度目标。从满足上述目标的角度考虑，异重流设计的关键技术之一是论证三门峡水库下泄流量历时及量级，并准确预测三门峡下泄水流，在小浪底库区上段产生沿程与溯源冲刷后，抵达水库回水区的水沙组合可否满足异重流持续运行条件；之二是万家寨与三门峡水库水库泄流的衔接时机。

2004年汛前小浪底库区三角洲洲面比降约4.7‰，在人工塑造异重流的第一阶段，三门峡水库泄放大流量清水时，回水以上河段发生溯源冲刷与沿程冲刷，至7月6日15时河堤站含沙量仅为35 kg/m³，不能为异重流的持续运行提供后续条件，异重流在运行至HH5断面后逐渐消失。显然该阶段初始流量偏小，且三角洲洲面泥沙偏粗，致使异重流能量较弱，不足以克服沿程阻力而运行至坝前；7月7日9时左右万家寨水库泄流进入三门峡水库，与此同时，三门峡水库加大下泄流量，14时水流开始变浑，三门峡站含沙量2.19 kg/m³，流量4 910 m³/s，人工塑造异重流第二阶段，即利用三门峡水库沙源塑造异重流阶段开始。7月7~8日异重流潜入点随库水位的抬升及流量减小，从HH30—HH31断面上移至HH33—HH34断面。第二阶段的塑造异重流于8日13时50分排出库外。

2. 2005年异重流塑造

2005年汛前调水调沙之前，小浪底库区三角洲洲面位于调水调沙结束时库水位225 m高程以下，这就意味着在调水调沙过程中三角洲洲面均处于壅水状态。因此，关键问题之一是准确判断三角洲洲面各部位不同时期，随着入库流量与含沙量、水库蓄水位、库区地形等条件不断变化，其流态(壅水明流或异重流)以及转化过程；之二是准确判断异重流潜入位置。在三角洲洲面比降较缓的条件下，异重流潜入条件应同时满足潜入点水深及异重流均匀流运动水深。

2005年汛前三角洲顶坡段比降约为1‰，三角洲洲面处于汛限水位225 m回水范围之内，三门峡水库泄放的大流量在淤积三角洲洲面部分库段呈壅水明流输沙流态，在塑造异重流期间，不仅不能补充入库水流含沙量，而且水流在淤积三角洲洲面输移过程中会产生较大的淤积，使水流含沙量沿程减少。

3. 2006年异重流塑造

2006年与往年不同的是作为提供塑造异重流后续动力的万家寨水库可调水量较少，因此关键点之一是准确判断满足异重流持续运行的临界条件(流量、含沙量、级配、历时之间的组合）；之二是预测万家寨与三门峡水库下泄水流及其随之产生的沙量过程。

2006年三角洲洲面介于2004~2005年之间，比降约为4.3‰，且大部分河段床面组成偏细。当三门峡水库下泄大流量清水时，即异重流塑造的第一阶段，在小浪底库区三角洲洲面产生溯源冲刷与沿程冲刷，形成异重流；在异重流塑造的第二阶段，万家寨水流进入三门峡水库拉沙下泄高含沙水流，使第一阶段形成的异重流得到加强。

2004~2006年在小浪底库区塑造异重流，其排沙比分别为10.2%、4.4%、30.7%，相差较大。2006年由于万家寨水库为迎峰度夏提前泄水，可调水量较少，致使塑造异重流的重要动力条件减弱。尽管这样，小浪底水库排沙0.071亿t，远远大于2004年、2005年的排沙量0.044亿t和0.02亿t(表6-11)。影响异重流排沙多少的原因主要有以下几点：

表6-11　2004~2005年人工塑造异重流期间水库排沙情况

年份	日期 (月-日)	潼关			三门峡			小浪底		
		流量 (m^3/s)	输沙率 (t/s)	含沙量 (kg/m^3)	流量 (m^3/s)	输沙率 (t/s)	含沙量 (kg/m^3)	流量 (m^3/s)	输沙率 (t/s)	含沙量 (kg/m^3)
2004	07-06	493	10.2	20.7	1 870	0	0	2 650	0	0
	07-07	920	15.1	16.4	2 870	161	56.1	2 670	0	0
	07-08	1 010	10.4	10.3	972	231	237.7	2 630	5.16	2
	07-09	824	7.27	8.8	777	79.9	102.8	2 680	30.7	11.5
	07-10	415	1.77	4.3	427	28.7	67.2	2 650	12.4	4.7
	07-11	310	1.06	3.4	13.1	0.18	13.8	2 680	1.65	0.6
	07-12	309	1.39	4.5	40.7	0.79	19.5	2 680	0	0
	07-13	232	0.88	3.8	299	2.23	7.5	1 350	0	0
累计沙量(亿t)		0.042			0.433			0.044		
2005	06-26	72.2	0.12	1.6	23.9	0	0	3 020	0	0
	06-27	863	7.13	8.3	2 490	38.3	15.4	3 060	0	0
	06-28	794	4.11	5.2	1 260	373	296	3 040	0	0
	06-29	346	1.23	3.6	570	97.9	171.8	3 120	4.35	1.4
	06-30	276	0.77	2.8	171	11.7	68.4	2 300	13.2	5.7
	07-01	297	0.9	3	17.5	0.18	10.3	970	5.88	6.1
	07-02	272	0.59	2.2	153	1.97	12.9	345	0	0
累计沙量(亿t)		0.013			0.45			0.02		
2006	06-25	518	1.502	2.9	2 750	0	0	3 720	0	0
	06-26	730	2.570	3.52	2 500	147.000	58.8	3 830	4.366 2	1.14
	06-27	500	1.260	2.52	689	99.216	144	3 570	51.408	14.4
	06-28	477	1.340	2.81	220	19.602	89.1	2 190	26.061	11.9
	06-29	376	0.790	2.1	93.6	0.219	2.34	902	0.002	0.002
	06-30	358	0.473	1.32	268	0.041	0.152			
累计沙量(亿t)		0.005 6			0.23			0.071		

(1)异重流运行距离。由于异重流潜入位置不同，运行距离也不同，其排沙效果就不同。例如，2004年7月5日18时在HH35断面附近形成异重流，距坝约58.51 km；2005年29日10时40分于HH32断面附近潜入，异重流最大运行距离53.44 km；2006年6月25日9时42分在HH27断面下游200 m监测到异重流潜入，异重流运行距离44.13 km。因而，2006年异重流排沙就较2004年、2005年的大。

(2)水沙条件。产生异重流的流量、含沙量、级配与历时不同，排沙效果就不同。例如2004年、2006年塑造异重流的沙源包括小浪底水库上段淤积三角洲及三门峡水库淤积的泥沙。2004年潜入点以上淤积物细颗粒泥沙含量介于0.3%~70.1%，而2006年潜入点以上的细颗粒泥沙含量为10.4%~81.4%；2006年小浪底水库淤积三角洲的细颗粒泥沙含量明显高于2004年，因此2006年补充至水流中的细颗粒泥沙含量就高，2006年的排沙效果就较2004年好。

(3)边界条件。边界条件主要指潜入点以下河底纵比降及支流分布等，是影响排沙多少的重要因素之一。2004年潜入点HH35断面以下河底比降为9.62‰，2005年潜入点以下9 km左右坡度较缓、HH32—HH27断面之间河底比降1.84‰、HH27断面以下河底比降10.88‰，而2006年潜入点HH27断面以下较陡，比降约10.63‰，有利于异重流的运行；同时2006年潜入点距坝近，比2004~2005年少了沇西河、亳清河等支流倒灌，因此2006年异重流排沙效果就较2004年、2005年好。

三、下游冲淤效果分析

(一)河道冲淤量及分布

2000~2006年小浪底水库运用7年，除调水调沙和洪水期间，水库以下泄清水为主，下游河道全程持续冲刷，河道淤积萎缩的局面得到有效遏制。根据实测大断面资料，7年下游累计冲刷量为8.895亿 m³(见表6-12)，其中汛期冲刷量为5.993亿 m³，占全年冲刷量的67%，5次调水调沙期冲刷1.954亿 m³，占汛期冲刷量的33%，平均每次冲刷0.3亿 m³。7年中，除2002年调水调沙期间滩地淤积0.477亿 m³，其余冲淤均发生在主槽。7年主槽累计冲刷量为9.373亿 m³，其中汛期占69%。

表6-12 小浪底水库运用后下游各河道断面法冲淤量

年份	不同河段冲淤量(亿 m³)							
	白鹤—花园口	花园口—夹河滩	夹河滩—高村	高村—孙口	孙口—艾山	艾山—泺口	泺口—利津	白鹤—利津
2000	-0.659	-0.435	0.054	0.133	0.006	0.110	0.038	-0.753
2001	-0.473	-0.315	-0.100	0.071	-0.017	-0.003	0.021	-0.816
2002	-0.304	-0.397	0.133	0.048	-0.003	-0.040	-0.185	-0.748
2003	-0.648	-0.698	-0.319	-0.300	-0.108	-0.228	-0.319	-2.620
2004	-0.178	-0.397	-0.284	-0.039	-0.055	-0.110	-0.125	-1.188
2005	-0.160	-0.308	-0.304	-0.205	-0.117	-0.184	-0.174	-1.452
2006	-0.395	-0.668	-0.077	-0.214	-0.001	0.074	-0.038	-1.318
7年非汛期合计	-1.475	-1.658	-0.345	-0.072	0.006	0.273	0.368	-2.902
7年汛期合计	-1.342	-1.560	-0.551	-0.435	-0.301	-0.655	-1.150	-5.993
7年年合计	-2.817	-3.218	-0.897	-0.506	-0.295	-0.381	-0.782	-8.895

注：汛期和非汛期按断面测量时间划分，调水调沙均在汛期。

1. 冲淤量时空分布不均

从年际冲刷量看,2003年冲刷量最大,为2.62亿m³,占7年总冲刷量的29%;2000~2002年3年冲刷相对较少,均在0.8亿m³左右,3年合计占冲刷总量的26%。

7年来黄河下游河道实现全程冲刷。从冲刷量沿程分布看,全年呈现出两头大中间小的特点(图6-8)。其中高村以上河段冲刷量占冲刷总量的78%,泺口—利津河段占冲刷总量的9%;而孙口—艾山和艾山—泺口河段冲刷量仅占冲刷总量的3%~4%。

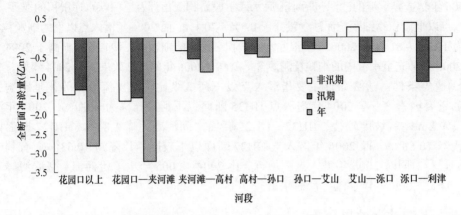

图6-8 下游河道7年纵向冲刷分配

非汛期孙口以上沿程冲刷量逐渐减少,冲刷主要在夹河滩以上,其冲刷量为3.133亿m³,占整个非汛期冲刷量的108%,孙口以下沿程淤积量逐渐增加,泺口—利津河段淤积量达到0.368亿m³;汛期全程冲刷,冲刷量与年冲刷量表现一样,也呈现出两头大中间小的特点。

花园口以上河段主槽持续冲刷,累计冲刷量为2.886亿m³,占下游主槽冲刷量的31%。冲刷量最大的是2003年汛期(图6-9),占该河段主槽总冲刷量的22%,其次是2000年非汛期,占主槽总冲刷量的20%。2003年非汛期冲刷量最小,仅0.006亿m³。

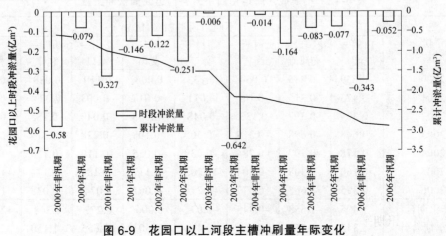

图6-9 花园口以上河段主槽冲刷量年际变化

花园口—夹河滩河段主槽持续累计冲刷3.267亿m³(图6-10),占全下游主槽冲刷量的 35%，是下游冲刷量最多的河段。冲刷量最大的是 2003 年汛期，占该河段主槽总冲刷量的 15%；2001 年汛期和 2005 年非汛期冲刷量最小，仅 0.02 亿 m³ 左右。

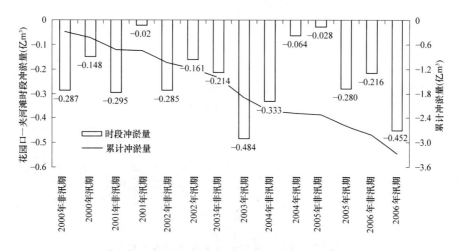

图 6-10　花园口—夹河滩河段主槽冲刷量年际变化

夹河滩—高村河段主槽累计冲刷 1.066 亿 m³，占全下游主槽冲刷量的 11%。冲刷量最大的是 2003 年汛期(图 6-11)，占该河段主槽总冲刷量的 29%。该河段在小浪底水库开始运用时，主槽处于淤积状态，2000 年汛期主槽开始冲刷，以后持续冲刷，但 2003 年汛期以后冲刷量明显加大。

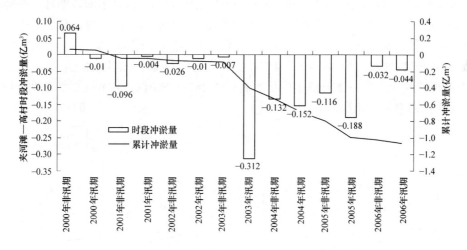

图 6-11　夹河滩—高村河段主槽冲刷量年际变化

高村—孙口河段主槽累计冲刷 0.682 亿 m³，占全下游主槽冲刷量的 7%。冲刷量最大的是 2003 年汛期，占河段主槽总冲刷量的 35%(图 6-12)。该河段主槽 2001 年非汛期才开始冲刷，汛期平均流量小，加上小浪底水库小水排沙(花园口最大流量 392 m³/s，最大含沙量 127 kg/m³)，汛期淤积 0.098 亿 m³，是 7 年淤积最多的。2002 年非汛期又开始冲刷，除 2004 年非汛期淤积 0.029 亿 m³，其他时段均冲刷，但冲刷量取决于来水来沙过程。

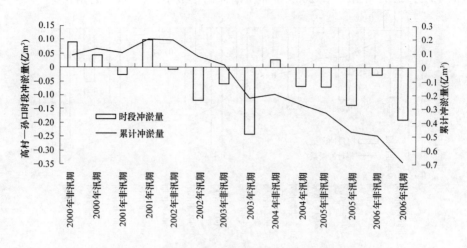

图 6-12 高村—孙口河段主槽冲刷量年际变化

孙口—艾山河段主槽累计冲刷 0.304 亿 m³，占全下游主槽冲刷量的 3%，是下游冲刷量最小的河段。该河段汛期除 2000 年汛期淤积，其余汛期均冲刷。非汛期除 2002 年和 2006 年淤积，其余非汛期均冲刷。冲刷量最大的是 2005 年汛期，占该河段主槽总冲刷量的 39%(图 6-13)。

艾山—泺口河段主槽累计冲刷 0.385 亿 m³(见图 6-14)，占全下游主槽冲刷量的 4%，是下游冲刷量比较少的河段。冲刷量最大的是 2003 年汛期，占总冲刷量的 63%。该河段开始时持续淤积，2002 年汛期才开始冲刷，以后基本上汛期冲刷、非汛期淤积。

泺口—利津河段主槽累计冲刷 0.784 亿 m³，占全下游河槽冲刷量的 8%。冲刷量最大的是 2003 年汛期，占该河段主槽总冲刷量的 48%。该河段除 2002 年非汛期冲刷，基本上是非汛期淤积、汛期冲刷(图 6-15)。

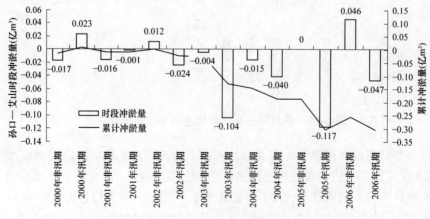

图 6-13 孙口—艾山河段主槽冲刷量年际变化

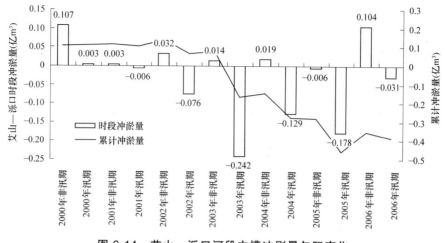

图 6-14　艾山—泺口河段主槽冲刷量年际变化

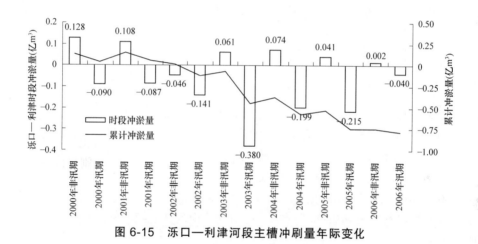

图 6-15　泺口—利津河段主槽冲刷量年际变化

2. 河段冲刷发展过程

小浪底水库拦沙运用期,下游河道沿程冲刷随着时间的推移不断向下游发展。从冲刷发展过程看,2000 年为小浪底水库运用的第 1 年,夹河滩以上河段发生冲刷,夹河滩以下发生淤积。2001 年冲刷发展到高村,高村以下河段处于微淤(或基本处于冲淤平衡)状态。2002 年冲刷集中在两头,即高村以上和艾山以下两个河段冲刷,高村—艾山河段发生淤积,主要是因为该河段在洪水期发生漫滩,部分泥沙落淤到滩地上。2003~2005 年,全下游各河段均发生冲刷,且均以孙口—艾山河段的冲刷量为最小。2006 年冲刷主要集中在孙口以上和泺口以下河段,孙口—艾山基本冲淤平衡,艾山—泺口河段发生淤积。初步分析认为,由于 2006 年汛期水量少(仅为全年水量的 27%),特别是洪水的量级很小,只有调水调沙期的平均流量在 3 000 m³/s 以上,其他 4 场洪水的平均流量均在 1 500 m³/s 以下,小流量洪水过程造成的河床冲刷没有发展到孙口以下河段,使得孙口以下河段甚至发生淤积。

(二)断面形态调整

小浪底水库运用后，黄河下游各河段纵横断面得到相应调整。高村以上河段的断面形态调整基本以展宽和下切并举，高村以下河段是以下切为主。从表 6-13 可以看出，夹河滩以上河段展宽比较大，平均达 420～450 m；花园口以上河床下切幅度最大，平均达 1.49 m，孙口—艾山河段河床下切幅度小，仅 1.05 m。河床下切幅度沿程表现为两头大、中间小，与河道冲刷量和水位表现变化一致。

表 6-13　黄河下游各河段断面特征变化

河段	1999 年 10 月河宽 B(m)	2006 年 10 月河宽 B(m)	河宽变化 (m)	冲淤厚度 (m)	1999 年 10 月 $\sqrt{B}/H$	2006 年 10 月 $\sqrt{B}/H$
白鹤—花园口	1 040	1 492	452	−1.49	17.9	12
花园口—夹河滩	1 072	1 494	422	−1.32	24.5	19.8
夹河滩—高村	725	773	48	−1.17	15.6	10.8
高村—孙口	518	527	9	−1.33	12.1	8.1
孙口—艾山	505	497	−8	−1.05	8.8	6.3
艾山—泺口	446	429	−17	−1.33	6.0	4.2
泺口—利津	405	410	5	−1.18	6.5	5.3

若用河槽宽深比 $\sqrt{B}/H$ 的变化反映河槽横断面调整情况，2006 年汛后与小浪底水库运用前相比，各河段沿程均有所减小，说明横断面趋于窄深，其中孙口以上河段减小幅度较大。

从典型断面历年平均河底高程变化过程(图 6-16)可以看出，高村和孙口 2002 年汛前、艾山 2000 年汛前、泺口 2003 年汛前达到有资料以来最高，目前经过 5 次调水调沙冲刷，到 2006 年汛后高村恢复到 1990 年水平，孙口和艾山均恢复到 1995 年水平，泺口恢复到 1991 年水平。

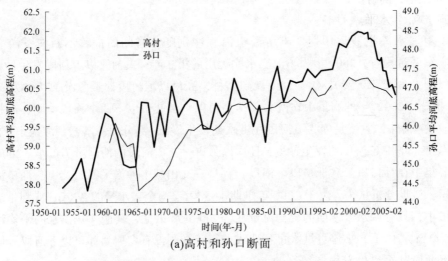

(a)高村和孙口断面

图 6-16　不同断面历年平均河底高程变化

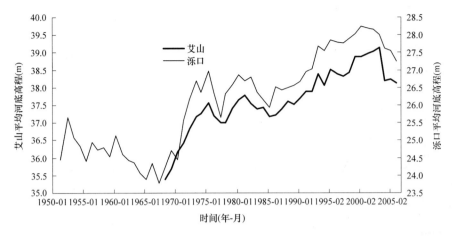

(b)艾山和泺口断面

续图 6-16

(三)主槽过流能力增加

1. 同流量水位下降

同流量水位的变化是一定时期河槽过流能力变化的间接反映，即同流量水位降低，河槽过流能力增大。2006 年与 1999 年相比，同流量下的水位均表现为降低(图 6-17)，如流量 1 000 m^3/s 水位降低 0.81～1.48 m，其中花园口、夹河滩、高村同流量水位下降幅度均超过 1.3 m；流量 2 000 m^3/s 水位降低 0.69～1.61 m；流量 3 000 m^3/s 水位降低 0.65～1.73 m。同流量水位降低幅度均表现出两头大、中间小，与前述断面法冲淤量沿程分布定性表现一致。

点绘历年典型断面流量 3 000 m^3/s 的水位相对变化值(图 6-18)可知，2006 年典型断面 3 000 m^3/s 水位恢复水平有所不同，其中花园口已恢复到 1985 年水平，夹河滩恢复到 1990 年水平，高村恢复到 1993 年水平，孙口和艾山均恢复到 1995 年水平，泺口和利津均恢复到 1991 年水平。

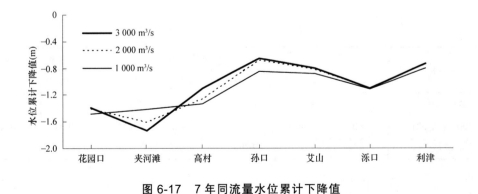

图 6-17　7 年同流量水位累计下降值

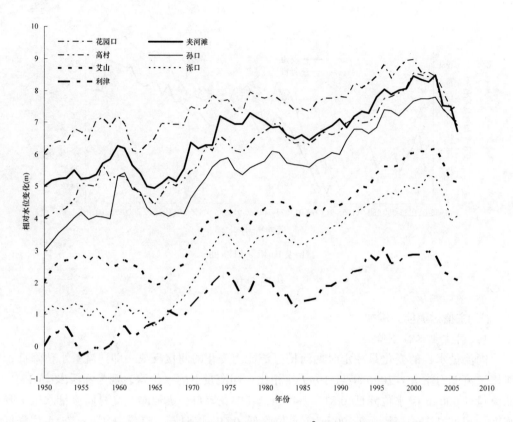

图 6-18　主要水文站同流量(3 000 m³/s)水位相对变化

2. 主槽平滩流量增加

主槽是排洪输沙的主要通道，其过流能力大小直接影响到黄河下游的防洪安全。平滩流量是反映河道排洪能力的重要指标，平滩流量越小，主槽过流能力以及对河势的约束能力越低，防洪难度越大。通过初步分析发现，黄河下游河道经过 7 年冲刷，平滩流量增加了 800～2 300 m³/s(见表 6-14)。其中高村以上增加在 2 000 m³/s 以上，孙口以下增加较少，为 800～1 200 m³/s。

表 6-14　平滩流量变化情况

项目	平滩流量(m³/s)						
	花园口	夹河滩	高村	孙口	艾山	泺口	利津
1999 年汛后	3 500	3 400	2 700	2 800	3 000	2 800	3 200
2007 年汛前	5 800	5 400	4 700	3 650	3 800	4 000	4 000
增加	2 300	2 000	2 000	850	800	1200	800

目前下游主要水文站平滩流量基本在 3 650～5 800 m³/s，花园口和夹河滩平滩流量已基本恢复到 1988 年水平，高村和利津平滩流量基本恢复到 1990 年水平(见图 6-19)，孙口平滩流量基本恢复到 1995 年水平。

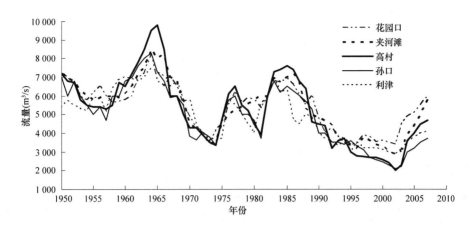

图 6-19　历年平滩流量变化

(四)河床粗化

小浪底水库运用 7 年来,随着河道冲刷,河床逐渐粗化。由图 6-20 可以看出,2006年 6 月与 1999 年汛后相比,中值粒径比值在 1.5 ~ 2.1,全下游主槽河床质粗化非常明显,其中花园口粗化最为明显,中值粒径由原来的 0.082 mm 增大为 0.2 mm;其次为夹河滩和高村,由 0.06 mm 左右增大为 0.13 mm 左右。

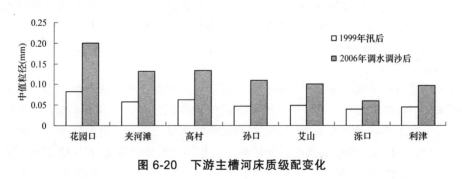

图 6-20　下游主槽河床质级配变化

四、小浪底水库拦沙运用初期与三门峡水库拦沙期对比分析

(一)水沙条件比较

1. 水沙量对比

小浪底水库拦沙运用初期 7 年中,年均出库水量 197.72 亿m³,年均排沙量 0.630 亿t,分别较三门峡水库拦沙运用初期 4 年出库水沙量分别减少 60%和 88%(见表 6-15),其中汛期年均水沙量分别为 66.3 亿m³和 0.612 亿 t,与三门峡水库拦沙初期相比,分别偏小 76%和 85%。从水沙量年内分配看,小浪底汛期出库水量集中程度降低,而沙量集中程度提高,如汛期水量占年比例由三门峡水库拦沙初期的 57%降低到 34%,汛期沙量占年比例则由 74%提高到 97%。

表 6-15　小浪底水库与三门峡水库拦沙期间下游水沙比较

河段	水沙量	三门峡初期年均	小浪底初期年均	三门峡汛期	小浪底汛期	三门峡汛期占年(%)	小浪底汛期占年(%)
水库出库	水量(亿 m³)	493.03	197.72	281.03	66.3	57	34
	沙量(亿 t)	5.433	0.630	4.00	0.612	74	97
进入下游	水量(亿 m³)	558.75	223.1	320.25	82.1	57	37
	沙量(亿 t)	5.82	0.648	4.29	0.63	74	97
花园口	水量(亿 m³)	582.45	223.98	338.95	84.39	58	38
	沙量(亿 t)	7.87	1.231	5.885	0.817	75	66
利津	水量(亿 m³)	621.25	131.85	377	68.69	61	52
	沙量(亿 t)	11.22	1.52	8.62	1.062	77	70
花园口平均流量(m³/s)		1 846	710	3 189	794		
花园口水沙搭配系数(S/Q)		0.007	0.008	0.006	0.012		

注：小浪底初期为 1999 年 11 月 1 日至 2006 年 10 月 31 日(拦沙运用初期)；三门峡初期为 1960 年 11 月 1 日至 1964 年 10 月 31 日(拦沙运用期)。

　　小浪底水库拦沙运用初期，进入下游的年均水沙量为 223.1 亿 m³ 和 0.648 亿 t，与三门峡水库拦沙期相比分别减少 60% 和 89%；其中汛期水沙量分别为 82.1 亿 m³ 和 0.63 亿 t，与三门峡水库拦沙运用期相比分别减少 74% 和 85%。

　　小浪底水库拦沙运用初期与三门峡水库拦沙期相比，花园口年均水沙量分别减少了 62% 和 84%，其中汛期分别减少 75% 和 86%；年平均来沙系数基本接近，而汛期的差别大，两者分别为 0.006 和 0.012；汛期水量占年比例由 58% 减少到 38%，汛期沙量占年比例由 75% 减少到 66%。

　　从水沙量沿程变化情况看，小浪底水库拦沙运用初期，下游区间加水少，引水比较多，利津站年均水量较进入下游的年均水量减少 91.25 亿 m³，减少了 41%；而三门峡水库拦沙运用期下游区间加水多，引水少，利津站年均水量较进入下游的年均水量增加 62.5 亿 m³，增加了 11%。小浪底水库拦沙期利津站年均水沙量分别为 131.85 亿 m³ 和 1.52 亿 t，与三门峡水库拦沙期相比，减小幅度较大，前者仅分别为后者的 21% 和 14%，汛期差别更大，前者仅分别为后者的 18% 和 12%。

　　2. 洪水对比

　　小浪底水库拦沙初期花园口洪水场次减少，洪峰流量大于 2 000 m³/s 的洪水年均仅 2.4 场，而三门峡水库拦沙期年均 4.75 场，减少了约 50%；洪峰流量也明显减小，如洪峰流量大于 3 000 m³/s 的洪水由三门峡水库拦沙期的年均 3.3 场减为 0.86 场。同时，洪水历时缩短，三门峡水库拦沙期洪水平均历时 20 d，而小浪底水库运用初期洪水平均历时仅 14 d，减少 30%。

　　3. 流量级对比

　　统计三门峡和小浪底水库蓄水拦沙期间花园口站全年不同流量级的历时、水量和沙量(表 6-16)，可以看出，日平均流量小于 1 000 m³/s 历时，小浪底水库运用初期年平均 313.2 d，而三门峡水库拦沙期仅 119.1 d，前者比后者增加了 163%；日平均流量大于 3 000 m³/s

历时，小浪底水库运用初期年平均仅 3.5 d，而三门峡水库拦沙期达 68.8 d，前者比后者减少 95%；特别是日平均流量大于 4 000 m³/s 历时，小浪底水库运用初期没有一天，而三门峡水库拦沙期达 40 d。

表 6-16　花园口不同流量级历时和水沙量对比

流量级 (m³/s)	小浪底水库拦沙初期			三门峡水库拦沙期		
	历时(d)	沙量(亿 t)	水量(亿 m³)	历时(d)	沙量(亿 t)	水量(亿 m³)
<500	152.6	0.101	44.14	51.8	0.031	7.93
500~1 000	160.6	0.318	96.78	67.3	0.283	41.29
1 000~1 500	24.4	0.095	24.78	66.5	0.686	70.57
1 500~2 000	6.6	0.120	9.65	51.8	0.811	77.43
2 000~2 500	8.7	0.279	17.47	36.8	0.812	69.91
2 500~3 000	8.9	0.192	20.64	22.8	0.754	53.75
3 000~3 500	2.1	0.113	5.94	13.3	0.566	37.13
3 500~4 000	1.4	0.014	4.58	15.5	0.971	50.39
4 000~4 500	0.0	0.000	0.00	8.3	0.503	30.21
4 500~5 000	0.0	0.000	0.00	10.3	0.849	42.41
5 000~5 500	0.0	0.000	0.00	14.3	0.995	64.44
5 500~6 000	0.0	0.000	0.00	4.3	0.319	20.83
6 000~6 500	0.0	0.000	0.00	1.0	0.057	5.27
6 500~7 000	0.0	0.000	0.00	1.0	0.102	5.80
≥7 000	0.0			0.8	0.127	5.13

(二)冲淤效果对比

对比小浪底水库拦沙运用初期与三门峡水库拦沙期下游河道冲刷情况(见表 6-17)可以看出，前者年均冲刷量为 1.78 亿 t，后者为 5.78 亿 t，前者较后者偏少 69%；其中高村以上河段冲刷量占全下游冲刷量的 78%，大于三门峡水库拦沙期的 73%，即小浪底水库拦沙运用初期，下游的冲刷量更集中在高村以上河段。从图 6-21 可以看出，除涝口—利津河段，小浪底水库运用初期其他河段冲刷量均小于三门峡水库拦沙期。

表 6-17　全断面冲淤量对比

河段	累计冲刷量(亿 t)		年平均冲淤量(亿 t)		沿程分布(%)	
	三门峡初期	小浪底初期	三门峡初期	小浪底初期	三门峡初期	小浪底初期
花园口以上	−7.6	−3.943	−1.9	−0.563	33	32
花园口—夹河滩	−5.88	−4.505	−1.47	−0.644	25	36
夹河滩—高村	−3.36	−1.255	−0.84	−0.179	15	10
高村—孙口	−4.12	−0.709	−1.03	−0.101	18	6
孙口—艾山	−0.88	−0.412	−0.22	−0.059	4	3
艾山—涝口	−0.76	−0.534	−0.19	−0.076	3	4
涝口—利津	−0.52	−1.095	−0.13	−0.156	2	9
白鹤—利津	−23.12	−12.454	−5.78	−1.779	100	100

注：小浪底初期为 1999 年 11 月至 2006 年 11 月；三门峡初期为 1960 年 9 月至 1964 年 10 月。

从沿程分布情况看,花园口以上、孙口—艾山和艾山—泺口三个河段的冲刷量占全下游冲刷量的比例与三门峡水库拦沙期基本相同;花园口—夹河滩和泺口—利津两个河段占的比例有所提高,分别增加 11%和 7%;夹河滩—高村和高村—孙口两个河段所占比例有所降低,分别减少 5%和 12%。

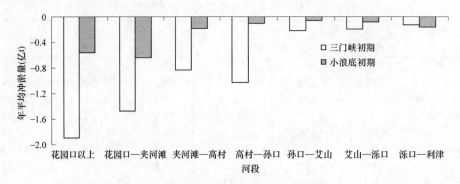

图 6-21　不同时期下游冲淤量对比

分析历年花园口累计水量与相应河段累计冲刷量关系可知,两个时期冲刷量均随着水量增加而增加,累计水量相同时,由于历时相差较大,流量过程不同,冲刷量差别很大。小浪底水库拦沙期间相应河道冲刷量明显小于三门峡水库拦沙期。特别是高村—艾山河段,三门峡拦沙期花园口水量 480 亿 m³ 时已经发生冲刷,而小浪底拦沙期花园口水量 524 亿 m³ 时还在淤积。艾山—利津河段由于东平湖加水情况不同,冲刷量交替。

(三)排洪能力对比

对比不同时期下游主要水文站同流量(3 000 m³/s)水位变化(图 6-22),可以看出,除利津外各站均是三门峡水库拦沙运用期下降幅度大,特别是孙口站小浪底拦沙期年均仅下降 0.09 m,较三门峡水库拦沙期下降值 0.39 m 明显减少。

从主要水文站同流量(3 000 m³/s)水位变化与花园口累计水量的关系(图 6-23),还可以看出,在累计水量较小时,小浪底水库拦沙运用初期同流量水位下降值小于三门峡水库拦沙期,当累计水量超过 600 亿 ~ 700 亿 m³ 时,花园口和高村断面在小浪底水库拦沙运用初期同流量水位下降值大于三门峡水库拦沙期,而孙口断面同流量水位下降值小浪底初期仍然偏小。这种变化除受水沙过程影响,还与断面形态密切相关。

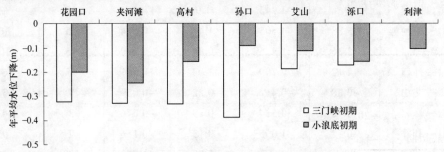

图 6-22　同流量水位下降幅度对比

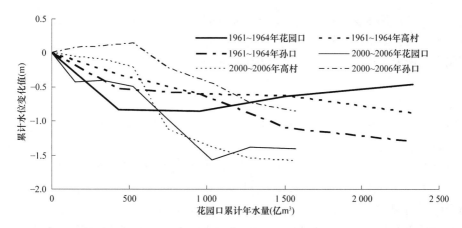

图 6-23　典型水文站同流量(3 000 m³/s)水位变化与花园口累计年水量关系

对比不同时期下游主要水文站平滩流量变化(表6-18)可以看出,与三门峡水库拦沙期相比,小浪底水库拦沙期高村以上平均增加幅度小,特别是高村平均增加幅度只有三门峡水库拦沙期的44%;而孙口和利津增加比较大。

表 6-18　平滩流量增加幅度对比

时期	平滩流量年均增加值(m³/s)				
	花园口	夹河滩	高村	孙口	利津
三门峡初期	450	375	650	75	100
小浪底初期	329	286	286	121	114

(四)冲刷效率对比

1. 总体冲刷效率

对比三门峡水库拦沙期和小浪底水库拦沙运用初期的冲刷效率(单位水量冲淤量为冲淤效率,正值表示含沙量发生衰减降低,即淤积效率,负值表示含沙量恢复增大,即冲刷效率)(表 6-19),可以看出,小浪底水库运用 7 年平均冲刷效率 8 kg/m³,低于三门峡水库拦沙期 4 年平均冲刷效率 10.3 kg/m³。同时可以看出,三门峡水库清水下泄期间第 1 年和第 2 年冲刷效率比较高,随后开始减弱;小浪底水库拦沙期间前三年冲刷效率低,第 4 年冲刷效率比较高,而后开始减弱。

表 6-19　水库运用初期下游河槽冲刷效率对比

年份	不同年份冲刷效率(kg/m³)							平均 (kg/m³)
	第 1 年	第 2 年	第 3 年	第 4 年	第 5 年	第 6 年	第 7 年	
三门峡初期	−20	−17	−8	−13				−10.3
小浪底初期	−4.8	−4.6	−4.4	−10.2	−4.9	−6.1	−4.6	−8

在三门峡水库运用初期下游河道经过 4 年持续冲刷后,主要水文站河床中值粒径比

值在 1.0 ~ 1.5，而小浪底水库运用初期下游河道经过 7 年持续冲刷后，河床中值粒径比值在 1.5 ~ 2.4，全下游主槽河床质粗化非常明显，较三门峡水库拦沙期粗化程度大。这也可能成为影响小浪底水库运用初期下游河道冲刷效率的因素之一。

2. 洪水期冲淤效率

图 6-24 为三门峡水库和小浪底水库拦沙期洪水期下游河道的冲淤效率与洪水平均流量的关系。可以看出，两个时期洪水在全下游的冲淤调整规律基本一致，随着洪水平均流量的增加，冲刷效率增大。在小浪底水库运用初期，有 4 场洪水冲刷效率偏低，其中两场分别为"04·8"洪水和"05·7"洪水，洪水的含沙量较高，平均含沙量分别为 95 kg/m³ 和 34 kg/m³，小浪底出库最大日平均含沙量分别达到 226 kg/m³ 和 73 kg/m³，且"05·7"洪水历时只有 3 d，平均流量和洪量均小于"04·8"洪水，因而"04·8"洪水在下游河道中发生微冲，而"05·7"洪水发生淤积。另外两场冲刷效率略低的洪水分别为 2002 年的调水调沙洪水和 2006 年的调水调沙洪水，主要由于较大流量长历时(历时大于 20 d)条件下，河床泥沙补给不足。

由图 6-24(b) ~ (d)可以看出，三门峡水库拦沙期与小浪底水库拦沙运用初期相比，分河段调整特点基本相似，又略有区别。各河段全沙在不同流量级洪水条件下具有不同的冲淤调整特点。主要表现为高村以上各流量级均发生冲刷，其下河段低流量级时淤积；就相同流量级而言，高村以上河段冲刷强度远大于其下两个河段的冲刷强度；三个河段冲刷强度最大的流量级并非完全相同；中间河段冲刷效率最大的流量级较两端河段大。

高村以上河段在每个流量级均发生冲刷，冲刷效率随着流量的增大而增大，增大幅度逐渐减小。三门峡水库拦沙期，平均流量为 800 m³/s 时，含沙量的恢复值为 4.3 kg/m³，当流量级达到 4 400 m³/s 时，含沙量的恢复值最大，约为 13.0 kg/m³，之后则随着流量增大略有减小。小浪底水库拦沙期，在同流量条件下，该河段的冲刷效率有所降低。初步分析认为，与三门峡水库拦沙运用期相比，小浪底水库拦沙运用期下游河道的整治工程有较大完善，因而该时期内的塌滩冲刷减弱，冲刷效率较三门峡拦沙期小。

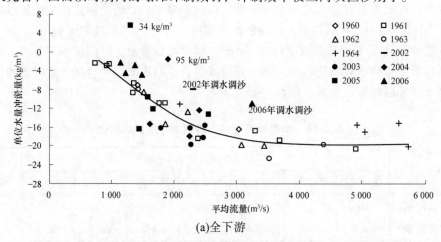

(a)全下游

图 6-24　水库拦沙期洪水期下游河道的冲淤效率与洪水平均流量的关系

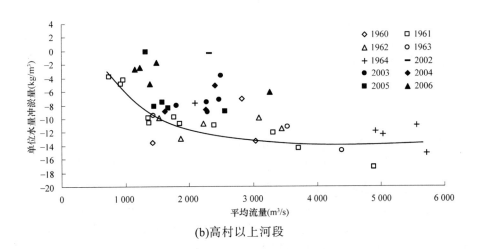

(b)高村以上河段

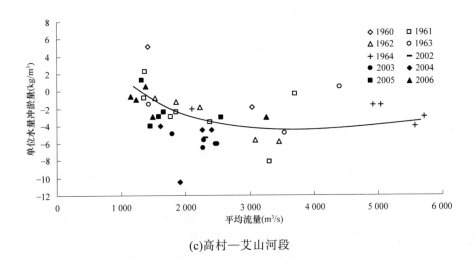

(c)高村—艾山河段

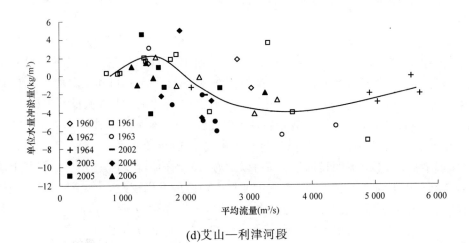

(d)艾山—利津河段

续图 6-24

高村—艾山河段流量达到一定量级后开始冲刷。三门峡水库拦沙期，当流量级达到 1 200 m³/s 后发生冲刷，流量在 3 600 m³/s 时，含沙量达到最大，为 4.6 kg/m³，之后略有减小。小浪底水库拦沙期，该河段的冲刷效率略大于三门峡水库拦沙期，平均偏大约 1.0 kg/m³。

在艾山—利津河段，三门峡水库拦沙期，只有当流量级大于 2 000 m³/s 时，该河段才发生冲刷，在此流量级以下时发生淤积，流量级为 1 400 ~ 1 600 m³/s 时含沙量衰减最大，为 2.0 kg/m³ 左右；流量为 3 600 ~ 4 000 m³/s 时，含沙量达到 4.2 kg/m³。小浪底水库拦沙运用期，该河段同流量的冲刷效率明显大于三门峡水库拦沙期，平均偏大约 2.0 kg/m³。

综上所述，在水库拦沙运用期，当进入下游河道的洪水流量级在 2 000 m³/s 及以下时，存在上冲下淤的现象；流量级在 4 000 m³/s 左右时，冲刷效率接近最大。在三门峡水库拦沙期，高村以上河段冲刷效率大于高村以下河段；在小浪底水库拦沙期，当流量级大于 2 000 m³/s 后，高村以下河段的冲刷效率大于高村以上河段。

五、初步认识

(1)小浪底水库开始蓄水到 2006 年 10 月，全库区淤积量为 21.58 亿 m³，其中在干流淤积 18.315 亿 m³，支流淤积 3.267 亿 m³，分别占总淤积量的 84.87% 和 15.13%。库区淤积总量仍小于设计的拦沙初期与拦沙后期界定值 21 亿 ~ 22 亿 m³。因此，小浪底水库自投入运用至今，均处于拦沙初期运用阶段。

(2)从淤积部位来看，泥沙主要淤积在汛限水位 225 m 高程以下，225 m 高程以下的淤积量达到了 20.08 亿 m³，占总量的 93%；支流淤积较少，仅占总淤积的 15.1%。总体来看，淤积部位较设计相比偏上游，其原因主要是近年来小浪底入库水量持续偏枯，为了保证黄河下游水资源的安全、不断流和减少下游滩区的淹没损失，水库在主汛期提前蓄水运用。

(3)小浪底水库拦沙运用 7 年以来，黄河下游河道共冲刷 8.895 亿 m³，由于漫滩洪水不多，所以冲刷主要发生在主槽内。冲刷沿程呈现两头大、中间小的特点，其中高村以上河段冲刷量占冲刷总量的 78%，特别是夹河滩以上河段冲刷量占冲刷总量的 68%；泺口—利津河段冲刷量占冲刷总量的 9%；而孙口—艾山和艾山—泺口河段冲刷量仅占冲刷总量的 3%~4%。

(4)同流量水位有明显降低，与冲刷沿程分布趋势相一致，水位降幅也呈现出两头大、中间小的特点。统计表明，同流量 3 000 m³/s 水位降低 0.65 ~ 1.73 m，花园口已恢复到 1985 年水平，夹河滩到 1990 年水平，高村到 1993 年水平，孙口和艾山均达到了 1995 年水平，泺口和利津也均达到了 1991 年水平。到 2006 年汛后，平滩流量基本在 3 650 ~ 5 800 m³/s，花园口和夹河滩平滩流量已基本恢复到 1988 年水平，高村和利津平滩流量基本恢复到 1990 年水平，孙口平滩流量基本恢复到 1995 年水平。

(5)河槽横断面形态有明显调整，高村以上河段的断面形态调整基本以展宽和下切并行为主，高村以下河段以下切为主，夹河滩以上河段展宽比较大，平均达 420 ~ 450 m；花园口以上河床下切幅度最大，平均达 1.49 m，孙口—艾山河段河床下切幅度小，仅 1.05 m。目前，高村和孙口断面主槽平均河底高程已经基本恢复到 20 世纪 90 年代初水平。

(6)小浪底水库拦沙运用 7 年与三门峡水库拦沙运用期出库水沙条件有较大差异，致使冲淤量及冲刷效率均有所不同。小浪底水库运用初期年均泄水量和排沙量分别为197.72 亿 m³ 和 0.63 亿 t，较三门峡水库拦沙期的 493.03 亿 m³ 和 5.43 亿 t 分别减少 60% 和 88%。另外，小浪底水库运用初期的汛期出库水量集中程度也较三门峡水库有所降低，汛期水量分别为全年的 57% 和 34%；而沙量集中程度提高，汛期沙量分别为全年的 74% 和 97%。

与此同时，小浪底水库运用初期下泄的洪水场次比三门峡水库运用初期的洪水场次也大大减少，如花园口洪水场次减少 50%，洪峰流量大于 3000 m³/s 的洪水由前者的年均 3.3 场减为年均 0.86 场。

(7)就小浪底水库与三门峡水库拦沙运用期的年均冲刷效率而言，两者有较大差异，如小浪底水库运用 7 年下游平均冲刷效率为 8 kg/m³，明显低于三门峡水库运用 4 年的平均冲刷效率 10.3 kg/m³。但是，在相同洪水流量级时，两者的冲刷效率相差不大，尤其当洪水平均流量小于 1 500 m³/s 时，前者的冲刷效率还高于后者。

(8)进入下游河道的洪水流量级在 2 000 m³/s 及以下时，存在上冲下淤的现象；流量级在 4 000 m³/s 左右时，冲刷效率接近最大。在三门峡水库拦沙期，高村以上河段冲刷效率大于高村以下河段；在小浪底水库拦沙期，当流量级大于 2 000 m³/s 后，高村以下河段的冲刷效率大于高村以上河段。

第七章 黄河下游不淤积条件及对小浪底水库排沙组成的要求

一、三门峡水库拦沙期分组泥沙沿程调整特点

将进入黄河下游的泥沙分为 4 组，即粒径小于 0.025 mm 的泥沙为细颗粒泥沙，粒径在 0.025~0.05 mm 的泥沙为中颗粒泥沙，粒径在 0.05~0.1 mm 的泥沙为较粗颗粒泥沙，粒径大于 0.1 mm 的泥沙为特粗颗粒泥沙。为便于分析，将黄河下游河道分为高村以上、高村—艾山和艾山—利津三个河段。

(一)全沙沿程调整特点

由图 7-1 可以看出,各河段全沙在不同流量级洪水条件下具有不同的冲淤调整特点。就全下游而言，各流量级均发生冲刷，流量为 4 000 m³/s 时冲刷效率最大，含沙量恢复值接近 20 kg/m³。从各河段看，小流量时上段冲刷、下段淤积，大流量时全下游均发生冲刷。高村以上各流量级均发生冲刷，其下河段低流量级时淤积；就相同流量级而言，高村以上河段冲刷强度远大于其下两个河段的冲刷强度；三个河段冲刷强度最大的流量级并非完全相同；中间河段冲刷效率最大的流量级较两端河段大。

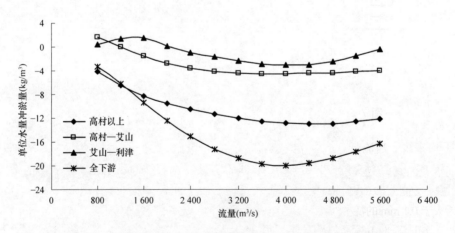

图 7-1 水库拦沙期不同流量级洪水各河段冲淤效率概化图

(二)分组泥沙沿程调整特点

1. 高村以上河段

三门峡水库拦沙运用期高村以上河段洪水期单位水量冲淤量与进入下游的洪水平均流量(三黑武或小黑武平均流量)之间的关系见图 7-2。从总体趋势上看，粒径小于 0.05 mm 泥沙的冲刷效率随着流量的增大而增大，但达到一定流量级后又有所减小。

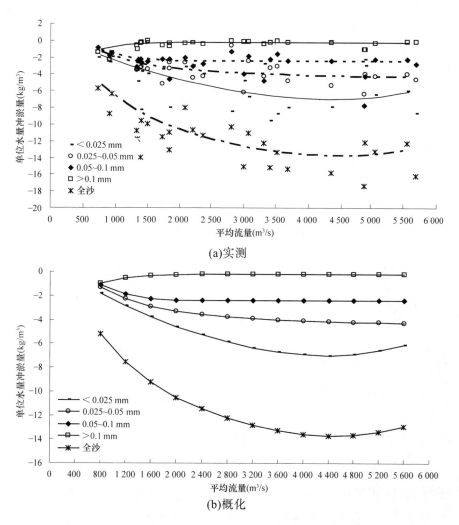

(a)实测

(b)概化

图 7-2 水库拦水期高村以上河段冲淤效率与平均流量关系

平均来说，当流量达到 4 400 m³/s 时，粒径小于 0.025 mm 的细泥沙冲刷效率达到最大，为 7.0 kg/m³。粒径在 0.025~0.05 mm 的中颗粒泥沙的冲刷效率随着流量的增大而增大，但同流量下的冲刷效率远没有细颗粒泥沙的大。粒径在 0.05~0.1 mm 的较粗颗粒泥沙和粒径大于 0.1 mm 的特粗颗粒泥沙的冲刷效率随流量增大而变化不大。

2. 高村—艾山河段

图 7-3 为高村—艾山河段的冲淤效率与平均流量的关系，从中可以看出，细颗粒泥沙和中颗粒泥沙在约小于流量 1 300 m³/s 时发生淤积，且流量越小含沙量的衰减越大。细颗粒泥沙的冲刷效率随着流量增大而增大，流量达到 4 000 m³/s 时冲刷效率接近最大，为 2.75 kg/m³，之后增大不明显。中颗粒泥沙的冲刷效率随着流量的增大先增大后减小，再增大，流量达到 3 000 m³/s 左右时冲刷效率最大，为 1.65 kg/m³，之后，则又随流量而减小，流量约为 4 000 m³/s 后，冲淤达到平衡；粗颗粒泥沙在各流量级下的冲淤均基本达到平衡；特粗颗粒泥沙基本上一直呈淤积状态，单位水量淤积量为 0.15 kg/m³ 左右。

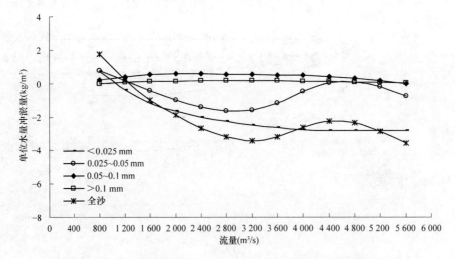

图 7-3　水库拦沙期高村—艾山河段冲淤效率与平均流量关系

3. 艾山—利津河段

图 7-4 为水库拦沙期艾山—利津河段在洪水期单位水量冲淤量与流量的关系。可以看出，当流量小于 1 400 m³/s 时，进入该河段的所有粒径组的泥沙均发生淤积。流量大于 1 400 m³/s 后，细颗粒泥沙开始发生冲刷，但流量大于 3 600 m³/s 后，细颗粒泥沙冲刷效率则又随流量增大而减小；其他组次的泥沙基本上均呈淤积的状态，只有当流量大于 4 000 m³/s 以后，才有所冲刷，但效率不高。

二、细泥沙含量对黄河下游洪水冲淤的影响

(一)场次洪水分组泥沙冲淤特性

黄河下游河道的洪水冲淤效率与含沙量的关系密切，具有"多来、多排、多淤"的特点。

图 7-5 为黄河下游 370 多场洪水冲淤效率与平均含沙量的关系，可以看出，洪水平均含沙量较低时河道发生冲刷，且随着含沙量的降低单位水量的冲刷量增大；当含沙量约大于 50 kg/m³ 后，基本上均呈淤积状态，且水流含沙量越高，单位水量的淤积量越大。

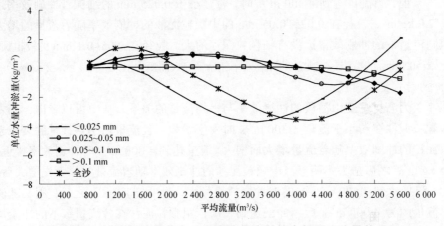

图 7-4　水库拦沙期艾山—利津河段冲淤效率与平均流量关系

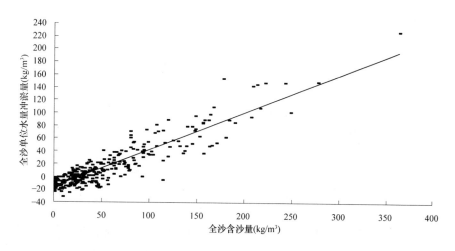

图 7-5　黄河下游洪水冲淤效率与平均含沙量关系

　　分析分组泥沙在洪水过程中的冲淤效率与来沙中各粒径组泥沙的含沙量关系(图7-6~图7-9)发现，细泥沙、中泥沙、较粗泥沙和特粗泥沙四组泥沙在下游河道中的单位水量冲淤量与各自来沙含沙量关系均密切，且泥沙粒径越粗，其相关性越好。细、中、较粗和特粗泥沙的冲淤效率与各自含沙量大小呈线性关系，相关系数分别为 0.688、0.840、0.911 和 0.981。可见，泥沙颗粒越细受其他条件(水流及边界等)影响越大，泥沙颗粒越粗受其他条件影响越小。

　　通过回归分析，可得出单位水量冲淤量与各粒径组泥沙的平均含沙量的关系为

$$\Delta S = kS - m \tag{7-1}$$

式中：ΔS 为场次洪水的各粒径组泥沙的单位水量冲淤量，kg/m^3；S 为场次洪水来沙中各粒径组泥沙的平均含沙量，kg/m^3；k 为系数；m 为常数项。

　　不同粒径组泥沙的 k 值和 m 值见表7-1。

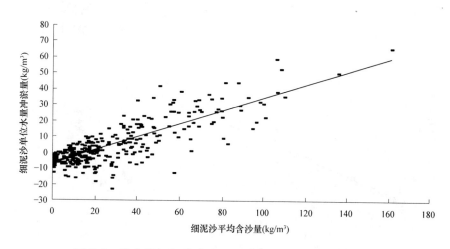

图 7-6　洪水期细泥沙冲淤效率与细泥沙平均含沙量关系

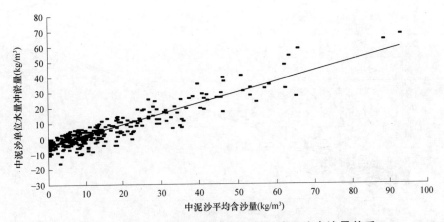

图 7-7　洪水期中泥沙冲淤效率与中泥沙平均含沙量关系

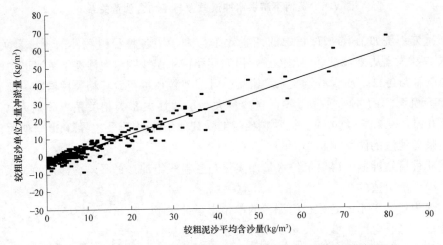

图 7-8　洪水期较粗泥沙冲淤效率与较粗泥沙平均含沙量关系

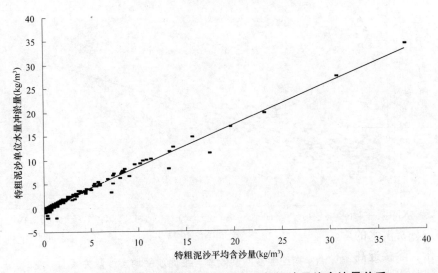

图 7-9　洪水期特粗泥沙冲淤效率与特粗泥沙平均含沙量关系

表 7-1　各粒径组泥沙冲淤效率回归关系式的系数和常数项

系数 和常数项	不同粒径组泥沙的关系系数值			
	<0.025 mm	0.025~0.05 mm	0.05~0.1 mm	>0.1 mm
k	0.441	0.696	0.779 1	0.876 2
m	6.709 4	4.928 7	3.175 5	0.190 8

定义冲淤量与来沙量的比值为淤积比，则单位水量的冲淤量与平均含沙量的比值也可以表示场次洪水的淤积比

$$Y_S = \frac{\Delta S}{S} = \frac{kS - m}{S} = k - \frac{m}{S} \tag{7-2}$$

式中：Y_S 表示淤积比，与含沙量成反比，含沙量越大淤积比越大；m 为系数；k 为常数项。

图 7-10 为分组泥沙的淤积比随含沙量的变化。

可以看出，泥沙粒径越细，淤积比越小，且变幅越大；泥沙粒径越粗，淤积比越大，且变幅越小。例如，当分组泥沙的含沙量均从 20 kg/m³ 增加到 200 kg/m³ 条件下，细颗粒泥沙的淤积比从 0.11 增加到 0.41，变幅为 0.30；中颗粒泥沙的淤积比从 0.45 增加到 0.67，变幅为 0.22；较粗颗粒泥沙的淤积比从 0.62 增加到 0.76，变幅为 0.14；特粗颗粒泥沙的淤积比从 0.87 增加到 0.88，变幅为 0.01。

另外，当细颗粒泥沙的含沙量较高时，细颗粒泥沙也会发生淤积，但其淤积比相比中、粗颗粒泥沙的淤积比小得多。根据前文的分析可知，当下游发生低含沙洪水时，细颗粒泥沙容易被冲刷，冲刷量大；中、粗颗粒泥沙不易被冲刷，冲刷量小。因此，为了有效减少下游河道的淤积，必须减少进入下游河道的中、粗颗粒泥沙，从而有效扼制下游河道的淤积萎缩。

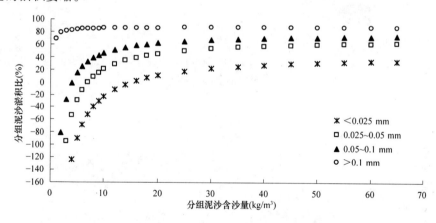

图 7-10　分组泥沙的淤积比与分组泥沙含沙量的关系

(二)洪水冲淤平衡含沙量

通过分析洪水的单位水量冲淤量与洪水平均流量的关系(见图 7-11)知，相同含沙量级的洪水，除接近高含沙水流外，随着流量的增大冲淤效率有所降低；对于相同的流量级，冲淤效率自上而下随着洪水的含沙量级的增大而逐渐减小，即含沙量的大小决定了

洪水的单位水量冲淤量的范围。因此，需进一步分析冲淤效率与洪水平均含沙量的关系。

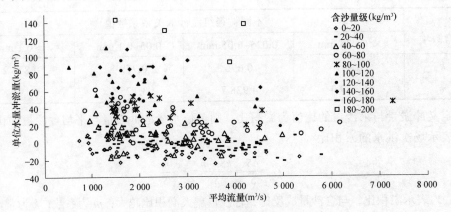

图 7-11　洪水冲淤效率随平均流量的变化

从图 7-12 中可以看出，各流量的洪水，随着含沙的增大冲淤效率略有降低。可见，洪水的冲淤效率更主要取决于洪水平均含沙量的大小。

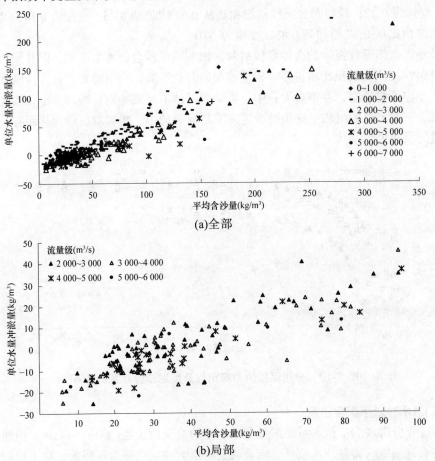

图 7-12　洪水冲淤效率随平均含沙量的变化

根据实测资料进一步回归分析得出冲淤效率与洪水平均含沙量和平均流量的关系为

$$\Delta S = 7.52Q^{-0.306\ 3}S + 1.012(Q/1\ 000)^2 - 7.839(Q/1\ 000) - 9.227 \qquad (7\text{-}3)$$

式中：ΔS 为场次洪水的单位水量冲淤量，kg/m^3；Q 为洪水平均流量，m^3/s；S 为洪水平均含沙量，kg/m^3。

根据洪水冲淤效率与洪水平均含沙量和平均流量的关系(图 7-13)，可以看出当洪水平均流量大于 40 kg/m^3 以后，洪水在下游河道中均发生淤积。同时还发现，对于低含沙洪水，冲刷效率随着流量的增加而增大的幅度小；对于较高含沙量洪水，淤积效率随着流量增加而减小的幅度相对较大。

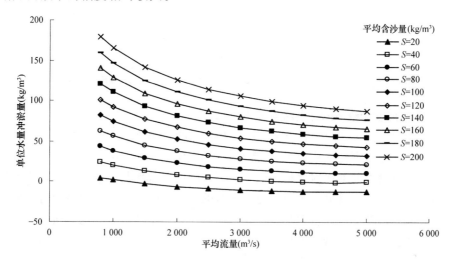

图 7-13　洪水冲淤效率与洪水平均含沙量和平均流量的关系

在下游河道冲淤临界含沙量的研究方面，已经取得不少成果。一般认为来沙系数 $S/Q=0.011$ $kg \cdot s/m^6$ 的洪水，在下游河道中处于冲淤平衡状态；石春先等认为，对于流量 4 000 m^3/s 左右的非漫滩洪水，冲淤平衡的临界含沙量为 40～60 kg/m^3；申冠卿利用实测资料，采用回归分析法得出洪水期流量、含沙量与河道淤积比的关系：$\dfrac{S}{Q^{2/3}} = 0.629\ 8\eta^3 + 0.844\eta^2 + 0.451\ 3\eta + 0.198\ 2$，其中 η 为淤积比，令 $\eta=0$，即可推算出不同流量级所对应的临界含沙量；李国英依据实测洪水资料得出冲淤临界含沙量与流量和细泥沙含量的关系：$S = 0.030\ 8QP^{1.5514}$。根据上述几种方法可以计算出不同流量级下的冲淤临界含沙量(见图 7-14)。

当流量在 3 500 m^3/s 以下时，各种方法计算的平衡临界含沙量比较接近，当流量大于 3 500 m^3/s 后，其他各种方法计算的临界含沙量随着流量的增大仍继续增大，而本研究的结果则并不继续增大，当流量大于 5 000 m^3/s 后甚至略有减小，其中原因有待进一步研究。

平均流量为 2 000～3 000、3 000~4 000、4 000~5 000 m^3/s 的洪水平衡含沙量，利用本次回归的公式计算值分别为 32.9、39.3 kg/m^3 和 42.0 kg/m^3，与前述实测资料得出的结

果非常接近。

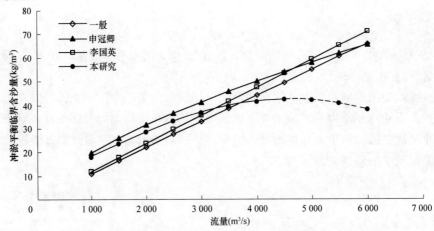

图 7-14　黄河下游洪水冲淤平衡临界含沙量计算成果

(三)不同细泥沙含量下的冲淤特点分析

将细泥沙含量分为 4 组,即小于 40%、40%~60%、60%~80%和大于 80%,并把利津站平均流量与进入下游平均流量(三黑小平均流量)的比值在 0.8~1.2 的 150 场洪水作为研究对象。点绘不同细泥沙含量条件下分组沙的冲淤效率与洪水全沙平均含沙量的关系(图 7-15~图 7-19)。可见,随着细泥沙含量的增大,除了细泥沙的淤积有所增加,中颗粒泥沙、较粗颗粒泥沙和特粗颗粒泥沙三组泥沙以及全沙的淤积均有所降低,以粗颗粒泥沙和特粗颗粒泥沙表现更为明显。

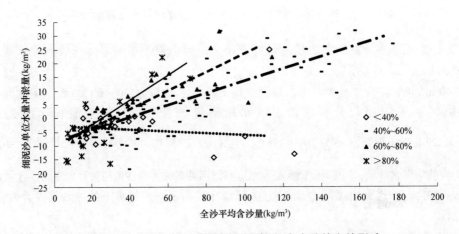

图 7-15　不同细泥沙含量对细颗粒泥沙冲淤效率的影响

黄河下游河道床沙组成中,粒径大于 0.05 mm 的较粗颗粒泥沙和特粗颗粒泥沙占80%左右,粒径在 0.025~0.05 mm 的中泥沙约占 10%,细泥沙极少。但在清水下泄或低含沙洪水期,下游河道冲刷以细泥沙为主(细泥沙冲刷量约为 59%,中泥沙和较粗泥沙分别约为 24%和 13%)。因此,为减少粗泥沙淤积,提高来沙的细泥沙含量是很有必要的。

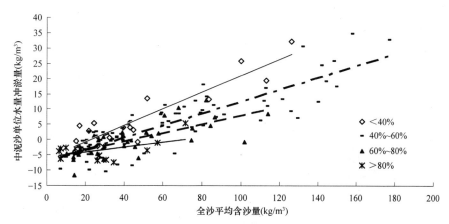

图 7-16　不同细泥沙含量对中颗粒泥沙冲淤效率的影响

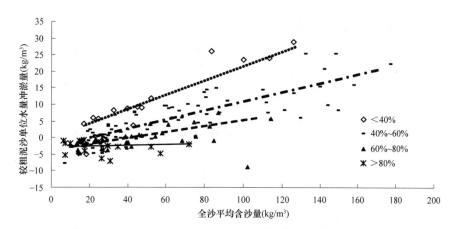

图 7-17　不同细泥沙含量对较粗颗粒泥沙冲淤效率的影响

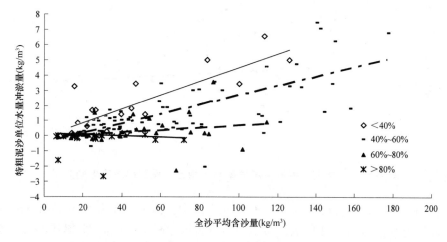

图 7-18　不同细泥沙含量对特粗颗粒泥沙冲淤效率的影响

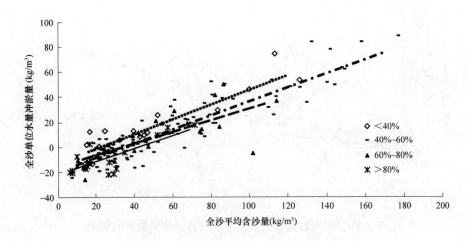

图 7-19 不同细泥沙含量对全沙冲淤效率的影响

分别点绘黄河下游洪水期中泥沙和较粗泥沙的冲淤效率与洪水的平均含沙量、细颗粒泥沙含量之间的关系(图 7-20 和图 7-21)。可以看出，对于相同含沙量级的洪水，随着细泥沙含量的增大，中泥沙和较粗泥沙的单位水量冲淤量均减小，且减小的幅度随着含沙量级的增大而增大。中泥沙和较粗泥沙的冲淤效率与洪水平均含沙量和细泥沙含量的关系为

$$\Delta S_z = \left(-0.46S + 3.45\right)P + 0.427S - 8.1 \qquad (7\text{-}4)$$

$$\Delta S_c = \left(-0.6S + 5.07\right)P + 0.5S - 7.7 \qquad (7\text{-}5)$$

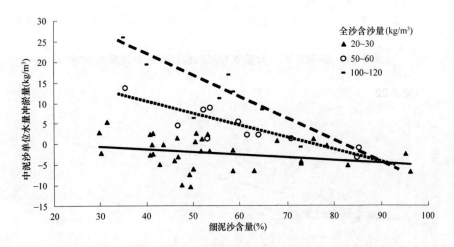

图 7-20 洪水期中泥沙冲淤效率与平均含沙量和细泥沙含量关系

式中：ΔS_z 和 ΔS_c 分别为粒径为 0.025~0.05 mm 的中泥沙和粒径为 0.05~0.1 mm 的较粗泥沙的冲淤效率，kg/m³，正值表示淤积，负值表示冲刷；P 为细泥沙含量，以小数计；S 为洪水全沙平均含沙量，kg/m³。

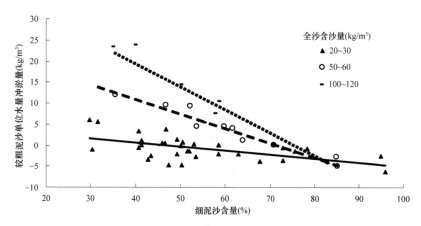

图 7-21 洪水期较粗泥沙冲淤效率与平均含沙量和细泥沙含量关系

依据式(7-4)和式(7-5)可以绘制不同含沙量级洪水的中泥沙、较粗泥沙冲淤效率与全沙平均含沙量和细泥沙含量的关系图(图 7-22 和图 7-23)。

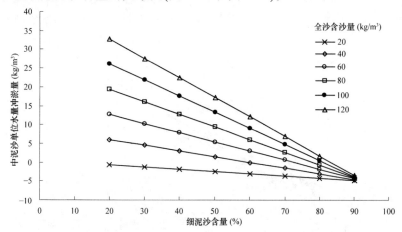

图 7-22 洪水期中泥沙冲淤效率与全沙平均含沙量和细泥沙含量关系

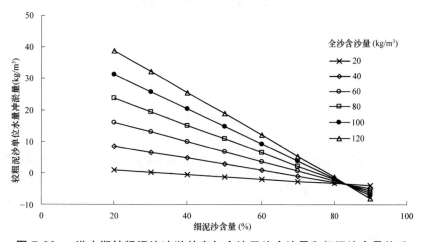

图 7-23 洪水期较粗泥沙冲淤效率与全沙平均含沙量和细泥沙含量关系

在分析的 140 多场洪水中，69% 的洪水的平均含沙量在 60 kg/m³ 以下，平均含沙量大于 60 kg/m³ 的仅占 31%。因此，为了减小中泥沙和较粗泥沙在下游河道中的淤积，使得中、粗泥沙在平均含沙量超过 60 kg/m³ 的洪水过程中少淤，由关系图可以粗估知，洪水来沙中细颗粒泥沙的含量需要达到 70% 以上。

三、下游中粗泥沙不淤对小浪底水库运用的要求

(一)水库分组泥沙排沙比分析

小浪底水库入库水沙条件与三门峡水库基本相同，为分析小浪底水库拦沙后期排沙情况，以三门峡水库滞洪运用期实测资料为例加以分析。图 7-24 ～ 图 7-26 为三门峡水库滞洪排沙期(1962～1973 年)洪水期全沙排沙比与分组排沙比的关系。可以看出，洪水期当全沙排沙比小于 1.0 时，细沙排沙比大于全沙排沙比；当全沙排沙比大于 1.0 时，细沙排沙比小于全沙排沙比。中沙排沙比大多小于全沙排沙比，仅在全沙排沙比为 1.0 左右时，分别场次洪水的中颗粒泥沙排沙比大于全沙排沙比。对于粗泥沙来说，当全沙排沙比小于 1.0 时，粗泥沙排沙比小于全沙排沙比，但在全沙排沙比在 0.6~1.0 时，粗泥沙排沙比增加较快；当全沙排沙比大于 1.0 时，粗泥沙的排沙比均大于全沙排沙比。

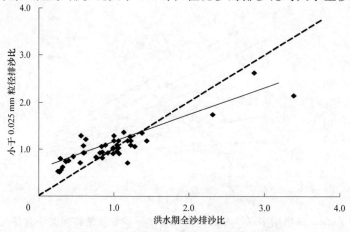

图 7-24　全沙排沙比与细沙排沙比的关系

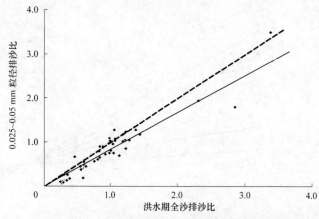

图 7-25　全沙排沙比与中粗沙排沙比的关系

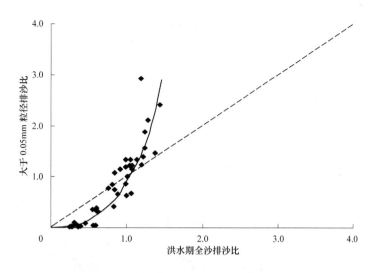

图 7-26 全沙排沙比与粗沙排沙比的关系

(二)下游中粗泥沙不淤条件

在 1950～1960 年的天然条件下和 1973 年以后三门峡水库"蓄清排浑"运用时期,进入下游河道的泥沙组成基本一致,细、中、粗颗粒泥沙的比例分别为 53%、27% 和 20%。根据水库分组泥沙的排沙比与全沙排沙比的关系,假定来沙组成与上述的泥沙组成一致,可以得到水库不同排沙比条件下进入下游河道的泥沙组成(见图 7-28)。

按图 7-27 可以确定不同水库排沙比下的细沙含量(见表 7-2)。根据排沙比给出不同进库含沙量下的相应出库含沙量,按式(7-4)和式(7-5)计算相应出库含沙量下的满足下游河道中粗泥沙不淤所需细泥沙含量。由于含沙量 40 kg/m^3 以下的洪水在下游基本不淤积,而壅水排沙状态下,当进库含沙量 40 kg/m^3 时,其出库含沙量必然小于 40 kg/m^3,故此处只考虑 50 kg/m^3 以上的入库含沙量级。可以看出,在相同排沙比下,进库含沙量越大,出库含沙量也越大,满足中粗沙不淤积的细泥沙含量越高。排沙比在 0.6 以下时,在各级进库含沙量条件下均可获得满足中粗沙不淤积所需的细泥沙含量;排沙比为 0.7 时,

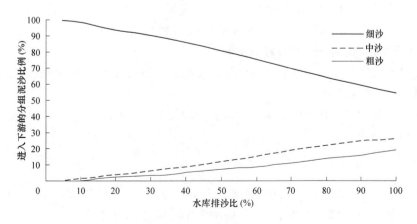

图 7-27 进入下游的泥沙组成与水库排沙比关系

表 7-2　不同进库含沙量和排沙比下中粗泥沙不淤积所需细泥沙含量

水库排沙比	0.40	0.50	0.60	0.70	0.80	0.90
实际出库细泥沙含量(%)	86	81	76	70	65	60
进库含沙量(kg/m³)	出库含沙量(kg/m³)					
50	20	25	30	35	40	45
60	24	30	36	42	48	54
70	28	35	42	49	56	63
80	32	40	48	56	64	72
90	36	45	54	63	72	81
100	40	50	60	70	80	90
110	44	55	66	77	88	99
120	48	60	72	84	96	108
进库含沙量(kg/m³)	满足下游中粗泥沙不淤的出库细沙含量 (%)					
50	33	48	56	62	65	67
60	46	56	62	66	69	71
70	54	62	66	69	71	74
80	59	65	69	71	74	76
90	62	67	71	74	76	78
100	65	69	73	76	78	80
110	67	71	75	78	80	81
120	69	73	76	79	81	82

进库含沙量在 80 kg/m³ 以下，基本可获得满足中粗泥沙不淤积所需的细泥沙含量；排沙比为 0.8 时，进库含沙量 50 kg/m³ 以下，可获得满足中粗泥沙不淤积所需的细泥沙含量；排沙比为 0.9 时，各级进库含沙量均不能满足中粗泥沙不淤积所需的细泥沙含量。同一含沙量级，在满足中粗泥沙不淤积的前提下，为减轻水库淤积，延长使用寿命，宜取较大排沙比。因此，入库含沙量为 50 kg/m³ 时宜按排沙比 0.8 控制，入库含沙量为 60~80 kg/m³ 时宜按排沙比 0.7 控制，入库含沙量为 90~120 kg/m³ 时宜按排沙比 0.6 控制。

(三)满足中粗泥沙不淤的水库控制条件

水库排沙比除与水沙条件和下泄流量密切相关，还取决于排沙期库容的大小，随着库容的增加，排沙比减小。

根据水流挟沙力公式可以推求水库壅水排沙关系，并据此来探讨水库调控指标。排沙比关系可表达为

$$\eta = \frac{Q_o S_o}{Q_i S_i} \tag{7-6}$$

式中：η 为排沙比；Q_o、S_o 分别为出库流量和含沙量；Q_i、S_i 分别为入库流量和含沙量。

按照文献[1]的方法，入库输沙率 Q_{Si} 和入库流量 Q_i 可用下列关系式表示

$$Q_{Si} = k_1 Q_i^2 \tag{7-7}$$

出库含沙量 S_o 可近似用下列公式表示

$$S_o = k\frac{U^3}{gh\omega} \qquad (7\text{-}8)$$

滞洪库容 V 可近表达为库宽 B 和壅水水深 h 的函数

$$V = k_2Bh^2 \qquad (7\text{-}9)$$

将式(7-7)~式(7-9)代入式(7-6)，得

$$\eta = \frac{kk_2{}^2}{gk_1}\left(\frac{Q_o{}^2}{VQ_i}\right)^2\frac{1}{B\omega} \qquad (7\text{-}10)$$

从上式可以看出库容、进出库流量、库宽和泥沙沉速均是影响排沙比的因素。其中 $\frac{Q_o}{V}$ 反映了泥沙在壅水段的停留时间，停留时间越长，泥沙淤积越多；出进库比 $\frac{Q_o}{Q_i}$ 越大，越有利于排沙；相同条件下 S_i 越大，淤积量越大，排沙比越小；假定泥沙沉速变化不大，在形成高滩深槽之后，库宽随槽库容的变化很小。因此，可以认为式(7-10)中 $\frac{Q_o{}^2}{VQ_i}$ 是影响排沙比的主要因素。利用三门峡水库滞洪排沙期洪水资料点绘排沙比 η 与 $\frac{Q_o{}^2}{VQ_i}$ 的关系如图 7-28 所示。排沙比小于 1 的点据基本为壅水排沙，大于 1 的点据基本为敞泄排沙，二者有不同的 $\eta\sim\frac{Q_o{}^2}{VQ_i}$ 关系。根据排沙比小于 1 的点据，得壅水排沙的函数关系

$$\eta = 0.021\,3\left(\frac{Q_o{}^2}{VQ_i}\right)^{0.440\,8} \qquad (7\text{-}11)$$

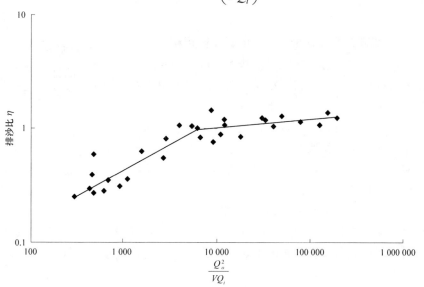

图 7-28 三门峡水库滞洪排沙期排沙关系

假定小浪底水库与三门峡水库具有相似的壅水排沙关系，根据表 7-2、式(7-11)，可

估算出库流量 4 000 m³/s 条件下维持下游河道中粗泥沙不淤积的水库排沙比和相应调蓄库容。若按最有利于下游河道冲刷的流量 4 000 m³/s 下泄，当进库流量为 4 000 m³/s 时，即进出库流量相等时，所需调蓄库容为 1.07 亿~2.06 亿 m³；当进库流量为 2 500 m³/s 时，所需调蓄库容为 1.71 亿~3.29 亿 m³。

需要说明的是，小浪底水库拦沙后期和三门峡水库滞洪排沙期库区地形、淤积形态和调蓄库容有较大差异，对水库的排沙会产生一定影响。由于影响排沙因素复杂，以上根据三门峡水库运用期得出的成果可为小浪底水库运用提供参考，同时还需要继续开展研究，在实践中不断总结。

四、初步认识

(1)当进入下游河道的洪水流量级在 2 000 m³/s 及以下时，存在上冲下淤的现象：流量级在 1 200 m³/s 及以下时，主要淤积高村—艾山河段；流量级在 1 200 ~ 2 000 m³/s 时，主要淤积艾山—利津河段。当洪水流量级大于 2 000 m³/s 以后，黄河下游各河段均发生冲刷。

(2)对三门峡水库拦沙期下游河道分组沙冲刷的研究表明，有利于下游各河段细颗粒泥沙冲刷的流量级为 2 800 ~ 4 400 m³/s；有利于中颗粒泥沙冲刷(或少淤)的流量级为 3 600 ~ 5 200 m³/s，最有利于中泥沙冲刷的流量级为 4 000 m³/s；有利于较粗颗粒泥沙冲刷(或少淤)的流量级在 3 600 m³/s 以上；特粗颗粒泥沙冲淤变化很小，当流量大于 4 000 m³/s 后，冲刷效果相对显著。

综合考虑，有利于下游各河段各组泥沙冲刷的流量级为 3 600 ~ 4 400 m³/s，最好的流量级为 4 000 m³/s。

(3)场次洪水期，分组泥沙的冲淤效率与分组泥沙的含沙量成正比关系，粒径越粗相关性越好。

(4)洪水期细颗粒泥沙含量越高，中、较粗颗粒泥沙的减淤或冲刷效率越大；洪水含沙量越大，中、较粗、特粗颗粒泥沙基本保持不淤所需细颗粒泥沙含量越高。对于平均含沙量为 60 kg/m³ 的洪水，粗颗粒泥沙在下游河道中不发生淤积，中颗粒泥沙只有微量淤积，细颗粒泥沙含量在 70% 以上。

(5)假定小浪底水库与三门峡水库具有相似的壅水排沙关系，进库含沙量越高，维持下游河道中粗泥沙不淤积所要求的细泥沙含量越高，要求水库排沙比越小，所需调蓄库容越大。对某一进库含沙量，当入库流量越大时，要满足维持下游河道中粗泥沙不淤积所需的细泥沙含量和水库排沙比，所需调蓄库容越小。入库含沙量为 50 kg/m³ 时宜按排沙比 0.8 控制，入库含沙量为 60~80 kg/m³ 时宜按排沙比 0.7 控制，入库含沙量为 90~120 kg/m³ 时宜按排沙比 0.6 控制。若水库按流量 4 000 m³/s 下泄，当进库流量为 4 000 m³/s 时，即进出库流量相等时，所需调蓄库容为 1.07 亿~2.06 亿 m³；当进库流量为 2 500 m³/s 时，所需调蓄库容为 1.71 亿~3.29 亿 m³。

第八章　主要认识与建议

(1)来水量减少和龙刘水库调节水沙过程是宁蒙河道淤积加重的主要原因,其结果显著降低了本河段正常的排洪、排冰和输沙等基本功能。由于干流来水总量减少、过程调平、洪水减少,因此相同引水引沙和支流来沙条件对河道的不利影响相对增大。为改变宁蒙河段淤积不断加重的严峻局面,实现人、水、自然和谐,除长远考虑西线调水、增加径流,中期通过大柳树水库反调节、恢复被龙刘水库削减的洪水过程,近期应以宁蒙河道排洪输沙基本功能的恢复为重点,利用上游洪水过程进行全河调水调沙,恢复河道的基本功能。同时,应加强对祖厉河、清水河和西柳沟、毛不浪孔兑等多沙粗沙支流的治理力度,减少入黄沙量。

(2)宁蒙河道临界冲淤判别指标(S/Q)汛期约为 0.003 2 kg·s/m^6,非汛期约为 0.001 7 kg·s/m^6,洪水期约为 0.003 8 kg·s/m^6。洪水期平均流量 2 000 m^3/s 的洪水过程,维持宁蒙河道冲淤基本平衡的平均含沙量约为 7.6 kg/m^3。

(3)水土保持综合治理措施具有显著的减水减沙作用,坝地、梯田和林草等工程措施占主导地位,其中,坝地的作用在河龙区间多沙粗沙区治理方面更为重要,并具有明显的拦粗排细作用。初步研究表明,水土保持综合治理减沙效益与治理度(四大工程措施治理面积与水土流失面积的比例)、淤地坝配置比(淤地坝面积与治理面积的比例)以及坝库控制面积比(晋西北片为各支流坝库控制面积与各流域面积之比,陕北片为各支流坝库控制面积与各支流粗泥沙来源区面积之比)呈明显的增函数关系,相同减沙效益所要求的淤地坝等工程措施控制指标,陕北片侵蚀严重的地区要明显高于晋西北片侵蚀相对较轻的地区。为维持 20%减沙效益在晋西北坝库控制面积比约为 10%,而在陕北片则坝库控制面积比约为 40%;维持 40%减沙效益,河龙区间所要求的淤地坝配置比约为 2%,可作为水土保持综合治理规划的参考依据。

水土保持问题极为复杂,在继续加强现有水土保持工作,强力推进粗泥沙集中来源区治理的基础上,建议组织力量、开展专项研究,揭示近年来黄河中游粗沙比例增大的原因,并提出相应的对策建议,研究"黄河中游地区水土保持措施不同配置比例的减洪减沙效应",为更好地做好水土保持工作提供科学的参考依据。

(4)三门峡水库自 2003 年开始实行非汛期最高水位 318 m 控制运用以来,有效改善了库区淤积分布,淤积重心下移,非汛期淤积末端在黄淤 34 断面附近,距潼关约 40 km,潼关河段处于自然演变状态。汛期 1 500 m^3/s 以上流量敞泄,其他时段按最高水位 305 m 控制运用,首次敞泄期冲刷效率最大,随着敞泄次数的增加,敞泄期冲刷效率降低,但冲刷部位逐步上移。因此,在汛期大流量持续时间明显减少的情况下,应充分利用大流量敞泄排沙,并适当降低敞泄流量、增加敞泄时间,以利于溯源冲刷向上游发展和潼关高程的冲刷降低。当库区累计性冲刷达到一定程度时,再适当提高敞泄流量、减少敞泄时间,维持库区冲淤平衡。也就是说,三门峡水库的运用应根据前期累计冲淤情况和汛期洪水情况进行动态调整。

三门峡水库汛初首次敞泄期冲刷量多在 0.4 亿 t 左右,其中细泥沙约占全沙的 34%,

中泥沙占 40%，粗泥沙占 26%，这部分泥沙是小浪底水库调水调沙期人工塑造异重流的重要泥沙来源。研究表明，敞泄期出库含沙量过程与流量具有较好的相关关系，并和坝前前期淤积量有关，出库流量大、前期淤积量大时，则出库含沙量也大。

(5)小北干流冲淤的临界搭配参数(S/Q)约为 0.013 kg·s/m^6，临界含沙量为 13 kg/m^3。小北干流河段是古贤水库运用影响的首要河段，其冲淤发展将直接影响潼关高程和三门峡水库冲淤，甚至可能影响小浪底水库排沙，这部分泥沙如何处理也是古贤水库建设面临的重要问题之一。因此，应加强对小北干流河段水沙运行、冲淤演变以及中下游泥沙合理配置原则的研究，为黄河水沙调控体系建设提供技术支撑。

(6)小浪底水库开始蓄水到 2006 年 10 月，库区累积淤积 21.58 亿 m^3，接近拦沙初期与拦沙后期设计的界定值 21 亿～22 亿 m^3。但 225 m 高程以下淤积量 20.08 亿 m^3，占淤积总量的 93.04%，225 m 高程以下还有 16.576 亿 m^3 的库容，淤积三角洲顶点距大坝距离 33.48 km，按三角洲顶坡平衡纵比降 2.8‰延续到坝前，还有约 10 亿 m^3 的拦沙库容，尚不具备转入拦沙后期、逐步抬高水位、壅水排沙、拦粗排细的基本条件。水库蓄水拦沙及异重流排沙仍是 2007 年汛期的主要运用方式及输沙流态。按近年来年均沙量约 4 亿 t 考虑，2009 年汛前三角洲顶点基本可推移到坝前，2009 年汛期可以转入拦沙运用后期。

同时，黄河下游河道"瓶颈"河段(孙口附近)平滩流量约为 3 650 m^3/s，河道的排洪输沙基本功能还没有恢复到 4 000 m^3/s 的低限健康标准。按近年来"瓶颈"河段平滩流量年均恢复约 230 m^3/s 考虑，也需要小浪底水库继续蓄水拦沙大约两年的时间，才能够使下游河道平滩流量全线超过 4 000 m^3/s 的低限健康标准。

小浪底库区地形狭长、比降大，特别是三门峡至板涧河河口长 62 km 的库段，河谷底宽仅 200～300 m，相应河段的库容容积较小。这种特殊的库区地形既有利于三角洲洲面的淤积抬升，又有利于三角洲洲面的大幅度降低及顶点的下移。库区三角洲淤积形态具有可调整性，由此增加了小浪底水库运用的灵活性。

小浪底水库异重流排沙情况主要取决于异重流运行距离、潜入点以下河底纵比降及支流分布等边界条件和水沙条件。

(7)小浪底水库运用 7 年来，下游花园口站累计水量 1 564 亿 m^3，为三门峡水库拦沙期累计水量 2 376 亿 m^3 的 66%；相应冲刷量 8.895 亿 m^3，折合为 12.45 亿 t，为三门峡水库拦沙期冲刷 23.07 亿 t 的 54%；相应平均冲刷效率为 8.0 kg/m^3，为三门峡水库拦沙期冲刷效率 10.3 kg/m^3 的 78%。全下游总体冲刷效率较三门峡水库拦沙期偏低。其原因主要是洪水少、洪峰低、洪量小而小流量历时明显增长；同时，游荡性河段河道整治工程不断完善，塌滩补给的泥沙量显著减少也是其中的重要原因之一。

小浪底水库运用 7 年来，花园口以上河段冲刷 3.94 亿 t，仅为三门峡水库清水冲刷期冲刷量 9.29 亿 t 的 42%；相应平均冲刷效率为 2.54 kg/m^3，仅为三门峡水库清水冲刷期冲刷效率 3.91 kg/m^3 的 65%。花园口以下各河段相同累计水量条件下的平均冲刷效率差别不大。进一步分析表明，花园口以下各河段，同流量级洪水的冲刷效率较三门峡水库清水冲刷期还是明显提高的。

(8)小浪底水库拦沙运用 7 年来，下游河道冲刷具有两头大、中间小的基本特征。夹河滩以上河段、夹河滩—高村河段冲刷强度大，平均冲刷面积分别约为 2 000 m^2 和 1 200

m², 高村以下河段冲刷强度迅速减小, 尤其孙口附近及孙口—艾山河段平均冲刷面积仅约为 400 m², 艾山以下河段冲刷强度又略有增加, 平均冲刷面积约为 550 m²。同流量水位的降低幅度与冲刷沿程分布趋势一致, 高村以上河段同流量(3 000 m³/s)水位降低 1.41 ~ 1.10 m(其中夹河滩河段同时受局部自然裁弯的影响下降 1.73 m), 孙口、艾山附近河段仅降低 0.65 ~ 0.83 m, 泺口、利津附近河段降低 1.12 ~ 0.75 m。目前, 从流量 3 000 m³/s 的水位变化看, 花园口、夹河滩已恢复到 1985 年前后的水平, 高村、孙口和艾山基本与 1995 年持平, 泺口和利津均基本恢复到 1990 年前后的水平。与 1982 年汛前相比, 高村以上河段同流量(3 000 m³/s)水位基本持平或偏低, 孙口偏高 0.88 m, 艾山以下河段偏高 0.46~0.64 m。

(9)经过 2000 年以来的清水冲刷, 黄河下游河道平滩流量增大, 高村以上河段增大 2 300 ~ 2 000 m³/s, 年平均增幅 329 ~ 286 m³/s; 孙口、艾山水文站分别增大约 850 m³/s 和 800 m³/s, 年平均增幅分别为 121 m³/s 和 114 m³/s, 其中孙口水文站近 3 年平均增幅为 216 m³/s; 泺口、利津水文站分别增大约 1 200 m³/s 和 800 m³/s, 年平均增幅分别为 171 m³/s 和 114 m³/s。目前下游平滩流量高村以上河段为 5 800 ~ 4 700 m³/s, 艾山以下河段为 4 000 m³/s, 孙口、艾山附近的平滩流量分别为 3 650 m³/s 和 3 850 m³/s, 仍小于维持下游河道排洪输沙基本功能所要求的平滩流量 4 000 m³/s 的低限标准。

(10)小浪底水库运用 7 年来, 冲刷主要集中在汛期(淤积大断面所相应的测量时段, 一般为 5 月中旬至 10 月中旬, 下同), 共冲刷泥沙 5.993 亿 m³, 折合为 8.39 亿 t, 非汛期冲刷 2.90 亿 m³, 折合为 4.06 亿 t, 分别占 7 年冲刷总量的 67% 和 33%。7 年中, 花园口洪峰流量大于 2 000 m³/s 的洪水过程共 16 次(含 5 次调水调沙), 相应水沙量分别占 7 年水沙量的 28% 和 59%, 历时仅占 7 年总历时的 10%, 相应下游冲刷量占 7 年冲刷总量的 42%。其中 5 次调水调沙和 11 次洪水过程的冲刷量分别占 7 年冲刷总量的 22% 和 20%。

由于河道特性不同, 下游各河段洪水期冲刷量占相应河段冲刷总量的比例也明显不同, 其中, 花园口以上、花园口—夹河滩、夹河滩—高村和艾山—利津河段所占比例分别为 37%、20%、36% 和 41%, 均小于 50%, 而高村—孙口河段洪水期冲刷量占全年冲刷量的 97%, 非洪水期基本不冲, 孙口—艾山河段洪水期冲刷量占全年冲刷量的 243%, 非洪水期还是淤积的。由此表明, 高村—艾山河段非洪水期基本不冲甚至发生明显淤积是本河段近年来冲刷量偏少、平滩流量偏小的主要原因。

(11)下游河道冲刷总体上呈逐步向下游发展的趋势, 2000 运用年和 2001 运用年, 流量较小, 到 2002 年汛前, 累计冲刷仅发展到夹河滩—高村河段, 高村以下河段还是淤积的, 高村、孙口水文站断面平均河底高程也达到最高。2002 年首次调水调沙试验后, 下游开始全线冲刷。春灌期下泄 800 ~ 1 200 m³/s 的流量过程, 高村以下河段尤其高村—孙口河段有所淤积。汛期下泄 1 500 ~ 2 000 m³/s 的流量过程, 输送以异重流方式出库的 5 ~ 15 kg/m³ 的细沙, 下游全程基本不淤, 增大了水库调度的灵活性, 减少了水库的细泥沙淤积量。

(12)洪水期下游河道冲淤强度主要取决于洪水平均含沙量的大小, 随含沙量增大而增大; 洪水期流量和泥沙组成对冲淤强度也具有一定的影响。洪水期细颗粒泥沙含量越高, 中、粗颗粒泥沙的淤积强度越小; 洪水含沙量越高, 维持中、粗颗粒泥沙基本不淤所需要的细颗粒泥沙含量也越高。对于平均含沙量为 60 kg/m³ 的洪水, 保持中、粗颗粒泥沙在下游河道基本不淤所需要的临界细泥沙比例约为70%。若能够通过小浪底水库实施"拦粗排细"控制运用,调控不同含沙量及流量级洪水使进入下游河道的细泥沙比例合适,即可实现下游河道中、粗泥沙基本不淤。也可以根据事先确定的下游河道中、粗泥沙允许淤积比,提出对小浪底水库排沙组成的需求。

(13)如果小浪底水库与三门峡水库具有相似的壅水排沙关系,当小浪底出库含沙量越高时,维持下游河道中粗泥沙不淤积所要求的细泥沙含量越高,则所要求的水库排沙比也越小,所需要的水库调蓄库容(前期蓄水量)也越大。对同一出库含沙量,当入库流量越大时,为满足下游河道中、粗泥沙不淤积所需的细泥沙含量和水库排沙比,所需调蓄库容则越小。如对含沙量 60 kg/m³ 的洪水,维持中粗泥沙不淤积所要求的细泥沙含量约为73%,所需水库排沙比为0.62,当进库流量为 2 500 m³/s 时所需调蓄库容为 2.67 亿 m³,而当进库流量为 4 000 m³/s 时,所需调蓄库容为 1.67 亿 m³。本成果可为确定小浪底水库拦沙运用后期"拦粗排细"的控制指标提供参考。

第二部分 专题研究报告

第一专题 2000 年以来黄河流域水沙变化分析

　　根据报汛资料统计，2006 年黄河流域年降水量 407 mm，其中汛期占 65%，与历年同期均值相比减少 9%。干支流控制站年水沙量与历年同期相比也有不同程度的减少，其中水量减少 4%~70%，沙量减少 34%~100%。龙门和花园口最大洪峰流量仅分别为 3 710 m³/s 和 3 360 m³/s，下游花园口全年仅 2 次洪水过程，分别是 6 月小浪底水库调水调沙洪水和 8 月因三门峡泄空冲刷产生的高含沙水流在小浪底水库形成异重流，小浪底水库调节后产生的洪水，其中 8 月花园口洪水小浪底—花园口发生了流量沿程增大的异常现象。由于流域来水减少，2006 年主要水库共补水 73.93 亿 m³，其中非汛期补水 124.4 亿 m³。主要水库全年补水量中，龙羊峡水库占 56%，为近 7 年同期最大值。

　　本专题系统分析了黄河流域 2000~2006 年降水、来水来沙、水库运用情况、洪水情况等，并对主要水库蓄水和调蓄流量进行了还原分析。

第一章　2006年黄河流域水沙概况

一、降水情况

根据报汛资料统计,2006年(日历年)流域年降水量407 mm,较多年同期减少9%;汛期降雨量260 mm,较多年同期减少9%,汛期流域降雨过程比较少,降雨量与历年同期均值相比均减少,其中主要清水来源区头道拐以上减少8%,多沙区晋陕区间、泾渭河、北洛河减少2%~9%,黄河下游干支流减少4%~31%(图1-1)。汛期降雨量最大的是黄河下游的涑口站,为346 mm。

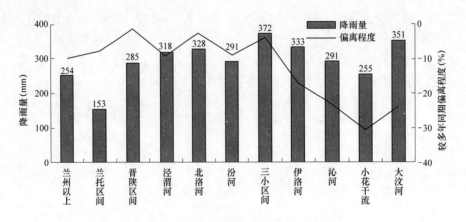

图1-1　2006年汛期黄河流域各区间降雨量

2006年强降水过程少,且降水时空分布极不均匀。6月份降雨量除兰州—头道拐降雨量为13 mm,其余区间均在40 mm以上,特别是北洛河、小花干流、黄河下游及大汶河降雨量在82~114 mm,较多年同期增加31%~88%;而10月份降雨量除兰州以上为27 mm,其他区域不足20 mm,与多年同期相比减少48%~100%(表1-1)。

2006年汛期降雨量与2005年相比,兰州以上减少20%,兰托区间增加79%,晋陕区间和北洛河增加10%左右,其他区域减少18%~50%。

二、水沙情况

(一)干支流枯水少沙

2006年运用年(2005年11月至2006年10月,下同)是枯水少沙年,年水沙量与多年(1956~1999年)同期相比(图1-2和图1-3),水量减少4%~70%,沙量减少34%~100%。

表 1-1 2006 年降雨情况

区域	6 月		7 月		8 月		9 月		10 月		7~10 月			
	雨量(mm)	距平(%)	雨量(mm)	距平(%)	雨量(mm)	距平(%)	雨量(mm)	距平(%)	雨量(mm)	距平(%)	雨量(mm)	距平(%)	最大雨量(mm)	
													量值	地 点
兰州以上	59	−16.4	73	−20.2	98	11.7	56	−18.2	27	−20.4	254	−9.8	234	碌曲
兰托区间	13	−52	66	16.4	65	0.6	15	−52.4	7	−47.8	153	−7.9	165	头道拐
晋陕区间	39	−24.6	111	9.8	106	4	58	−1	10	−63.6	285	−1.4	310	单台子
汾河	57	−11.9	101	−7.2	111	9.1	84	−6	22	−56	318	−9.1	296	崞峪口
北洛河	82	39.5	124	11.4	128	17.1	67	−13.5	9	−76.4	328	−2.5	202	黄陵
泾河	65	7.8	89	−21.4	147	39.6	46	−29.7	9	−74.8	291	−9	184	新绛
渭河咸阳以上	60	−2.1	120	8	75	−28.8	99	27.9	24	−41.9	318	−5.1	223	龙门
咸张华区间	73	15.1	172	16.1	118	6.4	77	−1.4	5	−89.9	372	−3.8	279	皋落
伊洛河	71	−3.1	133	−9	59	−49.5	124	46.9	17	−69.1	333	−17.2	271	刘瑶
沁河	83	18.6	133	−10.4	106	−12.3	50	−28.1	2	-95	291	−23.2	240	山路平
三小区间	114	87.8	145	1.5	45	−57.3	64	−12.7	1	−97.8	255	−30.5	224	赵堡
小花干流区间	96	47.2	169	10.3	133	5.9	24	−61.6	0	−100	326	−13.6	346	氵忝口
金堤河	112	31.3	158	−25.6	172	13.8	19	−70.2	2	−94.2	351	−24	305	临汶
汶河	59	−16.4	73	−20.2	98	11.7	56	−18.2	27	−20.4	254	−9.8	234	碌曲

注：历年均值指 1950~2000 年。

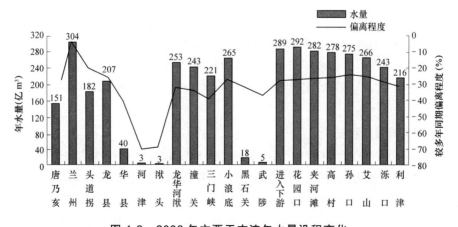

图 1-2 2006 年主要干支流年水量沿程变化

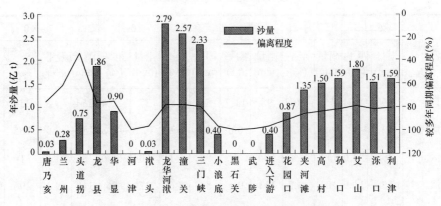

图 1-3　2006 年主要干支流年沙量沿程变化

唐乃亥、头道拐、龙门、潼关、龙华河洑(龙门、华县、河津和洑头，下同)、进入下游(小浪底、黑石关、武陟，下同)、花园口和利津站年水量分别为 151.35 亿、181.81 亿、207.15 亿、242.83 亿、253.10 亿、289.16 亿、292.28 亿、215.63 亿 m³，与多年同期相比减少 19% ~ 33%；龙门、潼关、龙华河洑、进入下游、花园口和利津站沙量分别为 1.864 亿、2.572 亿、2.788 亿、0.398 亿、0.865 亿、1.592 亿 t，较多年同期减少 77% ~ 96%。

非汛期由于龙羊峡和刘家峡水库大量泄水，兰州和头道拐水量分别为 187.01 亿 m³ 和 116.06 亿 m³，分别较多年同期增加 25%和 13%；黄河下游花园口和利津由于小浪底水库调水调沙大量泄水，水量分别为 208.49 亿 m³ 和 139.38 亿 m³，分别较多年同期增加 19%和 12%。

汛期水量占年比例除北洛河洑头和汾河河津为 60%左右、沁河武陟 71%外，其他区域均在 50%以下，特别是下游干流，由于非汛期小浪底水库调水调沙，汛期水量仅占 29% ~ 35%。唐乃亥、头道拐、龙门、龙华河洑、进入下游、花园口和利津汛期水量分别为 77.54 亿、65.72 亿、79.40 亿、102.11 亿、81.8 亿、83.78 亿、76.25 亿 m³，较多年同期减少 37% ~ 61%。

汛期沙量占年比例除头道拐和花园口—利津沿程各站不足 60%，其他区域均在 60%以上。龙门、龙华河洑、进入下游、花园口和利津汛期沙量分别为 1.564 亿、2.461 亿、0.331 亿、0.389 亿、0.607 亿 t，与多年同期相比减少 79% ~ 96%。沙量减少幅度大于水量的减幅。

(二)汛期大流量过程较少

河道输沙能力不仅取决于水量，与水流的流量大小也有密切的关系。黄河干流 3 000 m³/s 以上的大流量输沙能力比较大，而 1 000 m³/s 以下的小流量造床作用和输沙能力都较小。2006 年汛期主要干流水文站日平均流量在 3 000 m³/s 以上的没有一天，流量在 1 000 m³/s 以下的天数唐乃亥、头道拐、龙门、潼关、花园口和利津分别为 115、104、95、72、97、97 d(见表 1-2)，占汛期总天数除潼关站为 59%外，其余均在 78%以上。

表 1-2 2006 年主要站汛期各流量级出现历时

水文站	各流量级(m³/s)天数(d)							
	<500	500 ~ 1 000	1 000 ~ 1 500	1 500 ~ 2 000	2 000 ~ 2 500	2 500 ~ 3 000	≥3 000	<1 000
唐乃亥	10	105	8	0	0	0	0	115
兰州	0	35	86	2	0	0	0	35
头道拐	50	54	19	0	0	0	0	104
龙门	38	57	25	2	1	0	0	95
潼关	26	46	40	10	1	0	0	72
花园口	17	80	18	7	1	0	0	97
利津	45	52	20	3	2	1	0	97

三、洪水情况

由于 2006 年黄河流域没有大的降水过程，干支流没有出现大的洪水。龙羊峡入库站唐乃亥最大洪峰流量仅 1 200 m³/s，头道拐最大洪峰流量仅 1 410 m³/s，中游龙门出现洪峰流量超过 1 500 m³/s 的共 5 次，其中最大洪峰流量仅 3 710 m³/s，主要来自清涧河和无定河；黄河下游花园口洪峰流量 2 000 m³/s 以上的洪水仅 2 场，分别是非汛期小浪底水库调水调沙和 8 月上旬水库异重流排沙产生的洪水。支流渭河华县站和大汶河戴村坝也出现几次小于 1 000 m³/s 的小洪水。

(一)调水调沙情况

非汛期根据主要水库蓄水情况，6 月 9 日 14 时小浪底水库开始预泄，6 月 15 日 9 时调水调沙正式开始，29 日 0.9 时排沙洞关闭，期间小浪底水库最大流量 4 200 m³/s (表 1-3)，最大含沙量 53.7 kg/m³，出库水量 54.97 亿 m³，排沙量 0.084 亿 t；花园口洪峰流

表 1-3 2006 年 6 月黄河调水调沙期间水沙量统计

站名	开始时间 (月-日 T 时)	历时 (h)	水量 (亿 m³)	沙量 (亿 t)	最大流量		最大含沙量	
					数值 (m³/s)	相应时间 (月-日 T 时:分)	数值 (kg/m³)	相应时间 (月-日 T 时:分)
小浪底	06-09T14	480	54.97	0.084	4 200	06-26T08:48	53.7	06-27T08:48
黑石关	06-09T08	480	0.46	0				
武陟	06-09T08	480	0.014	0				
花园口	06-10T16	472	55.01	0.182	3 970	06-21T16:00	26.4	06-29T07:12
夹河滩	06-11T14	474	53.71	0.368	3 930	06-22T11:18	21.8	06-30T00:00
高村	06-11T20	479	52.57	0.350	3 900	06-29T04:00	23.3	06-30T20:00
孙口	06-12T08	472	51.12	0.492	3 870	06-29T11:30	17.2	07-01T20:00
艾山	06-13T02	486	50.3	0.529	3 850	06-29T20:00	16.0	06-14T08:00
泺口	06-13T08	480	49.37	0.522	3 820	06-30T06:00	13.6	07-02T24:00
利津	06-13T14	474	48.13	0.648	3 750	06-30T20:00	22.5	06-16T08:00

量 3 970 m³/s，最大含沙量 26.4 kg/m³，水量 55.01 亿 m³，沙量 0.182 亿 t，为历次调水调沙持续时间最长、流量最大的一次；利津水沙量分别为 48.13 亿 m³ 和 0.648 亿 t，最大流量为 3 750 m³/s，最大含沙量为 22.5 kg/m³。

(二)清涧河和无定河洪水

受 9 月 20~21 日降雨影响，清涧河和无定河发生小洪水，清涧河延川洪峰流量 335 m³/s，最大含沙量 580 kg/m³；无定河白家川洪峰流量 2 100 m³/s，最大含沙量 550 kg/m³。两支流洪水汇入黄河，龙门站 9 月 22 日 7 时洪峰流量 3 710 m³/s，9 月 22 日 13 时最大含沙量 210 kg/m³；潼关站 9 月 23 日 5.8 时洪峰流量 2 600 m³/s；三门峡水库利用洪水敞泄排沙，9 月 22 日 20.3 时最大流量 3 570 m³/s，9 月 22 日 22 时最大含沙量 356 kg/m³；洪水被小浪底水库拦蓄，下游没有形成洪水。

(三)花园口 "06·8" 洪水异常现象

受降雨影响，皇甫川皇甫站 7 月 31 日洪峰流量和最大含沙量分别为 350 m³/s 和 340 kg/m³；窟野河温家川站 7 月 31 日洪峰流量和最大含沙量分别为 140 m³/s 和 126 kg/m³；秃尾河高家川站洪峰流量和最大含沙量分别为 140 m³/s 和 217 kg/m³；佳芦河申家湾站 7 月 31 日洪峰流量和最大含沙量分别为 270 m³/s 和 512 kg/m³；支流汇入黄河干流，吴堡站 7 月 31 日洪峰流量和最大含沙量分别为 1 900 m³/s 和 50.9 m³/s。

三川河后大成站 7 月 31 日洪峰流量和最大含沙量分别为 290 m³/s 和 412 kg/m³；无定河白家川站 7 月 31 日洪峰流量和最大含沙量分别为 640 m³/s 和 450 kg/m³；清涧河延川站 7 月 31 日洪峰流量和最大含沙量分别为 260 m³/s 和 520 kg/m³。支流来水汇入黄河干流后，龙门站 8 月 1 日洪峰流量和最大含沙量分别为 2 480 m³/s 和 82 kg/m³。利用本次洪水，在小北干流进行了 2006 年第一次放淤试验。潼关站于 8 月 2 日 5.7 时出现洪峰流量 1 780 m³/s、最大含沙量 28 kg/m³ 的小洪水，三门峡水库在 8 月 2 日 3 时左右开始敞泄排沙，历时达 17 h，出库最大流量 4 860 m³/s，最大含沙量达 454 kg/m³，三门峡水库泄空冲刷产生的高含沙水流在小浪底水库形成异重流，小浪底水库下泄高含沙洪水，最大流量 2 230 m³/s，最大含沙量达 303 kg/m³，相应下游花园口出现洪峰流量 3 360 m³/s，扣除小花间支流的 110 m³/s 流量，花园口的流量比小浪底相应值增大了约 1 020 m³/s，即增大了 46%。这是小浪底水库投入运用以来，第 3 次在黄河下游小花间发生洪峰流量沿程增大的"异常"现象，该次洪水到夹河滩洪峰流量为 3 030 m³/s，利津洪峰流量为 2 380 m³/s。

(四)小北干流放淤

2006 年小北干流利用汛期晋陕区间暴雨洪水进行了 3 次放淤试验。第一次放淤试验从 7 月 31 日 12 时至 8 月 3 日 9 时，历时 69 h，期间龙门洪峰流量 2 480 m³/s(8 月 1 日 3.9 时)，最大含沙量 82 kg/m³(8 月 1 日 16 时)；第二次放淤试验从 8 月 26 日 11 时开始到 28 日 11 时结束，持续 48 h，期间龙门为两个洪峰和两个沙峰，洪峰流量分别为 2 370 m³/s(8 月 26 日 8 时)和 1 510 m³/s(8 月 26 日 21.4 时)，最大含沙量分别为 100 m³/s(8 月 26 日 21 时)和 104 kg/m³(8 月 27 日 16 时)；第三次放淤试验于 8 月 31 日 5.5 时开始，9 月 1 日 3 时结束，历时 21.5 h，期间龙门洪峰流量 3 250 m³/s(8 月 31 日 3.5 时)，最大含沙量 148 kg/m³(8 月 31 日 18 时)。

四、2006年水库运用及对干流水沙的影响

(一)水库运用情况

截至 2006 年 11 月 1 日，黄河流域主要水库蓄水总量 284.79 亿 m³(表 1-4)，其中龙羊峡水库、小浪底水库和刘家峡水库蓄水量分别为 194 亿、43.2 亿、28.7 亿 m³，分别占总蓄水量的 68%、15% 和 10%。总蓄水量与 2005 年同期相比减少 73.93 亿 m³，其中龙羊峡水库和小浪底水库分别减少 41.0 亿 m³ 和 25.3 亿 m³，分别占总减少量的 55% 和 34%。

表 1-4　2006 年主要水库运用情况

水库	2005 年 11 月 1 日		2006 年 11 月 1 日		非汛期蓄变量(亿 m³)	汛期蓄变量(亿 m³)	秋汛期蓄变量(亿 m³)	年蓄变量(亿m³)
	水位(m)	蓄水量(亿 m³)	水位(m)	蓄水量(亿 m³)				
龙羊峡	2 596.8	235	2 585.49	194	−55.10	14.10	14.0	41.00
刘家峡	1 728.5	32.3	1 725.55	28.7	−9.25	5.65	0.80	−3.60
万家寨	970.62	4.64	963.58	2.89	−2.72	0.97	−1.25	−1.75
三门峡	316.46	2.73	317.07	3.63	−2.21	3.11	3.60	0.90
小浪底	255.54	68.5	243.22	43.2	−50.08	24.78	19.2	−25.30
陆浑	317.92	6.03	41.54	3.14	−2.37	−0.52	−0.51	−2.89
故县	533.49	6.24	312.77	4.18	−2.42	0.36	−0.44	−2.06
东平湖	41.64	3.28	526.66	5.05	−0.25	2.02	1.66	1.77
合计		358.72		284.79	−124.40	50.47	37.94	−73.93

注：−为水库补水，秋汛期为 9～10 月。

2006 年 8 大水库全年补水 73.93 亿 m³，其中非汛期水库补水 124.4 亿 m³，与 2005 年非汛期相比补水总量增加 1 倍；非汛期补水总量中，龙羊峡水库、小浪底水库、刘家峡水库分别占 44%、40% 和 7%。汛期增加蓄水 50.47 亿 m³，与 2005 年同期相比减少 71%；汛期增加蓄水量中，龙羊峡水库、小浪底水库、刘家峡水库分别占 28%、49% 和 11%。

2006 年汛期水库蓄水量主要在秋汛期，共增加蓄水量 37.94 亿 m³，占汛期增加蓄水量的 75%，特别是龙羊峡和小浪底水库秋汛期增加蓄水量分别为 14 亿 m³ 和 19.2 亿 m³，分别占秋汛期增加蓄水量的 37% 和 51%。与 2005 年秋汛期相比，2006 年秋汛期蓄水量减少 58%，其中龙羊峡和小浪底水库分别减少 69% 和 27%。

(二)水库运用对径流量的影响

龙羊峡水库是多年调节水库，刘家峡水库是不完全年调节水库，这两个水库控制了黄河主要少沙来源区的水量，对上游水沙量影响比较大；小浪底水库是多年调节水库，是黄河下游水沙量的重要控制枢纽，对下游水沙量影响比较大，将 3 大水库蓄泄还原后(表 1-5)可以看出，兰州、头道拐和花园口汛期实测水量分别为 116.89 亿、65.72 亿、83.79 亿 m³，占年比例分别为 38%、36% 和 29%，水库还原后分别为 136.64 亿、85.47 亿、128.32 亿 m³，较实测水量增加 17%～53%，占年水量 53%～62%。

表 1-5　龙羊峡、刘家峡和小浪底水库对干流水量影响

水文站	实测水量(亿 m³)		还原后水量(亿 m³)		汛期占年(%)	
	汛期	年	汛期	年	实测	还原后
兰州	116.89	303.90	136.64	259.30	38	53
头道拐	65.72	181.81	85.47	137.21	36	62
花园口	83.79	292.28	128.32	222.38	29	58

第二章　2000～2006年黄河流域水沙变化

一、流域降雨变化特点

黄河流域(包括内流区)总面积79.5万km²，全河划分为兰州以上、兰州—头道拐、头道拐—龙门、龙门—三门峡、三门峡—花园口、花园口以下、黄河内流区等流域分区(见图2-1)。

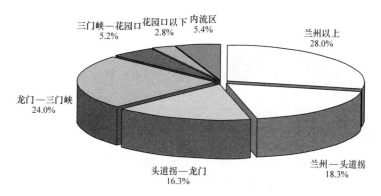

图 2-1　黄河流域分区面积比例图

(一)年降水量变化

黄河流域2000～2005年年平均降水量为433.07mm，比多年均值(1956～2000年)减少3%，与20世纪90年代相比增加3%(图2-2)。6年中降水量最多的是2003年，年降水量为555.6mm(表2-1)，是新中国成立以来第5位多水年，比多年均值增加24%；最少的是2000年，年降水量381.8mm，是新中国成立以来倒数第6位少水年，比多年均值减少15%。

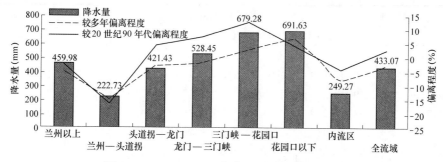

图 2-2　2000～2005年年平均各区间降水量

由表2-1还可以看出，2000～2005年各区域与多年同期对比，主要清水来源区头道拐以上降水减少5%～15%，其中兰州—头道拐区间减少15%，主要来沙区头道拐—龙门区间减少3%，花园口以下则增加7%。与20世纪90年代相比，少雨区兰州—头道拐区间减少16%，多雨区龙门—三门峡区间、三门峡—花园口区间以及花园口以下增加4%~13%。

表 2-1　黄河流域年降水量统计

区间	年平均降水量(mm)							较多年均值①(%)	较近年多年均值②(%)
	2000	2001	2002	2003	2004	2005	平均		
兰州以上	412.9	434.5	375.6	524.9	461.0	551.0	456.0	−5	−2
兰州—头道拐	182.9	238.3	261.0	282.4	228.1	143.7	222.7	−15	−16
头道拐—龙门	338.9	418.4	436.9	545.4	423.0	366.0	421.4	−3	4
龙门—三门峡	478.7	469.4	505.9	735.7	461.0	520.0	528.5	−2	7
三门峡—花园口	657.1	521.6	578.1	991.8	667.5	659.6	679.3	3	13
花园口以下	681.5	525.8	381.7	922.2	838.9	799.7	691.6	7	4
内流区	165.6	293.0	327.1	291.4	245.1	173.4	249.3	−8	−4
全流域	381.8	404.0	404.2	555.6	421.8	431	433.1	−3	3

注：年份均为日历年，2000～2005 年降水量来自水资源公报；①多年均值为 1956～2000 年；②近年多年均值为 1990～1999 年。

与 20 世纪 90 年代相比，少雨区兰州—头道拐区间 2005 年降水量最少，仅 143.7 mm，减少 46%；多沙区头道拐—龙门区间 2000 年降水量最少，仅 338.9 mm，减少 16%；龙门—三门峡、三门峡—花园口区间区间降水量和花园口以下区间降水量 2003 年最大，分别为 735.7、991.8、922.2 mm，分别增加 49%、64%和 39%。

(二)汛期降雨量变化

根据水情简报统计，2000～2006 年汛期降雨量见表 2-2 和图 2-3，可以看出，与多年同期相比，上中游各区间降雨量均有不同程度的减少，三门峡以下则有不同程度的增加。其中主要清水来源区头道拐以上减少 7%～11%，主要来沙区晋陕区间和北洛河 7 年

表 2-2　2000～2006 年汛期不同区域降雨量

区间	各年汛期降雨量(mm)								距多年均值(%)
	2000	2001	2002	2003	2004	2005	2006	平均	
兰州以上	227	271	165	321	269	320	254	261	−7
兰州—托克托	130	199	99	218	146	86	153	147	−11
晋陕区间	249	354	222	386	270	259	285	289	0
泾渭河	298	219	218	534	309	385	318	326	−7
北洛河	293	417	232	525	285	290	328	339	1
汾河	290	365	241	500	228	289	291	315	−2
三小区间	419	329	236	612	382	455	372	401	4
伊洛河	439	299	260	643	442	422	333	405	1
沁河	373	340	282	731	373	523	291	416	10
小花区间	485	298	247	639	360	509	255	399	9
大汶河	404	357	173	707	714	654	351	480	4

注：2000～2006 年降雨量主要来自水情简报，多年均值指 1956～2000 年。

汛期平均降雨量与多年同期降雨量基本持平，而泾渭河减少 7%，三门峡以下各区域增加 1%～10%。9 月份降雨量较多年同期偏多 8%～46%，其中主要来沙区晋陕区间、北洛河和泾渭河偏多 20%～27%(图 2-4)。

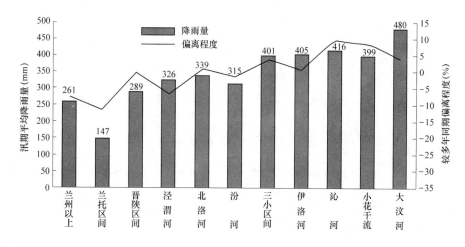

图 2-3　2000～2006 年汛期平均各区间降雨量

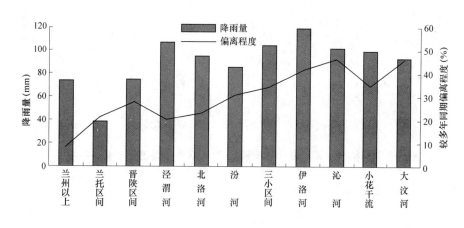

图 2-4　2000～2006 年 9 月平均各区间降雨量

二、水沙变化特点

(一)水量和沙量

从图 2-5 和图 2-6 可以看出，近 7 年黄河主要干支流水沙量与多年同期相比普遍减少，其中水量减少幅度在 16%～71%，沙量减少幅度在 33%～99%，沙量偏少幅度大于水量。与 20 世纪 90 年代相比，沙量减少幅度在 2%～92%，水量除华县、黑石关和武陟增加外，其余减少幅度在 2%～38%；沙量减少幅度大于水量。

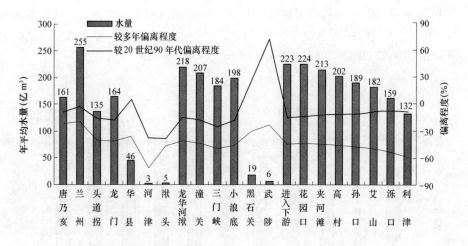

图 2-5 黄河主要干支流站 7 年平均水量沿程变化

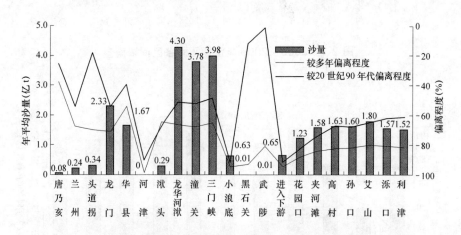

图 2-6 黄河主要干支流站 7 年平均沙量沿程变化

唐乃亥、头道拐、龙门、潼关和花园口年水量分别为 160.74 亿、135.46 亿、164.35 亿、206.66 亿、223.98 亿 m³(表 2-3)，与 20 世纪 90 年代相比，分别减少 9%、15%、18%、18% 和 14%；相应年沙量分别为 0.081 亿、0.34 亿、2.329 亿、3.781 亿、1.231 亿 t(表 2-4)，与 20 世纪 90 年代相比，分别减少 26%、18%、54%、52% 和 82%。这说明，近 7 年水沙量在 20 世纪 90 年代明显减少的基础上又进一步减少。

由表 2-3 还可以看出，2003～2005 年支流水量比较大，特别是 2003 年渭河华县、北洛河洑头、伊洛河黑石关和沁河武陟分别为 84.09 亿、9.63 亿、36.98 亿、14.83 亿 m³，与 20 世纪 90 年代相比分别增加 91%、28%、151% 和 297%；2005 年河源区唐乃亥以上来水比较大，为 248.98 亿 m³，与 20 世纪 90 年代相比增加 29%；2006 年由于龙羊峡和刘家峡水库大量补水，兰州和头道拐水量分别为 303.9 亿 m³ 和 181.81 亿 m³，与 20 世纪 90 年代相比分别增加 16% 和 14%。

表 2-3　黄河主要控制站 2000～2006 年水量统计　　　　（单位：亿 m³）

水文站	2000 年	2001 年	2002 年	2003 年	2004 年	2005 年	2006 年	平均
唐乃亥	161.36	137.59	111.74	163.56	150.60	248.98	151.35	160.74
兰州	265.26	234.62	240.45	213.72	236.92	287.09	303.90	254.57
头道拐	143.43	112.63	125.15	110.92	125.97	148.30	181.81	135.46
龙门	163.20	134.41	159.33	156.66	159.33	170.39	207.15	164.35
华县	32.59	28.32	28.53	84.09	43.03	64.09	39.93	45.80
河津	1.45	1.74	2.02	5.25	5.48	3.18	3.27	3.20
洑头	3.30	4.70	4.56	9.63	4.31	3.29	2.74	4.65
龙华河洑	200.55	169.17	194.44	255.63	212.14	240.95	253.10	218.00
潼关	187.83	158.02	180.68	237.73	208.84	230.71	242.83	206.66
三门峡	166.61	134.76	158.51	216.60	179.88	207.97	220.95	183.61
小浪底	141.15	165.63	194.62	160.47	250.83	206.03	265.29	197.72
黑石关	11.18	9.68	7.76	36.98	25.24	23.61	18.38	18.98
武陟	3.43	3.32	1.38	14.83	10.17	6.28	5.45	6.41
进入下游	155.75	178.64	203.76	212.28	286.24	235.92	289.12	223.10
花园口	149.30	179.80	199.40	215.89	290.67	240.53	292.28	223.98
夹河滩	141.04	164.59	188.11	199.81	283.41	233.46	282.04	213.21
高村	121.94	143.15	160.76	197.72	282.91	228.16	278.30	201.85
孙口	107.70	123.86	135.80	183.05	277.07	218.67	275.40	188.79
艾山	96.76	110.10	114.65	174.21	289.98	223.53	265.66	182.13
泺口	72.92	88.59	85.76	154.13	267.20	204.05	242.85	159.36
利津	37.97	59.62	44.61	131.84	249.37	183.94	215.63	131.85

注：支流主要为报汛资料，其他主要为月报资料，年份为运用年。

2000～2006 年干流来沙量大幅度减少，主要来沙支流的输沙量也大幅度地减少，若以龙门、华县、河津、洑头、黑石关、武陟 6 站的输沙量之和代表黄河流域的来沙量，近 7 年流域年均来沙量为 4.314 亿 t(表 2-4)，与 20 世纪 90 年代相比减少 51%。如果以小浪底、黑石关、武陟 3 站的输沙量之和代表进入下游的沙量，近 7 年进入下游的年均输沙量为 0.648 亿 t，与 20 世纪 90 年代相比减少 91%。6 站沙量最大是 2002 年，为 6.222亿 t，占 7 年总来沙量的 18%，与 20 世纪 90 年代相比减少 29%，主要来自无定河、清涧河、延河、泾河等；其次是 2003 年，为 5.136 亿 t，占 7 年总来沙量的 15%，较 20 世纪 90 年代相比减少 32%，主要来自渭河和北洛河。

(二)汛期水沙量占年的比例

由图 2-7 和图 2-8 可以看出，水沙量减少主要在汛期，如龙门汛期平均水沙量分别为 63.26 亿 m³ 和 1.87 亿 t，较 20 世纪 90 年代同期分别减少 21%和 55%；4 站汛期平均水沙量分别为 98.51 亿 m³ 和 3.588 亿 t，较 20 世纪 90 年代同期减少 12%和 51%；进入下游水沙量分别为 84.39 亿 m³ 和 0.817 亿 t，较 20 世纪 90 年代同期减少 28%和 91%。龙门、4 站和下游年水沙量与 20 世纪 90 年代同期相比，分别减少 18%和 54%、15%和51%、15%和 91%，与汛期变化基本一致。此外，汛期沙量减少幅度也大于水量减少幅度。

表 2-4　黄河主要控制站 2000～2006 年沙量统计　　(单位：亿 t)

水文站	2000 年	2001 年	2002 年	2003 年	2004 年	2005 年	2006 年	平均
唐乃亥	0.053	0.067	0.081	0.136	0.090	0.109	0.032	0.081
兰州	0.258	0.216	0.174	0.288	0.190	0.250	0.277	0.236
头道拐	0.295	0.188	0.272	0.268	0.247	0.364	0.747	0.340
龙门	2.256	2.323	3.381	1.844	2.349	2.289	1.864	2.329
华县	1.480	1.298	2.403	2.972	1.111	1.522	0.897	1.669
河津	0	0.001	0.001	0.012	0.006	0.002	0	0.003
湫头	0.319	0.664	0.436	0.219	0.297	0.099	0.027	0.294
龙华河湫	4.055	4.287	6.222	5.047	3.763	3.911	2.788	4.296
潼关	3.513	3.371	4.521	6.014	3.139	3.337	2.572	3.781
三门峡	3.571	2.941	4.477	7.768	2.725	4.064	2.326	3.982
小浪底	0.042	0.230	0.737	1.133	1.421	0.449	0.397	0.630
黑石关	0.002	0	0	0.044	0.001	0.013	0	0.009
武陟	0.003	0	0.001	0.045	0.002	0.013	0	0.009
进入下游	0.047	0.230	0.738	1.222	1.424	0.474	0.398	0.648
花园口	0.799	0.740	1.184	1.740	2.263	1.025	0.865	1.231
夹河滩	0.824	1.100	1.527	2.069	2.701	1.516	1.354	1.585
高村	1.007	1.006	1.262	2.225	2.857	1.582	1.502	1.635
孙口	0.671	0.712	1.000	2.532	2.970	1.706	1.594	1.598
艾山	0.762	0.785	1.050	2.874	3.456	1.846	1.803	1.796
泺口	0.452	0.602	0.813	2.738	3.155	1.705	1.512	1.568
利津	0.146	0.287	0.547	2.932	3.325	1.812	1.592	1.520

注：支流主要为报汛资料，其他主要为月报资料，年份为运用年。

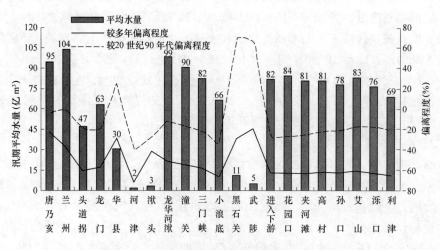

图 2-7　黄河主要干支流 7 年汛期平均水量

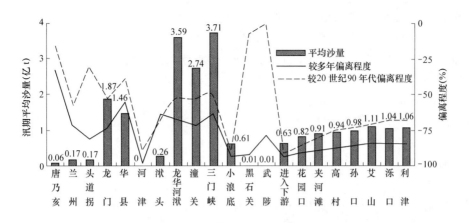

图 2-8　黄河主要干支流 7 年汛期平均沙量

从汛期占年比例看，河源区变化不大。由于龙羊峡和刘家峡水库调节，兰州、头道拐和龙门汛期水量占年比例由多年平均的 60%左右降低到 35% ~ 41%；小浪底水库调节后，下游干流汛期水量占年比例也由多年平均的 60%左右降低至 40%左右(图 2-9)。

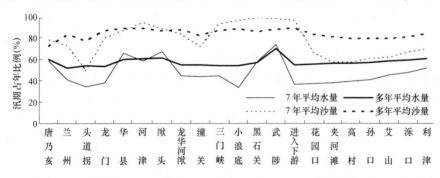

图 2-9　黄河主要干支流 7 年汛期水沙量占年比例变化

头道拐和龙门汛期沙量占年比例由多年平均的 78%和 88%分别降低到 49%和 80%；下游干流汛期沙量占年比例由多年的 80%降低至 60%左右(图 2-9)。

由于汛期水量减少幅度小于沙量，因此干流汛期平均含沙量有所降低。如兰州、头道拐、龙门和潼关分别为 1.6、3.6、29.5、30.0 kg/m^3，较 20 世纪 90 年代同期的 3.9、4.1、51.4、53.8 kg/m^3 明显减小，较多年同期的 3.7、7.3、47.3、48.5 kg/m^3 也有减小。

三、干支流洪水情况

(一)洪水概况

2000 ~ 2006 年除了 2003 年和 2005 年秋汛洪水比较大，在黄河干支流连续发生十几次中常洪水外，其他时间只发生小范围的雨洪。

1．2001 年洪水

2001 年 8 月 15 ~ 19 日，皇甫川下游、无定河中游、北洛河和泾河下游地区出现一场降雨，最大雨量在皇甫川皇甫站，达 154 mm。无定河白家川站洪峰流量和最大含沙量分别为 3 030 m³/s 和 790 kg/m³；清涧河延川站洪峰流量 877 m³/s；延水河甘谷驿站洪峰流量 1 150 m³/s，该场降雨形成了黄河干流龙门站洪峰流量和最大含沙量分别为 3 400 m³/s 和 554 kg/m³ 的高含沙量洪水。渭河华县站洪峰流量和最大含沙量分别为 925 m³/s 和 698 kg/m³；北洛河洑头站洪峰流量和最大含沙量分别为 1 390 m³/s 和 880 kg/m³，干支流汇合形成潼关站洪峰流量为 2 750 m³/s、最大含沙量为 432 kg/m³ 的高含沙量洪水。相应三门峡水库出库最大流量和最大含沙量分别为 2 890 m³/s 和 531 kg/m³。在小浪底库区形成异重流，小浪底水库异重流排沙，最大流量 370 m³/s，最大含沙量为 196 kg/m³，下游没有形成洪水。

2001 年 8 月黄河下游支流大汶河流域连降暴雨，其注入东平湖的洪峰流量为 2 620 m³/s，造成东平湖水位迅速抬升，最高湖水位达到 44.38 m，超过 1990 年 43.72 m 的历史最高水位，超警戒水位 1.88 m。东平湖最大出湖流量 670 m³/s，向黄河排水 8.5 亿 m³。

2. 2002 年洪水

2002 年 7 月 3～5 日，黄河晋陕区间及泾河、北洛河局部地区降大到暴雨，其中清涧河子长站降雨量 283 mm，24 小时最大降雨量 274.4 mm，为 500 年一遇的特大暴雨。清涧河子长站洪峰流量 4 250 m³/s，为该站历史最大洪水和百年一遇洪水；延川站洪峰流量和最大含沙量分别为 5 050 m³/s 和 835 kg/m³，为该站有实测资料以来历史第二大洪峰流量；延水甘谷驿站洪峰流量和最大含沙量分别为 2 000 m³/s 和 800 kg/m³；无定河白家川站洪峰流量和最大含沙量分别为 450 m³/s 和 900 kg/m³。支流洪水与干流汇合形成黄河龙门站洪峰流量和最大含沙量分别为 4 600 m³/s 和 790 kg/m³ 的高含沙量洪水。洪水在小北干流局部河段发生"揭河底"冲刷现象，经过小北干流漫滩滞蓄，与北洛河洑头站洪峰流量和最大含沙量分别为 437 m³/s 和 776 kg/m³、渭河华县站洪峰流量和最大含沙量分别为 519 m³/s 和 602 kg/m³ 的高含沙量洪水汇合，形成黄河潼关洪峰流量和最大含沙量分别为 2 520 m³/s 和 208 kg/m³ 的洪水，三门峡水库在该洪水期敞泄排沙，出库最大流量和最大含沙量分别为 3 780 m³/s 和 513 kg/m³。此次高含沙洪水进入小浪底库区并形成异重流，恰遇到小浪底水库调水调沙，最大出库流量和最大含沙量分别为 3 480 m³/s 和 83.3 kg/m³，形成花园口洪峰流量和最大含沙量分别为 3 170 m³/s 和 44.6 kg/m³ 的下游洪水，洪水在黄河下游传播过程中，发生了局部漫滩，高村洪峰流量和最大含沙量分别为 2 980 m³/s 和 24.7 kg/m³，入海利津洪峰流量和最大含沙量分别为 2 500 m³/s 和 31.9 kg/m³。

3. 2003 年洪水

2003 年 7 月 31 日黄河龙门站出现了洪峰流量 7 230 m³/s 的洪水，称中游"03·7"洪水。8 月 25 日以后，黄河流域遭遇几十年最为严重的"华西秋雨"天气，黄河中下游出现了历史上少有的 50 余天持续性降雨，随之中下游干流及主要支流渭河、洛河、伊河、沁河、大汶河相继发生 17 次洪水，其中渭河发生了首尾相连的 6 次洪水过程。许多水文站的日降雨量、洪峰流量、洪水水位都创下了历史纪录。如泾河贾桥站最大日降雨量为 196 mm，庆阳站最大日降雨量为 182 mm，北洛河张村驿站最大日降雨量为 117 mm，均为历史最大日降雨量。巴彦高勒水文站实测到汛期历史最高洪水位 1 052.16 m(9 月 6 日 0 时)，宁蒙河段局部大堤发生决口。咸阳、临潼、华县站均出现了有实测资料以来最高洪水位，渭河下游大面积漫滩。伊洛河夹滩地区出现漫滩，为"82·8"以来伊洛河夹滩地区最大的一次漫滩。但是由于水库科学调度，黄河下游花园口仅形成 5 次洪水过程，花园口 2 000 m³/s 以上流量持续时间为 60 d，黄河下游 9 月 18 日兰考蔡集生产堤溃口，漫滩面积近 35 万亩(1 亩=0.067 hm²)。

1)中游"03·7"洪水

2003 年 7 月 29～30 日黄河中游晋陕区间北部出现局地强降雨，受其影响，晋陕区间北部干支流突发洪水。府谷以上支流皇甫川皇甫站洪峰流量和最大含沙量分别为 6 500 m³/s 和 520 kg/m³；县川河旧县站洪峰流量和最大含沙量分别为 600 m³/s 和 520 kg/m³；黄河干流天桥水库最大下泄流量 9 860 m³/s，加上区间来水，府谷站 30 日 8 时洪峰流量 13 000 m³/s，为该站有实测资料记载以来最大值，30 日 10 时最大含沙量 219 kg/m³。与此同时，府谷—吴堡区间支流也相继出现洪水，孤山川高石崖站洪峰流量和最大含沙量分别为 2 900 m³/s 和 425 kg/m³；朱家川桥头站洪峰流量和最大含沙量分别为 1 380 m³/s 和 375 kg/m³；窟野河温家川站洪峰流量和最大含沙量分别为 2 200 m³/s 和 367 kg/m³。干支流洪水相继通过黄河吴堡水文站，形成黄河吴堡站洪峰流量和最大含沙量分别为 9 400 m³/s 和 168 kg/m³ 的洪水。吴堡—龙门区间基本没有降雨，支流没有明显的洪水过程，干流洪水演进到龙门，龙门站 31 日 13.3 时洪峰流量 7 230 m³/s、8 月 1 日 12 时最大含沙量 127 kg/m³。干流洪水经小北干流河道的漫溢坦化，于 8 月 1 日 19.4 时到达潼关水文站，洪峰流量只有 2 150 m³/s，但 2 000 m³/s 以上流量持续约 10 h，相应含沙量 44.3 kg/m³。三门峡水库在洪水期排沙运用，最大含沙量达到 793 kg/m³，居历史第二位(最大为 1977 年 911 kg/m³)，最大下泄流量 2 270 m³/s，洪水于 8 月 2 日下午进入小浪底水库，被小浪底水库拦蓄，下游没有出现洪水。该次洪水特点是暴涨陡落、峰高量小，含沙量偏小，龙门—潼关河段洪峰削减率大，传播时间长。

2)秋汛期渭河洪水

渭河干支流于 8 月 25 日至 10 月 24 日先后出现 6 次洪水过程，分别为 8 月 25～30 日、8 月 30 日至 9 月 5 日、9 月 6～16 日、9 月 18～28 日、9 月 30 日至 10 月 9 日和 10 月 10～24 日。其中 9 月 1 日 11 时的第二次洪峰，华县流量 3 570 m³/s，相应水位 342.76 m，为 1992 年以来最大流量和有实测记录以来最高水位。

第一次洪水出现在 8 月 25～30 日，主要来源于泾河上游的马莲河，马莲河庆阳站洪峰流量 4 010 m³/s；柔远川贾桥站洪峰流量 800 m³/s；雨落坪站洪峰流量 4 280 m³/s。泾河杨家坪站 26 日洪峰流量 646 m³/s，与马莲河洪水汇合后，张家山站洪峰流量和最大含沙量分别为 4 010 m³/s 和 534 kg/m³。泾河洪水与渭河咸阳以上来水(咸阳日均流量 100 m³/s)汇合后，渭河临潼站洪峰流量 3 200 m³/s，由于洪水漫滩，华县站洪峰流量和最大含沙量分别为 1 500 m³/s 和 606 kg/m³。

第二次洪水主要来源于渭河上游和南山支流。8 月 29 日渭河干流林家村站洪峰流量 1 360 m³/s，8 月 30 日魏家堡站出现洪峰流量 3 180 m³/s。8 月 29～30 日，南山支流发生洪水，黑河黑峪口站洪峰流量 635 m³/s，崂河崂峪口站洪峰流量 103 m³/s，沣河秦渡镇站洪峰流量 267 m³/s，灞河马渡王站洪峰流量 261 m³/s。受渭河干流及南山支流来水影响，咸阳站洪峰流量和最大含沙量分别为 5 340 m³/s 和 108 kg/m³，最高水位 387.86 m，为 1981 年以来最大洪峰流量，对应水位则是有实测资料以来最高水位；渭河临潼站 8

月 31 日 10 时洪峰流量 5 100 m³/s，水位 358.34 m，该水位也为该站有实测资料以来的最高水位；第二次洪水在华县站与第一次洪水相叠加，使得华县站流量尚未回落便又上涨，9 月 1 日 11 时华县站出现洪峰流量 3 570 m³/s，相应水位 342.76 m，为该站有实测资料以来的最高水位，最大含沙量为 174 kg/m³。本次洪水造成临潼以下渭河滩区全部上水，并造成渭河部分支流堤防决口，华县、华阴县部分地区遭受洪灾。

9 月 6~16 日，渭河出现第三次洪水，此次洪水主要来源于渭河中游。渭河魏家堡站 9 月 6 日洪峰流量为 1 410 m³/s；9 月 6 日南山支流黑河黑峪口站洪峰流量为 835 m³/s，崂河崂峪口站洪峰流量为 224 m³/s，沣河秦渡镇站洪峰流量 331 m³/s，灞河马渡王站洪峰流量 232 m³/s。同时，泾河张家山站洪峰流量和最大含沙量分别为 235 m³/s 和 21.7 kg/m³。受渭河干流及南山支流来水影响，咸阳站洪峰流量和最大含沙量分别为 3 700 m³/s 和 20 kg/m³，临潼站 9 月 7 日 12.5 时洪峰流量 3 820 m³/s，华县站洪峰流量和最大含沙量分别为 2 290 m³/s 和 34.8 kg/m³。

渭河前 3 次洪水分别与黄河干流洪水相遇，到达潼关形成流量在 2 000 m³/s 以上持续 17 d、最大含沙量 274 kg/m³ 的洪水过程，三门峡水库敞泄排沙，出库最大流量和最大含沙量分别为 3 830 m³/s 和 456 kg/m³。

9 月 18~28 日的渭河第四次洪水，主要来源于渭河中下游。渭河魏家堡站洪峰流量 1 370 m³/s，黑峪口站洪峰流量 672 m³/s，崂峪口站洪峰流量 204 m³/s，秦渡镇站洪峰流量 530 m³/s，马渡王站洪峰流量 665 m³/s。泾河张家山站洪峰流量和最大含沙量分别为 555 m³/s 和 232 kg/m³。受渭河干流、泾河及南山支流来水影响，咸阳站洪峰流量和最大含沙量分别为 3 710 m³/s 和 16.8 kg/m³，渭河临潼站 9 月 20 日 17.5 时洪峰流量 4 320 m³/s，华县站洪峰流量和最大含沙量分别为 3 400 m³/s 和 39.5 kg/m³。洪水与干流合并进入三门峡库区，潼关洪峰流量和最大含沙量分别为 3 530 m³/s 和 41.7 kg/m³，三门峡水库出库最大流量和最大含沙量分别为 3 860 m³/s 和 36.6 kg/m³。

9 月 30 日至 10 月 9 日出现渭河第五次洪水，主要来源于临潼以上。魏家堡站 10 月 2 日洪峰流量 977 m³/s，黑峪口站 10 月 2 日洪峰流量 209 m³/s，马渡王站 10 月 1 日洪峰流量 240 m³/s。泾河张家山站洪峰流量和最大含沙量分别为 557 m³/s 和 81.2 kg/m³。干流和支流汇合后，渭河咸阳站洪峰流量和最大含沙量分别为 1 670 m³/s 和 28.8 kg/m³，渭河临潼站洪峰流量 2 660 m³/s，由于区间加水影响，华县站洪峰流量和最大含沙量分别为 2 810 m³/s 和 33.9 kg/m³。与黄河干流合并进入三门峡库区，潼关洪峰流量和最大含沙量分别为 4 220 m³/s 和 43.5 kg/m³，三门峡水库敞泄排沙，出库最大流量和最大含沙量分别为 4 730 m³/s 和 157 kg/m³。

10 月 10~24 日渭河出现第六次洪水，是一场渭河全流域的洪水，在华县站 11.5 亿 m³ 的洪量中，魏家堡以上来水占 29%，泾河来水占 18%，魏咸区间来水占 19%，咸临区间来水占 11%，而临华区间来水占 19%，在 6 次洪水过程中来水比例最大。魏家堡站洪峰流量 692 m³/s，马渡王站洪峰流量 240 m³/s。泾河张家山站洪峰流量和最大含沙量分别为 504 m³/s 和 27.9 kg/m³。渭河咸阳站洪峰流量和最大含沙量分别为 892 m³/s 和 16.6 kg/m³，临潼站 10 月 12 日 17 时洪峰流量 1 790 m³/s，由于区间大量加水，华县站洪峰流量和最大含沙量分别为 2 010 m³/s 和 23.5 kg/m³。与黄河干流合并进入三门峡库区，潼关洪峰流量和最大含沙量分别为 3 710 m³/s 和 32 kg/m³，三门峡水库排沙运用，最大流量和最大含沙量分别为 3 500 m³/s 和 37 kg/m³。

3)伊洛河、沁河秋汛洪水

受持续降雨影响，伊洛河黑石关站、沁河武陟站先后于 8 月 28 日至 10 月 13 日发生五次洪水过程。

8 月 28 日至 9 月 3 日伊洛河第一次洪水主要来源于伊洛河上游，伊河东湾站洪峰流量 1 500 m³/s；陆浑水库最大下泄流量 1 260 m³/s，为设站以来最大流量；龙门镇洪峰流量 1 250 m³/s，为 1982 年以来最大流量。洛河灵口站洪峰流量 2 970 m³/s，卢氏站洪峰流量 2 350 m³/s，均为设站以来最大流量；长水站洪峰流量 1 250 m³/s；白马寺洪峰流量 1 350 m³/s；伊洛河黑石关站 9 月 3 日 2 时洪峰流量 2 220 m³/s，为 1984 年以来最大流量，相应水位 113.42 m，为 1982 年以来最高水位。与此同时 8 月 27 日至 9 月 3 日沁河洪水过程中，五龙口站洪峰流量 680 m³/s，武陟站 8 月 28 日 2 时洪峰流量 590 m³/s。受上游洪水影响，9 月 2 日 2 时左右，伊洛河夹滩地区出现漫滩，滩区最大水深 1.78 m，是"82·8"以来伊洛河夹滩地区最大的一次漫滩。

9 月 3~15 日伊洛河第二次洪水过程中，伊河栾川洪峰流量 232 m³/s，潭头站洪峰流量 730 m³/s，东湾站洪峰流量 1 440 m³/s，龙门镇洪峰流量 663 m³/s。洛河卢氏站洪峰流量 1 310 m³/s，长水站洪峰流量 736 m³/s，白马寺洪峰流量 1 100 m³/s，伊洛河黑石关站 9 月 7 日 16 时洪峰流量 1 390 m³/s。与此同时 9 月 4~17 日沁河洪水过程中，五龙口站洪峰流量 374 m³/s，武陟站 9 月 5 日 22 时洪峰流量 420 m³/s。

9 月 18~26 日伊洛河第三次洪水过程中，伊河潭头站洪峰流量 116 m³/s，东湾站洪峰流量 316 m³/s，龙门镇洪峰流量 325 m³/s。洛河卢氏站洪洪峰流量 545 m³/s，长水站洪峰流量 540 m³/s，白马寺洪峰流量 723 m³/s，伊洛河黑石关 9 月 21 日 17.5 时洪峰流量 750 m³/s。

10 月 1~10 日伊洛河第四次洪水过程中，伊河东湾站洪峰流量 400 m³/s，龙门镇洪峰流量 552 m³/s。洛河卢氏洪峰流量 615 m³/s，长水洪峰流量 750 m³/s，白马寺洪峰流量 1 050 m³/s，伊洛河黑石关站 10 月 5 日 18 时洪峰流量 1 420 m³/s。与此同时 9 月 28 日至 10 月 9 日沁河洪水过程中，五龙口站洪峰流量 314 m³/s，武陟站 10 月 2 日 22 时洪峰流量 362 m³/s。

10 月 11~19 日伊洛河第五次洪水过程中，伊河东湾站洪峰流量 400 m³/s，龙门镇最大流量 345 m³/s。洛河长水站洪峰流量 255 m³/s，白马寺洪峰流量 485 m³/s，伊洛河黑石关站 10 月 13 日 10 时洪峰流量 745 m³/s。与此同时 10 月 10~24 日沁河洪水过程中，五龙口洪峰流量 700 m³/s，武陟站 10 月 12 日 16 时洪峰流量 900 m³/s。

由于陆浑、故县两水库在洪水期有效拦蓄了上游来水，避免了洛河上游来水与中下游洪水遭遇，最大限度地削减了黑石关站洪峰。陆浑水库于 8 月 31 日 8 时前全关运用，全部拦蓄了伊河上游前两次洪水过程。自 8 月 31 日 8 时起陆浑水库基本按进出库平衡运用，最大下泄流量 1 180 m³/s，洪水期间共拦蓄水量 1.46 亿 m³，削减上游洪峰 20%。故县水库于 8 月 30 日 13 时后按 500 m³/s 下泄，8 月 31 日 14 时后按 800 m³/s 下泄，9 月 1 日 14 时按 1 000 m³/s 下泄，洪水期间共拦蓄水量 2.17 亿 m³，洪峰削减率达 57%

4)下游秋汛期洪水

受中游洪水、调水调沙试验及小浪底水库防洪调度运用影响，黄河下游 8 月 31 日至 11 月 30 日持续出现 5 次洪水过程，5 次洪水基本上首尾相连，洪水总量达 146.73 亿 m³，沙量较小，仅 1.214 亿 t，平均含沙量仅 8.3 kg/m³。除 9 月 6 日 8 时至 9 月 18 日 20 时小浪底水库进行第二次调水调沙运用，最大含沙量稍高，小浪底、花园口分别达到 149.3 kg/m³ 和 80.73 kg/m³ 外，其余 4 场洪水含沙量都较低，基本为清水过程。

花园口 8 月 31 日至 9 月 5 日受伊洛河洪水影响出现下游第一场洪水，最大洪峰流量 2 780 m³/s，最高水位 93.44 m，最大含沙量 10.4 kg/m³。这场洪水主要来自伊洛河，黑石关水量占下游水量的 70%，黑石关站洪峰流量 2 280 m³/s。这场洪水泥沙主要来源于小浪底水库排沙，占进入下游沙量的 64%，小浪底水库出库最大含沙量 61 kg/m³。利津站 9 月 8 日 1.5 时最大流量为 2 450 m³/s，8 日 1.5 时最高水位 13.83 m，7 日 8 时最大含沙量 27.0 kg/m³。

花园口 9 月 6～18 日出现下游第二次洪水，主要来源于小浪底水库第二次调水调沙运用，水库最大流量和最大含沙量分别为 2 340 m³/s 和 156 kg/m³；同期伊洛河黑石关站洪峰流量 1 390 m³/s，沁河武陟站洪峰流量 420 m³/s。通过水沙调度，花园口站洪峰流量和最大含沙量分别为 2 720 m³/s 和 87.8 kg/m³，最高水位 93.18 m；利津站洪峰流量和最大含沙量分别为 2 740 m³/s 和 80.1 kg/m³，最高水位 13.91 m。

9 月 24 日至 10 月 26 日，由于黄河中游洪水比较大，小浪底水库实行了防洪调度运用，最大下泄流量和最大含沙量分别为 2 540 m³/s 和 46.8 kg/m³；同期伊洛河黑石关站洪峰流量 1 420 m³/s，沁河武陟站洪峰流量 900 m³/s。受来水影响，花园口站于 9 月 24 日至 10 月 28 日出现第三次洪水过程，花园口站最大流量和最大含沙量分别为 2 760 m³/s 和 23.6 kg/m³，最高水位 93.09 m；利津站最大流量和最大含沙量分别为 2 870 m³/s 和 30.9 kg/m³，最高水位 13.86 m。

10 月 28 日，为了便于蔡集工程附近堵串，小浪底水库控泄 300～400 m³/s 的小流量，堵串成功后，10 月 31 日流量过程恢复，到 11 月 4 日历时 5 d，水量 8.01 亿 m³，花园口洪峰流量和最大含沙量分别为 2 450 m³/s 和 4.8 kg/m³；利津站最大流量和最大含沙量分别为 2 110 m³/s 和 14 kg/m³。

花园口站第五场洪水从 2003 年 11 月 5～21 日，历时 17 d，水量 30.6 亿 m³，小浪底水库下泄清水，下泄水量 26.87 亿 m³，占总水量的 88%。期间花园口洪峰流量和最大含沙量分别为 2 560 m³/s 和 3.9 kg/m³；利津站最大流量和最大含沙量分别为 2 340 m³/s 和 17.1 kg/m³。

5)大汶河洪水

受 9 月 3～4 日强降雨影响，大汶河南北两支流同时发生洪水，其中北望站 4 日 13.5 时洪峰流量 1 960 m³/s，楼德站 4 日 15.5 时洪峰流量 731 m³/s；干流临汶站 4 日 19 时洪峰流量 1 940 m³/s，戴村坝站 5 日 8.1 时洪峰流量 2 020 m³/s。

4. 2004 年洪水

黄河中游屈产河裴沟站出现 11 次洪峰；清涧河延川站出现 15 次洪峰；延河甘谷驿站出现 11 次洪峰；泾河 8 月 19 日、渭河 9 月 22 日前后出现洪水；6 月 29～30 日，7 月

24~25日，8月16日前后，伊河及黄河下游出现洪水过程。

1)中游洪水

2004年3月下旬的中游洪水主要来源于上游的桃汛洪水，各支流无洪水加入，头道拐洪峰流量2 850 m³/s，龙门站洪峰流量2 100 m³/s，潼关洪峰流量1 900 m³/s，该次洪水被三门峡及小浪底水库拦蓄，三门峡出库最大流量1 360 m³/s，小浪底出库流量仅958 m³/s，水库的削峰率分别为28.4%及29.6%。

2004年第一次高含沙量洪水在7月26~28日，主要来源于湫水河、无定河和清涧河。湫水河林家坪站洪峰流量和最大含沙量分别为420 m³/s和416 kg/m³。无定河白家川站洪峰流量和最大含沙量分别为780 m³/s和900 kg/m³；清涧河延川站洪峰流量和最大含沙量分别为1 750 m³/s和630 kg/m³。这三条支流的洪量分别占龙门洪量的7%、26%及11%，沙量分别占9%、64%及21%。支流洪水于7月27日3.5时演进到黄河干流龙门站，形成2004年中游第一次高含沙量洪水，龙门洪峰流量和最大含沙量分别为1 890 m³/s和390 kg/m³；潼关洪峰流量和最大含沙量分别为1 420 m³/s和83 kg/m³。本次洪水通过三门峡、小浪底水库后，洪峰流量分别为951 m³/s及391 m³/s，削峰率较高，分别达到33%及58.9%。本次洪水期间，小北干流于26日16.9时至28日2.5时进行了放淤试验。

2004年第二次高含沙量洪水在7月28~31日。其中屈产河裴沟站洪峰流量和最大含沙量分别为1 460 m³/s和545 kg/m³，三川河后大成站洪峰流量和最大含沙量分别为286 m³/s和474 kg/m³，两支流洪量分别占龙门洪量的24.9%及8%，沙量分别占58.7%及9.8%。昕水河大宁站洪峰流量和最大含沙量分别为250 m³/s和555 kg/m³，洪水水沙量占龙门的比例不大。干流吴堡站洪峰流量和最大含沙量分别为568 m³/s和76.7 kg/m³，由于支流高含沙洪水加入，洪水演进到龙门演化为高含沙洪水，洪峰流量和最大含沙量分别为1 530 m³/s和310 kg/m³。潼关洪峰流量和最大含沙量分别为1 150 m³/s和115 kg/m³，该次洪水经过三门峡和小浪底水库后，出库洪峰流量分别为851 m³/s及437 m³/s，两库削峰率分别为26%及48.6%。本次洪水期间，小北干流进行了放淤试验。

2004年第三次高含沙量洪水在8月10~14日。其中皇甫川皇甫站洪峰流量和最大含沙量分别为2 120 m³/s和550 kg/m³；黄河府谷站洪峰流量和最大含沙量分别为4 100 m³/s和287 kg/m³。支流窟野河温家川站洪峰流量和最大含沙量分别为350 m³/s和386 kg/m³；秃尾河高家川站洪峰流量和最大含沙量分别为400 m³/s和388 kg/m³。黄河吴堡站洪峰流量和最大含沙量分别为1 450 m³/s和130 kg/m³。延河甘谷驿站洪峰流量和最大含沙量分别为960 m³/s和875 kg/m³；无定河白家川站洪峰流量和最大含沙量分别为250 m³/s和400 kg/m³；清涧河延川站洪峰流量和最大含沙量分别为205 m³/s和620 kg/m³。受支流高含沙洪水的影响，黄河龙门站13日6.5时出现最大洪峰流量1 430 m³/s、最大含沙量572 kg/m³的高含沙洪水，该次洪水从龙门经过24.5 h演进到潼关，洪峰流量为1 180 m³/s，最大含沙量仅86 kg/m³，三门峡水库削峰程度弱，出库洪峰流量为1 160 m³/s，小浪底水库出库洪峰流量为705 m³/s，削峰率为39.2%。

2)下游洪水

2004年6~8月黄河下游发生了3次洪水过程，分别是6月16~18日预泄洪水、6月19日至7月13日的调水调沙洪水和8月下旬的高含沙量洪水。

6 月 16 至 18 日的小浪底水库预泄清水，洪水历时仅 48 h，最大流量 2 400 m³/s；花园口洪峰流量为 2 310 m³/s，含沙量恢复为 6.6 kg/m³；利津洪峰流量为 2 010 m³/s，含沙量恢复为 23.3 kg/m³。

6 月 19 日至 7 月 13 日小浪底水库进行调水调沙试验，共分两个阶段，第一阶段 6 月 19～29 日，该时期上中游无暴雨洪水，其下游的洪水过程由小浪底下泄清水产生，最大流量 3 300 m³/s；花园口洪峰流量和最大含沙量分别为 2 970 m³/s 和 7.2 kg/m³；利津洪峰流量和最大含沙量分别为 2 730 m³/s 和 24 kg/m³。7 月 3～13 日为第二阶段，采用万家寨、三门峡及小浪底三库水沙对接调度，试验期间黄河万家寨水库最大下泄流量 1 730 m³/s，府谷站最大流量和最大含沙量分别为 1 420 m³/s 和 11.8 kg/m³，吴堡站最大流量和最大含沙量分别为 2 450 m³/s 和 27.8 kg/m³，龙门站最大流量和最大含沙量分别为 1 640 m³/s 和 53 kg/m³，潼关站最大流量和最大含沙量分别为 1 250 m³/s 和 35.6 kg/m³；洪水到达三门峡水库，三门峡水库最大下泄流量和最大含沙量分别为 5 130 m³/s 和 446 kg/m³。经小浪底水库调水调沙运用，小浪底出库最大流量和最大含沙量分别为 3 020 m³/s 和 12.8 kg/m³；下游花园口站洪峰流量和最大含沙量分别为 2 950 m³/s 和 13.1 kg/m³；利津站洪峰流量和最大含沙量分别为 2 940 m³/s 和 23.1 kg/m³。

3) "8·24" 洪水

8 月 22～29 日，上、中游部分地区发生了明显的降雨过程，受降雨影响，部分干支流发生了洪水，窟野河温家川站 22 日洪峰流量和最大含沙量分别为 1 350 m³/s 和 424 kg/m³；吴堡站 22 日洪峰流量和最大含沙量分别为 2 740 m³/s 和 55 kg/m³；龙门站 8 月 23 日洪峰流量和最大含沙量分别为 2 100 m³/s 和 85 kg/m³。渭河华县站 22 日洪峰流量和最大含沙量分别为 1 050 m³/s 和 695 kg/m³，北洛河 21 日洪峰流量和最大含沙量分别为 377 m³/s 和 770 kg/m³。干支流汇合，潼关 22 日洪峰流量和最大含沙量分别为 2 140 m³/s 和 442 kg/m³。三门峡水库泄放了该次洪水，出库洪峰流量为 2 960 m³/s，最大含沙量 542 kg/m³。小浪底水库 8 月 22 日加大泄流，至 23 日 8.6 时最大流量达到 2 690 m³/s，其后流量一直维持在 2 000～2 500 m³/s，24 日 0 时最大含沙量为 346 kg/m³，在黄河下游形成了一次高含沙洪水过程。花园口水文站在区间没有明显加水的情况下，洪峰流量达到 3 990 m³/s，与小浪底洪峰流量相比明显偏大，最高水位 93.31 m，24 日 18.8 时最大含沙量为 359 kg/m³。利津洪峰流量为 3 200 m³/s，最大含沙量衰减为 146 kg/m³。

5. 2005 年洪水

2005 年汛期洪水较多，秋汛期洪峰流量比较大。上游唐乃亥出现两场洪峰流量大于 2 500 m³/s 的洪水，其中第二次洪水洪峰流量 2 750 m³/s(10 月 6 日 8 时)，为 1999 年以来的最大流量，相应水位 2 518.22 m，为 1989 年以来的最高水位，龙羊峡水库削峰率达 58%。渭河两次洪水华县洪峰流量分别为 2 070 m³/s(7 月 4 日 15.7 时)和 4 820 m³/s(10 月 4 日 9.5 时)，最大含沙量分别为 177 kg/m³ 和 36.6 kg/m³，其中第二场洪峰为 7 年中最大洪峰，为自 1981 年以来的最大洪水过程，华县站最高水位达 342.32 m，为历史第二高洪水位，与 2003 年最高水位相比降低了 0.44 m。华阴最高水位 334.38 m，超过 2003 年最高水位 0.71 m。花园口大于 2 000 m³/s 的洪水有 5 次，最大洪峰流量 3 510 m³/s。此外下游伊洛河黑石关站 10 月 4 日 0.7 时出现最大洪峰流量 1 870 m³/s；大汶河戴村坝站 7

月 3 日 6 时最大洪峰流量 1 480 m³/s，9 月 22 日 8 时最大洪峰流量 1 360 m³/s，其中秋汛期洪水进入东平湖水库，9 月 25 日 6 时库水位最高升至 43.07 m，超过警戒水位 0.07 m。

1)上游洪水

2005 年汛期上游清水来源区唐乃亥站先后出现两次洪水过程，其洪峰流量分别为 2 520 m³/s(7 月 13 日 18.8 时)和 2 750 m³/s(10 月 6 日 8 时)，其中第二次洪水洪峰流量为 1999 年以来的最大流量，相应水位 2 518.22 m，为 1989 年以来的最高水位。这两次洪水历时比较长，被龙羊峡水库拦蓄，削峰率分别为 77%和 58%。

2)渭河洪水

汛期渭河流域发生两次中常洪水过程，华县洪峰流量分别为 2 070 m³/s(7 月 4 日 15.7 时)和 4 820 m³/s(10 月 4 日 9.5 时)，分别称渭河"05·7"洪水和渭河"05·10"洪水，其中渭河"05·10"洪水为自 1981 年以来的最大洪水过程。

2005 年 7 月受暴雨影响，泾、渭河上中游相继涨水，泾河张家山站 7 月 3 日 9.1 时洪峰流量 987 m³/s，7 月 2 日 20 时最大含沙量 480 kg/m³；渭河咸阳站 7 月 3 日 16.9 时洪峰流量 1 830 m³/s，7 月 3 日 11 时最大含沙量 101 kg/m³，两支流洪水遭遇后向下游推进，临潼站 7 月 4 日 0.4 时洪峰流量 2 600 m³/s，7 月 3 日 10 时最大含沙量 334 kg/m³。华县站 7 月 4 日 15.6 时洪峰流量 2 070 m³/s，7 月 4 日 4 时最大含沙量 177 kg/m³。本次洪水与黄河干流来水汇合，到潼关站 7 月 5 日 8.5 时洪峰流量 1 880 m³/s，7 月 4 日 17 时最大含沙量 183 kg/m³。三门峡水库利用该次洪水泄水拉沙，最大流量 2 970 m³/s，最大含沙量 301 kg/m³，小浪底水库适时进行防洪运用，最大出库流量 2 380 m³/s。

2005 年 10 月受降雨影响，渭河干流支流普遍涨水，9 月 24 日至 10 月 4 日渭河华县先后出现两次洪水过程。第一次过程：魏家堡站 9 月 29 日 18.3 时和 30 日 3.2 时连续出现两个洪峰，其洪峰流量分别为 1 120 m³/s 和 1 170 m³/s；支流黑河黑峪口洪峰流量 1 310 m³/s 和支流崂河崂峪口洪峰流量 189 m³/s，加上未控区来水共同演进到咸阳，咸阳站 9 月 30 日 2 时洪峰流量 2 060 m³/s，最大含沙量仅 16.4 kg/m³(9 月 29 日 20 时)，加上区间来水，临潼站 9 月 30 日 12 时洪峰流量 2 720 m³/s；华县站 10 月 1 日 5 时洪峰流量 2 720 m³/s，最大含沙量仅 36.6 kg/m³。第二次过程：魏家堡站 10 月 1 日 23 时洪峰流量 2 060 m³/s，与黑河、崂河等支流及区间洪水汇合，咸阳站 10 月 2 日 4.3 时洪峰流量 3 300 m³/s，最大含沙量仅 16.8 kg/m³，加上沣河、灞河及区间来水，临潼站 10 月 2 日 15.2 时洪峰流量 5 270 m³/s，由于上游持续来水，临潼站 10 月 3 日 6.2 时又出现洪峰流量 4 800 m³/s。华县 10 月 3 日 1 时流量超过 3 000 m³/s，相应水位 41.4 m，渭河下游出现大漫滩，华县 10 月 4 日 9.5 时洪峰流量 4 820 m³/s，加上小北干流来水，黄河潼关站 10 月 5 日 12.6 时洪峰流量 4 500 m³/s，三门峡水库敞泄运用，9 月 30 日 15.3 时出库洪峰流量 4 420 m³/s，最大含沙量 111 kg/m³。

3)伊洛河洪水

受秋汛降雨影响，洛河灵口站 10 月 1 日 5.5 时洪峰流量 420 m³/s，卢氏站 10 月 2 日 7.0 时洪峰流量 1 430 m³/s，故县水库 10 月 1 日开启闸门泄水，最大泄量 500 m³/s，长水站 10 月 2 日 18 时洪峰流量 1 400 m³/s，白马寺站 10 月 3 日 15.0 时洪峰流量 1 840 m³/s；伊河潭头站 10 月 3 日 8.0 时洪峰流量 315 m³/s，东湾站 10 月 3 日 6.5 时洪峰流量 680 m³/s，陆浑水库 2 日开闸泄水,10 月 3 日 19 时最大下泄流量 715 m³/s,龙门镇站 10 月 3 日 15.5 时洪峰流量 690 m³/s。伊洛河黑石关站 10 月 4 日 0.7 时最大流量 1 870 m³/s。

4)大汶河洪水

2005 年汛期大汶河降雨较多年同期偏多 47%,受降雨影响,戴村坝出现两次大于 1 000 m³/s 的洪水。第一次洪水发生在 7 月,北支北望站 7 月 2 日 13.5 时洪峰流量 1 350 m³/s,南支楼德站 7 月 2 日 13.6 时洪峰流量 1 190 m³/s。两支流洪水汇合后,临汶站 7 月 2 日 16.5 时洪峰流量 2 000 m³/s,戴村坝 7 月 3 日 6 时最大流量 1 480 m³/s。第二次洪水发生在 9 月,大汶河北支北望站 9 月 21 日 13.5 时最大洪峰流量 891 m³/s,南支楼德站 9 月 21 日 15.5 时最大洪峰流量 614 m³/s,大汶河临汶 9 月 21 日 18 时最大洪峰流量 1 550 m³/s,戴村坝站 9 月 22 日 8 时最大洪峰流量 1 360 m³/s。洪水进入东平湖水库,25 日 6 时库水位最高升至 43.07 m,超过警戒水位 0.07 m。

5)下游洪水

2005 年黄河花园口共有 4 次洪水过程,其中一次洪水属于黄河首次调水调沙生产运行,小浪底水库泄水;另外三次为小浪底水库防洪运用泄水。

调水调沙于 6 月 16 日正式开始,到 7 月 1 日结束。小浪底水库 22 日 20.7 时最大出库流量 3 820 m³/s,调水调沙期间下游花园口站 24 日 16 时最大流量为 3 550 m³/s,7 月 1 日 8 时最大含沙量为 8.57 kg/m³;入海利津站 28 日 4 时最大流量为 3 000 m³/s,20 日 8 时最大含沙量为 23.2 kg/m³。为了配合调水调沙生产运行,6 月 22 日 12 时万家寨水库开始以 1 300 m³/s 的流量下泄,最大出库流量 167 m³/s。河曲站 23 日 2 时最大流量 1 300 m³/s,府谷站 23 日 16 时最大流量 1 140 m³/s,吴堡站 24 日 23.9 时最大流量 1 320 m³/s,龙门站 26 日 4 时最大流量 1 290 m³/s,潼关 27 日 0.3 时流量开始起涨,27 日 15.5 时最大流量 1 010 m³/s。6 月 27 日 7 时,三门峡水库以 3 000 m³/s 的流量下泄,开始实施人工异重流塑造。27 日 12 时下泄流量加大到 4 000 m³/s,27 日 13.1 时最大出库流量 4 430 m³/s,28 日 1 时最大出库含沙量 352 kg/m³。

7 月初受降雨影响,渭河干支流相继涨水,华县最大洪峰流量 2 070 m³/s(7 月 4 日 15.7 时)、最大含沙量 177 kg/m³(7 月 4 日 4 时)。三门峡水库利用这次洪水泄水排沙,最大流量 2 971 m³/s(7 月 4 日 11.3 时),最大含沙量 30 kg/m³(7 月 5 日 12 时)。小浪底水库进行防洪运用,水库泄水排沙,最大流量 2 380 m³/s,最大含沙量 152 kg/m³,花园口洪峰流量 3 640 m³/s,最大含沙量 70 kg/m³,利津洪峰流量 2 920 m³/s。

8 月下旬,渭河有一次洪水过程,华县洪峰流量 1 500 m³/s,最大含沙量 30.1 kg/m³,与黄河干流汇合后,潼关洪峰流量 2 280 m³/s,最大含沙量 43 kg/m³。利用这次洪水三门峡水库敞泄排沙,最大流量 3 470 m³/s,最大含沙量 319 kg/m³。小浪底水库为不超过 225 m 的汛限水位,8 月 18 日开始敞泄运用,到 8 月 21 日逐步向 248 m 的汛限水位过渡。期间小浪底最大流量 2 450 m³/s、最大含沙量 4.3 kg/m³;花园口洪峰流量 2 300 m³/s、最大含沙量 6.0 kg/m³;利津洪峰流量 2 920 m³/s、最大含沙量 55.9 kg/m³。

受渭河秋汛洪水影响,小浪底水库于 10 月 5 日转于防洪运用,花园口流量保持 2 500 m³/s 左右,水库最大下泄流量 2 470 m³/s,最大含沙量 21.6 kg/m³,加之伊洛河洪水影响,花园口站最大流量 2 510 m³/s,最大含沙量 6.78 kg/m³;期间为了配合王庵工程抢险,小浪底水库曾经按进出库平衡运用；入海利津站最大流量 2 950 m³/s，最大含沙量 20.8 kg/m³。

(二)洪水特点

图 2-10 是唐乃亥历年最大日流量过程线，可以看出近 7 年最大日流量 2 720 m³/s，1956 ~ 1989 年最大日流量平均值为 2 512 m³/s，1990 ~ 1999 年平均值为 1 788 m³/s，近 7 年平均值为 1 571 m³/s，分别较前两个时期减少了 37% 和 12%。统计唐乃亥汛期各级流量，近 7 年与 20 世纪 90 年代对比，大于 2 500 m³/s 流量历时减少 50%，7 年平均仅 0.6 d；而小于 500 m³/s 流量则增加 163%，7 年平均 16.6 d，占汛期历时的 14%。

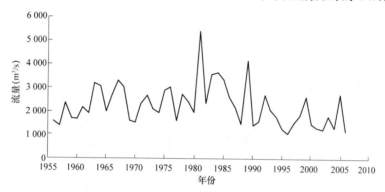

图 2-10　唐乃亥站历年最大日流量过程线

图 2-11 是头道拐历年最大日流量过程线，近 7 年最大日流量 2 320 m³/s，其中 1956 ~ 1989 年最大日流量平均值为 2 917 m³/s，1990 ~ 1999 年平均值为 2 258 m³/s，近 7 年的最大日流量平均值为 1 984 m³/s，分别较前两个时期减少了 32% 和 12%。统计头道拐汛期各级流量情况，近 7 年汛期大于 1 500 m³/s 流量没有一天，而 20 世纪 90 年代平均出现 1.5 d；小于 500 m³/s 流量汛期平均 74.8 d，较 20 世纪 90 年代的 65.4 d 增加 14%，占汛期历时的 61%。

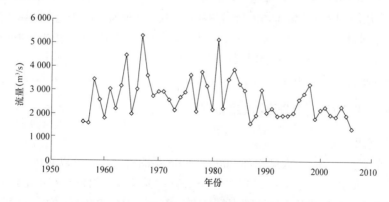

图 2-11　头道拐站历年最大日流量过程线

潼关站近 7 年最大洪峰流量 4 500 m³/s，其中 1950 ~ 1989 年最大洪峰流量平均值为 7 727 m³/s，1990 ~ 1999 年最大洪峰流量平均值为 5 053 m³/s，近 7 年最大洪峰均值 3 064 m³/s，分别较前两个时期减小了 60% 和 39%。20 世纪 90 年代潼关汛期日流量大于 5 000

m^3/s 的历时平均为 0.2 d，近 7 年一次没有出现，而日流量小于 500 m^3/s 的历时则由 26.8 d 提高到 41.3 d，占汛期历时的 30%。

由图 2-12 可以看出，花园口站近 7 年洪峰流量 3 990 m^3/s，其中 1950～1989 年最大洪峰流量均值为 7 811 m^3/s，1990～1999 年最大洪峰均值为 4 436 m^3/s，近 7 年最大洪峰均值为 2 924 m^3/s，分别较前两个时期减小了 63% 和 34%。花园口站汛期出现日均流量大于 3 000 m^3/s 的历时由 20 世纪 90 年代的平均 3.5 d 减少到近 7 年的 0.3 d，而小于 500 m^3/s 流量年均出现历时则由 20 世纪 90 年代的平均 28.9 d，增加到近 7 年的 35.2 d，增加 22%。

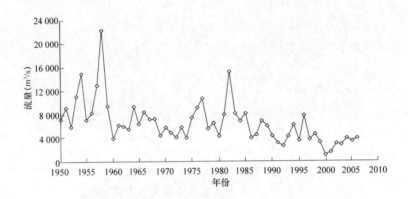

图 2-12　花园口站历年最大洪峰过程线

近 7 年龙门汛期日平均含沙量小于 50 kg/m^3 历时 107.6 d，大于 200 kg/m^3 历时 1.1 d，大于 300 kg/m^3 历时 0.86 d；20 世纪 90 年代汛期含沙量小于 50 kg/m^3 历时 101.5 d，大于 200 kg/m^3 历时 5.2 d，大于 300 kg/m^3 历时 1.5 d；近 7 年与 20 世纪 90 年代同期相比，小于 50 kg/m^3 历时增加 6%，大于 200 kg/m^3 历时减少 67%，大于 300 kg/m^3 历时减少 43%。

近 7 年潼关汛期日平均含沙量大于 200 kg/m^3 历时 1 d，大于 300 kg/m^3 历时 0.29 d；20 世纪 90 年代同期大于 200 kg/m^3 历时 4.8 d，大于 300 kg/m^3 历时 0.9 d；近 7 年与 20 世纪 90 年代同期相比，大于 200 kg/m^3 历时减少 79%，大于 300 kg/m^3 历时减少 68%。

综上分析可知，与 20 世纪 90 年代相比，近 7 年洪峰流量进一步减小；汛期较大流量历时进一步缩短，而小流量历时进一步增加，高含沙量历时进一步减少。

四、水库调蓄及对其下游水量影响

(一)水库蓄水情况

表 2-5 统计了干流主要大型水库 2000～2006 年的蓄变量，可以看出截至 2006 年 11 月 1 日 8 时，8 大水库总蓄水量 284.79 亿 m^3，其中龙羊峡、刘家峡和小浪底水库分别占 68%、10%、15%。7 年水库共增加蓄水量 55.93 亿 m^3，其中 2003 年增加最多，为 150.68 亿 m^3，其次是 2005 年，为 114.4 亿 m^3；2006 年补水最多，为 73.93 亿 m^3，再次是 2002 年，为 71.14 亿 m^3。汛期除 2002 年补水 43.91 亿 m^3，其余年份汛期增加蓄水量均在 50 亿 m^3 以上，2003 年和 2005 年汛期增加蓄水量均达 170 亿 m^3 以上。

表 2-5 黄河主要水库蓄水变化情况　　　　　　　　　　　　　　　　(单位：亿 m³)

项目	龙羊峡	刘家峡	万家寨	三门峡	小浪底	陆浑	故县	东平湖	合计
1999 年 11 月 1 日蓄水量	178.00	26.90	4.76	2.72	6.13	3.86	3.54	2.95	228.86
2006 年 11 月 1 日蓄水量	194.00	28.70	2.89	3.63	43.20	3.14	4.18	5.05	284.79
2000 年蓄变量	−29.00	−2.60	−1.42	−1.08	41.37	2.43	−0.05	1.96	11.61
2001 年蓄变量	−21.00	4.60	2.22	0.34	−15.50	−2.21	0.24	−1.31	−32.62
2002 年蓄变量	−39.90	−7.30	−1.82	−0.85	−18.70	−0.12	−0.23	−2.22	−71.14
2003 年蓄变量	49.90	10.90	1.87	0.82	78.80	2.44	2.97	2.98	150.68
2004 年蓄变量	8.00	0.30	−1.62	0.23	−48.20	−0.90	−0.90	0.02	−43.07
2005 年蓄变量	89.00	−0.50	0.65	0.55	24.60	0.53	0.67	−1.10	114.40
2006 年蓄变量	−41.00	−3.60	−1.75	0.90	−25.30	−2.89	−2.06	1.77	−73.93
年平均蓄变量	2.29	0.26	−0.27	0.13	5.30	−0.10	0.09	0.30	7.99
2000 汛期蓄变量	15.00	1.50	−0.81	1.50	35.90	3.24	0.43	2.66	59.42
2001 汛期蓄变量	18.00	9.80	2.97	1.50	17.90	0.22	0.97	0.75	52.11
2002 汛期蓄变量	−4.00	−5.90	−2.79	1.04	−30.70	0.28	−0.69	−1.15	−43.91
2003 汛期蓄变量	79.20	10.70	1.26	1.89	70.60	2.92	3.29	3.62	173.48
2004 汛期蓄变量	41.00	11.40	−2.00	−2.18	5.40	2.25	1.96	1.65	59.48
2005 汛期蓄变量	109.00	11.60	0.94	2.66	46.40	3.33	2.52	0.20	176.65
2006 汛期蓄变量	14.10	5.65	0.97	3.11	24.78	−0.52	0.36	2.02	50.47
汛期平均蓄变量	38.90	6.39	0.08	1.36	24.33	1.67	1.26	1.39	75.39

注：−为水库补水。

龙羊峡水库 1986～1999 年末累计蓄水 178 亿 m³，年平均蓄水量增加 12.69 亿 m³，近 7 年平均蓄水量增加 2.29 亿 m³，2000～2002 年共补水 89.9 亿 m³。除 2002 年汛期补水 4 亿 m³ 外，其余年份汛期均增加蓄水量，特别是 2005 年汛期增加蓄水量 109 亿 m³。7 年中最大蓄水量 238 亿 m³(2005 年 11 月 19 日)，相应最高水位 2 597.62 m，达到历史最高。

小浪底水库 1999 年末蓄水量 6.13 亿 m³，到 2006 年末蓄水量 43.2 亿 m³，年平均蓄水量增加 5.3 亿 m³。2000 年、2003 年和 2005 年蓄水量分别增加 41.37 亿、78.8 亿、24.6 亿 m³，2001 年、2002 年、2004 年、2006 年水库分别补水 15.5 亿、18.7 亿、48.2 亿、25.3 亿 m³。汛期除 2002 年补水 30.7 亿 m³ 外，其余年份汛期均增加蓄水量，特别是 2003 年汛期增加蓄水量 70.6 亿 m³。

(二)水库调蓄对中下游水量和洪峰影响

水库蓄水不仅改变了下游河道水量，还将汛期来水调节到非汛期下泄，改变了水量的年内分配。由表 2-6 可以看出，兰州、头道拐和花园口 7 年实测年平均水量分别为 254.57 亿、135.46 亿、223.98 亿 m³，将龙羊峡、刘家峡和小浪底水库蓄水简单还原后，三站水量分别为 257.11 亿、138 亿、231.82 亿 m³。2003 年水库还原后，兰州、头道拐、花园口年水量较实测水量分别增加 28%、55%和 65%；2005 年水库还原后，兰州、头道拐、花园口年水量较实测水量分别增加 31%、60%和 47%；2000 年水库还原后兰州、头道拐较实测水量分别减少 12%、22%。

表 2-6　水库调蓄对年水量影响 (单位:亿 m³)

年份	实测水量			还原龙羊峡、刘家峡和小浪底后水量		
	兰州	头道拐	花园口	兰州	头道拐	花园口
2000	265.26	143.43	149.3	233.66	111.83	159.07
2001	234.62	112.63	179.8	218.22	96.23	147.9
2002	240.45	125.15	199.4	193.25	77.95	133.5
2003	213.72	110.92	215.89	274.52	171.72	355.49
2004	236.92	125.97	290.67	245.22	134.27	250.77
2005	287.09	148.3	240.53	375.59	236.8	353.63
2006	303.9	181.81	292.28	259.3	137.21	222.38
平均	254.57	135.46	223.98	257.11	138	231.82

2000～2006 年黄河下游没有发生断流，特别是 2000 年枯水年份，下游引水 70.22 亿 m³，占下游来水量 155.75 亿 m³ 的 45%，相应龙羊峡和刘家峡水库补水达 31.6 亿 m³；2002 年枯水年份，下游引水 93.53 亿 m³，占下游来水量 203.76 亿 m³ 的 46%，相应小浪底、龙羊峡和刘家峡水库补水达 65.8 亿 m³，占下游引水量的 70%。

由表 2-7 可以看出，水库调蓄对年内水量分配影响也比较大。7 年兰州、头道拐和花园口汛期实测水量占年比例分别为 41%、35%和 38%，水库还原后分别是 58%、67%和 66%，与天然情况(60%)比例接近。其中 2003～2005 年兰州增加约 20%，头道拐增加约 36%，花园口 2004～2006 年增加约 30%。

表 2-7　水库调蓄对汛期水量的影响(汛期占年比例(%))

年份	兰州		头道拐		花园口		
	实测	还原两库	实测	还原两库	实测	还原小浪底	还原三库
2000	37	50	32	56	33	45	64
2001	39	55	32	67	25	38	61
2002	39	44	26	29	46	34	38
2003	50	72	47	83	65	71	84
2004	38	58	30	67	30	38	58
2005	45	66	41	76	39	53	74
2006	38	53	36	62	29	41	58
平均	41	58	35	67	38	47	66

注：两库为龙羊峡水库和刘家峡水库，三库为龙羊峡、刘家峡水库和小浪底水库。

1999 年 11 月以来，小浪底水库运用后，洪峰流量较龙羊峡水库和刘家峡水库运用后进一步大幅度削减。如果按洪水传播时间将日均流量过程还原，可以得到龙羊峡水库和小浪底水库不调蓄情况下的花园口日均流量过程。图 2-13 和图 2-14 分别是 2003 年和

2005 年秋汛期花园口流量过程，可以看出，2003 年 9 月 24 日至 10 月 27 日，如果没有龙羊峡水库和小浪底水库拦蓄，花园口最大日平均流量将由 2 740 m³/s 增加到 6 240 m³/s。2005 年如果没有龙羊峡水库和小浪底水库共同调蓄，花园口最大日流量可达 6 235 m³/s(10 月 4 日)，是实测 2 600 m³/s 的 2.4 倍。需要说明的是，2003 年和 2005 年花园口平滩流量分别为 3 400 m³/s 和 5 100 m³/s 左右。

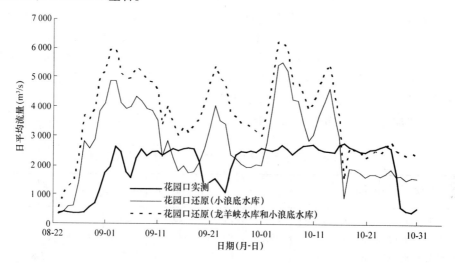

图 2-13 2003 年秋汛期龙羊峡和小浪底水库调节对花园口日平均流量影响

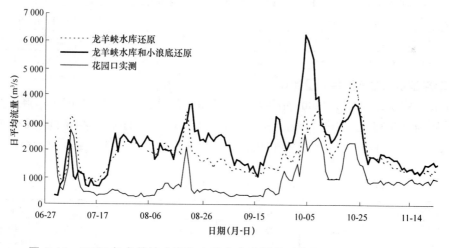

图 2-14 2005 年龙羊峡水库和小浪底水库调蓄对花园口日流量过程影响

五、2000～2005 年干流典型水文站天然径流量计算

天然径流量由实测水量加上还原水量而得，目前计算的还原水量仅包括人类引耗水量和水库蓄变量。但是真正的还原水量应包括由于人类活动而引起的所有产汇流的损耗水量，例如由于修建水库增加的水面蒸发损失量、水土保持和集雨工程的拦水量、地下水超采引起的河道基流损失量、下游悬河道的侧向渗漏量等。这些损失量目前都没有计

算在还原水量中，所以计算的天然径流量一般来说都是偏小的。由于资料的局限，天然径流量计算为日历年。

(一)人类耗水量统计

人类耗水量主要指农业灌溉、工业用水、城镇生活和农村人畜用水，2000~2005年黄河流域地表水年平均耗水量为263.99亿 m³(表2-8)，较多年均值增加6%，较20世纪90年代减少11%，6年中耗水量最多的是2002年，比多年均值增加14%，比20世纪90年代减少4%；最少的是2003年，比多年均值减少3%，比20世纪90年代减少18%。与20世纪90年代比，兰州以上和头道拐—龙门区间耗水量有所增加，而其他各区则有所下降，尤其是三门峡—龙门区间下降比例较大，20世纪90年代平均为25.04亿 m³，6年平均减少为12.43亿 m³，减少50%；头道拐—龙门20世纪90年代平均为3.87亿 m³，6年平均增加为6.33亿 m³，增加64%。

表 2-8　黄河流域 2000~2005 年地表耗水量统计　　　　　(单位：亿 m³)

分区	2000 年	2001 年	2002 年	2003 年	2004 年	2005 年	平均	较多年均值①	较多年均值②
兰州以上	27.04	25.34	25.50	26.15	25.77	24.47	25.71	21.38	14.88
兰州—头道拐	102.66	102.16	99.01	91.72	100.48	111.80	101.31	105.89	92.86
头道拐—龙门	6.27	6.03	5.60	5.97	6.18	7.90	6.33	3.87	2.31
龙门—三门峡	33.73	34.16	33.26	29.12	31.87	34.27	32.74	35.57	29.02
三门峡—花园口	14.12	12.71	11.84	11.53	12.22	12.17	12.43	25.04	30.70
花园口以下	88.27	83.67	109.82	77.75	71.75	76.45	84.62	104.80	80.16
合计	272.32	265.15	286.05	243.57	248.97	267.86	263.99	296.55	249.93

注：①多年均值指1990~1999年平均；②多年均值指1956~1999年平均；耗水量统计来自黄河水资源公报(日历年)。

(二)典型水文站天然径流量计算

由表2-9看出，2000~2005年兰州、头道拐、龙门、三门峡和花园口年平均天然径流量分别为284.35亿、267.11亿、302.26亿、357.35亿、416.85亿 m³，比多年平均减少15%~30%，与20世纪90年代相比，除兰州基本持平外，其余减少8%左右。

表 2-9　黄河流域 2000~2005 年典型水文站天然径流量　　　　(单位：亿 m³)

年份	兰州	头道拐	龙门	三门峡	花园口
2000	254.14	237.30	260.09	301.05	349.87
2001	242.77	222.68	256.63	292.60	323.33
2002	214.45	199.80	239.17	267.22	300.30
2003	316.66	304.61	358.36	467.50	575.42
2004	267.14	256.59	292.15	332.23	396.70
2005	410.93	381.66	407.16	483.52	555.47
平均	284.35	267.11	302.26	357.35	416.85
1990~1999 平均	283.20	286.20	331.70	411.20	452.30
1956~1999 平均	334.80	338.00	392.20	508.50	568.80

注：天然径流量统计来自黄河水资源公报(日历年)。

6 年中，2005 年天然径流量最多，三门峡以上比多年均值增加 4%～23%，比 20 世纪 90 年代增加 23%～45%；其原因是该年 7～10 月龙羊峡水库的入库水量为 172.92 亿 m³(唐乃亥)，比 1956～1999 年同期均值增加 40%，比 20 世纪 90 年代增加 75%。

花园口 2003 年天然径流量最多，为 575.42 亿 m³，比多年均值增加 1%，比 20 世纪 90 年代增加 27%；2002 年天然径流量最少，如花园口只有 300.3 亿 m³，比多年均值减少 47%，比 20 世纪 90 年代减少 34%。

1922～1932 年是黄河流域有实测资料以来连续 11 年的特枯水时段，1990～1999 年是新中国成立以来连续 10 年的枯水时段。从兰州—三门峡和兰州—花园口区间天然径流量看，20 世纪 90 年代平均分别为 128 亿 m³ 和 169.1 亿 m³，1922～1932 年平均分别为 109 亿 m³ 和 150 亿 m³，而近 6 年平均分别为 73 亿 m³ 和 132.5 亿 m³(表 2-10)；2000～2005 年与 1922～1932 年平均相比，分别减少 33% 和 12%，说明近 6 年兰州以下水量比 1922～1932 年还枯。

表 2-10　黄河干流枯水时段典型水文站平均水量对比　　　(单位：亿 m³)

时段	天然			实测		
	兰州	三门峡	花园口	兰州	三门峡	花园口
2000～2005	284.35	357.35	416.85	246.69	178.23	216.09
1922～1932	244.8	353.8	394.8	242.2	313.8	352.7
1990～1999	283.20	411.20	452.30	259.7	242.3	256.9

注：天然径流量统计来自黄河水资源公报(日历年)。

2000～2005 年黄河流域地表水年平均耗水量为 263.99 亿 m³，花园口天然水量 416.85 亿 m³，流域地表水年平均耗水量占花园口天然水量的 63%，水资源利用率达 63%，远远超过了国际公认的 40%警界线。

六、降水、径流和泥沙的变化

(一)兰州以上降水、径流和泥沙的变化

兰州以上是黄河流域的主要清水来源区，2000～2005 年兰州以上年平均降水量 459.98 mm，天然径流量 281.93 亿 m³，实测水量 246.69 亿 m³，实测沙量 0.229 亿 t，与多年(1956～1999 年)平均同期相比，分别减少 5%、15%、22%和 68%；与 20 世纪 90 年代同期相比，分别减少 2%、0.8%、5%和 56%。实测水量减少 13 亿 m³，主要是水库蓄水(龙羊峡和刘家峡年平均增加蓄水量 5.2 亿 m³)和人类耗水(年平均增加蓄水量 4.33 亿 m³)引起，也有降水量减少的原因。实测沙量减少主要是水库拦沙的结果。

(二)头道拐以上降水、径流和泥沙的变化

2000～2005 年头道拐以上年平均降水量 366.2 mm，天然径流量 267.11 亿 m³，实测水量 128.27 亿 m³，实测沙量 0.279 亿 t，与多年平均同期相比，分别减少 2%、21%、43%和 75%；与 20 世纪 90 年代同期相比，分别减少 6%、7%、18%和 32%。由于降水量减少引起天然径流量减少，而实测水量减少 28.4 亿 m³，主要原因是其上游水库蓄水和天然径流量减少，实测沙量减少除水库拦沙外，宁夏和宁蒙河道淤积也是其中原因之一。

(三)头道拐一龙门区间降水、径流和泥沙的变化

头道拐一龙门是黄河流域多沙粗泥沙来源区，2000~2005 年区间年平均降水量 421.43 mm(见表 2-11)，天然径流量 35.15 亿 m³，实测水量 28.92 亿 m³，实测沙量 1.938 亿 t，与多年平均同期相比，分别减少 3%、35%、44%和 72%；与 20 世纪 90 年代同期相比，平均降水量增加 4%，天然径流量减少 23%，实测水量减少 30%，实测沙量减少 59%，耗水量增加 55%。

表 2-11　头道拐一龙门降水、径流和泥沙情况

项目	2000~2005 年①	1990~1999 年②	1956~1999 年③	①距②(%)	①距③(%)
降水量(mm)	421.43	403.6	435.6	4	−3
天然径流量(亿 m³)	35.15	45.5	54.2	−23	−35
实测水量(亿 m³)	28.92	41.5	51.5	−30	−44
实测沙量(亿 t)	1.938	4.683	6.88	−59	−72
耗水量(亿 m³)	6	3.87	2.31	55	160

注：降水量、天然径流量、耗水量等主要来自黄河水资源公报(日历年)。

统计主要产沙区晋陕区间 2000~2005 年汛期平均降雨量 290 mm，与多年平均基本持平，但头道拐一龙门区间汛期平均沙量 1.776 亿 t，实测水量汛期平均 16.39 亿 m³；较多年同期分别减少 71%和 39%。与 20 世纪 90 年代同期相比分别减少 54%和 24%。实测沙量减少幅度大于实测水量，导致水沙关系改变的原因需要研究。

点绘头道拐一龙门 7~8 月降雨量—径流量关系可以看出(见图 2-15)，大致可以 1973 年来区分其变化规律，径流量随着降雨量的增大而增大，但在降雨量大于 150 mm 后，1973 年前后明显地分成两组线，说明当降雨量大于 150 mm 时，在相同降雨量下，1973 年后径流减少了。但是由于 1977 年遇大暴雨，局部地区还有垮坝现象，所以点子偏上。同时可见，20 世纪 90 年代以后的关系与 1973~1989 年的关系变化不大。

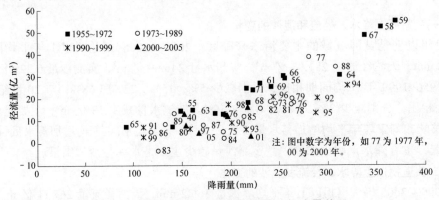

图 2-15　河龙区间 7~8 月降雨量—径流量关系

7~8 月水沙关系在进入 21 世纪后发生明显改变，同样水量条件下的输沙量显著减少(图 2-16)。同样 15 亿 m³ 水 21 世纪前可输送 3 亿~4 亿 t 泥沙，现在只能输送 1 亿~2 亿 t，减少一半。水沙关系改变的原因可能与流量偏小，同时高含沙小洪水发生较多有关；而且由于近期水量一直较小，没有大水量的实测数据，因此不能对水量增大时的水

沙关系做出预估。这两方面的问题都需要开展深入系统的研究才能得到答案。

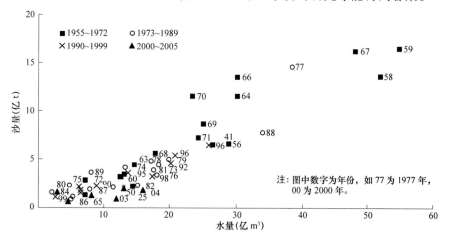

图 2-16　河龙区间 7~8 月沙量—水量关系

(四)花园口以上降水、径流和泥沙的变化

花园口以上 2000~2005 年年平均降水量 436 mm，天然径流量 416.85 亿 m³，实测水量 216.11 亿 m³，实测沙量 1.286 亿 t(表 2-12)，与多年平均同期相比，分别减少 5%、27%、40% 和 88%；与 20 世纪 90 年代同期相比，降水量增加 2%，天然径流量、实测水量、实测沙量分别减少 8%、16% 和 81%。天然径流量减少幅度小于实测水量减少幅度，实测水量减少幅度小于实测沙量减少幅度。

表 2-12　花园口以上降水、径流和泥沙情况

项目	2000~2005①	1990~1999②	1956~1999③	①距②(%)	①距③(%)
降水量(mm)	436	428	456.69	2	−5
天然径流量(亿 m³)	416.85	452.3	568.8	−8	−27
实测水量(亿 m³)	216.11	256.9	359.7	−16	−40
实测沙量(亿 t)	1.286	6.83	10.34	−81	−88
耗水量(亿 m³)	178.52	191.75	169.77	−7	5

注：降水量、天然径流量、耗水量等主要来自黄河水资源公报(日历年)。

2000~2005 年天然径流量减少主要是人类活动和气候变化造成的。以花园口以上 20 世纪 50 年代人类活动少的天然径流量作为基准(50 年代花园口以上年降水量 460.8 mm，天然径流量 596.8 亿 m³)，2000~2005 年天然径流量为 416.85 亿 m³，较 50 年代天然径流量减少 179.95 亿 m³，按 50 年代的降水量与天然径流量相关关系(图 2-17)计算，2000~2005 年花园口以上年平均降水量大约 436 mm，相应天然径流量应该为 545 亿 m³，因降水量变化导致的天然径流量减少仅 51.8 亿 m³，占天然径流量减少的 29%，而人类活动影响则占 71%。

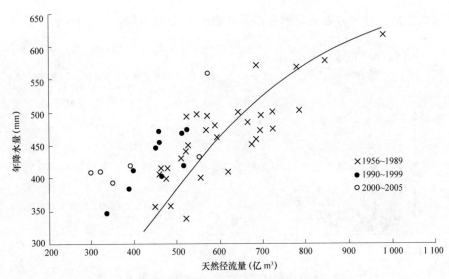

图 2-17　花园口以上年降水量、天然径流量相关图

花园口以上实测沙量较 20 世纪 90 年代同期相比减少 5.54 亿 t，其原因一方面是水库拦沙(2000～2005 年三门峡水库和小浪底水库年平均拦沙 3.91 亿 t)；另一方面是主要来沙区间产沙少，如 2000～2005 年头道拐—龙门年平均产沙仅 1.938 亿 t，华县年平均产沙仅 1.8 亿 t，与 20 世纪 90 年代同期相比，分别减少 59% 和 37%。

七、中游水沙的变化特点

4 站(龙华河洑)控制着中游水沙量，多年平均水量 367.16 亿 m³，其中头道拐以上占 62%、河龙区间占 14%、渭河华县占 19%、汾河和北洛河分别占 3% 和 2%；多年平均沙量 12.685 亿 t，其中头道拐以上占 9%、河龙区间占 54%、渭河华县占 29%、汾河和北洛河分别占 2% 和 6%。2000～2006 年实测平均水沙量较多年平均分别减少 41% 和 66%。水沙区域占比例有所变化，其中头道拐以上水沙比例变化不大；河龙区间水量比例变化不大，沙量比例减少到 46%；渭河华县水量比例增加 2 个百分点，而沙量比例增加 10 个百分点(表 2-13)。

表 2-13　中游水沙变化

项目			头道拐	河龙区间	华县	河津	洑头	4 站
年均实测水沙	水量 (亿m³)	2000~2006	135.46	28.89	45.80	3.20	4.65	218.00
		1956~1999	224.30	51.78	71.45	10.89	8.74	367.16
	沙量 (亿 t)	2000~2006	0.340	1.989	1.669	0.003	0.294	4.296
		1956~1999	1.129	6.889	3.627	0.217	0.824	12.685
占 4 站比例 (%)	水量	2000~2006	62	13	21	1	2	100
		1956~1999	62	14	19	3	2	100
	沙量	2000~2006	8	46	39	0	7	100
		1956~1999	9	54	29	2	6	100

第三章　结论与认识

(1)2006 年是少雨年,年降水量仅 407 mm,较多年同期减少 9%;汛期降雨量 260 mm,较多年同期减少 9%;干支流仍然枯水少沙,上游和下游非汛期占年水量比例增加是水库补水所致;流域主要干流水文站汛期没有出现日平均 3 000 m³/s 以上的流量过程,干支流没有发生大的洪水,仅发生小范围的雨洪。全年水库补水 73.93 亿 m³,其中非汛期补水 124.4 亿 m³。非汛期补水总量中,龙羊峡水库、小浪底水库、刘家峡水库分别占 44%、40%和 7%。

(2)2000～2005 年年平均降水量为 433.1 mm,比多年均值减少 3%,与 20 世纪 90 年代相比则增加 3%。与 20 世纪 90 年代相比,兰州—头道拐区间减少 16%,头道拐—龙门区间以及龙门以下各区间则增加 4%～13%。2000～2006 年汛期平均与多年同期对比,7 年汛期降雨量清水来源区头道拐以上减少 2%～11%,主要来沙区晋陕区间和北洛河 7 年与多年同期基本持平,而泾渭河减少 7%。

(3)2000～2005 年兰州、头道拐、龙门、三门峡和花园口天然径流量分别为 284.35 亿、267.11 亿、302.26 亿、357.35 亿、416.85 亿 m³,与 20 世纪 90 年代相比,除兰州基本持平外,其余减少 8%左右。

(4)近 7 年黄河主要干支流实测水沙量普遍偏枯,与 20 世纪 90 年代相比,沙量减少 2%～92%;水量除华县、黑石关和武陟增加外,其余各站减少 2%～38%。实测沙量减少幅度大于实测水量减少幅度,实测水量减少幅度大于天然径流量,天然径流量减少幅度大于降水量。干流汛期实测水量占年比例由 60%降低到 40%以下,汛期沙量占年比例中游由 90%降低到 80%,下游由 80%降低到 60%。

唐乃亥、头道拐和潼关实测年水量分别为 160.74 亿、135.46 亿、206.66 亿 m³,实测沙量分别为 0.81 亿、0.34 亿、3.781 亿 t,与 20 世纪 90 年代相比,水量减少 9%～18%,沙量减少 18%～52%。

(5)近 7 年干流洪峰流量与 20 世纪 90 年代相比大幅度减小,潼关和花园口最大洪峰流量仅分别为 4 500 m³/s 和 3 990 m³/s。汛期较大流量历时明显减少,小于 500 m³/s 历时大幅度增加;汛期高含沙量历时明显减少,低含沙量历时增加。

(6)水库联合调度效果显著。2003 年和 2005 年秋汛期花园口实测最大日平均流量分别为 2 740 m³/s 和 2 600 m³/s,如果没有龙羊峡和小浪底水库调蓄,花园口最大将可能达到 6 240 m³/s 和 6 235 m³/s,黄河下游将发生大面积漫滩。7 年来下游没有发生断流,特别是 2002 年枯水年份,下游引水量 93.53 亿 m³,占下游来水量 203.76 亿 m³ 的 46%,相应小浪底、龙羊峡和刘家峡水库补水达 65.8 亿 m³,占下游引水量的 70%。

(7)花园口天然水量减少的原因一方面是受降雨减少的影响,更主要的是受人类活动的影响,人类活动和气候变化对天然径流量影响分别占 71%和 29%。实测沙量减少原因则是由水库拦沙和主要产沙区间产沙减少引起的。

(8)6 年流域地表年平均耗水量为 263.99 亿 m³,利用率 63%(6 年花园口天然径流量 416.85 亿 m³),水资源利用率远远超过了国际公认 40%的警界线。

第二专题　宁蒙河道冲淤规律及影响因素分析

近期，宁蒙河道问题逐渐突出，多次出现凌汛期小流量时堤防发生险情，引起各方的重视。与此同时，关系到黄河治理开发的一系列重大规划，如南水北调西线调水、黑山峡梯级开发等都与宁蒙河道密切相关，这些治黄实践都迫切需要以宁蒙河道演变规律的科学认识为指导。但由于上游观测工作较薄弱、基本资料较欠缺等，因此对宁蒙河道的研究开展较晚、成果也较少，更缺乏对宁蒙河道问题的较完整、系统的认识。

本次专题研究收集、整理了黄河上游干、支流系列较长的水文、河道资料，以此为基础对宁蒙河道的河道现状、水沙条件、河道冲淤规律、输沙特性进行了较为全面的分析研究，初步分析了近期河道淤积加重的原因，进而提出几点缓解宁蒙河道不利淤积形势的建议。

第一章　宁蒙河道淤积现状

黄河从宁夏南长滩至山西河曲为宁蒙河道(见图 1-1),河道长 1 203.8 km,其中宁夏河道从中卫县南长滩至石嘴山头道坎北的麻黄沟长 397 km,内蒙古河道自石嘴山至河曲长 830 km(含交叉段)。宁夏河道主要是青铜峡至石嘴山的 194 km 河道,为冲积性河道;内蒙古河道主要是三盛公至头道拐的 502 km 河道,为冲积性河道。

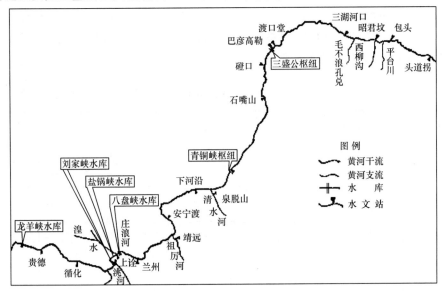

图 1-1　宁蒙河道示意图

一、河道淤积较多

天然情况下,长时期宁蒙河道有缓慢抬升的趋势,年均淤积厚度在 0.01 ~ 0.02 m。自 1961 年起,上游水库陆续投入运用,特别是龙羊峡、刘家峡水库投入运用后调节径流,改变了水沙条件,汛期水量和洪峰流量进一步减小,使首当其冲的宁蒙冲积性河段长期形成的平衡遭到破坏,河道输沙能力降低,河道发生淤积。

(一)宁夏河段

1968 ~ 1986 年为刘家峡水库单库运用时期,从表 1-1 可以看出该时期宁夏河段呈淤积状态,年均淤积量为 0.161 亿 t,其中下河沿—青铜峡河段年均淤积 0.277 亿 t,青铜峡—石嘴山河段年均冲刷 0.116 亿 t。1986 年 10 月龙羊峡水库开始运用,随着水库调节运用,宁夏河段来水量年内分配日趋均匀,与 1986 年前相比该河段淤积量均有不同程度的减少,其中 1986~1993 年该河段年均淤积量为 0.008 亿 t,该时期下河沿—青铜峡河段呈微淤状态,年均淤积量为 0.011 亿 t,青铜峡—石嘴山河段呈微冲状态,年均冲刷量为 0.003 亿 t。而 1993~2001 年宁夏河段年均淤积量为 0.112 亿 t,其中下河沿—青铜峡河段由 1986 年前的淤积转为微冲，年均冲刷量为 0.001 亿 t，而青铜峡—石嘴山河段由 1986 年之前的冲刷转为淤积，年均淤积量为 0.113 亿 t。

(二)内蒙古河段

宁蒙河道淤积主要集中在内蒙古河段，对内蒙古河段共进行过 5 次河道断面测量，即 1962 年、1982 年、1991 年、2000 年和 2004 年，根据这 5 次河道断面实测资料，对三盛公—河口镇河段的冲淤量进行分析计算(见表 1-1 和表 1-2)。由表 1-2 可以看出，1962~1991 年内蒙古巴彦高勒—头道拐河段年均淤积量为 0.10 亿 t，而 1991~2004 年该河段淤积明显加重，年均淤积量达到 0.647 亿 t，为 1962~1991 年年均淤积量的 6.4 倍，并且纵向沿程淤积主要集中在三湖河口—昭君坟河段(见图 1-2)，1991~2004 年河道横向累计淤积面积为 2 304 m^2(见表 1-3)。以上分析表明该河段自 20 世纪 90 年代以来，河道淤积量大幅度增加，淤积显著加重。

表 1-1 宁蒙河道近期年均冲淤量 (单位：亿 t)

时段	下河沿—青铜峡	青铜峡—石嘴山	下河沿—石嘴山
1968~1986 年*	0.277	−0.116	0.161
1986~1993 年*	0.011	−0.003	0.008
1993 年 5 月~2001 年 12 月	−0.001	0.113	0.112

时段	石嘴山—旧蹬口	巴彦高勒—三湖河口	三湖河口—昭君坟	昭君坟—蒲滩拐	巴彦高勒—蒲滩拐	总量
1991 年 12 月~2000 年 7 月	0.109*	0.139	0.332	0.177	0.648	5.832
2000 年 7 月~2004 年 7 月		0.220	0.201	0.225	0.646	2.584
1991 年 12 月~2004 年 7 月		0.164	0.292	0.192	0.647	8.416

注：*为输沙率法，其余断面法未考虑青铜峡和三盛公库区冲淤量。

表 1-2 三盛公—河口镇河段 1962~1991 年三次大断面测量河道冲淤情况

1962~1982			1982~1991			1962~1991		
河段	长度 (km)	冲淤量 (亿 t)	河段	长度 (km)	冲淤量 (亿 t)	长度 (km)	冲淤量 (亿 t)	年均 (亿 t)
三盛公—新河	336	−2.35	三盛公—毛不浪孔兑	250	+1.29			
新河—河口镇	175	+1.74	毛不浪孔兑—呼斯太	206	+2.07			
			呼斯太—河口镇	55	+0.16			
三盛公—河口镇	511	−0.61	三盛公—河口镇	511	+3.52	511	+2.93	0.10

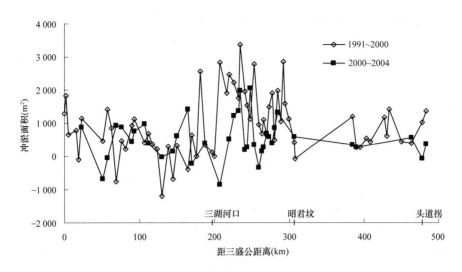

图 1-2　内蒙古河道横断面冲淤面积沿程变化

表 1-3　内蒙古河段河道横断面淤积面积 　　　　　　　　　　　　　　（单位:m²）

时段(年-月)	巴彦高勒—三湖河口	三湖河口—昭君坟	昭君坟—蒲滩拐
1991-12~2000-07	477	1 777	646
2000-07~2004-07	382	527	164
1991-12~2004-07	859	2 304	810

二、淤积集中在河槽

不同时期内蒙古河段滩槽冲淤分布有所不同。实测资料表明，1982~1991 年内蒙古各河段淤积量的 60%左右集中在河槽，滩地淤积量约占 40%(见表 1-4)。而 1991~2004 年，内蒙古各河段淤积量的 80%以上集中在河槽，滩地淤积量明显减少，不到 20%(见表 1-5)。

1982~1991 年内蒙古巴彦高勒—头道拐河段全断面的年均冲淤量为 0.352 亿 t(见表 1-4)，1991~2004 年该河段全断面的年均冲淤量为 1982~1991 年全断面淤积量的 1.8 倍，年均冲淤量为 0.647 亿 t。而河槽的淤积量为 0.562 亿 t(见表 1-5)，为 1982~1991 年年均淤积量(0.222 亿 t)的 2.5 倍。

表 1-4　三盛公至头道拐河段 1982~1991 年河道淤积量横向分布

河段	长度 (km)	淤积量(亿 t)			淤积厚度(m)	
		全断面	主槽	主槽(%)	主槽	滩地
三盛公—毛不浪孔兑	250	1.29	0.84	64	0.4	0.048
毛不浪孔兑—呼斯太	206	2.07	1.22	59	0.7	0.11
呼斯太—河口镇	55	0.16	0.16	100	0.4	—
全河段	511	3.52	2.22	65	0.52	0.066

注：断面法计算成果，泥沙比重采用 1.4 kg/m³。

表 1-5　1991～2004 年内蒙古巴彦高勒以下河道年均冲淤量纵横向分布

时段(年-月)	项目	巴彦高勒—三湖河口	三湖河口—昭君坟	昭君坟—蒲滩拐	巴彦高勒—蒲滩拐
1991-12 ~ 2000-07	总量(亿 t)	0.139	0.332	0.177	0.648
	各河段占总量比例(%)	21	51	28	100
	河槽淤积占全断面比例(%)	80	83	97	86
2000-07 ~ 2004-07	总量(亿 t)	0.220	0.201	0.225	0.646
	各河段占总量比例(%)	34	31	35	100
	河槽淤积占全断面比例(%)	81	86	100	90
1991-12 ~ 2004-07	总量(亿 t)	0.164	0.292	0.192	0.647
	各河段占总量比例(%)	25	45	30	100
	河槽淤积占全断面比例(%)	80	84	98	87

三、断面形态改变

(一)水文站断面形态

石嘴山水文站断面自 1986 年以来稍有淤积；内蒙古河道形态代表性较好的是巴彦高勒水文站，该站为单一河道，河道较窄，断面横向摆动不大，但从 1972 年以来河道呈逐渐淤积的趋势，深泓点的淤积最明显，1990～2006 年深泓点淤高了 2 m 多。

河宽是反映河道横断面形态的一个主要因子。为了便于比较，将宁夏和内蒙古河段各站平滩水位下河宽的变化分别点绘于图 1-3 和图 1-4。从图中可以看出，宁夏河段水文站断面形态变化小，年际波动幅度小，青铜峡 1971 年河宽大幅度下降，以后保持稳定，到 1990 年又大幅度增加；而其他站的河宽都较稳定，略有增加。内蒙古河段横断面形态的变化波动频繁，且幅度大，巴彦高勒、三湖河口和昭君坟的河宽自 1965 年以来都有减小的趋势，20 世纪七八十年代内蒙古河段各站断面平均宽度在 550 m 左右，而 90 年代后除头道拐外都减少到 350 m 左右。

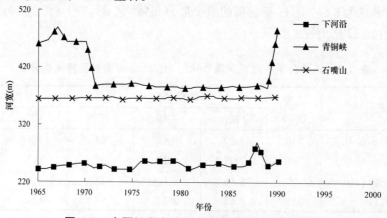

图 1-3　宁夏河段各水文站断面河宽变化套绘图

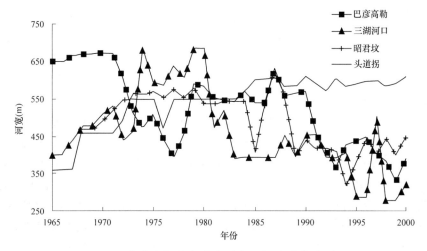

图 1-4　内蒙古河段各水文站断面河宽变化套绘图

(二)河道淤积测量断面形态变化

宁夏河段河床主要由砂卵石组成,坡度较陡,水流集中,断面形态相对稳定;内蒙古河段为沙质河床,比降平缓,串沟支汉较多,河道很宽,河势游荡(如三湖河口—昭君坟为游荡性河道),断面冲淤变化大,河槽横向摆动频繁,摆动幅度大,河宽变化比较明显。从总体来看,深泓点高程变化不大,但是河槽宽度显著减小,缩窄河宽是在河势摆动过程中形成的,河道宽浅散乱的断面以主槽移位、断面淤窄的变化形式为主;河道相对单一、稳定的断面以一岸淤积、主槽变窄的变化形式为主。

四、排洪能力降低

(一)平滩流量变化

根据内蒙古河段水文站实测资料,通过水位流量关系及断面形态分析历年平滩流量的变化(见图 1-5)。1986 年以来,由于龙羊峡水库的蓄水调节以及气候条件和人为因素的影

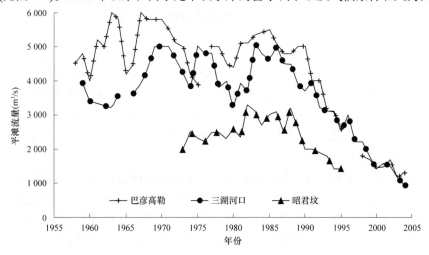

图 1-5　内蒙古河段水文站断面平滩流量变化

响，进入宁蒙河段的水量持续偏少，排洪输沙能力降低，河槽淤积萎缩，平滩流量减少，20世纪90年代以前，巴彦高勒平滩流量变化在 4 000 ~ 5 000 m³/s，三湖河口在 3 000 ~ 5 000 m³/s；90年代以来平滩流量持续减少，到 2004 年在 1 000 m³/s 左右，部分河段 700 m³/s 即开始漫滩。昭君坟站平滩流量 1974 ~ 1988 年在 2 200 ~ 3 200 m³/s，1989 年以后持续减少，1995 年约为 1 400 m³/s。

根据 2004 年 7 月内蒙古河段淤积大断面资料，运用水力学方法分析计算了内蒙古河段沿程平滩流量变化(见图 1-6)。从图中看出,巴彦高勒—昭君坟河段平滩流量在 950 ~ 1 500 m³/s，平均平滩流量为 1 150 m³/s；昭君坟—头道拐河段，上段平滩流量较小，变化范围为 950 ~ 1 350 m³/s，平均为 1 140 m³/s，与巴彦高勒—昭君坟河段较接近；下段头道拐附近平滩流量相对较大，变化范围为 1 600 ~ 1 950 m³/s，平均为 1 780 m³/s。全河段平均平滩流量为 1 230 m³/s；平滩流量为 950 ~ 1 350 m³/s 的河长占全河段的 78.4%，大于 1 350 m³/s 的河长只占 21.6%。

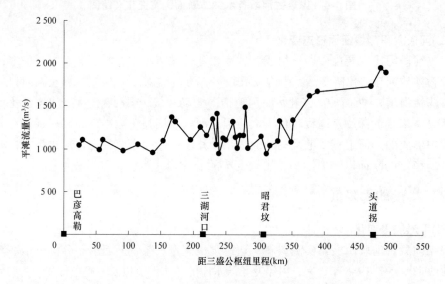

图 1-6 内蒙古河段 2004 年沿程平滩流量变化图

(二)同流量水位变化

表 1-6 给出了宁蒙河段不同时期同流量水位的变化。1961 ~ 1968 年宁蒙河段基本发生冲刷，1968 年 10 月刘家峡水库投入运用后，至 1980 年加之来水来沙的不利条件，宁蒙河段发生淤积，同流量水位抬升。1986 年 10 月上游龙羊峡水库运用以来，宁蒙河道发生明显淤积，至 2004 年巴彦高勒—昭君坟 2 000 m³/s 同流量水位升高 1.35 ~ 1.72 m(见图 1-7)。

(三)同水位面积变化

1986 年以来宁蒙河段同水位下面积减少，河道过流能力减小。2004 年与 1986 年相比,石嘴山在相同水位 1 087.49 m 和 1 091.00m 条件下分别减少 271 m² 和 293 m²(见表 1-7)，减少面积分别约占 1986 年过水面积的 35.3 和 14.8%；巴彦高勒面积减少较多，分别在相同水位 1 051.37 m 和 1 052 m 条件下减少 916 m² 和 1 072 m²,减少面积分别约占 1986 年过水面积的 66.4%和61.8%；三湖河口面积分别在相同水位 1 019.13 m 和 1 020.00m 减少 709 m²

和 917 m^2，分别约占 1986 年过水面积的 57.8%和 53.3%。

表 1-6　宁蒙河段不同时期同流量(2 000 m^3/s)水位升降值

站名	间距 (km)	升降(–)值(m)					
		1961~1966	1966~1968	1968~1980	1980~1986	1986~1991	1991~2004
青铜峡		0.17	–0.20	–0.27	–0.30	0	–0.02
石嘴山	194	–0.12	0.10	–0.06	0.08	0	0.09
磴口	87.7	0.18	–0.16	0.26	–0.16		
巴彦高勒	142	–0.48	–0.50	0.36	–0.38	0.70	1.02
三湖河口	221	–0.22	–0.60	0.14	–0.32	0.60	0.75
昭君坟	126	–0.16	–0.32	0.06	0.06	0.60	0.50*
河口镇	174	–0.06	–0.28	–0.42	0.60	0	0.30

注：*昭君坟没有 2004 年水位资料，表中数据为 1991~1994 年。磴口站无资料。

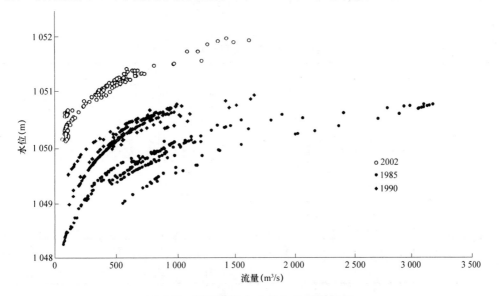

图 1-7　巴彦高勒水文站水位流量关系

表 1-7(1)　石嘴山站各代表年同水位面积比较

水位(m)	年份	面积(m^2)	与 1986 年相比		
			同水位面积差(m^2)	增减百分数(%)	冲淤变化
1 087.49	1965	585			
	1986	767			
	1996	570	–197	–25.7	淤
	2004	496	–271	–35.3	淤
1 091.00	1965	1 856			
	1986	1 985			
	1996	1 796	–189	–9.5	淤
	2004	1 692	–293	–14.8	淤

表 1-7(2)　巴彦高勒站各代表年同水位面积比较

水位(m)	年份	面积(m²)	与 1986 年相比		
			同水位面积差(m²)	增减百分数(%)	冲淤变化
1 051.37	1965	2 039			
	1986	1 379			
	1996	1 055	−324	−23.5	淤
	2004	463	−916	−66.4	淤
1 052.00	1965	2 512			
	1986	1 736			
	1996	1 398	−338	−19.5	淤
	2004	664	−1 072	−61.8	淤

表 1-7(3)　三湖河口站各代表年同水位面积比较

水位(m)	年份	面积(m²)	与 1986 年相比		
			同水位面积差(m²)	增减百分数(%)	冲淤变化
1 019.13	1965	899			
	1986	1 226			
	1996	897	−329	−26.8	淤
	2004	517	−709	−57.8	淤
1 020.00	1965	1 133			
	1986	1 722			
	1996	1 352	−370	−21.5	淤
	2004	805	−917	−53.3	淤

第二章 宁蒙河道冲淤规律研究

一、汛期河道冲淤与水沙的关系

宁蒙河道的部分河段为冲积性河道，来水来沙条件是影响冲积性河道冲淤演变的主要因素，黄河上游的水沙主要来自汛期，冲淤调整也主要发生在汛期。宁蒙河道经受了不同水沙条件下的冲淤演变，根据长时段实测资料，考虑主要支流和引水引沙建立汛期单位水量冲淤量与来沙系数关系(见图 2-1)，由图 2-1 可以看出，宁蒙河道汛期单位水量冲淤量随着来沙系数的增大而增大。经分析得出，宁蒙河道汛期来沙系数约在 0.003 4 kg·s/m^{6}时，河道基本保持冲淤平衡。如宁蒙河道汛期平均流量在 2 000 m^3/s、含沙量约为 6.8 kg/m^{3}时，河道基本保持冲淤平衡。

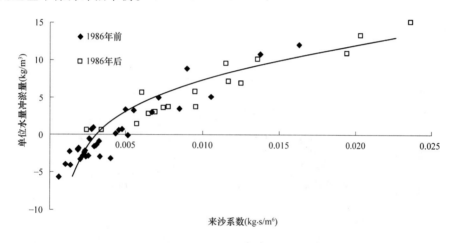

图 2-1 宁蒙河道汛期冲淤与来沙系数的关系

再细分开宁夏和内蒙古河道研究，宁夏河道(见图 2-2)和内蒙古河道(见图 2-3)汛期来沙系数分别约为 0.003 3 kg·s/m^6 和 0.003 4 kg·s/m^6 时，河道基本保持冲淤平衡，大于此值发生淤积，反之则发生冲刷。

二、洪水期河道冲淤与水沙的关系

洪水是河道冲淤演变和塑造河床的最主要动力。将宁蒙河道的洪水过程进行划分，考虑主要支流来水来沙和引水引沙后建立宁蒙河道洪水期冲淤与水沙条件的关系(见图2-4)，从图上可以看出，洪水期河道冲淤调整与水沙关系十分密切，单位水量冲淤量随着来沙系数的增大而增大。当来沙系数较小时，河道单位水量淤积量小，甚至冲刷。当来沙系数 S/Q 约为 0.003 8 kg·s/m^6 时河道基本冲淤平衡，如洪水期平均流量 2 500 m^3/s、含沙量约 9.5 kg/m^3 时长河段冲淤基本平衡。内蒙古河道的冲淤调整较大地影响了整个宁蒙河道的演变特征，同样在来沙系数约为 0.003 8 kg·s/m^6 时河道基本冲淤平衡(见图 2-5)。

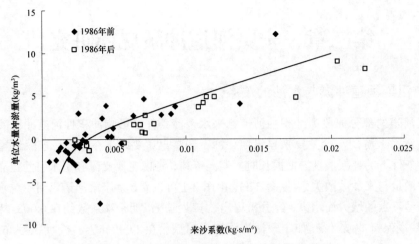

图 2-2　宁夏河道汛期冲淤与来沙系数的关系

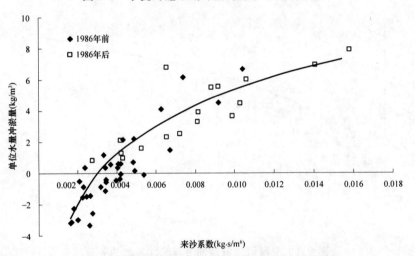

图 2-3　内蒙古河道汛期冲淤与来沙系数的关系

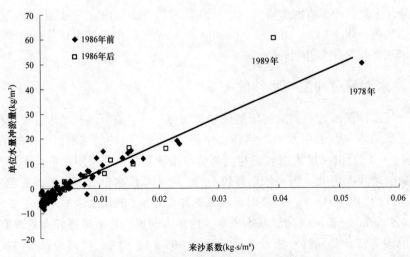

图 2-4　宁夏河道洪水期冲淤与来沙系数的关系

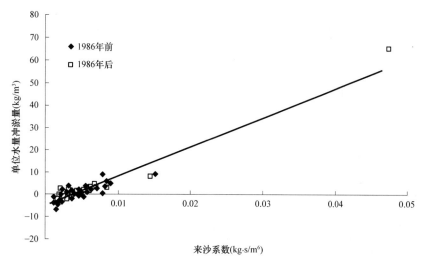

图 2-5　内蒙古河道洪水期冲淤与来沙系数的关系

三、非汛期河道冲淤与水沙的关系

根据实测资料，考虑支流来沙和引水引沙建立宁蒙河道非汛期河道冲淤与水沙关系（见图 2-6），由图上可看出宁蒙河道非汛期来沙系数约在 0.001 7 kg·s/m⁶ 时河道冲淤基本平衡。可以看到这一平衡来沙系数远小于汛期的 0.003 4 kg·s/m⁶，说明非汛期达到冲淤平衡所要求的水沙条件要高于汛期，也就是说非汛期河道的输沙能力小于汛期。初步分析有以下几个原因：首先河道的输沙能力与流量的高次方成正比，而非汛期流量较小，河道的输沙能力较弱；其次宁蒙河段上下游纬度相差 4° 多，水流方向为由南到北，加之河道由陡变缓，水流弯曲多汊，极易出现凌汛，凌汛期一般为 12 月至翌年 2 月，流凌历时一般为 12～33 d，封冻历时 70～113 d，封河时一般于三湖河口附近最先封河，然后向上下游发展，流凌封河时水流阻力大，也会大大降低河道输沙能力。

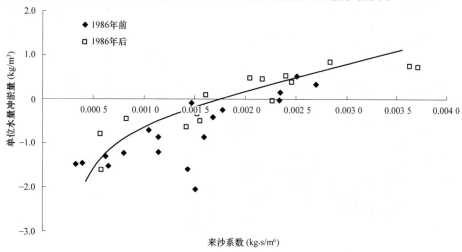

图 2-6　宁蒙河道非汛期冲淤与来沙系数的关系

第三章　河道的输沙特性

一、河道汛期输沙特性

从图 3-1 和图 3-2 典型站输沙率与流量的关系中可以看出，输沙率随流量的增加而增大。

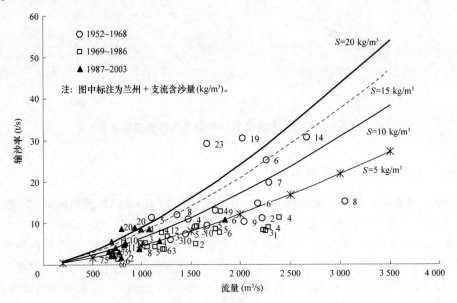

图 3-1　石嘴山站汛期输沙率与流量关系

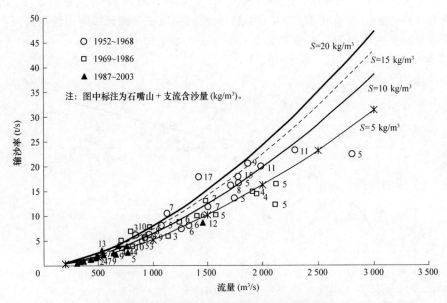

图 3-2　头道拐站汛期输沙率与流量关系

进一步分析表明，宁蒙河道的输沙能力不仅随着来水条件而变化，而且与来沙条件关系很大，当来水条件相同时，来沙条件改变，河道的输沙能力也发生变化。从图中反映出当上站含沙量(即来沙条件)较高时，相应输沙率也较大。同样，在一定的含沙量条件下，输沙率也随流量的增大而增大。因此，输沙率与流量和上站含沙量都是正比关系的，这反映了冲积性河道"多来多排多淤"的特点。例如，在石嘴山站流量 2 000 m^3/s 条件下，当上站来沙量为 9 kg/m^3 时，河道输沙率约为 10 t/s，而当上站来水含沙量为 19 kg/m^3 时，河道输沙率达到 30 t/s。

以上述研究成果为基础，得出以下两点认识：

(1)由于上游含沙量相对比中下游低，以往对其有所忽视，大多使用输沙率与流量关系进行输沙或河道冲淤计算时多采用平均线，但是本次分析表明来沙的影响是较大的，即使绝对量不大，但由于宁蒙河道冲淤本身就很小，因此影响不小，需要充分考虑含沙量这一重要因素。

(2)从水沙关系图(见图 3-1 和图 3-2)可以看到，点群似乎是以时期分带，在同流量条件下 1969 ~ 1986 年和 1987 ~ 2003 年的输沙率都较前期减小了，认为刘家峡水库 1968 年开始运用后宁蒙河道的输沙能力降低了，1986 年龙羊峡、刘家峡水库联合运用后河道的输沙能力进一步降低。从图中点据旁注的上站含沙量可以看到，实际上影响输沙率的是来水的含沙情况，水库运用后引起河道来沙条件的变化是导致输沙率降低的根本因素。1968 年后河道输沙能力的降低，是由于上游来水含沙量降低引起河道输沙率的减小。例如，头道拐站在流量为 1 400 m^3/s 时，当上站来沙含沙量为 17 kg/m^3 时，河道的输沙率为 18 t/s；而当上站来沙含沙量为 6 kg/m^3 时，河道的输沙率仅为 10 t/s。因此，大型水库运用后宁蒙河道的冲淤规律和输沙规律并未发生明显的改变。同样，从冲淤规律的关系可见，1986 年前后河道冲淤与水沙条件的关系并未发生趋势性改变，说明宁蒙河道的冲淤演变仍遵循同一规律。

根据石嘴山站输沙率与流量和兰州及支流含沙量，以及头道拐站输沙率与流量和石嘴山及支流含沙量的相关关系，经过综合分析得出汛期宁夏、内蒙古河段的输沙公式。其中 $Q_{下1}$ 和 $Q_{S下1}$ 分别为石嘴山流量(m^3/s)、输沙率(t/s)，$S_{上1}$ 为兰州+支流的含沙量(kg/m^3)；$Q_{下2}$ 和 $Q_{S下2}$ 分别为头道拐站流量(m^3/s)、输沙率(t/s)，$S_{上2}$ 为三湖河口+支流的含沙量(kg/m^3)。

$$Q_{S下1} = 0.000\,096\,5Q_{下1}^{1.44}\,S_{上1}^{0.495} \tag{3-1}$$

$$Q_{S下2} = 0.000\,042Q_{下2}^{1.63}\,S_{上2}^{0.294} \tag{3-2}$$

式(3-1)、式(3-2)的相关系数(R^2)分别为 0.80、0.96。

二、河道洪水期输沙特性

宁蒙河道洪水期的输沙特性更明显地随来水来沙条件而改变，即使来水条件相同，来沙条件改变，河道的输沙能力也发生变化。因此，洪水期的输沙率不仅是流量的函数，还与来水含沙量有关。宁蒙河道各水文站流量与输沙率关系，按上站来水含沙量大小则自然分带，写成函数形式为：

$$Q_S = KQ^a S_{\perp}^b \tag{3-3}$$

式中：Q_S 为输沙率，t/s；Q 为流量，m^3/s；$S_{\perp}$ 为上站来水含沙量，kg/m^3；K 为系数；a、b 为指数。

由于洪水期河道调整比较迅速，因此河段划分较细，分为下河沿—青铜峡、青铜峡—石嘴山、石嘴山—巴彦高勒、巴彦高勒—三湖河口、三湖河口—头道拐。根据 1965 年以来各段进出口水文站及支流实测资料，建立洪水期输沙率与流量及上站含沙量的关系式(见表 3-1)。

表 3-1   宁蒙河段不同河段输沙率与流量及上站含沙量的关系式

站名	公式	相关系数
青铜峡	$Q_{S\,\text{下}}=0.011\,702Q_{\text{下}}^{0.705}S_{\text{上}}^{0.794}$	0.7
石嘴山	$Q_{S\,\text{下}}=0.000\,424Q_{\text{下}}^{1.242}S_{\text{上}}^{0.412}$	0.88
巴彦高勒	$Q_{S\,\text{下}}=0.000\,164Q_{\text{下}}^{1.240}S_{\text{上}}^{1.083}$	0.93
三湖河口	$Q_{S\,\text{下}}=0.000\,159Q_{\text{下}}^{1.377}S_{\text{上}}^{0.489}$	0.98
头道拐	$Q_{S\,\text{下}}=0.000\,064Q_{\text{下}}^{1.482}S_{\text{上}}^{0.609}$	0.96

三、河道非汛期输沙特性

虽然非汛期来水的含沙量很低，但对河道输沙能力的影响也很显著。由石嘴山站和头道拐站输沙率与流量和上站含沙量的关系(见图 3-3、图 3-4)可见，不同流量下的输沙率差别很明显。

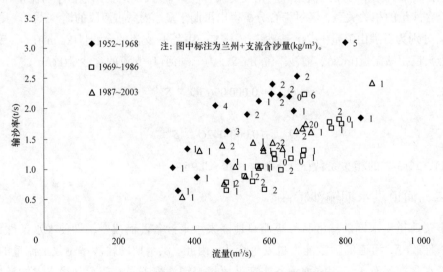

图 3-3   石嘴山站非汛期输沙率与流量关系

根据1967年以来实测资料建立石嘴山站流量与输沙率和兰州+支流含沙量，以及头道拐站输沙率与流量和石嘴山及支流含沙量的相关关系,经过综合分析得出非汛期宁夏、内蒙古河段的输沙量公式(3-4)和式(3-5)。

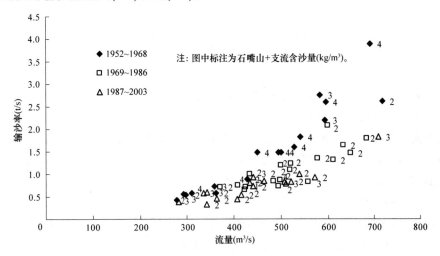

图 3-4　头道拐站非汛期输沙率与流量关系

宁夏河段：

$$Q_{S\text{下}} = 0.000\,012\,4Q_{\text{下}}^{1.81}\,S_{\text{上}}^{0.107} \tag{3-4}$$

内蒙古河段：

$$Q_{S\text{下}} = 0.000\,004\,7Q_{\text{下}}^{1.947}\,S_{\text{上}}^{0.143} \tag{3-5}$$

式(3-3)、式(3-4)的相关系数(R^2)分别为0.85、0.9。

第四章　河道淤积加重原因初步分析

宁蒙河道近期淤积严重，河槽淤积萎缩、河道排洪能力降低，出现防洪形势紧张等局面，主要从水库运用等方面对河道淤积原因进行分析。

一、水库运用的影响

黄河上游自 20 世纪 60 年代起陆续修建了许多大型水库，除龙羊峡为多年调节水库外，其他大中型水库都只能进行年调节或季调节。龙羊峡水库和刘家峡水库联合运用，调蓄能力大，改变了黄河天然的水沙分配和水沙搭配，破坏了原有的相对平衡，引起了河道输沙量减小，河道冲淤调整显著。

(一)水库调蓄情况

1. 水库运用概貌

1968~1986 年刘家峡水库单库运用期间，平均每年汛期(7~10 月)蓄水 27 亿 m³，占同期上游(循化)来水量的 15.4%。其中 1969 年蓄水量最大(见图 4-1)，为 50.87 亿 m³，占当年汛期来水量的 51.7%；蓄水量最少的年份为 1979 年，只有 1.69 亿 m³。水库将汛期蓄水调节到非汛期泄放，平均补水 25.7 亿 m³，最大补水量发生在 1971 年，达 43 亿 m³。

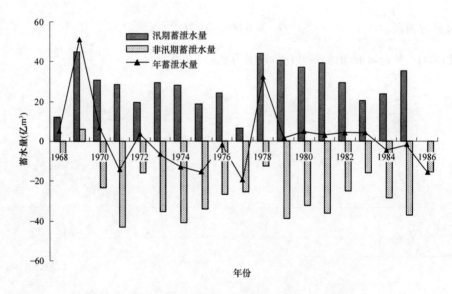

图 4-1　刘家峡水库 1968~1986 年蓄泄(−)水量变化

龙羊峡水库自 1986 年 10 月 15 日蓄水，其运用大致可分为两个阶段，1986 年 10 月至 1989 年 11 月为初期蓄水运用阶段，1989 年 11 月后为正常运用阶段。从龙羊峡、刘家峡两库联合运用的蓄水量变化(见图 4-2)可见，1987~2003 年两库年平均蓄水 5.6 亿 m³，最大年蓄水量约为 83 亿 m³，占同期上游(唐乃亥)站来水量的 25.5%；最小年蓄水量为

4.9 亿 m³, 占同期上游(唐乃亥)站来水量的 3.2%。汛期蓄水量较大, 平均每年汛期蓄水 42 亿 m³, 占同期上游(唐乃亥)站来水量的 42%。汛期最大蓄水量 97.8 亿 m³, 占同期上游来水量的 75.2%; 最小蓄水量 7 亿 m³, 仅占 9%。非汛期年均补水 36.5 亿 m³, 最大补水量为 74.3 亿 m³, 最小补水量为 2.7 亿 m³。

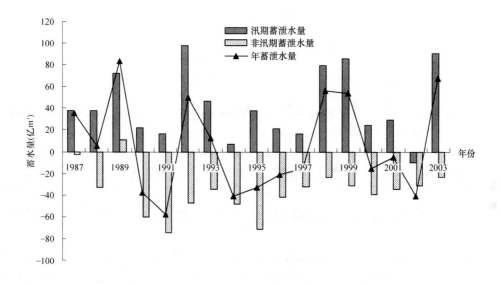

图 4-2   龙、刘水库联合运用蓄泄(−)水量变化

2. 对径流量的调节

水库运用汛期削减洪峰, 非汛期加大泄量, 年内流量过程发生较大变化, 汛期与非汛期进、出库的水量比重发生改变, 出库汛期水量占年水量的比例减少。刘家峡水库投入运用前, 汛期进库、出库水量都占水量的 60%左右, 非汛期水量约占 40%; 刘家峡水库单独运用时期, 出库汛期水量占年水量的比例由 60%降到 51%(见表 4-1), 龙羊峡水库投入运用后汛期出库水量进一步减少, 占年水量的比例仅 40%左右(见表 4-2)。

表 4-1   刘家峡水库进出库水文站不同时段水量变化

站名	时段	水量(亿 m³)			汛期占年水量(%)
		非汛期	汛期	全年	
循化+支流	1957 ~ 1968	119.8	188.0	307.7	61.1
	1969 ~ 1986	114.7	173.5	288.2	60.2
	1987 ~ 2004	128.4	89.3	217.7	41.0
小川	1957 ~ 1968	116.2	187.0	303.2	61.7
	1969 ~ 1986	141.4	145.7	287.1	50.7
	1987 ~ 2004	133.9	81.9	215.8	38.0

表 4-2　龙羊峡水库进出库水文站不同时段水量变化

站名	时段	水量(亿 m³)			汛期水量占年水量(%)
		非汛期	汛期	全年	
唐乃亥	1957～1968	78.3	131.1	209.4	62.6
	1969～1986	85.2	133.8	219.0	61.1
	1987～2004	75.5	99.1	174.6	56.8
贵德	1957～1968	82.3	136.3	218.6	62.4
	1969～1986	88.9	135.5	224.3	60.4
	1987～2004	106.3	68.6	174.8	39.2

3. 对汛期水流过程的调节

龙、刘水库汛期蓄水，洪峰均被拦蓄，蓄水时间基本与洪峰发生时间相一致。刘家峡水库 1968 年单独运用削峰作用就很明显，调蓄入库洪水使出库洪峰流量明显削减，洪水总量也有所减少，出库流量过程趋于均匀。以削峰比 $\left(\dfrac{Q_{进}-Q_{出}}{Q_{进}}\times100\%\right)$ 作为削峰强度指标，削峰比一般为 20%～50%，最大削峰比为 65.7%，发生在 1970 年 8 月 7 日；最大削减了日平均流量 2 183 m³/s，发生在 1979 年 8 月 6 日。龙羊峡水库运用后两库的削峰作用更为明显(见图 4-3)，如 1987 年一次洪水的削峰比高达 70%以上，又如 1989 年入库流量为 4 840 m³/s,而出库流量仅有 771 m³/s。

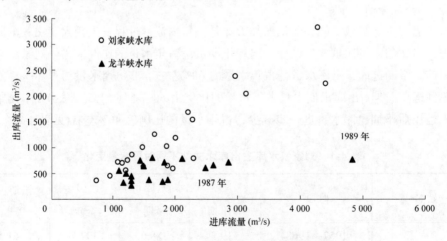

图 4-3　龙羊峡、刘家峡水库进出库流量

在削减洪峰的同时，出库洪量必然减小，直接削减了水库下游河段的洪水基流。由于龙羊峡水库调蓄能力强，1987～2003 年间出库洪水流量很少超过 2 000 m³/s。由图 4-4 及表 4-3 可见 1 000 m³/s 以上流量都受到不同程度的削减，而 500～1 000 m³/s 的水流出现机遇(天数)却相对大大增加。相应地，1 000 m³/s 以上大流量水流作用相对衰减，输水、输沙量减少；1 000 m³/s 以下平枯水作用相对大幅度增强，输水输沙量增加。

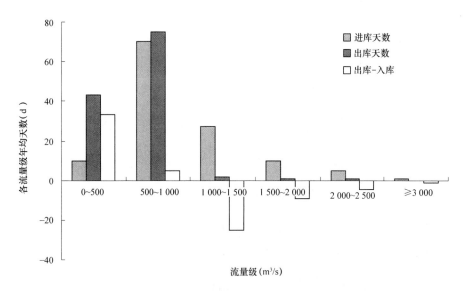

图 4-4　龙羊峡水库运用后汛期各级流量进出库天数对比

表 4-3　龙羊峡水库汛期各级流量进出库过程特征变化

时 段	流量级 (m³/s)	天数(d)			水量(亿 m³)			沙量(亿 t)		
		入库	出库	出库- 入库	入库	出库	蓄(+) 泄(-)	入库	出库	拦沙量
1956～1986	0 ~ 500	5	3	−2	1.8	1.1	0.7	0.000 3	0.001 1	−0.000 8
	500 ~ 1 000	50	48	−2	33.0	32.3	0.7	0.012 3	0.046 5	−0.034 2
	1 000 ~ 1 500	33	33	0	35.0	35.2	−0.2	0.021 7	0.059 1	−0.037 4
	1 500 ~ 2 000	20	23	3	30.1	34.2	−4.2	0.025 3	0.046 8	−0.021 5
	2 000 ~ 2 500	10	10	0	18.6	18.6	0.1	0.022 6	0.027 3	−0.004 7
	2 500 ~ 3 000	3	3	0	6.3	8.0	−1.7	0.009 1	0.009 4	−0.000 3
	3 000 ~ 3 500	1	1	0	3.4	2.9	0.5	0.005 0	0.002 0	0.003 0
	3 500 ~ 4 000	0	0	0	1.0	0.4	0.6	0.002 2	0.000 2	0.002 0
	4 000 ~ 4 500	0	0	0	0.4	0.5	−0.1	0.000 7	0.000 2	0.000 5
	4 500 ~ 5 000	0	0	0	0.5	0.8	−0.3	0.000 9	0.000 3	0.000 6
	≥5 000	0	0	0	0.6	0.0	0.6	0.001 1	0.000 0	0.001 1
1987～2004	0 ~ 500	10	43	33	3.7	13.8	−10.2	0.000 8	0.004 6	−0.003 8
	500 ~ 1 000	70	75	5	43.7	43.4	0.2	0.023 4	0.013 1	0.010 3
	1 000 ~ 1 500	27	2	−25	28.7	2.4	26.3	0.022 2	0.003 0	0.019 2
	1 500 ~ 2 000	10	1	−9	15.0	0.9	14.1	0.014 3	0.000 3	0.014 0
	2 000 ~ 2 500	5	1	−4	9.3	2.8	6.5	0.012 2	0.000 6	0.011 6
	2 500 ~ 3 000	1	0	−1	2.7	0	2.7	0.004 8	0	0.004 8
	≥3 000	0	0	0	0	0	0	0	0	0

4. 对非汛期水流过程的调节

从水库进出库流量过程可以看出(见图4-5)：12月至翌年3月进库流量只有300 m³/s左右，水库补水较多；4~5月的来水稍多，但水库仍以补水为主；6月遇流量约1 000 m³/s的小洪水则进行蓄水，遇小流量则泄水。经过调蓄，非汛期流量过程较均匀，大致在500~1 000 m³/s。由此极大地改变了非汛期各月水量分配(见表4-4)，进库水量各月悬殊很大，一般12月至翌年3月各占非汛期水量的5%~8%，11月和4月各占15%，5~6月各占20%左右；出库水量11月至翌年4月各占12%，5~6月各占15%左右，各月变幅缩小。更主要的是冬4月(12月至翌年3月)水量大大增加，占全年水量的比例增大。

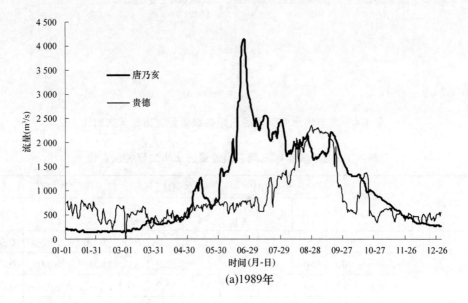

(a)1989年

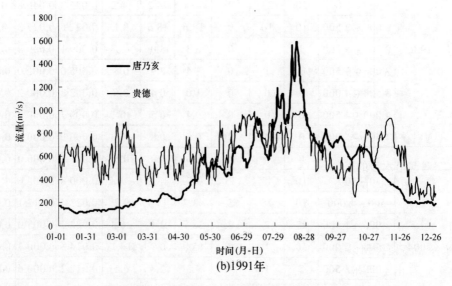

(b)1991年

图4-5　龙羊峡水库进出库流量过程

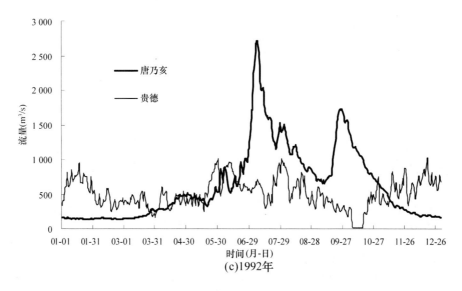

续图 4-5

表 4-4　龙羊峡水库非汛期水量分配变化

月份	进库水量(亿 m³)			出库水量(亿 m³)			各月占非汛期(%)					
	1989 年	1992 年	1991 年	1989 年	1992 年	1991 年	进库			出库		
	(丰水)	(平水)	(枯水)	(丰水)	(丰水)	(丰水)	1989 年	1992 年	1991 年	1989 年	1992 年	1991 年
11	16.5	10.3	10.2	13.7	14.1	19	18	12	14	9	11	17
12	8.5	5.2	5.5	12.1	18.5	9.2	9	6	8	8	15	8
1	6.8	4.6	3.9	17	14.8	18.2	7	5	6	12	12	17
2	6	4.3	3.6	16	15.8	10	6	5	5	11	13	9
3	7.6	6.3	4.9	18.2	13.6	9.6	8	7	7	13	11	9
4	9.4	12.6	9.5	17.2	13.1	10.4	10	15	14	12	10	10
5	18.7	18.8	12.1	27.8	16	14.7	21	21	17	19	13	13
6	18.9	25.7	20.8	23.4	19	18.3	21	29	29	16	15	17
累计	92.4	87.8	70.5	145.4	125	109.4	100	100	100	100	100	100

(二)对河道水沙的影响

水库运用对其下游河道的影响非常深远，主要在于改变了河道的来水来沙条件，而上游干流河道首当其冲，受影响最大。

1. 改变年内水沙分配

水库调蓄使兰州以下河段汛期水量减少、非汛期水量增加，改变了年内水量分配。由表 4-5 看出，兰州—头道拐沿程各水文站天然情况下汛期水量占年水量的比例为61%～63%，刘家峡单库运用期间降为 52%～54%，龙羊峡和刘家峡联合运用后下降到36%～42%。

表 4-5　不同时期兰州—头道拐主要水文站水量情况

水文站	项目	1950 年 11 月~ 1968 年 10 月	1968 年 11 月~ 1986 年 10 月	1986 年 11 月~ 1999 年 10 月	1999 年 11 月~ 2005 年 10 月	1986 年 11 月~ 2005 年 10 月
兰州	汛期(亿 m³)	210.34	170.59	111.36	101.76	108.33
	运用年(亿 m³)	344.73	326.86	264.55	246.34	258.80
	汛期/年(%)	61	52	42	41	42
安宁渡	汛期(亿 m³)	214.73	168.68	111.39	94.92	106.19
	运用年(亿 m³)	346.95	320.71	262.22	227.84	251.37
	汛期/年(%)	62	53	42	42	42
下河沿	汛期(亿 m³)	211.38	171.65	107.75	92.54	102.95
	运用年(亿 m³)	341.98	324.01	253.80	221.80	243.69
	汛期/年(%)	62	53	42	42	42
巴彦 高勒	汛期(亿 m³)	182.24	124.50	59.09	44.95	54.63
	运用年(亿 m³)	289.60	234.73	159.33	130.43	150.20
	汛期/年(%)	63	53	37	34	36
头道拐	汛期(亿 m³)	167.12	129.86	64.60	44.19	58.15
	运用年(亿 m³)	267.28	239.15	162.48	127.73	151.50
	汛期/年(%)	63	54	40	35	38

　　水库蓄水拦沙使得沙量在年内分配也相应发生变化。天然情况下兰州—头道拐汛期沙量占年沙量的比例为81%~85%(见表4-6),刘家峡单库运用期间降为76%~85%,两库运用期间进一步下降到58%~78%。汛期占年水量比例下降幅度水量大于沙量。

表 4-6　不同时期兰州—头道拐主要水文站沙量情况

水文站	项目	1950 年 11 月~ 1968 年 10 月	1968 年 11 月~ 1986 年 10 月	1986 年 11 月~ 1999 年 10 月	1999 年 11 月~ 2005 年 10 月	1986 年 11 月~ 2005 年 10 月
兰州	汛期(亿 t)	1.032	0.426	0.399	0.163	0.324
	运用年(亿 t)	1.217	0.501	0.506	0.229	0.419
	汛期/年(%)	85	85	79	71	77
安宁渡	汛期(亿 t)	1.849	0.871	0.757	0.292	0.610
	运用年(亿 t)	2.133	1.058	0.956	0.429	0.789
	汛期/年(%)	87	82	79	68	77
下河沿	汛期(亿 t)	1.885	0.910	0.699	0.298	0.572
	运用年(亿 t)	2.163	1.089	0.877	0.424	0.734
	汛期/年(%)	87	84	80	70	78
巴彦 高勒	汛期(亿 t)	1.658	0.630	0.434	0.258	0.379
	运用年(亿 t)	1.960	0.834	0.703	0.527	0.647
	汛期/年(%)	85	76	62	49	58
头道拐	汛期(亿 t)	1.454	0.868	0.280	0.139	0.235
	运用年(亿 t)	1.786	1.103	0.444	0.272	0.390
	汛期/年(%)	81	79	63	51	60

　　2. 汛期小流量级历时增加、大流量级减少

　　从汛期小于某流量级的历时图可以看出(见图 4-6),随着刘家峡和龙羊峡水库相继投

入运用，兰州、安宁渡、巴彦高勒和头道拐汛期大流量级减少，小流量级明显增加。如兰州(见图 4-6(a))水库运用前(1956~1968 年)，汛期小于 2 000 m^3/s 流量级仅 69 d，刘家峡单库运用期间(1968~1986 年)增加到 92 d，龙羊峡和刘家峡水库联合运用后(1987~2005 年)增加到 114 d，该流量级占汛期历时的比例也由 56%提高到 97%。特别是头道拐(见图 4-6(d))汛期小于 1 000 m^3/s 流量级由 1956~1968 年的 38 d 增加到 1987~2005 年的 108 d，该流量级占汛期历时的比例由 31%增加到 56%；而大于 2 000 m^3/s 流量级历时由 32 d 降低到仅目前的 2 d，该流量级占汛期历时由 26%减少到 1.6%。

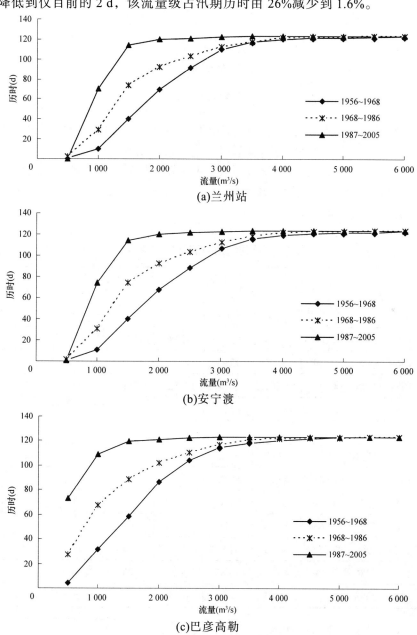

图 4-6 汛期小于某流量级的历时

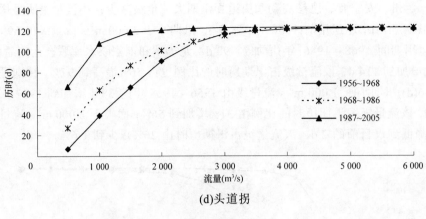

(d)头道拐

续图 4-6

统计不同时期汛期各流量级的水量情况(见表 4-7)可以看出,兰州到头道拐沿程水量变化趋势基本一致。小于 1 000 m³/s 流量级的水量占汛期水量的比例由 3%～14%增加到 45%～67%;而大于 3 000 m³/s 流量级的水量占汛期水量的比例由 12%～20%下降到 2% 左右。水库运用前的汛期水量主要集中在 1 000～2 000 m³/s 流量级,1986 年后水量主要集中在 1 000 m³/s 流量级以下。

表 4-7 不同时期各流量级水量情况

水文站	时段	各流量级(m³/s)水量(亿 m³)				各流量级(m³/s)水量占汛期水量比例(%)			
		<1 000	1 000～2 000	2 000～3 000	>3 000	<1 000	1 000～2 000	2 000～3 000	>3 000
兰州	1956～1968	7.34	75.83	85.49	41.96	3	36	41	20
	1968～1986	20.19	74.12	43.31	32.74	12	44	25	19
	1987～2005	49.28	51.81	5.54	1.71	45	48	5	2
安宁渡	1956～1968	7.79	73.18	82.88	51.04	4	34	39	24
	1968～1986	21.52	72.51	42.78	31.83	13	43	25	19
	1987～2005	51.31	47.67	6.50	0.99	48	45	6	1
巴彦高勒	1956～1968	19.88	72.17	58.32	26.65	11	41	33	15
	1968～1986	32.29	42.15	31.84	18.22	26	34	26	15
	1987～2005	37.63	12.55	4.28	0	69	23	8	0
头道拐	1956～1968	22.74	66.79	54.83	19.18	14	41	34	12
	1968～1986	29.79	46.39	30.89	21.70	23	36	24	17
	1987～2005	38.96	14.07	4.91	0.14	67	24	8	0

3. 输送大沙量的流量级降低

计算汛期不同时期各级流量下的输沙量(见图 4-7)可以看出,由于水库调节,水沙搭配发生变化，刘家峡和龙羊峡两库运用后与水库运用前相比，输沙量最大对应的流量明显减小。如兰州和安宁渡水库运用前输沙量最大的流量为 2 750 m³/s，两库运用后减小到 1 250 m³/s，减小幅度 55%；巴彦高勒和头道拐输沙量最大的流量也由 1 750 m³/s 减小到仅 750 m³/s，减小幅度为 57%。

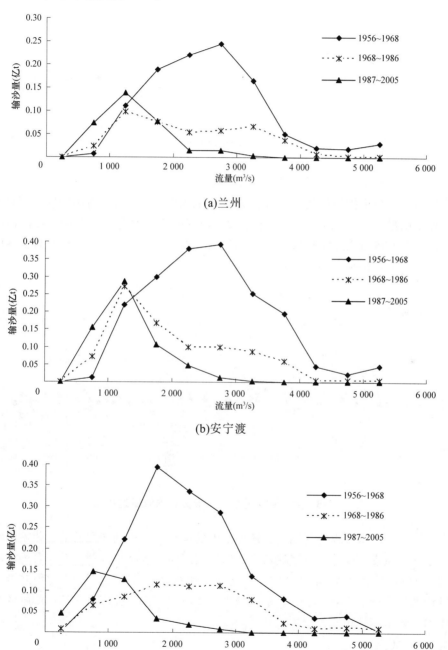

(a)兰州

(b)安宁渡

(c)巴彦高勒

图 4-7　汛期各级流量下输沙量

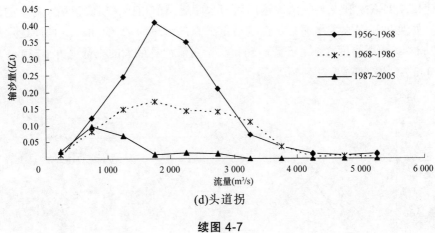

(d)头道拐

续图 4-7

4. 削减洪峰

点绘兰州和头道拐历年最大日均流量过程线(见图 4-8),可以看出两库运用以后,最大日均流量明显减小。天然水库运用前最大日均流量兰州平均值为 3 599 m³/s,而两库运用后平均值为 1 758 m³/s,减少 51%;水库运用前最大日均流量头道拐平均值为 3 981 m³/s,而两库运用后平均值为 2 247 m³/s,减少 25%。

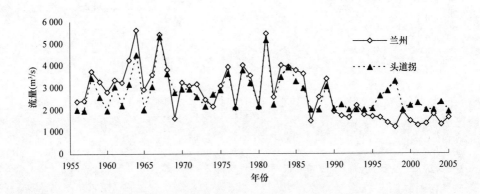

图 4-8 兰州和头道拐历年最大日均流量过程线

在兰州汛期洪水过程的基础上,还原水库的调蓄量,得到还原后的兰州站洪峰日均流量,根据还原成果统计,刘家峡水库单库运用期间,水库削峰使得兰州日均洪峰流量平均减少 15%,最大减少 44%(1971 年);龙羊峡和刘家峡水库联合运用期间(55 次洪水),兰州日均洪峰流量平均减少 28%,最大减少 57%(2005 年)。两库联合运用削峰的幅度明显大于刘家峡单库运用。

5. 减少洪量

统计 1956~2004 年汛期上游洪水 178 次。其中刘家峡单库运用期 61 次,有 54 次被拦蓄,两库联合运用期 74 次,有 56 次被拦蓄。刘家峡水库单库蓄水量占兰州洪量 10%以下的 15 次(见表 4-8),占 10%~30%的 27 次,30%~50%的 7 次,50%~100%的 5 次,经过沿程变化,巴彦高勒和头道拐则是蓄水量占水文站水量小于50%的次数减少,大于50%的次数增加;两库运用蓄水量占兰州洪量10%以下的5次,10%~30%的16次,30%~50%的14次,50%~100%的11次,超过100%的10次,安宁渡和下河沿变化趋势与兰州基本一致,而巴彦高勒和头道拐则是小于50%的次数减少,大于50%的次数增加,特别是大于100%的次数增加1倍多。

表 4-8   汛期水库蓄水对沿程水文站洪量的影响

水库	项目	兰州	安宁渡	下河沿	巴彦高勒	头道拐
刘家峡蓄水占实测洪量比例分级(次)	0~10%	15	14	15	12	12
	10%~30%	27	28	27	26	25
	30%~50%	7	7	7	5	6
	50%~100%	5	5	5	9	9
	大于100%				2	2
	合计	54	54	54	54	54
两库蓄水占实测洪量比例分级(次)	0~10%	5	5	5	2	2
	10%~30%	16	16	15	5	3
	30%~50%	14	16	13	11	14
	50%~100%	11	11	13	13	13
	大于100%	10	8	10	25	24
	合计	56	56	56	56	56

统计 1968~1986 年水库运用情况,平均削减兰州洪量的 20%。点绘刘家峡入库洪量与兰州、头道拐的实测洪量以及与还原水库蓄水量后洪量的相关关系(见图 4-9),可以看出相同入库洪量条件下各站实测洪量均小于还原后洪量。在入库洪量相同条件下,兰州洪量主要受水库调节量的影响,随着入库水量增加,水库影响量也增加,当入库水量到达 30 亿 m³ 后,水库蓄水量对兰州洪量的影响比例基本稳定在12%左右。而头道拐洪量,除受水库影响外,还受宁蒙河道灌溉引水的影响,实测洪量与还原洪量相差较大。

同样,分析 1986 年后龙羊峡和刘家峡联合运用对各站洪量影响量,点绘入库洪量与兰州、头道拐的实测洪量以及与还原水库蓄水量后洪量的相关关系(见图 4-10),可以看出,两库联调各站实测洪量较还原后洪量的减少幅度远大于刘家峡单库运用期,当入库水量达到 60 亿 m³ 后,水库蓄水量对兰州实测洪量的影响比例基本稳定在 40%左右。

(三)对河道调整的影响

1. 增加年内淤积量

宁蒙河道通过边界塑造与水沙搭配的相互适应,达到输送大部分来沙的输沙能力,因而河道长时期维持微淤的状态。汛期是宁蒙河道的主要来沙期,此时由于有洪水,水量尤其是流量较大,"大水带大沙"的自然水沙搭配是比较协调的;而非汛期来沙很少,

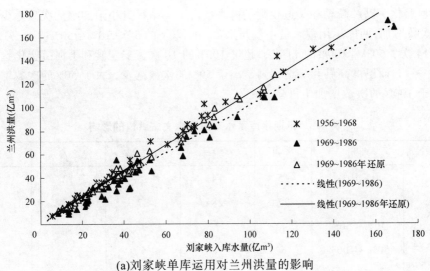

(a)刘家峡单库运用对兰州洪量的影响

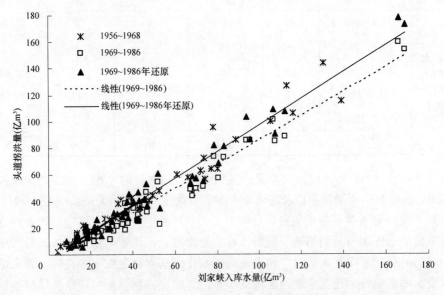

(b)刘家峡单库运用对头道拐洪量的影响

图4-9 刘家峡单库运用对兰州、头道拐洪量的影响

来水也偏少，"小水带小沙"的水沙搭配也是比较协调的，都不会引起河道严重淤积。但是具有多年调节能力的大型水库完全改变了水量的年内分配，正如前部分所述，汛期将大流量过程(洪水)拦蓄、削减，全部调节成小流量过程出库，因此导致在支流来沙多的时段水量减少，流量降低，不足以将来沙输走；而非汛期水库补水运用，这一时段一是基本无来沙可输送，二是即使增加部分水量，河道的水流量级还是偏小，难以实现冲刷将前期淤积的沙量冲走，可以说这部分水库增水对输沙和河道调整来说是浪费了。大型水库的调节引起了水沙搭配不协调是河道淤积加重的一个重要原因。

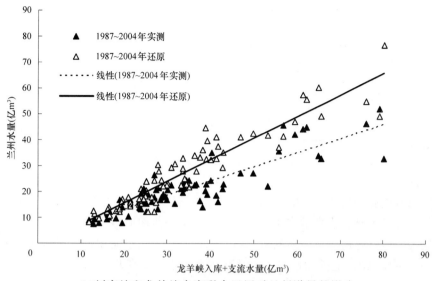

(a)刘家峡和龙羊峡水库联合运用对兰州洪量的影响

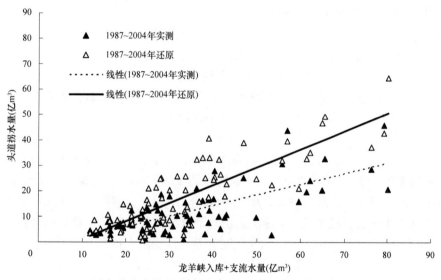

(b)刘家峡和龙羊峡水库联合运用对头道拐洪量的影响

图 4-10 刘家峡和龙关峡水库联合运用对各站洪量的影响

例如，1989 年三湖河口—头道拐河段，由于支流来沙较多，加之汛期龙羊峡水库削减洪峰，龙羊峡水库进库站(唐乃亥站)入库洪峰流量为 4 840 m³/s,而出库站(贵德站)流量仅为 770 m³/s，削峰比高达 84.1%，使得三湖河口—头道拐河段汛期淤积量较大，达到 1.16 亿 t。该年 7 月份毛不浪孔兑、西柳沟、罕台川总共来水 1.72 亿 m³(见表 4-9)，占干流三湖河口来水量的 8.2%；而三条支流来沙量为 1.212 亿 t，是三湖河口同期来沙量的 13.9 倍。在此水沙条件下内蒙古三湖河口—头道拐河段 7 月份的来沙系数为 0.068 kg·s/m⁶。该时期龙、刘两库蓄水量为 49.63 亿 m³，拦沙量为 0.307 亿 t，初步估算若无水库蓄水拦沙，则河道来沙系数大为降低，减小到 0.008 kg·s/m⁶。

表 4-9   1989 年 7 月内蒙古河道支流水沙情况

河名	来水量(亿 m³)	来沙量(亿 t)	支流来水来沙总量	
			来水量(亿 m³)	来沙量(亿 t)
毛不浪孔兑	0.648	0.669		
西柳沟	0.748	0.475	1.720	1.212
罕台川	0.324	0.069		

2. 影响滩槽分配

水库削减洪峰的另一个影响方面是减小了漫滩洪水的发生几率,已有分析表明,宁蒙河道的漫滩洪水有淤滩刷槽作用,而漫滩洪水的减少势必减少滩地淤积量,减少主槽冲刷的机会,也就是增加了主槽的淤积量,这也是近期主槽淤积量占全断面淤积量比例偏高的一个主要原因。它的影响更主要地体现在减小滩槽高差,降低了主槽的泄洪能力,减少平滩流量,致使凌灾频发。

3. 加重干支流汇合口局部河道淤堵

内蒙古河段支流孔兑常发生高含沙洪水,当支流高含沙洪水入黄时,会出现形成沙坝淤堵黄河干流的现象,1961 年、1966 年均出现过这种情况,但干流汛期流量较大,淤堵不会很严重,而且即使形成淤堵也会在不长的时间里被后续大流量冲开、带走。但是水库运用后如果适逢干流削峰,流量减小,稀释支流高含沙洪水的能力减弱,则一是增大了形成沙坝淤堵黄河的可能性及程度;二是增长了淤堵的时间。

1989 年 7 月 21 日西柳沟发生 6 940 m³/s 洪水,径流量 0.735 亿 m³,沙量 0.474 亿 t,实测最大含沙量 1 240 kg/m³,黄河流量在 1 000 m³/s 左右,来沙在入黄口处形成长 600 多 m、宽约 7 km、高 5 m 多的沙坝,堆积泥沙约 3 000 万 t,使支流河口上游 1.5 km 处的昭君坟站同流量水位猛涨 2.18 m,超过 1981 年 5 450 m³/s 洪水位 0.52 m,造成包钢 3 号取水口 1 000 m 长管道淤死,4 座辐射沉淀池管道全部淤塞,严重影响对包头市和包钢供水。8 月 15 日主槽全部冲开,水位恢复正常。这次洪水黄河上游来水较丰,入库流量为 2 300 m³/s,出库流量只有 700 m³/s,加重了河道淤堵。

1988 年 7 月 5 日,西柳沟出现流量 1 600 m³/s 的高含沙洪水,黄河流量只有 100 m³/s,西柳沟洪水淤堵黄河,在包钢取水口附近形成沙坝,取水口全部堵塞。7 月 12 日,西柳沟再次出现流量 2 000 m³/s 的高含沙洪水,黄河流量 400 m³/s 左右,西柳沟洪水在入黄河处形成长 10 余 km 的沙坝,河床抬高 6~7 m,包钢取水口又一次被严重堵塞,正常取水中断。

4. 削减河道长时期冲淤调整的能力

宁蒙河道的来水来沙特点不仅是水沙异源,还具有时空分布不均的特点,水量来自兰州以上,沙量来自兰州以下祖厉河、清水河及内蒙古的十大孔兑,水量来源地区与沙量来源地区的气候特征不同、降雨不同,水沙并不一定同丰枯,因此水沙关系在每一年内并不一定能够较好地搭配,一些年份河道会出现淤积较多。有研究表明,1958 年、1959 年等几年支流来沙较多,河道淤积量(沙量平衡法)分别在 2 亿 t 左右。在后期水多沙少有大洪水的年份会将淤积物冲走，河道得以在长时期内维持微淤。但是具有多年调节能力的大型水库削峰蓄水能力强，能够多年拦蓄洪水，如龙羊峡水库 1986 年 10 月运用 19 年直到 2005 年 11 月 19 日蓄水位才首次接近正常蓄水位(2 600 m)，达到 2 597.60 m，因此水库下游多年难有较大的洪水过程，这样即使在来沙少的年份也只能输沙而不能冲沙，河道在长时期内调整能力也丧失了。

二、上游降水和天然径流量变化的影响

汛期黄河上游降水偏少(见表 4-10)，兰州以上 1990~2004 年平均降水量为 458.3 mm，比多年均值(1956 ~ 1989 年)偏少 6.2%，兰州—头道拐区间 1990~2004 年平均降水量为 256.5 mm，比多年均值偏少 2.4%。

降水减少引起天然水量的减少(见表 4-11)。1990 ~ 2004 年兰州、头道拐站年均天然径流量分别仅为 274.3 亿 m^3、271.0 亿 m^3，与多年均值相比分别偏少 21.6%和 23.2%。实测径流量分别为 252.5 亿 m^3、145.8 亿 m^3，与多年均值相比分别减少 23.6%和 40%左右。对比天然和实测径流量的偏少比例可见，天然径流量的减少对兰州来水影响较大，天然径流量减少 21.6%，而实测径流量偏少 23.6%。对头道拐来说实测径流量还受灌溉引水的影响。

表 4-10　降水量各时段比较

项目	时段	兰州以上	兰州—头道拐
降水量(mm)	1990 ~ 2004①	458.3	256.5
	1956 ~ 1989②	488.6	262.7
(①-②)/② (%)		-6.20	-2.40

表 4-11　天然径流量和实测径流量的比较

时段	兰州				头道拐			
	天然径流量(亿 m^3)	实测径流量(亿 m^3)	减少量(%)		天然径流量(亿 m^3)	实测径流量(亿 m^3)	减少量(%)	
			天然	实测			天然	实测
1956 ~ 1989	350	330.3	21.6	23.6	353	243.7	23.2	40
1990 ~ 2004	274.3	252.5			271.0	145.8		

三、引水量变化的影响

内蒙古河套灌区是我国历史悠久的特大型古老灌区之一，始建于秦汉，历代兴衰交替，新中国成立后获得跨越式发展。石嘴山—三湖河口主要有河套灌区、鄂尔多斯市西部灌区和磴口县灌区，农业耗水量大，占整个区间耗水量的90%。三湖河口—头道拐主要为扬水灌溉区。较大的扬水灌溉区有北岸磴口、南岸鄂尔多斯市达拉特旗扬水灌区。

根据实测资料情况，主要分析 4 个引水渠的引水情况，即宁夏河段的秦渠、汉渠、

唐徕渠以及内蒙古河段的巴彦高勒总干渠。从宁蒙河道历年引水量(见图 4-11)可以看出，1961~2003 年平均引水 114.6 亿 m³，但各年份之间年引水量相差悬殊，1999 年引水量最大(139.2 亿 m³),1961 年引水最少(79.45 亿 m³)，最大值是最小值的 1.75 倍。从引水量的时段变化来看，1968 年后引水量逐渐增加，1968~1986 年年均引水量为 118.9 亿 m³，是 1961~1967 年年均引水量的 1.31 倍，1987~2003 年年均引水量为 119.9 亿 m³，是 1961~1967 年年均引水量的 1.33 倍。但引沙量变化不大，年均引沙量基本稳定在 0.3 亿 t 左右，这与河道来水含沙量和河道冲淤调整有关。

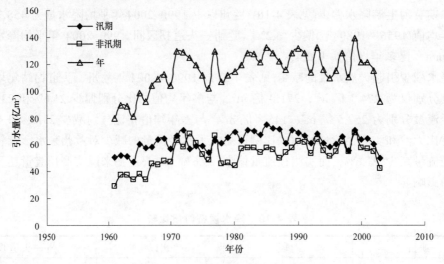

图 4-11 宁蒙河道引水量变化

宁蒙河道汛期、非汛期引水量占年水量的比例分别约为 54%和 46%(见表 4-12)，而引沙量主要集中在汛期，汛期引水量占年引水量的 55%左右，汛期引沙量占年引沙量的 85%左右。

表 4-12 宁蒙河道汛期、年引水引沙量统计表

时段	汛期		年		汛期/年(%)	
	引水量 (亿 m³)	引沙量 (亿 t)	引水量 (亿 m³)	引沙量 (亿 t)	引水量	引沙量
1961~1967	53.9	0.285	90.4	0.346	59.6	82.2
1968~1986	64.5	0.254	118.9	0.304	54.3	83.7
1987~2003	63.4	0.312	119.9	0.334	52.8	93.4
1961~2003	62.3	0.267	114.6	0.323	54.4	82.7

由宁蒙河道汛期、非汛期引水量占来水量的比例(见表 4-13)，可以看出，引水对河道水沙条件的影响很大，汛期多年平均引水量占来水量的比例为 39.4%，而且 1986 年以后由于来水偏低，这一影响更大，1987~2003 年汛期引水量占来水量的比例达到 58.5%，非汛期引水量也占来水量的 37.7%。汛期为主要来沙时期，大量引水对河道输沙的影响尤其大，与水库削峰一起降低河道输沙能力，加重河道淤积。

表 4-13　宁蒙河道汛期、非汛期引水占来水量的比例

时段	汛期			非汛期		
	来水量 (亿 m³)	引水量 (亿 m³)	引水占来水 比例(%)	来水量 (亿 m³)	引水量 (亿 m³)	引水占来水 比例(%)
1961～1967	239.4	53.9	22.5	142.0	36.5	25.7
1968～1986	173.2	64.5	37.3	158.5	54.3	34.3
1987～2003	108.2	63.4	58.5	150.2	56.6	37.7
1961～2003	158.3	62.3	39.4	152.5	52.3	34.3

汪岗等对 1989 年和 1996 年汛期上游引水对河道输沙的影响进行了初步估算,研究以兰州—三湖河口区间水量差作为引水量,根据昭君坟站的输沙能力估算,1989 年 7 月 7 日至 9 月 20 日若不引水 31 亿 m³,昭君坟可多挟带输沙 0.8 亿 t,1990 年 6 月 18 日至 9 月 30 日若不引水 34 亿 m³,昭君坟可多挟带输沙 0.25 亿 t。

四、支流来沙变化的影响

(一)支流来水来沙概况

宁蒙河段来水来沙也具有水沙异源的特点。水量主要来自于兰州以上,而沙量则主要来自兰州以下的多沙支流。其中较为主要的多沙支流有祖厉河、清水河及内蒙古河段的西柳沟、毛不浪沟孔兑、罕台川等十大孔兑。

1. 祖厉河

祖厉河是黄河上游的一级支流,发源于通渭县华家岭,由南向北流,于靖远县附近入黄河,干流长 224 km,流域面积 1.07 万 km²。其中 72%为黄土丘陵沟壑区,沟深坡陡、割切严重,另有 26%为黄土塬区,由于该流域大部分被黄土覆盖,植被差,降水量少而集中,水土流失十分严重。

祖厉河是一条水少沙多的河流,据靖远站实测资料统计,祖厉河多年平均水量为 1.18 亿 m³,年均输沙 0.507 亿 t,多年年均含沙量为 431 kg/m³,而且年际间水沙量变化较大(见图 4-12),最大年水量为 3.01 亿 m³(1964 年),最小的为 0.38 亿 m³(1975 年),最大值是

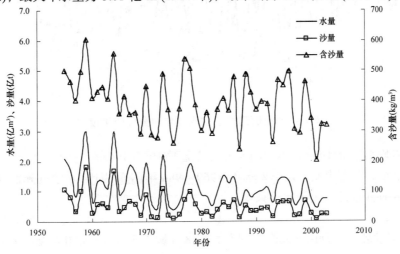

图 4-12　祖厉河靖远站历年水沙过程

最小值的 7.8 倍；最大年沙量为 1.800 亿 t(1959 年)，最小为 0.088 亿 t(2003 年)，最大值是最小值的 20.5 倍。

祖厉河水沙的年内分配主要集中在汛期，多年平均(1955～2003 年)汛期水沙量分别占年水沙量的 72%和 82.8%(见表 4-14)。祖厉河年内水沙的分配更集中在洪水期，最大日均流量为 771 m³/s(1986 年)，最大日均输沙率为 544 t/s。年际间汛期的水沙量大起大落，是年水沙量变化的核心(见图 4-13、图 4-14)，汛期最大、最小水量分别为 2.72 亿 m³ 和 0.097 亿 m³，最大值是最小值的 28 倍，汛期最大、最小沙量分别为 1.71 亿 t 和 0.013 亿 t，最大值是最小值的近 132 倍，而非汛期水沙相对平稳。

表 4-14　祖厉河汛期水沙量占年水沙量的比例

时段	汛期		年		汛期占年比例(%)	
	水量(亿 m³)	沙量(亿 t)	水量(亿 m³)	沙量(亿 t)	水量	沙量
1955～1968	1.27	0.671	1.61	0.756	79.0	88.7
1969～1986	0.76	0.355	1.09	0.453	69.9	78.5
1987～2003	0.59	0.283	0.91	0.358	65.4	79.0
1955～2003	0.85	0.42	1.18	0.507	72.0	82.8

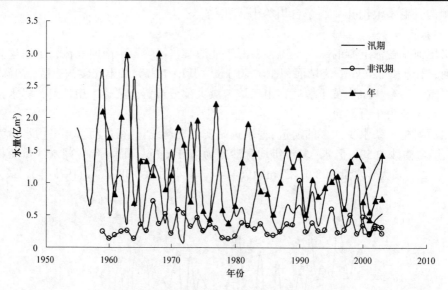

图 4-13　祖厉河靖远站水量年内分配变化过程

近期年均水沙量(1987~2003 年)与天然情况下(1955~1968 年)相比，水沙量分别减少 43.5%和 52.6%。与刘家峡水库单库运用(1969~1986 年)期间相比，水沙量分别减少 16.5% 和 21%，并且沙量减幅大于水量减幅。

2. 清水河

清水河发源于六盘山北端东麓固原县南部开城黑刺沟脑，由中宁县泉眼山注入黄河，是宁夏自治区境内直接入黄的第一大支流，干流长 320 km，流域面积 14 481 km²，

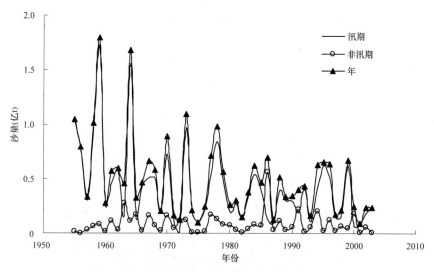

图 4-14　祖厉河靖远站沙量年内分配变化过程

其中93%的面积在宁夏，东部及西部边缘部分在甘肃。流域东邻泾河，西南与渭河分水，西南高东北低。流域中黄土丘陵沟壑区的面积占总面积的82%，植被差，水土流失严重。

清水河最主要的水文特点之一是水少沙多。据泉眼山水文站实测资料统计，清水河1955~2003年年均水量为1.16亿m³,年输沙量为0.293亿t，年均含沙量为252 kg/m³。20世纪70年代受降水及水土保持治理影响，清水河入黄水沙量都减少较多；但1986年以来，水沙量有所恢复，1995年、1996年来水量较大，分别为2.13亿、2.45亿m³，1996年来沙量为1.04亿t，居历史第二位。水沙量的增加对宁蒙河道冲淤有一定不利影响。清水河另一个水文特点是年际间水沙量变化起伏较大，丰枯悬殊，年水量最大的是1964年的3.711亿m³，最小的是1960年的0.131亿m³，相差20多倍；清水河年最大来沙量为1.22亿t(1958年)，最小的是1960年的0.0008亿t，相差1000多倍，年水沙量变化过程见图4-15。清水河的特点同样是年内的水、沙量主要集中在汛期，沙的集中程度更

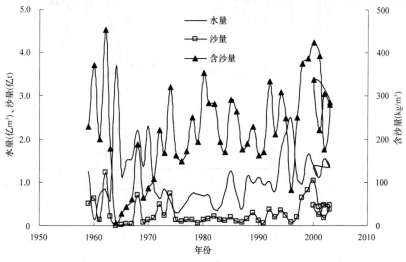

图 4-15　清水河泉眼山站历年水沙过程

高，径流过程见图 4-16，输沙过程见图 4-17。清水河多年平均汛期水沙量分别为 0.85 亿 m^3 和 0.268 亿 t,分别占年均水沙量的 73.3%和 92.1%(见表 4-15)，非汛期中各月的含沙量都很小，水沙的年过程与汛期过程基本一致，说明年的起落过程取决于汛期的洪水。

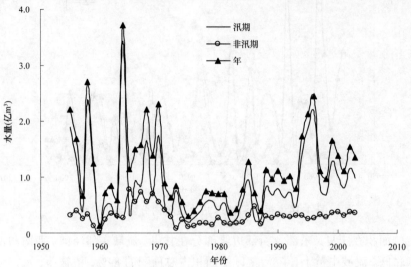

图 4-16 清水河站水量年内分配变化过程

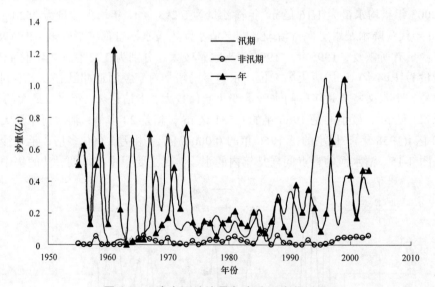

图 4-17 清水河站沙量年内分配变化过程

表 4-15 清水河汛期水沙量占年水沙量的比例

时段	汛期		年		汛期占年比例(%)	
	水量(亿 m^3)	沙量(亿 t)	水量(亿 m^3)	沙量(亿 t)	水量	沙量
1955 ~ 1968	1.12	0.294	1.49	0.310	75.0	94.7
1969 ~ 1986	0.53	0.154	0.79	0.180	66.5	85.7
1987 ~ 2003	0.97	0.367	1.28	0.392	75.8	94.4
1955 ~ 2003	0.85	0.268	1.16	0.291	73.3	92.1

近期年均水沙量(1987~2003 年)与天然情况下(1955~1968 年)相比,水量减少 14.1%,而沙量增加 26.5%,并且水沙量变化主要集中在汛期,汛期水量减少 13.4%,沙量增加 24.8%。与刘家峡水库单库运用(1969~1986 年)期间相比,年均水沙量分别增加 62%和 117.8%,沙量增幅大于水量增幅。

3. 内蒙古十大孔兑

内蒙古十大孔兑是指黄河内蒙古段右岸较大的 10 条直接入黄支沟(见图 4-18),从西向东依次为毛不浪孔兑、卜尔色太沟、黑赖沟、西柳沟、罕台川、壕庆河、哈什拉川、木哈尔河、东柳沟、呼斯太河,是内蒙古河段的主要产沙支流。十大孔兑发源于鄂尔多斯台地,河短坡陡,从南向北汇入黄河,十大孔兑上游为丘陵沟壑区,中部通过库布齐沙漠,下游为冲积平原。实测资料中只有三大孔兑的部分水沙资料,即毛不浪孔兑图格日格站(官长井)、西柳沟龙头拐站、罕台川红塔沟站(瓦窑、响沙湾)。十大孔兑所在区域干旱少雨,降雨主要以暴雨形式出现,7、8 月份经常出现暴雨,上游发生特大暴雨时,形成洪峰高、洪量小、陡涨陡落的高含沙量洪水(见表 4-16),含沙量最高达 1 550 kg/m³。如西柳沟 1966 年 8 月 12 日发生的洪水过程(见图 4-19),毛不浪孔兑和西柳沟 1989 年 7 月 21 日发生的洪水过程(见图 4-20、图 4-21),三大孔兑的洪水和沙峰涨落时间都很短,一般只有 10 h 左右。洪水挟带大量泥沙入黄,汇入黄河后遇小水时造成干流淤积,严重时可短期淤堵河口附近干流河道,1961 年、1966 年、1989 年都发生这种情况,以 1989 年 7 月洪水最为严重。

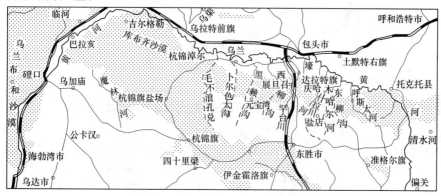

图 4-18　库布齐十大孔兑位置

表 4-16　十大孔兑高含沙洪水

时间(年-月-日)	河流	洪峰流量(m³/s)	最大含沙量(kg/m³)
1961-08-21	西柳沟	3 180	1 200
1966-08-13	西柳沟	3 660	1 380
1973-07-17	西柳沟	3 620	1 550
1989-07-21	西柳沟	6 940	1 240
1989-07-21	罕台川	3 090	
1989-07-21	毛不浪孔兑	5 600	1 500

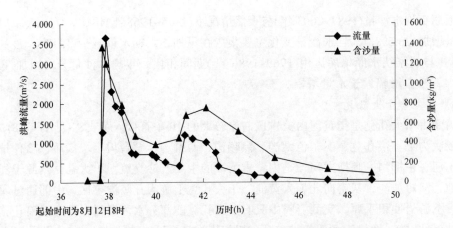

图 4-19　1966 年 8 月 12 日西柳沟发生的洪水过程线

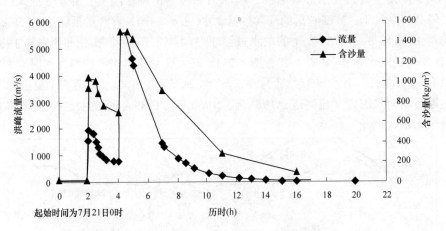

图 4-20　1989 年 7 月 21 日毛不浪孔兑发生的洪水过程线

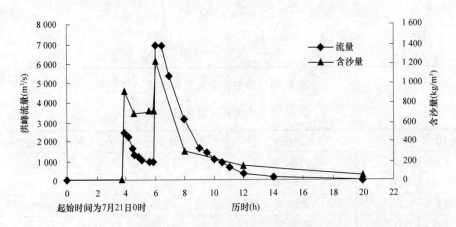

图 4-21　1989 年 7 月 21 日西柳沟发生的洪水过程线

来水来沙主要集中在汛期，西柳沟站多年平均(1961～2003 年)汛期水沙量分别占年水沙量的 71%和 97.8%。1987～2003 年汛期沙量占年沙量的 98.5%。西柳沟、罕台川和毛不浪孔兑多年平均水沙量分别为 0.314 亿、0.105 亿、0.143 亿 m³ 和 0.045 亿、0.014 亿、0.046 亿 t(见表 4-17),西柳沟龙头拐站 1989 年水沙量较大,分别为 0.841 亿 m³ 和 0.475 亿 t,来沙量居历史第一位。1989 年毛不浪孔兑来沙量最大为 0.714 亿 t,1989 年罕台川来沙 0.069 7 亿 t,是该站有资料以来的最大值。毛不浪孔兑图格日格站 1961～2003 年平均汛期水沙量分别占年水沙量的 92.3% 和 97.8%(见表 4-18),罕台川红塔沟站 1985～2003 年汛期水沙量分别占年水沙量的 99% 和 99.8%(见表 4-19)。

表 4-17　西柳沟龙头拐站汛期水沙量占年水沙量的比例

时段	汛期		年		汛期占年比例(%)	
	水量(亿 m³)	沙量(亿 t)	水量(亿 m³)	沙量(亿 t)	水量	沙量
1961～1968	0.257	0.038 2	0.364	0.038 8	70.6	98.6
1969～1986	0.196	0.032 4	0.289	0.033 4	67.8	97
1987～2003	0.23	0.058 3	0.317	0.059 1	72.6	98.5
1961～2003	0.221	0.044	0.314	0.045	70.4	97.8

表 4-18　毛不浪孔兑图格日格站汛期水沙量占年水沙量的比例

时段	汛期		年		汛期占年比例(%)	
	水量(亿 m³)	沙量(亿 t)	水量(亿 m³)	沙量(亿 t)	水量	沙量
1961～1968	0.091 9	0.027 3	0.092 3	0.027 3	99.6	99.9
1969～1986	0.094	0.023 2	0.098	0.023 24	95.7	99.8
1987～2003	0.192	0.077 6	0.215	0.08	89.3	97
1961～2003	0.132	0.045	0.143	0.046	92.3	97.8

表 4-19　罕台川红塔沟站汛期水沙量占年水沙量的比例

时段	汛期		年		汛期占年比例(%)	
	水量(亿 m³)	沙量(亿 t)	水量(亿 m³)	沙量(亿 t)	水量	沙量
1985～2003	0.104	0.014 06	0.105	0.014 09	99	99.8

十大孔兑汛期来沙主要集中在洪水过程(见表 4-20),并且洪水发生的时间都在 7 月下旬至 8 月上旬,以西柳沟为例,一次洪水沙量就能占年沙量的 99.8%。

近期三大孔兑年均水沙量与 1961～1968 年相比,西柳沟龙头拐站的水量减少 11.1%,而沙量增加 52.3%。与 1969～1986 年相比,水沙量分别增加 10.3% 和 76.9%,沙量增加较多。而毛不浪孔兑图格日格站近期与前两个时段相比,水沙量增加较多,与 1961～1968 年相比,水沙量分别增加 133.3% 和 193%,与 1969～1986 年相比,水沙量分别增加 110% 和 244.8%。

表 4-20　西柳沟一次洪水沙量占年沙量的比例

洪水时间(年-月-日)	洪水沙量(万 t)	年输沙量(万 t)	洪水沙量占年沙量的比例(%)
1961-08-21	2 968	3 317	89.5
1966-08-13	1 656	1 756	94.3
1971-08-31	217	244	88.9
1973-07-17	1 090	1 313	83.0
1975-08-11	96.8	279	34.7
1976-08-02	460	898	51.2
1978-08-30	292	638	45.8
1979-08-12	406	454	89.4
1981-07-01	223	495	45.1
1982-09-26	257	318	80.8
1984-08-09	347	436	79.6
1985-08-24	108	158	68.4
1989-07-21	4740	4749	99.8

(二)近期支流总来沙量变化特点

粗略统计 4 条支流的水沙情况(见表 4-21)，1990～2003 年支流来水量较前期 1970~1989 年有所增加，但只是稍有恢复，较 1960~1969 年减少 0.69 亿 m³，减幅约 20%；但沙量并未减少，还稍有增加。因此，支流来水来沙就更不协调，近期含沙量有所升高。

表 4-21　宁蒙河段各支流水文站实测水沙统计(运用年)

站名	时段	年径流量			年输沙量			含沙量 (kg/m³)
		均值 (亿 m³)	与1970 年前比较(%)	与1970~1989 年前比较(%)	均值 (亿 t)	与1970 年前比较(%)	与1970~1989 年前比较(%)	
祖厉河	1961～1969	1.442			0.615 4			426.9
	1970～1989	1.065	−26.2		0.445 7	−27.6		418.6
	1990～2003	0.932	−35.4	−12.5	0.365 5	−40.6	−18.0	392.2
清水河	1961～1969	1.519			0.208 7			137.4
	1970～1989	0.768	−49.4		0.182 9	−12.4		238.1
	1990～2003	1.379	−9.2	79.5	0.429 5	105.8	134.9	311.5
西柳沟 (龙头拐)	1961～1969	0.351			0.034 8			99.3
	1970～1989	0.304	−13.3		0.055 6	59.6		182.8
	1990～2003	0.305	−13.2	0.2	0.035 0	0.6	−37.0	115.1
毛不浪孔兑(图格日格)	1961～1969	0.102			0.024 4			239.4
	1970～1989	0.137	34.3		0.061 0	149.9		444.4
	1990～2003	0.178	74.5	29.8	0.039 7	62.6	−34.9	222.8
四条支流总量	1961～1969	3.413			0.883			258.8
	1970~1989	2.274	−33.4		0.745	−15.6		327.7
	1990~2003	2.793	−18.2	22.9	0.870	−1.5	16.7	311.4

(三)支流来沙与干流河道淤积的关系

支流的水沙以多发性暴雨洪水的方式进入干流，是造成宁蒙河段淤积的主要原因之一，两者之间具有较好的同步性(见图 4-22 和图 4-23)。一般情况下支流来沙大的年份，宁夏和内蒙古河道的淤积量较大，如 1970 年祖厉河和清水河共来沙 1.63 亿 t，是干流兰州站沙量的 2.1 倍，该年宁夏河道淤积 1.81 亿 t；1989 年三大孔兑(西柳沟、毛不浪孔兑、罕台川)来沙量 1.26 亿 t，是干流三湖河口站来沙量的 1.2 倍，该年内蒙古三湖河口—头道拐河段淤积 1.16 亿 t。

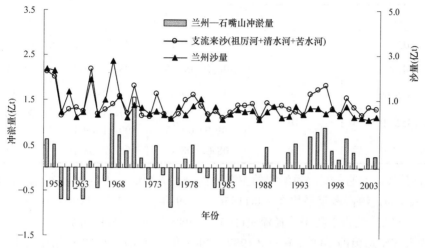

图 4-22　宁夏河段年冲淤量与支流来沙量情况

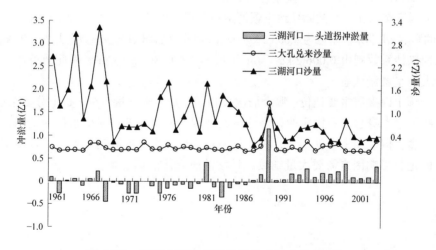

图 4-23　内蒙古河段年冲淤量与支流来沙量情况

但支流来沙对干流河道淤积的影响还与干流来水条件密切相关，在干流来水量大的年份即使支流来沙量大也不会造成干流大量淤积。如 1984～1986 年支流年均来沙 0.8 亿 t，是干流年均来沙量的 1.48 倍，但这 3 年宁夏河道均冲刷，原因就在于这 3 年干流来水量较大，年均来水量 346 亿 m³，是兰州站多年平均水量的 1 倍多，因此尽管支流来沙量较大，但是经干流来水稀释，干流河道的来沙系数较小，所以河道淤积较少甚至冲刷。

本次研究特别统计了多沙支流和头道拐站的主要来沙时间。判别来沙时间的标准为多年日平均滑动累计 10 d、15 d 和 20 d 的最大沙量。由此可得到各站最大累计沙量的出现时间，并按水流传播时间换算为龙羊峡出库站贵德站时间，见表 4-22。

表 4-22　各站滑动累计沙量最大出现时段(贵德站时间)

项目	至贵德时间(d)	累计 10 d(月-日)	累计 15 d(月-日)	累计 20 d(月-日)
祖厉河	2	07-10~07-19	07-10~07-24	07-08~07-27
清水河	3	08-19~08-28	08-17~08-31	08-12~08-31
十大孔兑	9	07-12~07-21	07-12~07-26	07-12~07-31
头道拐 1956~1986 年	10	07-28~08-06 09-04-09-13	07-24~08-07 09-01~09-15	07-30~08-18 09-01~09-20
头道拐 1986 年以后	10	08-02~08-11	08-02~08-16	07-31~08-19

总的看来，近期宁蒙河道淤积的主要原因是多方面的：①兰州水文站以上降水年均减少约 30 mm，约占多年平均降水量(1956～1999 年)的 6.2%，1990～2004 年天然径流量减少 76 亿 m^3，约占多年平均径流量(1956～1989 年)的 22%；而实测径流量减少约 80 亿 m^3，约占多年均值的 24%左右。②1987～2003 年与 1961～1967 年相比引水量增加 30 亿 m^3。③近期 4 条支流总水量减少 0.69 亿 m^3，约占 1970 年前的 20%，年均来沙有所增加。④近期水库运用也改变了流量过程，削弱了洪水输沙的作用。

各个因素交织在一起共同导致宁蒙河道淤积形式的恶化。粗略估算，若没有水库和引水增加的影响，汛期来沙系数为 0.003 2 kg·s/m^6，有水库后汛期来沙系数上升为 0.01 kg·s/m^6，而非汛期来沙系数则由 0.006 2 kg·s/m^6 下降至 0.001 86 kg·s/m^6，因此河道淤积量可能不会很大，呈微淤状态。

至于哪个因素居主要地位、哪个居次要地位，基本影响量多少，是十分复杂的问题，因为这些因素本身也是不固定的，是伴随其他因素而改变的，如引水量的影响，虽然看来增加不多，但汛期来水就偏枯，引水量的影响比水多的时期要大，导致宁蒙河道淤积加重的定量影响因素需要大量细致、科学的研究才能搞清楚。

第五章　缓解宁蒙河道淤积的措施

从以上分析看出，河道淤积加重的原因是多方面的，因此针对这些产生原因需要综合治理，发挥各种措施的综合作用。根本措施一是增水减沙，减少河道来沙、增加河道输沙；二是调节水沙过程、协调水沙关系，充分发挥河道自身的输沙能力，多输送泥沙。

一、维持宁蒙河道的健康生命需要一定量的水

天然来水来沙赋予冲积河流以生命原动力。要想保持河流的生命力，就必须维持一定的水流强度和适宜的来沙条件，即要维持一定的河流能量来塑造河床。如果长期流量过小或水沙搭配失调，就会引起河槽萎缩，生命力退缩。

因此，维持宁蒙河道的健康生命，最主要的是要有水量和一定流量级洪水的保证。增加河道来水有两条路径：一是从外流域调水，如南水北调西线工程，工程从黄河上游引水入黄河干流，能够直接增加河道水量；二是节水，减沙沿程引水以做到相对增水。

二、加大上游多沙支流水土保持治理力度

黄河上游来水来沙具有特殊性，水主要来自兰州以上，泥沙主要来自兰州以下的祖厉河、清水河和内蒙古的十大孔兑。由于气候条件的不同，水沙常不能同步，因此水沙关系较难协调。尤其是内蒙古十大孔兑的来沙以小洪量、短历时高含沙的过程在短时间内汇入干流河道，依靠短时的干流来水很难输送，直接造成内蒙古河道的淤积，而且一旦淤积下来，再输送走耗用的水量更大。因此，对来沙来说，最根本、直接、高效的解决措施就是在泥沙进入干流河道前即减沙，水土保持措施是根本，必要时也可争取工程措施在沟口合适部位修筑拦泥坝拦截支流来沙。

三、利用水库调水调沙

龙、刘水库削峰调平全年水流过程，即"大水带大沙"的水沙关系为"小水带大沙"，是造成河道萎缩的一个重要原因。因此，需要恢复协调的水沙关系，利用水库调蓄能力充分发挥大水输沙的特性多输沙。因此，在汛期来沙多的时期，河道要维持一定量级的大流量过程。在上游水利工程现状条件下，要修正龙、刘水库的部分开发目的，调整运行模式，汛期一定时期内不拦蓄洪水。而在远期规划中，可结合黑山峡规划的水利枢纽，在开发任务中考虑维持宁蒙河道及黄河中下游河道的健康问题，在汛期泄放一定量级的洪水。

另外，从水资源合理高效利用的角度出发，宁蒙河道汛期的输沙水量要小于非汛期。石嘴山站多年平均汛期含沙量(6 kg/m³)条件下，输沙水量在 1986 年前约为 140 m³/t(见图 5-1)，但由于水库的调节，水流过程调平，输沙能力降低，在相同含沙量下输沙水量约为 280 m³/t。此外在非汛期多年平均含沙量为 2.5 kg/m³ 条件下，1986 年前输沙水量为 400 m³/t(见图 5-2)，而在 1986 年之后约为 600 m³/t，可见汛期输沙水量小于非汛期。说明如果利用水库增加汛期水量能达到更好的减淤效果。

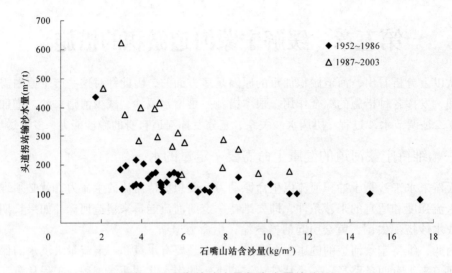

图 5-1　汛期输沙水量与来水量的关系

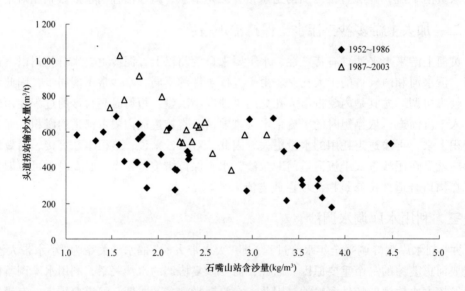

图 5-2　非汛期输沙水量与来水量的关系

四、采取必要的人工措施减少河道淤积

黄河属于资源紧缺水的流域，在进行治理开发时要充分认识到这一点，尤其在水资源紧缺的今天，是否高效利用水资源成为评价治理开发措施的一个重要标准。相对于黄河其他冲刷性河道，如下游河道、小北干流和渭河下游，宁蒙河道的输沙能力较低，输沙水量(输送单位沙量所需要的水量)较大，这就需要考虑在合理高效利用河道的自身输沙功能的同时辅助以更高效的措施解决局部河道突出淤积问题。

黄河下游汛期输送 1 亿 t 泥沙约需水 30 亿 m³，小北干流为 20 亿 m³，渭河下游为 15 亿 m³，而宁蒙河道高达 140 亿 m³，因此完全依靠水量来解决泥沙问题并不经济，而且宁蒙河道淤积有其独特的特点，如十大孔兑大量来沙堆积在入黄口，这一淤积与其用水冲不如采取局部挖沙疏浚等更直接的人工措施更为有效。

当然，人工挖沙疏浚只是解决局部河段淤积问题，要维持宁蒙河段的健康还是以保证一定输沙能力的水量为主。同时，从全流域的角度出发，一定量级的水流对中下游河段也是必要的，同时人工措施效益如何还需从规模、效果、投资等多方面进行评价，并与其他措施相比较才能决定。

第六章 认识与建议

冲积性河道的河床演变是一个复杂的系统,只有通过大量深入的研究才能揭示其规律和发生机理。宁蒙河道由于系统实测资料的缺乏以及开展研究时间较短,对其河道演变的认识还很不深入。本次研究较系统地收集了相关资料,计算分析了宁蒙河道各时期来水来沙和冲淤演变特点;在探讨各河段汛期、非汛期和洪水期冲淤规律及输沙特性的基础上,提出调节宁蒙河道来水来沙的关键技术指标。在分析各时期降水、天然径流量、水库调节、引水引沙、支流来水来沙等变化的基础上,探讨了近期河道淤积加重的主要原因,进一步提出相应的解决措施和建议,为黄河水沙调控体系建设及全河调水调沙的实施提供科学依据,得出以下认识与建议。

一、认识

(1)宁蒙河道在天然状态下,长时期是缓慢抬升的,年均淤积厚度在 0.01~0.02 m。1986 年后,河道淤积明显加大,1991~2004 年内蒙古巴彦高勒—头道拐河段年均淤积 0.647 亿 t,80%以上淤积在河槽,导致河道排洪能力下降,2004 年内蒙古河段平均平滩流量降至 1 230 m³/s,同流量水位年均上升 0.1 m 左右,对防洪非常不利。

(2)宁蒙河道的冲淤演变与来水来沙条件(包括量及过程)密切相关,河道单位水量冲淤量与来沙临界(来沙系数 S/Q)关系较好,当汛期来沙系数约为 0.003 4 kg·s/m⁶、非汛期约为 0.001 7 kg·s/m⁶、洪水期约为 0.003 8 kg·s/m⁶ 时宁蒙河段可不淤不冲,这还可以作为宁蒙河道临界冲淤判别指标。

(3)宁蒙河道的输沙特性同样具有多来多排的特点,水文站输沙率不仅与流量而且与上站含沙量关系密切,在相同流量条件下含沙量高的水流输沙能力大于含沙量低的水流,研究中给出宁蒙河道汛期、非汛期的输沙率计算公式,由此说明水库运用后由于减少了大流量过程,因此宁蒙河道输沙能力降低。

(4)黄河上游水沙异源的特点,决定了其自身的河道冲淤性质,经初步分析,近期淤积加重的原因主要有:与多年均值相比天然来水量减少 76 亿 m³ 左右,减幅为 22%;近期引水量与 1961~1967 年相比增加约为 30 亿 m³,增幅为 33%,而且在枯水时期引水的影响更大,在来沙多的时期削弱水流输沙作用,水库汛期蓄水减少水量和大流量过程,非汛期泄水,在来沙少、输沙能力低时增加河道来水,这一调整大大降低了河道输沙量;支流来水来沙与水土保持治理后的 1970~1989 年相比有所增加(基本恢复到治理前 1960~1969 年水平),来沙增多对河道淤积影响比较大。

二、建议

鉴于上述基本认识,提出解决宁蒙河道淤积加重措施的建议如下:

(1)应通过南水北调西线工程增水等措施,保证河道一定量的输沙水量。

(2)为高效利用水资源,建议近期利用龙、刘水库河段少蓄水或泄放洪水过程,远期利用黑山峡水利枢纽调节水流过程,增加汛期水量多输沙;调控流量以 2 000~2 500 m³/s 为宜，含沙量一般为 7.6～9.5 kg/m³,时机根据支流来沙较多的时间确定。

(3)从根本上出发要加快加大多沙支流水土保持治理进度和力度，从源头上减少河道来沙。

(4)与黄河其他冲积性河道相比宁蒙河道的输沙用水量偏大，因此适当地采取人工拦沙、挖沙疏浚等措施解决局部突出淤积河段的问题更有利于高效利用水资源。

(5)应大力加强宁蒙河道的测验工作。宁蒙河道的观测工作较薄弱、基本资料较欠缺，如河道基本大断面的测验时间间距很长以及支流不进行级配的测量等，给全面、科学地认识宁蒙河道增加了许多困难，需要及时加强实测资料的测量。

(6)应加大宁蒙河道基础研究工作，宁蒙河道的研究工作开始比较晚，研究成果较少，对河道的河床演变特性和冲淤规律还没有完全掌握，更缺乏对宁蒙河道问题的较完整、系统的认识，因此应加大基础研究工作，为其他工作的深入开展奠定基础。

第三专题 黄河中游水土保持措施减沙作用分析与相关问题研究

河龙区间及泾河、北洛河、渭河流域，合计面积约 24.85 万 km²。分析河龙区间及泾河、北洛河、渭河流域水土保持措施减洪减沙作用及其相关问题，对于全面、正确地分析黄河中游水沙变化原因，评价黄河中游水沙变化情势，以及黄土高原地区水土保持生态工程建设和加快黄河中游粗泥沙集中来源区治理步伐，均具有重要的现实意义。

在 2006~2007 年黄河河情年度咨询水土保持专题研究中，在水利部黄河水沙变化研究基金第二期项目研究成果的基础上，重点对河龙区间及泾河、北洛河、渭河流域水土保持措施保存面积、坡面水土保持措施和淤地坝减洪减沙作用计算成果及其所占比例、降雨变化对减沙的影响等问题进行了汇总研究和分析。同时，还对黄河中游地区水土保持措施减沙量、水利水土保持措施蓄用水量、近期泥沙粒径变化及粗泥沙来量变化、水土保持措施减沙的间接效益等问题进行了专门分析。

同时，在系统总结 2002~2006 年 5 年水土保持专题研究成果的基础上，重点对水土保持措施对暴雨洪水的影响、水土保持措施配置对减洪减沙的影响、河龙区间水土保持参数与减沙效益关系、水土保持措施调控泥沙级配的功能等重要问题进行了研究和分析，深化了以往的研究成果。最后进行了归纳小结，并提出了今后研究的 5 点建议和急需开展研究的 4 项科研课题。

第一章 黄河中游水土保持措施
减洪减沙作用分析

一、河龙区间及泾、洛、渭河研究成果汇总与分析

(一)水土保持措施保存率及保存面积

根据水利部黄河水沙变化研究基金第二期项目研究成果，截至 1996 年黄河中游河龙区间及泾、洛、渭河水土保持措施保存率及保存面积见表 1-1。

表 1-1 黄河中游地区水土保持措施保存率及保存面积(截至 1996 年)

河流	保存率(%)				保存面积(万 hm²)			
	梯田	林地	草地	坝地	梯田	林地	草地	坝地
河龙区间	74.3	57.2	24.1	74.2	48.590	253.730	24.080	6.820
泾河	65.6	64.9	29.8	83.0	23.563	41.346	10.232	0.489
北洛河	59.7	58.0	23.6	77.6	4.638	18.258	3.982	0.440
渭河	68.2	61.4	44.2	88.6	52.848	75.664	20.541	0.323
平均或合计	67	60	30	81	129.639	388.998	58.835	8.072

表 1-1 研究成果表明，1970～1996 年河龙区间梯田、林地、草地、坝地平均保存率分别为 74.3%、57.2%、24.1%和 74.2%；泾河、北洛河、渭河流域梯田平均保存率分别为 65.6%、59.7%和 68.2%；林地平均保存率分别为 64.9%、58.0%和 61.4%；草地平均保存率分别为 29.8%、23.6%和 44.2%；坝地平均保存率分别为 83.0%、77.6%和 88.6%。以上区域梯田、林地、草地、坝地平均保存率分别为 67%、60%、30%和 81%。此即黄河中游地区截至 1996 年四大水土保持措施的平均保存率。由此可知，黄河中游地区水土保持措施平均保存率最高的是坝地，其次为梯田；坝地平均保存率高出梯田 14 个百分点；林地平均保存率位居第三位，但与梯田只相差 7 个百分点；草地平均保存率最低，只有 30%，仅为林地的一半。

截至 1996 年底，河龙区间(含未控区)及泾河、北洛河、渭河流域梯田累计保存面积 129.639 万 hm²，林地累计保存面积 388.998 万 hm²，草地保存面积 58.835 万 hm²，坝地累计保存面积 8.072 万 hm²。20 世纪 80 年代梯田保存面积比 70 年代增加了 36.6%，90 年代(1990～1996 年)梯田保存面积又比 80 年代增加了 31.6%，但增幅却比 80 年代降低了 5 个百分点，增幅明显减缓。80 年代林草措施保存面积均比 70 年代有较大幅度的增加，90 年代林草措施保存面积与 80 年代相比虽然继续增加，但增幅明显低于 80 年代。80 年代坝地保存面积比 70 年代增加了 43.3%，90 年代又比 80 年代增加了 21.0%，但增幅不及 80 年代增幅的一半。

(二)水土保持措施减洪减沙作用计算成果

黄河中游地区水土保持措施减洪减沙作用计算成果见表 1-2。四大水土保持措施不同年代减洪减沙作用"水保法"计算成果柱状图见图 1-1。

表 1-2 黄河中游地区水土保持措施年均减洪减沙作用计算成果

时段	减洪(亿 m³)					减沙(亿 t)				
	河龙区间	泾河	北洛河	渭河	合计	河龙区间	泾河	北洛河	渭河	合计
1970～1979	3.352	0.298	0.310	0.579	4.539	1.458	0.224	0.143	0.168	1.993
1980～1989	3.521	0.592	0.227	1.364	5.704	1.398	0.463	0.136	0.230	2.227
1990～1996	3.993	0.573	0.418	1.425	6.409	1.688	0.437	0.206	0.274	2.605
1970～1996	3.581	0.478	0.307	1.090	5.456	1.495	0.368	0.157	0.218	2.238

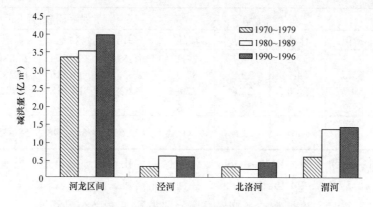

图 1-1 黄河中游水土保持措施减洪作用柱状图

1970～1996 年河龙区间 21 条支流(已控区)及泾河、北洛河、渭河流域水土保持措施年均减少洪水 5.456 亿 m³, 年均减沙 2.238 亿 t, 分别占对应区间及流域多年平均来水来沙量总和的 4.6%和 22.9%。水土保持措施减洪减沙量依时序递增: 20 世纪 80 年代水土保持措施减洪减沙量比 70 年代分别增大了 25.7%和 11.7%, 90 年代(1990～1996)又比 80年代分别增大了 12.3%和 17.0%, 比 70 年代分别增大了 41.2%和 30.7%。从宏观上看, 随着时间的延续, 以上区域水土保持措施减洪量增长的百分比明显降低, 但减沙量增长的百分比 90 年代却比 80 年代提高了 5 个百分点。由于河龙区间 90 年代实测洪水径流量和洪水输沙量分别比 80 年代增大了 27.6%和 44.5%, 泾河流域 90 年代实测洪水径流量和洪水输沙量分别比 80 年代增大了 28.6%和 48.9%, 北洛河流域 90 年代实测洪水输沙量比 80 年代增大了 60.8%, 说明进入 90 年代后水土保持措施的质量有了明显提高。这与以上区域 90 年代水土保持工作开展的实际情况相符。

(三)水土保持措施减洪减沙量所占比例分析

河龙区间及泾河、北洛河、渭河流域四大水土保持措施减洪减沙量所占比例计算成果见表 1-3。

表 1-3 黄河中游水土保持措施减洪减沙所占比例(%)

河流	减洪比例				减沙比例			
	梯田	林地	草地	坝地	梯田	林地	草地	坝地
河龙区间	9.2	29.3	2.2	59.3	7.9	25.1	2.3	64.7
泾河	26.1	34.1	6.1	33.7	32.6	42.3	7.8	17.3
北洛河	17.3	36.8	2.0	43.9	21.6	46.0	2.5	29.9
渭河	60.7	26.6	7.2	8.5	58.0	8.6	5.8	27.6

1. 坡面措施减洪减沙量所占比例分析

1970～1996 年,河龙区间坡面措施年均减洪减沙量分别占水土保持措施年均减洪减沙总量的 40.7%和 35.3%;泾河、北洛河、渭河流域坡面措施年均减洪量分别占水土保持措施年均减洪总量的 66.4%、56.1%和 94.6%,坡面措施年均减沙量分别占水土保持措施年均减沙总量的 82.8%、70.1%和 72.4%。泾河、北洛河、渭河等三大流域坡面措施年均减洪减沙比例均明显高于河龙区间。就单项坡面措施减洪减沙量所占比例而言,三大流域梯田年均减洪减沙比例也明显高于河龙区间;渭河流域梯田年均减洪减沙比例最大,分别高达 60.7%和 58.0%。三大流域林草措施年均减洪减沙比例总体上与河龙区间相差不大,但渭河流域林地减沙比例最小,只有 8.6%,与河龙区间及泾河、北洛河流域相差一个数量级。渭河流域林地减洪比例虽然最小,但与河龙区间及泾河、北洛河流域相差不大,因此其林地减沙比例相差很大的原因有待进一步研究。

2. 淤地坝减洪减沙量所占比例分析

兹以淤地坝分布最为集中的河龙区间作为重点进行分析。

1970～1996 年,河龙区间淤地坝年均减洪减沙量分别占水土保持措施年均减洪减沙总量的 59.3%和 64.7%。因此,作为多沙粗沙区核心地区的河龙区间,淤地坝的减洪减沙作用占主导地位。从河龙区间淤地坝较多的四大重点支流皇甫川、窟野河、无定河、三川河流域计算结果看,1970～1996 年淤地坝年均减洪量分别占水土保持措施年均减洪总量的 56.6%、40.8%、62.3%和 71.2%;淤地坝年均减沙量分别占水土保持措施年均减沙总量的 57.8%、37.2%、62.1%和 72.2%。由此可见,淤地坝的减洪减沙作用占主导地位。其中三川河流域淤地坝减洪减沙量所占比例最高;最低的窟野河流域淤地坝减洪减沙量比例也在 40%左右。

从各年代计算结果看,河龙区间淤地坝的减洪减沙作用随着时间的延续呈明显的下降趋势,具有时限性及非持续性。1970～1979 年、1980～1989 年和 1990～1996 年淤地坝年均减洪量占水土保持措施年均减洪总量的百分比分别为 76.7%、55.2%和 43.4%;淤地坝减沙量占水土保持措施年均减沙总量的百分比分别为 80.0%、63.3%和 47.6%。

河龙区间不同年代淤地坝减洪减沙比例变化过程线见图 1-2。显然,自 20 世纪 70 年代后期开始,淤地坝减洪减沙比例呈直线下降趋势,淤地坝减沙比例尤甚。

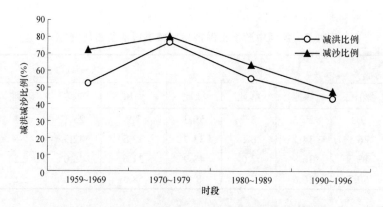

图 1-2 河龙区间淤地坝减洪减沙比例变化趋势图

河龙区间及泾河、北洛河、渭河流域不同年代淤地坝减洪减沙所占比例变化柱状图分别见图 1-3、图 1-4。显然，其各自不同年代淤地坝的减洪与减沙比例具有对应一致的变化趋势。但河龙区间与泾河、渭河流域不同年代淤地坝的减洪减沙比例变化趋势均是由大到小，淤地坝减洪减沙能力衰减明显；河龙区间与渭河流域淤地坝的减洪比例均小于减沙比例，而泾河、北洛河流域淤地坝的减洪比例均大于减沙比例，这显然是由于地貌类型区的不同。

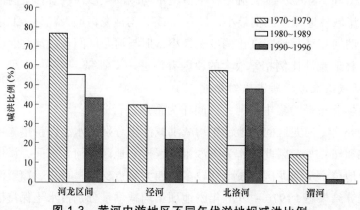

图 1-3 黄河中游地区不同年代淤地坝减洪比例

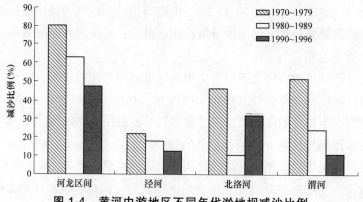

图 1-4 黄河中游地区不同年代淤地坝减沙比例

3. 坡面措施与淤地坝减沙比例综合分析

由前述分析结果，1970～1996 年河龙区间及泾河、北洛河、渭河流域水土保持坡面措施与淤地坝的减沙比例见表 1-4。由此可见，河龙区间坡面措施减沙比例与淤地坝减沙比例之比为 35：65；泾河、北洛河、渭河流域坡面措施与淤地坝减沙比例之比分别为 83：17、70：30 和 72：28。

表 1-4 黄河中游水土保持措施减沙所占比例(%)计算成果

河龙区间		泾河		北洛河		渭河	
坡面措施	淤地坝	坡面措施	淤地坝	坡面措施	淤地坝	坡面措施	淤地坝
35	65	83	17	70	30	72	28

河龙区间坡面措施减沙量与淤地坝减沙量关系见图 1-5。由此可见，随着治理时间的延续和治理程度的提高，二者成反比关系。该图说明，在河龙区间现状治理条件下，坡面措施减沙量越大，淤地坝减沙量越小。显然，坡面治理程度越高，减沙量越大，越有利于延长淤地坝的使用寿命，淤地坝持续发挥减沙作用的时间越长。

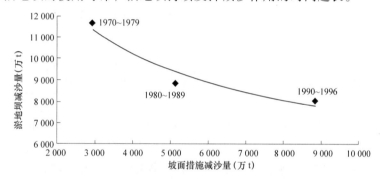

图 1-5 河龙区间坡面措施减沙量与淤地坝减沙量关系

(四)降水与人类活动影响减沙量分析

根据水利部黄河水沙变化研究基金第二期项目研究成果，河龙区间 21 条主要支流降水与人类活动影响减沙量计算成果见表 1-5；泾河、渭河流域降水与人类活动影响减沙量计算成果分别见表 1-6、表 1-7。

表 1-5 河龙区间降水与人类活动对减沙量的影响

时段	年降水量 (mm)	实测值 (万 t)	计算值 (万 t)	总减沙量 (万 t)	人类活动影响		降水影响		减沙效益 (%)
					减沙量 (万 t)	占总减沙量(%)	减沙量 (万 t)	占总减沙量(%)	
1969 年以前	487.8	82 185	89 765						
1970~1979	442.3	61 254	80 324	28 511	19 070	66.9	9 441	33.1	23.7
1980~1989	425.8	29 311	64 243	60 454	34 932	57.8	25 522	42.2	54.4
1990~1996	439.6	42 355	77 636	47 410	35 281	74.4	12 129	25.6	45.4
1970~1996	435.5	44 523	73 671	45 242	29 148	64.4	16 094	35.6	39.6

表 1-6　泾河流域降水与人类活动对减沙量的影响

时段	年降水量 (mm)	实测值 (万 t)	计算值 (万 t)	总减沙量 (万 t)	人类活动影响		降水影响		减沙效益 (%)
					减沙量 (万 t)	占总减沙量(%)	减沙量 (万 t)	占总减沙量(%)	
1956~1969	565.3	30 120							
1970~1979	528.8	25 960	30 670	4 160	4 710	113	−550	−13	15.4
1980~1989	502.3	18 650	24 590	11 470	5 940	52	5 530	48	24.2
1990~1996	497.7	27 480	31 460	2 640	3 980	151	−1 340	−51	12.7
1970~1996	510.9	23 650	28 630	6 470	4 980	77	1 490	23	17.4

表 1-7　渭河流域降水与人类活动对减沙量的影响

时段	年降水量 (mm)	实测值 (万 t)	计算值 (万 t)	总减沙量 (万 t)	人类活动		降水影响		减沙效益 (%)
					减沙量 (万 t)	占总减沙量(%)	减沙量 (万 t)	占总减沙量(%)	
1969 年以前	640.1	18 500	19 400						
1970~1979	613.7	13 700	16 880	5 700	3 180	55.8	2 520	44.2	18.8
1980~1989	623.7	10 500	19 000	8 900	8 500	95.5	400	4.5	44.7
1990~1996	537.0	5 400	13 400	14 000	8 000	57.1	6 000	42.9	59.7
1970~1996	597.5	10 360	16 760	9 040	6 400	70.8	2 640	29.2	38.2

注：计算结果不包括泾河流域。

由以上计算结果可以看出，河龙区间 1970~1996 年人类活动与降水影响减沙之比约为 6.5∶3.5；泾河流域1970~1996 年人类活动与降水影响减沙之比为 7.7∶2.3；渭河流域 1970~1996 年 27 年平均，人类活动与降水影响减沙之比约为 7.1∶2.9。

从降水变化情况来看，河龙区间 1970~1996 年年均降水量比 1969 年以前减少了10.7%；泾河、渭河流域同期年均降水量则分别减少了 9.6%和 6.6%。

(五)干流泥沙粒径及粗泥沙近期变化情况

河龙区间自 1970 年开始全面实施水土保持综合治理；1997 年以来又实施了大规模的水土保持生态工程建设。1970~1996 年与近期(1997~2005 年)河龙区间干流主要水文站泥沙粒径变化统计结果见表 1-8。

表 1-8　河龙区间干流主要水文站近期泥沙粒径变化

水文站	中值粒径(mm)		平均粒径(mm)	
	1970~1996	1997~2005	1970~1996	1997~2005
府谷	0.025 5	0.013 6	0.046 7	0.027 5
吴堡	0.027 6	0.034 6	0.042 5	0.055 7
龙门	0.025 5	0.030 1	0.037 0	0.042 0

由此可见，近期府谷水文站泥沙粒径变细，吴堡、龙门两水文站泥沙粒径同时变粗。

影响河流泥沙粒径变化的主要因素有：①降水；②水土保持综合治理；③人为新增水土流失；④河道冲淤；⑤大型水库调节。由于1997年以来河龙区间降水仍呈减少趋势，因此降水因素不是泥沙粒径变粗的主要原因。人为新增水土流失可能是泥沙粒径变粗的主要原因。

从水土保持综合治理考虑，吴堡、龙门两水文站泥沙粒径同时变粗现象说明，府(谷)吴(堡)区间和吴(堡)龙(门)区间近期已经治理地区的泥沙组成较细，水土保持减少的泥沙中相对较细的泥沙居多，已经治理的重点还不在粗泥沙集中来源区；人为新增水土流失还比较严重。因此，河龙区间自1997年开始实施大规模水土保持生态工程建设以来，虽然支流减沙成效显著，泥沙粒径细化趋势明显，但近期治理还不能使干流泥沙粒径明显细化；府吴区间和吴龙区间水土保持措施减少粗泥沙的作用仍不明显。

黄河中游主要支流近期粗泥沙量统计结果见表1-9。由此可知，近期(1996～2005年)河龙区间干流吴堡、龙门水文站，支流延河甘谷驿水文站，黄河干流三门峡水文站，渭河华县水文站粗泥沙量所占比例均有上升。说明粗泥沙来量并未减少，反而有所增大。不过，皇甫川、窟野河和无定河3大支流的泥沙中值粒径有所变细。建议今后的治理重点应尽快转向粗泥沙集中来源区，同时全力遏制人为新增水土流失发展趋势。河龙区间粗泥沙若不减少，黄河下游淤积严重的状况就不可能有根本的改观。

表1-9 黄河中游主要支流近期粗泥沙量

河名	站名	时段	多年平均输沙量(万t)	粗泥沙量(万t)	粗泥沙所占比例(%)
黄河	吴堡	1958~1995	51 220	15 360	30.0
		1996~2005	12 790	4 440	34.7
黄河	龙门	1956~1995	81 300	22 070	27.1
		1996~2005	30 470	10 270	33.7
黄河	三门峡	1954~1995	122 200	24 520	20.1
		1996~2005	53 970	14 980	27.7
皇甫川	皇甫	1966~1995	4 840	2 227	46.0(50.5)
		1996~2005	1 880	860	45.7
窟野河	温家川	1958~1995	10 860	5 260	48.4(51.0)
		1996~2005	2 430	1 140	46.9
无定河	白家川	1962~1995	11 370	3 660	32.2(31.2)
		1996~2005	5 040	1 480	29.4
延河	甘谷驿	1963~1995	4 905	1 340	27.3
		1996~2005	3 040	840	27.6
渭河	华县	1956~1995	36 290	4 075	11.2
		1996~2005	20 760	4 180	20.1

注：括号内数字为1970~1995年所占比例。其中1996年以前资料来自徐建华等。

(六)关于渭河流域近期治理

渭河流域在黄河中游治理中具有举足轻重的地位。渭河流域近 70%的沙量来自泾河张家山以上。泾河最大支流马莲河雨落坪以上区域和干流杨家坪以上区域多年平均(1960~1996 年)粗泥沙来量分别为 2 270 万 t 和 866 万 t,两者合计值占渭河流域(华县以上)多年平均(1956~1995 年)粗泥沙来沙量 4 075 万 t 的 77%。泾河最大支流马莲河上游地区(特指环江洪德以上 4 640 km² 的区域)又是黄河中游粗泥沙集中来源区之一。环江洪德以上区域多年平均(1959~2000 年)粗泥沙来沙量 1 030 万 t,占渭河流域多年平均(1956~2005 年)粗泥沙来沙量 4 100 万 t 的 25%。泾河干流杨家坪以上区域的粗泥沙则全部来自支流蒲河巴家嘴以上地区。

根据实测资料统计,1956~1996 年渭河华县水文站泥沙中值粒径平均值为 0.017 mm,1997~2005 年则增大到 0.020 mm,后者比前者增大了 17.6%。

根据表 1-9 计算结果,1956~1995 年渭河华县水文站粗泥沙所占比例只有 11.2%,1996~2005 年则迅速增大到 20.1%,10 年间后者比前者提高了 8.9 个百分点。

以上结果表明,渭河流域近期来沙明显变粗。

建议渭河流域治理打破省区界限,在国务院 2005 年 12 月批复的《渭河流域近期重点治理规划》的基础上,把泾河流域环江洪德以上地区、蒲河巴家嘴以上地区作为水土保持综合治理的两个"治理特区",加大投资力度,树立强烈的粗泥沙意识,进行综合治理。

在泾河流域粗泥沙集中来源区设立"特区"进行治理,对降低潼关高程也极为有利。潼关高程上升的根本原因是泥沙淤积。由于潼关高程的变化与上游来水来沙条件和三门峡水库运用方式关系密切:来自渭河的高含沙大洪水会使潼关高程大幅度下降;来自渭河的若是高含沙小洪水,则潼关高程上升。因此,大力加强泾河流域粗泥沙集中来源区的水土保持综合治理工作,努力减少渭河下游高含沙小洪水发生的机会,是减轻渭河下游河道淤积、降低潼关高程的治本之举。

二、黄河中游水土保持措施减沙量宏观分析

(一)黄河中游水土保持措施减沙量计算研究范围

以黄河中游河口镇至龙门区间(简称河龙区间)、泾河张家山站、北洛河洑头站、渭河华县站(不包括泾河张家山站)、汾河河津站等"一区间四站"控制面积作为黄河中游水土保持措施减沙量计算的研究范围。该研究区域合计面积约为 28.72 万 km²,占黄河中游(河口镇至桃花峪)总面积的 83.5%,其计算结果可以基本反映黄河中游水土保持措施减沙的实际情况。

(二)河龙区间未控区水土保持措施减沙量

河龙区间各支流未控区总面积 26 475 km²,占河龙区间总面积 11.29 万 km² 的 23.4%。水利部水沙基金第二期项目对河龙区间未控区水土保持措施的减沙量进行了较为深入的分析研究。河龙区间未控区水土保持措施减沙量的计算方法同已控区,按各支流分片计算后再汇总。研究结果表明,1970~1996 年河龙区间未控区水土保持措施年均减沙 0.602 亿 t,占河龙区间水土保持措施年均总减沙量 2.097 亿 t(已控区与未控区之和)的 28.7%。

以往研究没有包括未控区减沙量，因此对黄河中游水土保持措施年均减沙量的计算结果并不完整。

(三)黄河中游水土保持措施减沙量

根据水利部水沙基金第二期项目研究成果，黄河中游水土保持措施(即梯、林、草、坝)减沙量计算成果见表1-10。为了完整计算黄河中游水土保持措施减沙量，表中河龙区间水土保持措施减沙量已包括未控区减沙量。

表1-10　黄河中游水土保持措施年均减沙量计算成果　　　(单位：亿t)

时段	河龙区间	泾河	北洛河	渭河	汾河	合计
1969年以前	0.721	0.099	0.093	0.035	0.153	1.101
1970~1979	2.034	0.224	0.143	0.168	0.342	2.911
1980~1989	1.933	0.463	0.136	0.230	0.344	3.106
1990~1996	2.423	0.437	0.206	0.274	0.353	3.693
1970~1996	2.097	0.368	0.157	0.218	0.346	3.186

由表1-10可见，1970~1996年黄河中游水土保持措施年均减沙3.186亿t，约为3.2亿t。从20世纪70、80、90年代(1990~1996年)各年代计算结果来看，黄河中游水土保持措施年均减沙量呈现出稳定增长的趋势：80年代比70年代年均减沙量增大了6.7%，90年代又比80年代增大了18.9%，比70年代增大了26.9%。黄河中游不同年代水土保持措施年均减沙量变化柱状图见图1-6。黄河中游各支流(区间)水土保持措施年均减沙量变化柱状图见图1-7。

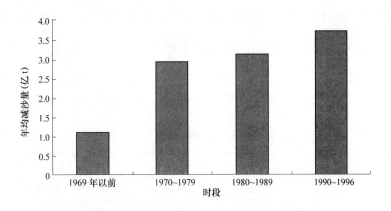

图1-6　黄河中游水保措施年均减沙量变化柱状图

(四)黄土高原水土保持措施减沙量

为全面反映黄土高原水土保持措施的减沙量，补充了河口镇以上区域水土保持措施减沙量计算结果，得到黄土高原水土保持措施减沙量见表1-11。

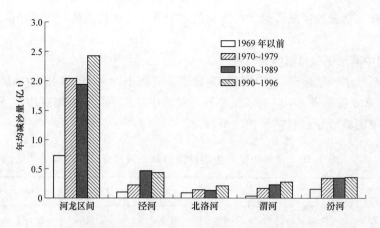

图 1-7　黄河中游各支流(区间)水保措施年均减沙量变化柱状图

表 1-11　黄土高原水土保持措施年均减沙量计算成果　　　(单位：亿 t)

时段	河口镇	河龙区间	泾河	北洛河	渭河	汾河	合计
1969 年以前	0.700	0.721	0.099	0.093	0.035	0.153	1.801
1970 ~ 1979	0.011	2.034	0.224	0.143	0.168	0.342	2.922
1980 ~ 1989	0.530	1.933	0.463	0.136	0.230	0.344	3.636
1990 ~ 1996	0.448	2.423	0.437	0.206	0.274	0.353	4.141
1970 ~ 1996	0.316	2.097	0.368	0.157	0.218	0.346	3.502

由表 1-11 计算结果可知，1970 ~ 1996 年，黄土高原水土保持措施年均减沙 3.502 亿 t，约为 3.5 亿 t。

综上分析，1970 ~ 1996 年，黄河中游水土保持措施年均减沙 3.2 亿 t，年均新增减沙量 2.1 亿 t；黄土高原水土保持措施年均减沙 3.5 亿 t，年均新增减沙量 1.7 亿 t。

三、黄河中游水利水土保持措施蓄水量

根据水利部水沙基金第二期项目研究，黄河中游水土保持措施(即梯、林、草、坝)蓄水量见表 1-12。其中河龙区间水土保持措施蓄水量包括了未控区蓄水量。

表 1-12　黄河中游水土保持措施年均蓄水量计算成果　　　(单位：亿 m³)

时段	不同区间蓄水量					蓄水量合计
	河龙区间	泾河	北洛河	渭河	汾河	
1969 年以前	1.958	0.184	0.161	0.145	0.348	2.796
1970 ~ 1979	4.676	0.298	0.310	0.579	1.188	7.051
1980 ~ 1989	4.860	0.592	0.227	1.364	1.826	8.869
1990 ~ 1996	5.827	0.573	0.418	1.425	8.120	16.363
1970 ~ 1996	5.043	0.478	0.307	1.090	3.221	10.139

由表 1-12 计算结果可知，1970～1996 年黄河中游水土保持措施年均蓄水约 10 亿 m^3，较 1969 年以前年均增加蓄水量 7.343 亿 m^3。其中，20 世纪 90 年代较 80 年代新增蓄水达 84.5%，远比 80 年代较 70 年代新增的 25.8%为大。尤其是汾河流域，20 世纪 90 年代年均新增蓄水量 8.12 亿 m^3，分别是 1969 年以前、70 年代、80 年代的 23.3 倍、6.8 倍和 4.4 倍。

另据统计，黄河花园口水文站 1950～2000 年多年平均径流量 400.5 亿 m^3，因此 1970～1996 年黄河中游纯水土保持措施年均蓄水量约占黄河花园口水文站多年平均径流量的 2.5%。水土保持措施拦蓄对黄河年径流量的影响甚微。

黄河中游水利措施(即水库、灌溉等)蓄用水量见表 1-13。其中河龙区间水利措施蓄用水量包括了未控区蓄用水量。

表 1-13　黄河中游水利措施年均蓄用水量计算成果　　　　　(单位：亿 m^3)

时段	不同区间蓄用水量					蓄用水量合计
	河龙区间	泾河	北洛河	渭河	汾河	
1969 年以前	3.076	3.544	0.114	8.502	9.713	24.949
1970～1979	3.826	6.288	2.650	22.226	12.169	47.159
1980～1989	4.385	5.439	2.371	22.702	9.993	44.890
1990～1996	4.650	5.800	3.056	25.682	8.181	47.369
1970～1996	4.246	5.847	2.652	23.299	10.329	46.373

由表 1-13 计算结果可知，1970～1996 年黄河中游水利措施年均蓄用水 46.373 亿 m^3，较 1969 年以前年均增加蓄用水量 21.424 亿 m^3。其中，20 世纪 90 年代较 80 年代新增蓄用水 5.5%，与 70 年代几乎持平。因此，黄河中游地区水利措施在各个年代蓄用水量变化不大。

综合以上分析结果，1970～1996 年黄河中游水利水土保持措施年均蓄用水量合计 56.512 亿 m^3，约占黄河花园口水文站 1950～2000 年多年平均径流量的 14%。

第二章　水土保持措施对暴雨洪水的影响研究

在特定的区域和一定的降雨条件下，洪水特征将主要取决于下垫面条件。黄河中游受人类活动影响，主要是 20 世纪 70 年代以来实施的大量水土保持措施，使流域下垫面发生了比较明显的变化，必将影响降雨——洪水关系；通过治理前、后对比，可以分析水土保持措施对洪水的影响。通过典型支流分析表明，水土保持措施对暴雨洪水的作用是有限的，且存在着明显的降雨阈值关系。

图 2-1、图 2-2 分别是皇甫川流域面平均降雨量、总降雨量和洪水总量关系；图 2-3、图 2-4 分别为皇甫川流域最大日降雨量、面平均降雨量与洪峰流量关系。可以看出，如以 1970 年作为流域治理前后的分界年份，则当降雨量小于 50 mm 时，1970 年以后的点据多数偏于下方，说明治理后相同降雨量对应的流域产洪量减小，水土保持措施有一定的减洪作用；降雨量大于 50 mm 时，1970 年前、后的点据混在一起，没有明显的单向变化趋势，看不出水土保持措施对洪水的影响，说明水土保持措施对暴雨的控制作用并不明显。因此，现状治理条件下皇甫川流域水土保持措施控制洪水的降雨阈值约为50 mm。

皇甫川流域基本为黄土丘陵沟壑区，地貌类型较为单一，流域面积只有 3 906 km²。为探索"流域治理对洪水的控制存在着降雨阈值关系"这一推论在地貌类型较为复杂的流域是否仍然成立，对地貌类型较为复杂且流域面积很大的泾河流域最大 1 日降雨量(面平均雨量)与年洪水量的关系进行了分析。

泾河流域总面积 45 421 km²，全流域可分为黄土丘陵沟壑区、黄土高塬沟壑区、土石山区、林区和黄土阶地区等 5 个地貌类型区。泾河流域历年面平均最大 1 日降雨量与张家山水文站年洪水总量、年最大洪峰流量的关系分别见图 2-5、图 2-6。

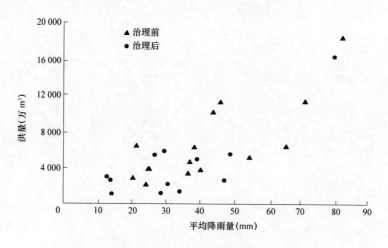

图 2-1　皇甫川流域面平均降雨量与洪水总量关系

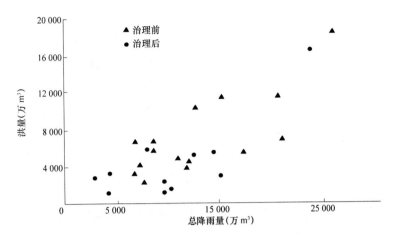

图 2-2　皇甫川流域总降雨量与洪水总量关系

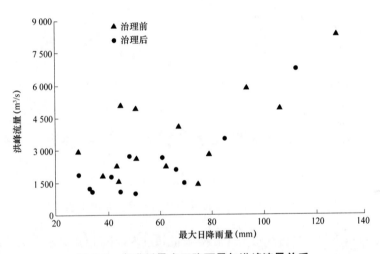

图 2-3　皇甫川最大日降雨量与洪峰流量关系

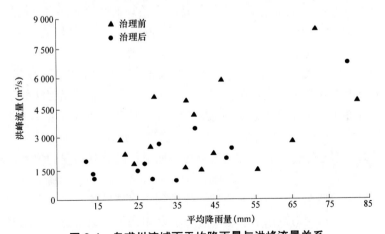

图 2-4　皇甫川流域面平均降雨量与洪峰流量关系

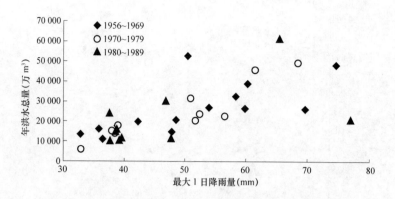

图 2-5　泾河流域最大 1 日降雨量与年洪水总量关系

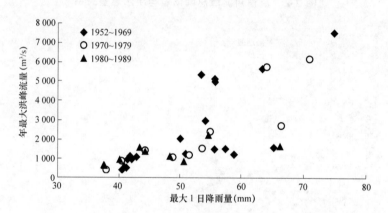

图 2-6　泾河流域最大 1 日降雨量与年最大洪峰流量关系

由图 2-5 可以看出，当流域最大 1 日降雨量超过 30 mm 以后，水土保持综合治理的效果已不明显，而且随着降雨量的增大，洪水还有增大现象。由图 2-6 可以看出，当流域最大 1 日降雨量超过 35 mm 以后，水土保持综合治理的削峰效果也不明显，而且只要超过最大 1 日降雨量 35 mm 这一阈值，不论是 3 000 m^3/s 以下洪峰流量还是 5 000 m^3/s 以上洪峰流量，水土保持综合治理的削峰效果均不明显。

马莲河是泾河的最大支流，流域面积 19 019 km^2，地貌类型以黄土丘陵沟壑区为主。其上游环江流域洪德水文站以上控制面积 4 640 km^2，是黄河中游粗泥沙的主要来源区之一。马莲河雨落坪水文站年洪水总量与流域最大 1 日降雨量的关系见图 2-7。

由图 2-7 也可以看出，当马莲河流域最大 1 日降雨量超过 35 mm 以后，治理前后的点据也混在一起，水土保持综合治理的效果也不明显；随着降雨量的增大，洪水也有增大现象。

因此，在地貌类型相对复杂的大流域，流域水土保持措施对暴雨洪水的控制作用也是有限的，并且流域治理对洪水的控制也存在着降雨阈值现象。对泾河流域而言，水土保持综合治理控制洪水的降雨阈值为 35 mm 左右。

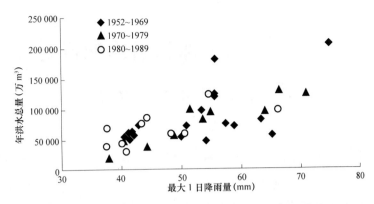

图 2-7　马莲河流域最大 1 日降雨量与年洪水总量关系

　　综合以上分析，在黄河中游地区，流域治理对洪水的控制存在着降雨阈值。降雨阈值的大小因流域而异，流域越大降雨阈值越小。根据目前对黄河中游典型支流的分析结果，皇甫川流域水土保持措施控制洪水的降雨阈值约为 50 mm；泾河流域水土保持综合治理措施控制洪水的降雨阈值约为 35 mm。

第三章 水土保持措施配置对减洪减沙影响的分析

一、不同类型水土保持措施的减洪减沙作用分析

由前文可知，河龙区间坝地年均减洪减沙比例最大，林地次之，梯田第三，草地最小。进一步分析可知，各流域之间由于其措施配置不同，相同类型的措施量大小不同，因而各流域同样措施的减洪减沙比例是有差异的。例如，泾河流域林地年均减洪减沙比例最大，草地年均减洪减沙比例最小；坝地减洪次之，梯田第三位；梯田减沙次之，坝地第三。北洛河流域坝地年均减洪比例最大，年均减沙比例次之，林地年均减沙比例最大，年均减洪比例次之，梯田年均减洪减沙比例位居第三，草地年均减洪减沙比例最小。渭河流域梯田年均减洪减沙比例最大，林地减洪次之，坝地第三，草地最小，坝地减沙次之，林地第三，草地最小。因此，不同类型的水土保持措施具有不同的减洪减沙作用。

图 3-1、图 3-2 是三川河流域的降雨—洪水关系。如果将其与地貌类型基本相似的皇甫川相比，结合前文可见，无论是洪峰流量或洪量，在相同最大日降雨条件下，自 20 世纪 70 年代治理以来，三川河流域各年代的削峰效果不断增加，尤其在日降雨量大于 35 mm 左右时，其削峰效果更为明显，而且降雨量大于 50 mm 左右时，仍能起到削峰减洪作用。这与皇甫川流域反映的规律是不同的。根据统计，在 20 世纪 90 年代初，三川河流域治理程度已达 33.1%，比皇甫川流域同期高 10% 以上。同时，水土保持措施配置体系也不尽相同，如三川河的工程措施面积比为 23.0%，比皇甫川同期多 20.2%。再者，三川河流域修建中型水库 2 座、小(一)型水库 2 座及小(二)型水库 5 座，控制面积达 708 km^2，占流域面积的 17.0%，其总库容为 3 312 万 m^3，而皇甫川流域主要在其支流十里长川有一些小型坝库，控制面积为 268 km^2，占流域面积的 8.4%，还难以起到显著的拦蓄作用。

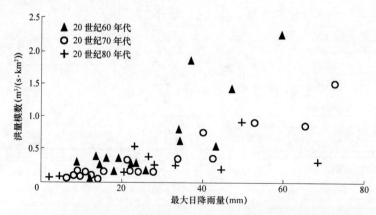

图 3-1　三川河流域最大日降雨量与洪量模数关系

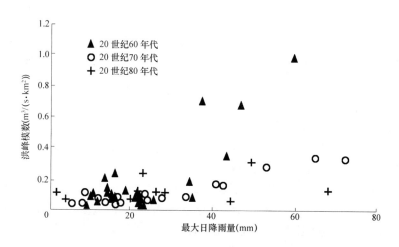

图 3-2　三川河流域最大日降雨量与洪峰模数关系

由此可见，皇甫川和三川河流域水土保持措施在控制洪水方面的差异，其主要原因是两个流域的治理程度以及水土保持治理措施配置体系的不同。综合前述分析知，生物措施仅在降雨量较低情况下才有可能起到一定的滞洪作用，要达到一定的蓄水效益，必须配置一定规模的工程措施(包括梯田、坝地、水库等)。姚文艺等从皇甫川和三川河的对比结果初步认为，坝库的控制面积不能低于10%。若低于10%，尽管其他措施治理程度较高，但对大暴雨洪水的控制作用仍不明显。

二、水土保持措施配置的减洪减沙效应

(一)不同水保措施配置的减沙效益分析

水土保持措施配置比是指某一单项水土保持措施保存面积与四大水土保持措施(梯田、林地、草地、坝地)总治理保存面积之比；水土保持措施减沙比是指某一单项水土保持措施减沙量占四大水土保持措施减沙总量的百分比。河龙区间水土保持措施配置比及减沙比计算成果见表3-1；不同年代水土保持措施配置比及减沙比柱状图分别见图3-3、图3-4。

表 3-1　河龙区间水土保持措施配置比(%)及减沙比(%)计算成果

时段	比例	梯田	林地	草地	坝地
1969 年以前	配置比	20.3	67.2	10.1	2.4
	减沙比	9.0	15.8	3.0	72.2
1970~1979	配置比	19.6	69.2	8.1	3.1
	减沙比	6.4	12.2	1.4	80.0
1980~1989	配置比	14.9	74.4	8.2	2.5
	减沙比	7.7	26.8	2.2	63.3
1990~1996	配置比	14.0	76.3	7.6	2.1
	减沙比	10.0	38.8	3.6	47.6

由此可以看出，自 20 世纪 70 年代开始，河龙区间水土保持措施的配置比从大到小依次是林地、梯田、草地及坝地；减沙比从大到小依次是坝地、林地、梯田和草地。其中梯田和坝地的配置比依时序下降，林地的配置比依时序逐步上升，草地的配置比依时序波动下降。

河龙区间水土保持措施的减沙比与配置比的关系比较复杂。就单项水土保持措施而言，梯田的配置比从 20 世纪 70 年代的 19.6%下降为 90 年代的 14.0%，下降了 5.6 个百分点，但对应的减沙比却由 70 年代的 6.4%上升为 90 年代的 10.0%，上升了 3.6 个百分点。减沙比与配置比呈相反的变化趋势，其原因可能是梯田的质量和标准不断提高，减沙能力增大。林地的配置比由 70 年代的 69.2%上升为 90 年代的 76.3%，上升了 7.1 个百分点，对应的减沙比由 70 年代的 12.2%上升为 90 年代的 38.8%，上升了 26.6 个百分点。林地减沙比与配置比成正比关系，减沙比增幅是配置比增幅的 3.75 倍，减沙作用比较明显。草地的减沙作用微弱。尽管草地的配置比在 90 年代比 70 年代下降 0.5%的情况下，对应的减沙比上升了 2.2%，但各年代减沙比最大值仅为 3.6%，仍在 4%以内。坝地的减沙比与配置比成正比关系，配置比从 70 年代的 3.1%下降为 90 年代的 2.1%，只下降了 1.0 个百分点，对应的减沙比却由 70 年代的 80.0%下降为 90 年代的 47.6%，下降了 32.4 个百分点。由此说明，坝地的减沙作用是非常大的；坝地配置比的较小变化能引起其减沙比的较大变化。

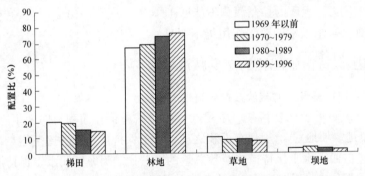

图 3-3　河龙区间不同年代水土保持措施配置比

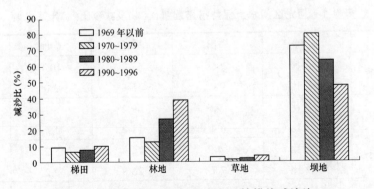

图 3-4　河龙区间不同年代水土保持措施减沙比

黄河中游河龙区间及泾河、北洛河、渭河流域等 3 条重要支流不同年代不同水土保持措施配置比例及对应的减洪减沙效益计算成果见表 3-2。由此可见，不同流域的水土保持措施配置比例各不相同，对应的减洪减沙效益有大有小，说明水土保持措施对洪水泥沙拦蓄作用的大小与措施配置有关，在现状治理条件下存在着措施配置的最大减洪减沙效应现象。进一步分析可知，最大减洪减沙效应所对应的措施配置比例视不同流域而有所不同。

河龙区间和泾河流域最大减洪减沙效益均出现在 20 世纪 80 年代；河龙区间最大减洪减沙效益对应的水土保持措施配置比例为梯田：林地：草地：坝地=14.9：74.4：8.2：2.5；泾河流域最大减洪减沙效益对应的水土保持措施配置比例为梯田：林地：草地：坝地=27.6：58.9：12.7：0.8。

北洛河和渭河流域最大减洪减沙效益均出现在 20 世纪 90 年代；两大支流最大减洪减沙效益对应的水土保持措施配置比例分别为梯田：林地：草地：坝地=17.0：67.0：14.4：1.6 和 34.2：50.6：15.0：0.2。

表 3-2 黄河中游不同水土保持措施配置比例及减洪减沙效益计算成果

区间 （支流）	时段	配置比例 （梯田：林地：草地：坝地）	减洪效益 (%)	减沙效益 (%)
河龙区间	1959~1969	20.3：67.2：10.1：2.4	5.8	5.3
	1970~1979	19.6：69.2：8.1：3.1	17	19.2
	1980~1989	14.9：74.4：8.2：2.5	25	32.3
	1990~1996	14.0：76.3：7.6：2.1	22.8	28.5
泾河	1959~1969	24.4：68.2：6.5：0.9	2	3.3
	1970~1979	30.0：61.9：7.3：0.8	3.6	8.3
	1980~1989	27.6：58.9：12.7：0.8	8	20.4
	1990~1996	29.2：55.8：14.3：0.7	6.2	14
北洛河	1959~1969	21.8：69.3：5.5：3.4	4.2	8.2
	1970~1979	20.1：71.5：5.3：3.1	10.2	15.3
	1980~1989	18.8：67.7：11.2：2.3	6.2	21.5
	1990~1996	17.0：67.0：14.4：1.6	11.8	20.5
渭河	1959~1969	22.2：72.9：4.7：0.2	0.4	1.9
	1970~1979	45.6：47.4：6.6：0.4	2.3	10.3
	1980~1989	36.6：49.9：13.2：0.3	3.5	16.7
	1990~1996	34.2：50.6：15.0：0.2	8.4	25.8

综合河龙区间及北洛河、大理河流域水土保持措施最优配置比例以上研究成果，取其平均值，则黄河中游多沙粗沙区现状治理条件下取得最大减沙效益的水土保持措施配置比例为梯田：林地：草地：坝地=16.7：71.4：9.5：2.4。

显然，流域不同，水土流失类型区不同，取得最大减洪减沙效益的水土保持措施配置比例也不同。在黄河中游地区现状治理条件下，水土流失类型区越多，取得最大减洪减沙效益的水土保持措施配置比例越大。

当然，表 4-2 所给出的最大减洪减沙效益及其对应的措施配置比例以及大理河流域相应研究成果并非理论上的最优值，而是依据现有治理模式下的相对值。关于理论上的配置最大效益问题有待进一步研究。

总之，水土保持措施配置比例不同，减沙效益不同，水土保持措施配置对流域的减洪减沙效益具有非常明显的影响。

(二)淤地坝配置比与减沙比的关系分析

河龙区间四大典型支流淤地坝配置比及减沙比计算成果见表 3-3；两者对应的柱状图分别见图 3-5、图 3-6。

表 3-3　河龙区间四大典型支流淤地坝配置比(%)及减沙比(%)计算成果

时段	比例	皇甫川	窟野河	无定河	三川河	平均
1969 年以前	配置比	1.8	1.3	1.8	4.6	2.38
	减沙比	40.7	55.8	76.7	68.8	60.5
1970~1979	配置比	2.6	1.5	2.4	4.4	2.73
	减沙比	43.3	52.9	84.1	85.1	66.4
1980~1989	配置比	2.6	1.2	1.9	3.9	2.40
	减沙比	57.2	42.1	62.5	74.9	59.2
1990~1996	配置比	3.5	1.1	1.6	3.3	2.38
	减沙比	64.2	42.9	32.9	67.2	51.8

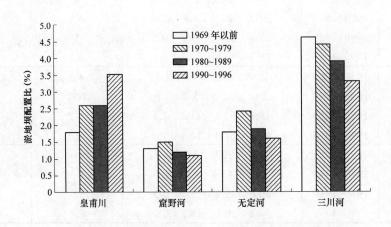

图 3-5　河龙区间四大典型支流不同年代淤地坝配置比

由此可知，从 20 世纪 70 年代开始，四大典型支流中只有皇甫川流域淤地坝的配置比和减沙比呈同步上升的趋势：90 年代与 70 年代相比，在淤地坝配置比增大 34.6%的情况下，减沙比相应增大了 48.3%，高出坝地配置比增幅 13.7 个百分点。坝地减沙比增幅明显大于其配置比增幅。其余三大典型支流淤地坝的配置比和减沙比均呈同步衰减的

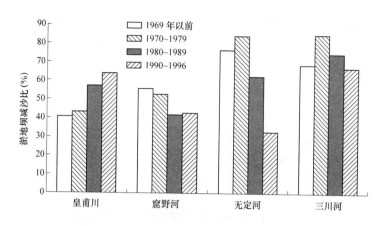

图 3-6　河龙区间四大典型支流不同年代淤地坝减沙比

趋势：90 年代与 70 年代相比，窟野河、无定河、三川河流域淤地坝配置比分别减小了26.7%、33.3%和25.0%，减沙比分别减小了18.9%、60.9%和21.0%。

从各支流淤地坝配置比与减沙比的关系看，皇甫川流域只要淤地坝配置比达到 2%以上，减沙比即可达到 40%，减沙效益明显；窟野河流域当淤地坝配置比达到 1%以上时，减沙比可以达到40%以上，减沙效益也十分明显；无定河流域当淤地坝配置比达到1.5%以上时，减沙比可以达到 30%以上；三川河流域当淤地坝配置比达到 4%左右时，减沙比可以达到 75%左右。显然，窟野河流域达到同样减沙比所需要的淤地坝配置比最低，三川河最高，皇甫川和无定河基本相当。1970～1996 年 27 年平均，当四大典型支流淤地坝配置比平均达到 2.5%时，淤地坝减沙比平均可以达到 60%。因此，淤地坝依然是四大典型支流减沙首选的水土保持工程措施。尤其是皇甫川流域，来自沙圪堵以上的水量占总来水量的 44.7%，沙量占总来沙量的 51.7%，是流域径流、泥沙尤其是粗泥沙的主要来源地。但淤地坝等主要水保措施都集中在黄土丘陵沟壑区的十里长川等地，纳林川沙圪堵以上的砒砂岩地区由于治理难度较大，水保措施尤其是坝库工程较少。当淤地坝建设的重点从十里长川转移到纳林川沙圪堵以上后，其减沙作用尤其是减少粗泥沙的作用将更为明显，拦减粗泥沙潜力巨大。

此外，根据表 3-1 的计算成果进一步分析可知，当河龙区间坝地的配置比保持在 2%左右时，其减沙比即可保持在45%以上。因此，为有效、快速地减少入黄泥沙，河龙区间水土保持措施应采用以淤地坝为主的工程措施与坡面措施相结合的综合配置模式；淤地坝的配置比应保持在 2%以上。河龙区间淤地坝配置比的下限应为 2%。

河龙区间及其四大典型支流淤地坝配置比与减沙比关系见图 3-7。虽然两者相关性较差，但其正比变化趋势明显。

(三)典型支流不同水保措施配置的减沙效益分析

1. 无定河流域水保措施配置的减沙效益分析

无定河流域总面积 30 261 km²，水土流失面积 23 137 km²。干流把口站为白家川水文站，控制流域面积 29 662 km²，占流域面积的 98.02%。据白家川水文站 1956～1996年实测资料统计，流域多年平均降水量 409.1mm，多年平均径流量 124 926 万 m³，多年平均输沙量 13 198 万 t。无定河流域各时段平均水土保持措施面积及配置比见表 3-4。

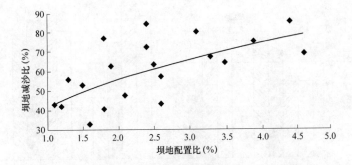

图 3-7 河龙区间淤地坝配置比与减沙比关系

表 3-4 无定河流域各时段平均水土保持措施面积及配置比

时段	措施面积(hm²)				各项措施配置比 (梯田：林地：草地：坝地)
	梯田	造林	种草	坝地	
1956~1969	9 155	54 997	27 595	2 306	9.8 : 58.3 : 29.4 : 2.5
1970~1979	38 767	114 408	76 205	11 689	16.0 : 47.6 : 31.6 : 4.8
1980~1989	57 148	277 317	145 138	17 288	11.5 : 55.7 : 29.3 : 3.5
1990~1996	89 392	447 323	184 410	21 669	12.0 : 60.2 : 24.9 : 2.9

无定河流域不同时段水土保持措施减沙量计算采用"黄土高原水土保持对水资源和泥沙影响评价方法研究"中的方法，根据不同类型区不同水土保持措施的减沙指标，经计算，不同时段各项水土保持措施减沙效益见表 3-5。

表 3-5 不同时段各项水土保持措施减沙效益

时段	水土保持措施 减沙效益(%)	各项水土保持措施减沙所占比例(%)			
		梯田	造林	种草	坝地
1956~1969	14.3	3.0	4.7	2.8	89.5
1970~1979	41.9	4.8	3.7	3.0	88.5
1980~1989	49.7	6.8	9.2	5.3	78.7
1990~1996	33.2	14.9	21.5	8.8	54.8

从表 3-5 可以看出，随着不同时段水土保持措施配置的变化，各时段水土保持措施减沙效益也随之发生改变，其中 1980~1989 年水土保持措施减沙效益最大，达到 49.7%；淤地坝是水土保持减沙的关键措施，各项水土保持措施减沙效益中，以淤地坝减沙效益所占比例为最大，各时段均在 50%以上，但 1989 年后明显下降。其主要原因是 1994 年暴雨中淤地坝水毁比较严重，减沙效益下降。

从白家川站不同时段年平均降水量、径流量和输沙量关系分析看，在年平均降水量接近、治理措施面积逐渐增加的情况下，1980~1989 年输沙量最小，1990~1996 年的输沙量反而呈现增加趋势，水土保持措施的作用存在一定程度减弱，反映了水土保持措施配置比例在 1980~1989 年是较合理的。白家川站不同时段年平均要素变化见表 3-6。

表 3-6　白家川站不同时段年平均要素变化

时段	降水量(mm)		径流量(万 m³)		年输沙量(万 t)
	6~9 月	年	6~9 月	年	
1956~1969	325.5	450.9	69 744	153 964	21 744
1970~1979	296.3	389.3	48 986	121 074	11 593
1980~1989	285.8	384	37 275	103 616	5 268
1990~1996	282.6	389.7	42 175	99 940	9 730

根据对无定河流域白家川站不同时段泥沙粒径组成的分析，1960~1969 年白家川泥沙粒径大于 0.025 mm 和大于 0.05 mm 的泥沙年均输沙量分别为 12 838 万 t 和 6 567.4 万 t，1970 年后随着水土保持措施面积的不断增加和配置的变化，粒径大于 0.025 mm 和大于 0.05 mm 的泥沙年均输沙量逐渐下降，1980~1989 年年均输沙量降至最低，分别为 3 341.2 万 t 和 1 655.8 万 t，1990 年后又有所回升。从这一结果可以看出，不同时段水土保持措施配置与泥沙组成也具有一定的相关关系，总体呈现出泥沙细化的趋势。其中，1980~1989 年水土保持措施配置下的拦减粗泥沙效益最大。

2. 清涧河流域水保措施配置及减沙效益分析

清涧河流域总面积 4 080 km²，水土流失面积 4 006 km²。干流上游设有子长水文站，控制流域面积 913 km²；流域把口站为延川水文站，控制流域面积 3 468 km²。据延川水文站 1954~1969 年实测资料统计，流域多年平均年降水量 497 mm，平均年径流量 15 495 万 m³，平均年输沙 4 767 万 t。清涧河流域各年代末水土保持措施面积及配置比见表 3-7。

表 3-7　清涧河流域各年代末水土保持措施面积及配置比

年份	措施面积(hm²)					各项措施配置比 (梯田：林地：草地：坝地)
	梯田	林地	草地	坝地	合计	
1959	707	1 667	30	233	2 637	26.8：63.2：1.1：8.9
1969	4 767	6 190	390	1 340	12 687	37.6：48.8：3.1：10.5
1979	10 753	14 503	883	3 723	29 862	36.0：48.6：2.9：12.5
1989	16 680	74 007	2 997	5 297	98 981	16.8：74.8：3.0：5.4
1996	18 510	82 043	3 247	5 310	109 110	17.0：75.2：3.0：4.8

根据对 1956~1996 年清涧河流域水土保持措施减沙量计算结果的分析发现，各年代水土保持措施减沙效益相比较，以 1980~1989 年减沙效益最大；各项水土保持措施减沙量相比较，1970~1979 年淤地坝减沙量最大，与该年代大规模修建淤地坝有关；随着 1989 年后梯田、造林总面积的增加和淤地坝拦泥库容的迅速减小，梯田、造林措施减沙所占比例明显增加，淤地坝的减沙作用明显变小。清涧河流域各项水土保持措施减沙比

例见表 3-8。

表 3-8   清涧河流域各项水土保持措施减沙比例

时段	水土保持措施减沙效益(%)	各项水土保持措施减沙所占比例(%)			
		梯田	林地	草地	坝地
1956~1969	9.1	6.7	7.4	0.3	85.6
1970~1979	23.5	7.1	6.8	0.4	85.7
1980~1989	40.8	7.9	21.8	0.8	69.5
1990~1996	15.8	17.3	68.0	2.3	12.4

由此可见，进入 20 世纪 90 年代以后，清涧河流域水土保持措施减沙效益及各项水土保持措施减沙所占比例出现突变现象：1990～1996 年与 1980～1989 年相比，水土保持措施整体减沙效益下降了 25%，淤地坝减沙所占比例下降了约 57%，而林地减沙所占比例则上升了约 46%。出现突变的原因主要是 90 年代清涧河流域实测洪水输沙量比 80 年代增大了近 3 倍；90 年代林地配置比例比 80 年代上升了 0.4%，而坝地配置比例却下降了 0.6%。这样，林地减沙作用突出，而坝地减沙作用的急剧下降，最终导致流域水土保持措施整体减沙效益明显降低。因此，淤地坝保存面积的多少及减沙作用的大小在流域水土保持措施总体减沙效益中起着决定性的作用。坝地保存面积能否提高是流域水土保持措施减沙效益能否迅速增大的关键所在。

输沙量的变化受降水影响较大，但也与水土保持措施配置密切相关。从延川站不同时段年平均降水量、径流量、输沙量关系分析，在年平均降水量接近、治理措施面积逐渐增加的情况下，1980～1989 年径流量、输沙量最小，1990～1996 年的径流量和输沙量明显增大，水土保持措施的减沙作用则明显减弱，也反映了水土保持措施配置比例在 1980～1989 年是较合理的。

清涧河流域洪水皆由暴雨形成，计算子长水文站洪峰流量大于 1 000 m³/s 的较大暴雨径流系数可知，1970～1979 年暴雨径流系数有所减少，特别是 1977 年 7 月 6 日流域平均雨量 140.4 mm，较"02·7"流域平均雨量 105.4 mm 还大，但由于当时有较大的拦蓄库容，尽管也发生了水毁，而径流系数只有 0.1，说明水土保持措施仍有较大的拦蓄作用，水土保持措施配置也是合理的；1990～1999 年径流系数虽有增大，但仍小于天然状态下的径流系数。而 2002 年的暴雨径流系数明显增大，特别是"02·7·4"暴雨径流系数达 0.63，为子长水文站历次暴雨径流系数的最大值，说明水土保持措施拦蓄作用在遇到大暴雨时明显衰减。

第四章 河龙区间水土保持参数
与减沙效益关系分析

在以往黄河中游水土保持措施减水减沙作用研究中，侧重于各单项水土保持措施减沙效果的分析和计算成果的综合评价，对水土保持措施相关参数与水利水土保持措施减沙效益关系研究较少。为此，根据长期从事黄河中游水沙变化研究工作积累的资料，对以上问题进行了研究，以期对黄河中游水土保持生态建设提供科学依据。

一、研究区域概况

河龙区间晋西北片系指山西省吕梁山脊西部、河龙区间东部的广大地区，包括绝大部分属于内蒙古的浑河流域。该区总面积约 2.93 万 km²，其中水土流失面积 1.774 万 km²。除浑河、偏关河、县川河、朱家川、岚漪河、蔚汾河、湫水河和三川河等 8 条支流控制的 2.17 万 km² 区域，还有 7 577 km² 的未控区。晋西北片多年平均(1956～1996 年)径流量 7.7 亿 m³，多年平均输沙量 1.132 亿 t，分别占河龙区间对应的多年平均径流量和多年平均输沙量的 13.7%和 15.5%。

河龙区间陕北片包括黄河北干流右岸的清涧河、无定河、佳芦河、秃尾河、窟野河、孤山川、皇甫川等 7 条较大的入黄一级支流，流域总面积约 5.2 万 km²，其中水文站控制面积约 5.06 万 km²；未控区面积 8 700 km²。研究区域面积合计 6.07 万 km²，水土流失面积 5.051 万 km²。陕北片多年(1954～1996 年)平均径流量 27.64 亿 m³，多年平均输沙量 3.994 5 亿 t，占河龙区间对应的多年平均径流量的 49.2%、多年平均输沙量的 54.7%。

二、河龙区间坝库参数与减沙效益关系

(一)晋西北片坝库参数与减沙效益关系

晋西北片 8 条支流坝库控制面积比与减沙效益关系见图 4-1。

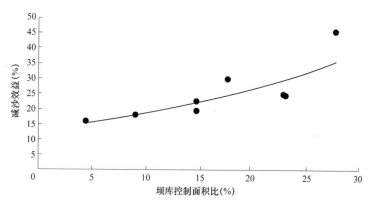

图 4-1　晋西北片坝库控制面积比与减沙效益关系(1970～1989 年)

由图 4-1 可知，随着坝库控制面积比的增大，减沙效益呈增大趋势，两者为正相关关系。当坝库控制面积比 $x=10\%$ 时，减沙效益 $y=18.7\%$；当 $x=0$ 时，y 约为 13.0%。说明晋西北片若没有坝库工程，则水土保持坡面治理措施和水利措施年均减沙效益的下限值累计约为 13%。

晋西北片 8 条支流坝库单位面积库容与减沙效益关系见图 4-2。

由图 4-2 可知，随着坝库单位面积库容的增大，减沙效益也呈增大趋势，两者仍为正相关关系。

当坝库单位面积库容 $x=1$ 万 m^3/km^2 时，减沙效益 $y=22.5\%$；当 $x=2$ 万 m^3/km^2 时，y 为 32.3%。说明晋西北片坝库单位面积库容每提高 1 万 m^3/km^2，减沙效益即可提高约 10%。

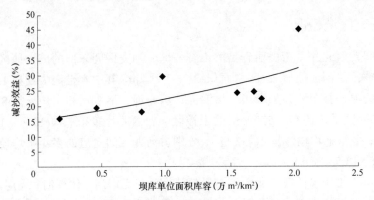

图 4-2 晋西北片坝库单位面积库容与减沙效益关系(1970～1989 年)

(二)陕北片坝库参数与减沙效益关系

陕北片 7 条支流坝库控制面积比与减沙效益关系见图 4-3。随着坝库控制面积比的增大，减沙效益也明显增大，两者为正相关关系。减沙效益的增幅基本上与坝库控制面积比的增幅同步，说明只要提高坝库控制面积比，各支流减沙效益将迅速增大。

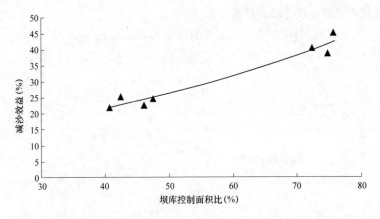

图 4-3 陕北片坝库控制面积比与减沙效益关系(1970～2004 年)

陕北片 7 条支流坝库单位面积库容与减沙效益关系见图 4-4。两者呈很好的线性正相关关系。要使陕北片水土保持综合治理减沙效益达到20%以上，除了配置相应的坡面治理措施，坝库单位面积库容应在 6 万 m³/ km² 以上。

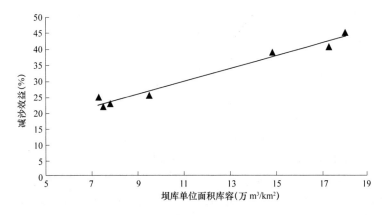

图 4-4　陕北片坝库单位面积库容与减沙效益关系(1970～2004 年)

根据综合分析结果，在水土流失特别严重的陕北片，要使流域水土保持综合治理减沙效益达到 20%(佳芦河以南支流)～40%(佳芦河以北支流)，同时控制一次 100 mm 降雨量对应的洪水，除了配置相应的坡面治理措施，坝库单位面积库容应达到 6 万(佳芦河以南支流)～16 万 m³/ km²(佳芦河以北支流)。

三、河龙区间水土流失治理度与减沙效益关系

河龙区间各支流水土流失治理度与减沙效益关系如图 4-5 所示。

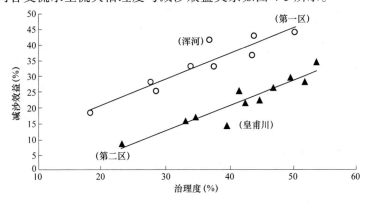

图 4-5　河龙区间各支流水土流失治理度与减沙效益关系(1970～1996 年)

由图 4-5 可以看出，河龙区间各支流水土流失治理度与减沙效益关系明显分为两个区：

第一区(减沙效益高值区)：包括无定河、清涧河、延河、浑河、朱家川、湫水河、三川河、屈产河和昕水河等 9 条支流，该区水土流失治理度与减沙效益关系十分密切。

第二区(减沙效益低值区)：包括皇甫川、孤山川、窟野河、秃尾河、佳芦河、汾川河、仕望川、偏关河、县川河、岚漪河、蔚汾河等 11 条支流，该区水土流失治理度与减

沙效益关系比第一区更为密切。说明减沙效益对水土流失治理度响应的敏感程度更高。

河龙区间水土流失治理度与减沙效益两者呈正相关关系，治理度越高，减沙效益越大。图4-5中的两条直线近似平行(斜率基本相等)，说明两个区单位治理度的减沙效益基本相等；第二区的治理难度大于第一区。

综合以上分析结果，得到以下初步认识：

(1)减沙效益的大小与坝库单位面积库容存在定量关系。在黄河中游粗泥沙集中来源区现状治理条件下，要使水土保持综合治理减沙效益达到20%以上，除了配置相应的坡面治理措施，坝库单位面积库容应在 6 万 m^3/km^2 以上。要实现 40%左右的减沙效益，坝库单位面积库容应达到 16 万 m^3/km^2 以上。

(2)河龙区间水土流失治理度与减沙效益呈正相关关系，治理度越高，减沙效益越大。两者关系可以明显分为减沙效益高值区和减沙效益低值区等两个区，其单位治理度的减沙效益基本相等。当减沙效益低值区的治理度小于15%时，基本没有减沙效益。"两川两河"要想取得 10%以上的减沙效益，治理度至少应在 30%以上。

第五章 水土保持措施调控泥沙级配的功能分析

一、水土保持综合治理调控泥沙级配的功能分析

黄河中游粗泥沙集中来源区支流及干流治理前后泥沙粒径变化见表 5-1。

表 5-1 粗泥沙集中来源区支流及干流治理前后泥沙粒径变化情况

河流	水文站	治理前 d_{50}(mm)	治理后 d_{50}(mm)	治理前 d_{cp}(mm)	治理后 d_{cp}(mm)
皇甫川	皇甫	0.066 0	0.053 8	0.156 0	0.137 3
孤山川	高石崖	0.045 3	0.035 4	0.066 6	0.056 4
窟野河	温家川	0.078 3	0.049 0	0.089 7	0.108 5
秃尾河	高家川	0.094 8	0.064 5	0.158 1	0.126 3
佳芦河	申家湾	0.042 2	0.041 0(0.034 4)	0.060 8	0.091 9 (0.059 5)
无定河	白家川	0.035 8	0.031 8	0.052 0	0.046 5
清涧河	延川	0.031 7	0.026 8	0.041 6	0.035 2
延河	甘谷驿	0.032 4	0.028 1	0.057 5	0.048 3
黄河	府谷	0.025 9	0.022 9	0.039 9	0.042 5
黄河	吴堡	0.028 8	0.029 0	0.047 2	0.044 6
黄河	龙门	0.032 4	0.026 5	0.053 6	0.038 0

注：①表中资料系列截至 2004 年。佳芦河申家湾水文站括号内为截至 1989 年的资料。表中部分数据来自韩鹏等。
②d_{50} 代表中值粒径，d_{cp} 代表平均粒径。泥沙颗粒级配资料系列中 1980 年以前的"粒径计法"资料已全部改正为"吸管法"资料。

由表 5-1 统计结果可以看出，实施水土保持综合治理后(一般以 1970 年为界)，泥沙中值粒径明显变细。泥沙粒径变化以皇甫川、窟野河、秃尾河等 3 条支流最为明显。根据分析，水土保持是可能导致河流泥沙变细的主要因素。河龙区间实施的水土保持措施主要有梯田、林草、淤地坝，水利措施主要是水库和灌区。水土保持措施通过增大地面糙率、减缓坡度，使得水流侵蚀和输沙能力降低，从而起到减沙效果。不仅如此，各支流上的大小水库和淤地坝大多具有明显的拦减粗泥沙和排放细泥沙的作用，这些水利水土保持措施的综合作用最终使进入河流的泥沙变细。

黄河中游河龙区间干流及部分支流水文站实施水土保持措施前(1970 年以前)、实施水土保持措施后(1970~2004 年)长时段的粒径变化对比见图 5-1。可以看出，绝大部分流域实施水土保持综合治理后的泥沙中值粒径和平均粒径同时变细。而窟野河温家川水文站控制流域实施水保治理后，由于开矿等人为新增水土流失导致泥沙平均粒径变粗。佳芦河申家湾水文站进入 20 世纪 90 年代后，可能由于开矿和特大暴雨的共同影响，中值粒径由 0.034 4 mm 增大到 0.041 0 mm；平均粒径由 0.059 5 mm 增大到 0.091 9 mm，急剧变粗。

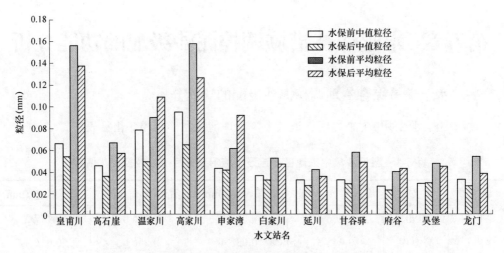

图 5-1　粗泥沙集中来源区及干流泥沙粒径变化对比

综合以上分析，可以得到如下结论：实施水土保持综合治理后，粗泥沙集中来源区绝大部分支流及干流水文站的泥沙中值粒径和平均粒径同时变细，说明水土保持措施具有"拦粗排细"功能。但大规模的开矿等开发建设能使入黄泥沙粒径明显变粗。

二、淤地坝拦粗排细功能分析

对黄河中游 54 座淤地坝的钻探取样颗分资料分析表明，淤地坝对泥沙淤积具有分选作用。坝前泥沙粒径小于坝尾泥沙粒径，而且泥沙粒径越粗，坝前、坝尾差别越大，分选越明显。同时，淤地坝有一定的淤粗排细功能。在淤地坝对泥沙的分选作用下，到达坝前的泥沙粒径小于坝尾泥沙粒径，对于排洪运用的淤地坝，排出的泥沙粒径相对较细，从而起到了淤粗排细的作用。

图 5-2 是取样的淤地坝淤积泥沙的平均颗粒级配曲线。可以看出，坝前淤积泥沙颗粒级配曲线位于下方，表明坝前淤积泥沙颗粒较坝尾细。

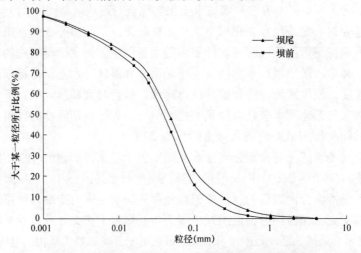

图 5-2　坝前、坝尾淤积泥沙的平均颗粒级配曲线

图 5-3 是坝前和坝尾不同粒径级所占比例变化情况，可以看出，小于 0.1mm 的泥沙所占比例，坝前大于坝尾；大于 0.1 mm 的泥沙所占比例，坝前小于坝尾。

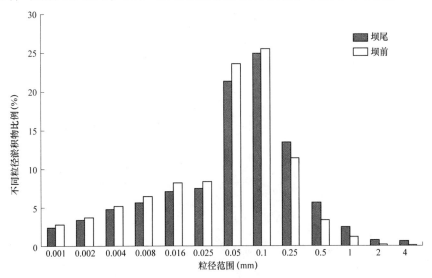

图 5-3　不同粒径级所占比例变化情况

图 5-4 是坝前、坝尾不同平均粒径组的泥沙粒径级配曲线。经对比可以看出：在 $d \geqslant 0.3$ mm 的情况下，坝前、坝尾泥沙粒径级配差别较大，坝前泥沙粒径明显小于坝尾泥沙粒径；随着 d 的减小，坝前、坝尾泥沙粒径级配差别越来越小；当 $d \leqslant 0.05$ mm 时，两条级配曲线几乎重叠，说明坝前、坝尾泥沙粒径无明显差别。

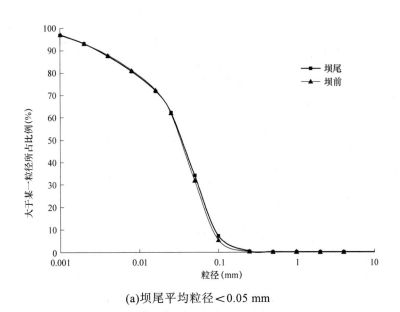

(a)坝尾平均粒径＜0.05 mm

图 5-4　不同坝尾平均粒径的坝前、坝尾泥沙粒径级配曲线

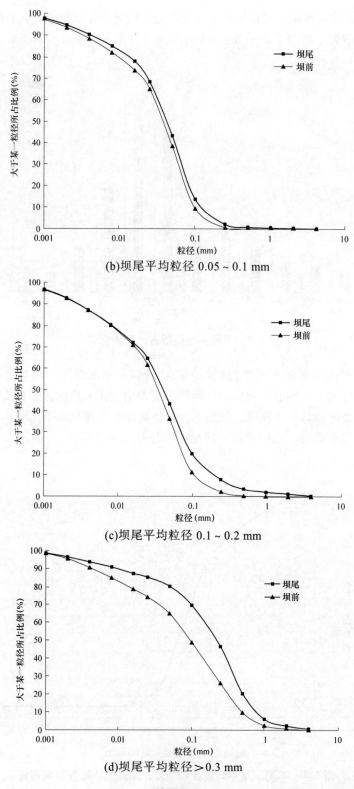

(b)坝尾平均粒径 0.05 ~ 0.1 mm

(c)坝尾平均粒径 0.1 ~ 0.2 mm

(d)坝尾平均粒径＞0.3 mm

续图 5-4

表 5-2 是不同泥沙粒径组成条件下坝前、坝尾泥沙中值粒径和平均粒径对比情况，可以看出，对于相同的淤地坝，坝尾的中值粒径、平均粒径均大于坝前；对于不同的淤地坝，随着泥沙粒径的变细，坝前、坝尾泥沙中值粒径和平均粒径的差别均明显减小。

表 5-2　坝前、坝尾泥沙中值粒径和平均粒径对比　　　　（单位:mm）

坝尾平均粒径	中值粒径		平均粒径	
	坝尾	坝前	坝尾	坝前
≥0.3	0.234	0.123	0.381	0.210
0.2 ~ 0.3	0.089	0.070	0.234	0.093
0.1 ~ 0.2	0.052	0.041	0.127	0.053
0.05 ~ 0.1	0.044	0.039	0.065	0.047
≤0.05	0.035	0.034	0.043	0.040

三、典型支流淤地坝的拦粗排细作用分析

皇甫川和无定河同是黄河中游水土流失治理的重点支流，但由于地质条件的差异，两个流域的来沙组成也有一定差别。皇甫川流域砒砂岩面积比重大，侵蚀产沙粒径粗，多年(1966 ~ 1997 年)输沙平均粒径为 0.16 mm，多年平均悬沙粒径大于 0.05 mm 的粗泥沙占总沙量的百分比为 46.0%，在河龙区间诸多支流中来沙组成最粗。无定河流域地面物质组成以黄土为主，多年(1966 ~ 1997 年)输沙平均粒径仅为 0.05 mm，多年平均悬沙粒径大于 0.05 mm 的粗泥沙占总沙量的百分比为 32.2%。因此，选取皇甫川和无定河来分析不同产沙条件下淤地坝的拦粗排细作用。

根据皇甫川和无定河流域内坝前、坝尾泥沙粒径级配曲线，可以看出皇甫川流域内坝前泥沙粒径细化较明显，说明坝地对泥沙粒径的分选作用较大；无定河流域内坝前泥沙粒径也有细化趋势，但不太明显，说明坝地对泥沙粒径的分选作用较小。因此，来沙组成越粗，坝地对泥沙粒径的分选作用越明显。

表 5-3 为皇甫川皇甫站 7 ~ 8 月泥沙粒径变化统计结果，可以看出，粒径<0.025 mm 的泥沙所占全沙比例由 20 世纪 60 年代的 34.96%增加到 90 年代的 52.67%；粒径 0.025 ~ 0.05 mm 的泥沙所占全沙比例由 20 世纪 60 年代的 15.56%减少到 90 年代的 12.48%；粒径>0.05 mm 的泥沙所占全沙比例由 20 世纪 60 年代的 49.48%减少到 90 年代的 34.85%。说明输沙量中粗颗粒泥沙所占比例减小，细颗粒泥沙所占比例增大。相应地，治理后河道悬移质泥沙中值粒径和平均粒径都有所减小。因此，淤地坝在来沙组成很粗的流域具有明显的拦粗排细作用。

表 5-4 是无定河流域治理前后各断面的悬移质泥沙粒径变化情况(资料系列截至 1989 年)。根据姚文艺等的分析，悬移质泥沙级配变化的原因可能与无定河流域修建大量的淤地坝有关。20 世纪 70 年代，无定河流域淤地坝建设发展很快，10 年内形成坝地面积达 11 300 hm²。相应地，上游产生的粗泥沙会首先沉积在坝区内，输送到下游的细颗粒泥沙就相对增加，悬移质泥沙的中值粒径就会变细。而干流的川口站泥沙中值粒径

稍有增粗，是由于在拦粗排细作用下支流进入干流的泥沙粒径变细，增大了水流的挟沙能力，使得干流河床发生冲刷。因此，大量的淤地坝等沟道工程措施的建设，导致无定河入黄泥沙粒径变细，说明淤地坝在来沙组成较细的流域同样具有拦粗排细的作用。

表 5-3 皇甫川皇甫站 7~8 月泥沙粒径统计结果

时段	平均输沙量（万 t）	各粒径组泥沙比例(%)			中值粒径（mm）	平均粒径（mm）
		<0.025 mm	0.025~0.05 mm	>0.05 mm		
1966~1969	2 928.16	34.96	15.56	49.48	0.059	0.152
1970~1979	2 822.06	39.50	15.05	45.45	0.059	0.132
1980~1989	1 989.64	41.61	15.17	43.22	0.051	0.127
1990~1995	1 027.16	52.67	12.48	34.85	0.030	0.104

表 5-4 无定河流域治理前后各断面悬移质泥沙粒径变化情况

控制断面	治理前中值粒径 d_{50}(mm)	治理后中值粒径 d_{50}(mm)
川口(干流)	0.035	0.038
赵石窑(干流)	0.049	0.044
绥德(大理河)	0.044	0.044
李家河(小理河)	0.044	0.038

综合以上分析，由于皇甫川流域治理前后的泥沙级配变化比无定河更加明显，因此，流域产沙越粗，淤地坝拦粗排细效果越明显。

四、坝地淤积物粒径空间变化规律研究

选择淤地坝建设历史较早的陕北韭园沟流域进行淤地坝淤积物采样分析。通过野外调查，考虑淤地坝的控制面积大小、放水工程类型以及是否受上游淤地坝影响等因素，在众多淤地坝中选择了 8 座代表性的淤地坝进行取样和分析后，得到如下主要结论：

(1)在垂直剖面上，淤地坝堆积物表现为颗粒较粗的粉土层与颗粒较细的黏土层相间分布，具有一定沉积层理。特别是在控制面积较大或者排水不畅的淤地坝坝前，厚薄不一的粉土层与黏土层相间分布更加明显。

(2)淤地坝淤积物的颗粒级配在水平方向上存在明显的差异，表现为上游较下游粗，下游粗泥沙明显减少。说明淤地坝具有明显的"淤粗排细"作用。

(3)具有同样放水工程的淤地坝，控制面积大的较控制面积小的淤积物细；无放水工程的淤地坝属于全拦全蓄"闷葫芦"坝，坝前黏土层厚度较大；缺口坝同样具有"淤粗排细"的作用。

第六章 结 论

(1)水土保持综合治理减沙作用远大于降雨影响。根据前述研究成果，1970～1996年，黄河中游水土保持措施年均减沙 3.2 亿 t；较 20 世纪 50～60 年代年均新增减沙量约 2.1 亿 t。黄土高原水土保持措施年均减沙 3.5 亿 t；较 20 世纪 50～60 年代年均新增减沙量约 1.7 亿 t。黄河中游地区自 1970 年实施大规模水土保持综合治理以来的近 30 年间，因人类活动与降雨影响的双重作用，输沙量明显减少；人类活动与降雨影响减沙之比为 6.5：3.5。因此，在多年平均情况下，黄河中游水土保持综合治理减沙占主导地位，其减沙作用远大于降雨影响。

(2)水土保持措施对洪水泥沙的控制作用存在着降雨阈值关系。根据皇甫川流域水土保持措施对洪水的影响分析，降雨量大约小于 50 mm 时，水土保持措施具有一定的减洪作用；降雨量大于 50 mm 时，水土保持措施对洪水的影响不明显。水土保持措施在高强度暴雨下的滞洪作用较小，产流状况仍主要取决于降雨因子。发生中小洪水或较大洪水时，水土保持措施有一定的削峰作用；若遇大洪水，则对洪峰流量起不到控制作用。在地貌类型相对复杂且面积很大的泾河流域，水土保持措施对暴雨洪水的控制作用也是有限的。当降雨量大于 35 mm 时，水土保持措施对洪水的控制也不明显。

(3)水土保持措施对洪水泥沙拦蓄作用的大小与措施配置密切相关，存在着措施配置的最大减洪减沙效应现象。

流域治理效应是一种非线性的高阶响应过程，不同水土保持措施配置体系对应的流域治理效益差异很大。因此，流域治理效应与水土保持治理措施配置密切相关。对于皇甫川、三川河等典型支流及河龙区间的平均情况来说，当淤地坝坝地配置比<2%时，流域治理的减沙效益很低；若坝库控制面积小于流域面积的 10%，尽管其他措施的治理度达到 45%左右，但对于面平均降雨量>35 mm、最大日降雨量>50 mm 的暴雨洪水，流域治理措施体系的控制作用仍不明显。

根据以往研究，黄河中游地区以坝库工程为主的流域，其蓄水减沙效益都比较明显，而且减沙效益的大小与水土保持措施配置密切相关。不同流域取得最大减沙效益的水土保持措施配置比例不同；配置比例最小的单项措施也不同。因此，黄河中游地区水土保持措施治理体系存在着配置的优化问题和措施配置的最大减洪减沙效应现象。

(4)淤地坝具有"淤粗排细"的作用；产沙越粗的地区淤地坝"淤粗排细"的作用越明显。利用水土保持措施尤其是淤地坝的"淤粗排细"功能进行黄河流域水沙调控，对有效减少入黄粗泥沙、实现黄河下游"河床不抬高"将起到积极的作用。

第七章 建 议

(1)根据前述研究成果，1970～1996年，黄河中游纯水土保持措施年均减沙3.2亿t；黄土高原纯水土保持措施年均减沙3.5亿t。黄河中游多沙粗沙区现状治理条件下取得最大减沙效益的水土保持措施配置比例为梯田：林地：草地：坝地=16.7：71.4：9.5：2.4。黄河中游地区自1970年实施大规模水土保持综合治理以来的近30年间，因人类活动与降雨影响的双重作用，输沙量明显减少；人类活动与降雨影响减沙之比为6.5：3.5。因此，黄河中游水土保持综合治理减沙仍占主导地位，成效显著。应继续大力加强黄河中游水土保持工作，强力推进粗泥沙集中来源区水土保持综合治理，参考现状治理条件下水土保持措施配置比例进行黄河中游多沙粗沙区水土保持综合治理措施的实施与配置。河龙区间水土保持措施应采用以淤地坝为主的工程措施与坡面措施相结合的综合配置模式；淤地坝的配置比应保持在2%以上。

(2)集中治理河龙区间粗泥沙集中来源区。根据实测资料分析，1997～2005年与1970～1996年相比，河龙区间干流只有府谷水文站实测泥沙中值粒径和平均粒径呈减小趋势，吴堡和龙门两大水文站实测泥沙中值粒径和平均粒径均呈增大趋势。说明河龙区间已经治理地区的泥沙组成较细，减少的泥沙中相对较细的泥沙居多，已经治理的重点还不在粗泥沙集中来源区；人为新增水土流失还比较严重。因此，河龙区间自1997年开始实施大规模水土保持生态工程建设以来，虽然减沙成效显著，但吴堡至龙门区间水土保持措施减少粗泥沙的作用仍不明显。建议今后的治理重点应尽快转向粗泥沙集中来源区，同时全力遏制人为新增水土流失发展趋势。河龙区间粗泥沙若不减少，黄河下游淤积严重的状况就不可能有根本上的改观。

据此，应集中治理1.88万km²的粗泥沙集中来源区，尤其应先治理其中泥沙组成更粗且治理难度更大的地区。

(3)水土保持措施对大暴雨洪水的控制作用有限，应在黄河中游尽快修建大型拦泥库。根据皇甫川流域水土保持措施对洪水的影响分析，降雨量大约小于50mm时，水土保持措施具有一定的减洪作用；当降雨量大于50mm时，水土保持措施对洪水的影响不明显。在地貌类型相对复杂且面积很大的泾河流域，水土保持措施对暴雨洪水的控制作用也是有限的，当降雨量大于35mm时，水土保持措施对洪水的控制也不明显。因此，黄河中游地区流域治理对洪水的控制存在着降雨阈值。

从皇甫川和三川河两条典型支流的对比结果来看，若坝库的控制面积低于流域面积的10%，尽管其他措施治理度较高，但对大暴雨洪水的控制作用仍不明显。因此，在目前治理条件下，黄河中游大部分地区水土保持措施对暴雨洪水的控制能力有限，特别是对于大暴雨洪水难以起到控制作用。建议在黄河中游粗泥沙集中来源区尽快修建大型拦泥库，实现对暴雨洪水的控制，做到从根本上减沙。

(4)利用水土保持措施的"拦粗排细"作用进行黄河水沙调控。根据前述研究成果，1970～2004年间黄河中游经过长期实施水土保持综合治理后，粗泥沙集中来源区绝大部分支流及干流水文站的泥沙中值粒径和平均粒径同时变细，说明水土保持措施具有"拦粗排细"功能。此外，黄河中游地区淤地坝也具有一定的"淤粗排细"功能，并且产沙区域越粗，淤地坝"淤粗排细"效果越明显。因此，继续强化黄河中游水土保持生态工程建设，加快淤地坝建设，特别是在粗泥沙集中来源区大规模建设淤地坝，利用水土保持措施的"拦粗排细"作用进行黄河水沙调控，对有效减少入黄粗泥沙、实现河床不抬高将起到积极的作用。

(5)建议今后深入开展研究以下的科学问题：

第一，水土保持措施治理体系优化配置及其最大减沙效应研究。根据以往研究，黄河中游地区以坝库工程为主的流域，其蓄水减沙效益都比较明显，而且减沙效益的大小与水土保持措施配置密切相关。不同流域取得最大减沙效益的水土保持措施配置比例不同；配置比例最小的单项措施也不同。因此，黄河中游地区水土保持措施治理体系存在着配置的优化问题，水土保持综合治理减沙效益的大小与水土保持措施配置体系、措施治理标准和治理强度、治理部位等因素密切相关。将水土保持措施治理体系优化配置及其最大减沙效应作为重要的应用基础问题进行研究，非常必要而且迫切。

第二，不同水土保持措施空间配置对水沙的影响研究。根据黄河水利科学研究院在国家自然科学基金和黄河联合研究基金项目"基于气候地貌植被耦合的黄河中游侵蚀过程"(项目批准号：50239080)研究过程中的放水冲刷试验，不同植被覆盖度及空间配置对坡沟侵蚀产沙有一定的影响。其中，小流量时，不同覆盖度之间侵蚀产沙量差异不十分显著，而不同坡位之间有一定差异，产沙量大小一般是坡上部>坡中部>坡下部；大流量时，不同覆盖度之间有一定差异，不同坡位之间侵蚀产沙量变化规律不明显。产流量受覆盖度的影响不大，不同坡位间差异不显著。坡面不同覆盖度、不同坡位之间侵蚀产沙量差异比较显著。坡面和坡沟系统产流量与产沙量的空间变化都不完全一致，产沙总量与产流总量之间正比关系不显著，说明二者的影响因素不尽相同。建议进一步深入研究水土保持措施空间配置对水沙的影响，为开展水土保持生态建设规划、合理布局各项水土保持措施提供科学依据。

第三，黄河中游淤地坝减沙能力变化及其对减轻沟蚀的作用研究。在黄河中游选取坝库工程较多的典型支流，对其淤地坝的淤积过程进行调查，利用收集到的淤地坝库容曲线和降雨资料，分析不同规格淤地坝减沙能力的动态变化规律，建立淤地坝淤积量与有效库容、降雨量之间的关系，探索和研究流域淤地坝减沙能力的动态变化规律。

淤地坝通过抬高沟底侵蚀基准面，提高了沟坡的稳定性，减少了沟坡重力侵蚀发生的可能性。有条件时通过在典型小流域设站观测和对典型支流淤地坝的调查，分析不同级别的沟道中沟蚀发生的面积、规模和沟蚀发生的几率；结合不同淤积过程坝底淤泥面高度的动态变化规律和土壤力学性质，分析沟坡稳定性；对不同阶段发生沟蚀的可能性进行风险评价，建立流域淤地坝(系)减轻沟蚀的风险评价指标体系，定量研究淤地坝减轻沟蚀的作用。

第四，不同类型淤地坝的"淤粗排细"作用研究。不同类型的淤地坝，包括无放水工程的小型"闷葫芦坝"和有放水工程的大、中、小型淤地坝，由于其工程设计结构不同，所处的沟道部位不同，沟道比降不同，拦沙作用和效果也不同。通过对现有不同设计类型的淤地坝中淤积泥沙的取样分析，探索泥沙在淤地坝中的沉积分选规律；通过分析不同设计类型淤地坝的淤积区泥沙粒径的时空变化规律，为小流域淤地坝规划布局和设计提供科学依据；以减少和控制粗泥沙向黄河下游输移为出发点，分析提出黄土高原地区淤地坝工程布局和淤地坝"淤粗排细"的设计方案。

第四专题　2006 年三门峡水库
冲淤演变分析

　　2006 年三门峡水库入库水沙偏枯，尤其是汛期水沙量大幅度减少，水沙的变化必然对库区冲淤演变以及潼关高程产生影响。桃汛期间黄委实施了利用并优化桃汛洪水冲刷潼关高程的试验。同时 2006 年是三门峡水库非汛期最高水位 318 m 控制运用的第四年。报告对 2006 年枯水少沙条件下库区演变进行了分析；对 4 年来非汛期 318 m 控制运用的效果进行了初步分析；在近年来研究的基础上对汛期敞泄运用的冲刷规律进行了总结，初步建立了冲淤量和水量的关系，提出了汛期首次敞泄出库含沙量与流量的关系及出库泥沙组成，可供小浪底水库调水调沙参考。另外，还对小北干流冲淤演变与水沙条件的响应关系进行了初步分析和探索。

第一章 2006 年库区冲淤变化情况

一、来水来沙条件

(一)水沙量

2006 年(运用年,指 2005 年 11 月至 2006 年 10 月)黄河龙门水文站年径流量为 207.5 亿 m³,年输沙量为 1.81 亿 t,与枯水少沙时段的 1986～2005 年相比径流量增加 8%,输沙量减少 57%,年平均含沙量由 22.0 kg/m³ 减少为 8.7 kg/m³。渭河华县水文站年径流量 39.9 亿 m³,年输沙量 0.90 亿 t,与 1986～2005 年相比径流量减少 18%,输沙量减少 63%,年平均含沙量由 50.2 kg/m³ 减少为 22.6 kg/m³。潼关水文站年径流量为 242.7 亿 m³,年输沙量为 2.57 亿 t,与 1986~2005 年相比年径流量相当,年输沙量减少 61%,年平均含沙量由 27.2 kg/m³ 减少为 10.6 kg/m³(表 1-1)。可见,2006 年潼关以上干流和支流渭河来水量变化并不显著,但来沙量大幅度减少,为典型的枯水少沙年份。

龙门站非汛期来水量为 128.1 亿 m³,来沙量仅为 0.29 亿 t,与 1986~2005 年相比,来水量增加 14%,来沙量减少 63%,平均含沙量由 7.0 kg/m³ 减少为 2.3 kg/m³;华县站来水量为 20.8 亿 m³,来沙量为 0.03 亿 t,与 1986～2005 年相比,来水量增加 5%,来沙量减少 91%,平均含沙量由 17.7 kg/m³ 减少为 1.4 kg/m³;潼关站来水量为 146.7 亿 m³,来沙量为 0.87 亿 t,与 1986～2005 年相比,来水量增加 10%,来沙量减少 48%,平均含沙量由 12.6 kg/m³ 减少为 5.9 kg/m³。

表 1-1 龙门、华县、潼关站水沙量统计

时段	测站	非汛期			汛期			全年			汛期占全年比例(%)	
		水量(亿 m³)	沙量(亿 t)	含沙量(kg/m³)	水量(亿 m³)	沙量(亿 t)	含沙量(kg/m³)	水量(亿 m³)	沙量(亿 t)	含沙量(kg/m³)	水量	沙量
1986~2005 年平均	龙门	112.5	0.79	7.0	80.1	3.45	43.1	192.6	4.24	22.0	42	81
	华县	19.8	0.35	17.7	28.6	2.08	72.7	48.4	2.43	50.2	59	86
	潼关	133.7	1.68	12.6	111.2	4.98	44.8	244.8	6.66	27.2	45	75
2006	龙门	128.1	0.29	2.3	79.4	1.51	19	207.5	1.81	8.7	38	83
	华县	20.8	0.03	1.4	19.1	0.87	45.5	39.90	0.90	22.6	48	97
	潼关	146.7	0.87	5.9	95.9	1.7	17.7	242.7	2.57	10.6	40	66
2006 年较 1986~2005 年增减(%)	龙门	14	−63	−68	−1	−56	−56	8	−57	−60		
	华县	5	−91	−92	−33	−58	−37	−18	−63	−55		
	潼关	10	−48	−53	−14	−66	−60	−1	−61	−61		

龙门站汛期来水量为 79.4 亿 m³,来沙量仅为 1.51 亿 t,与 1986~2005 年相比,来水

量仅减少 1%，来沙量减少 56%，平均含沙量由 43.1 kg/m³ 减少为 19.0 kg/m³；华县站来水量为 19.1 亿 m³，来沙量为 0.87 亿 t，与 1986~2005 年相比，来水量减少 33%，来沙量减少 58%，平均含沙量由 72.7 kg/m³ 减少为 45.5 kg/m³；潼关站来水量为 95.9 亿 m³，来沙量为 1.70 亿 t，与 1986~2005 年相比，来水量减少 14%，来沙量减少 66%，平均含沙量由 44.8 kg/m³ 减少为 17.7 kg/m³。三站汛期水沙量占全年的比例也有不同程度的的变化，与 1986~2005 年相比，水量占全年的比例均有不同程度的减少，龙门减少 4%，华县减少 11%，潼关减少 5%；沙量占全年的比例，龙门增加 2%，华县增加 11%，潼关减少 9%。以上表明，三站非汛期来水量均有不同程度的增加，而汛期却有不同程度的减少，非汛期和汛期来沙量均大幅度减少。由于汛期来沙量远大于非汛期，因此汛期来沙量的减少是年输沙量减少的主要原因。

(二)桃汛洪水特点

2006 年桃汛期黄委实施了利用并优化桃汛期洪水冲刷降低潼关高程的试验，目标是通过调整万家寨水库运用方式，提高桃汛期下泄流量，达到冲刷降低潼关高程的目的。但是 2006 年桃汛期内蒙古河段出现罕见的文开河，开河速度缓慢，洪水过程平稳，流量偏低。此种情况下万家寨水库采取"先蓄后补"运用方式，保证了出库洪峰流量及过程满足试验要求。潼关站桃汛洪水过程自 3 月 19 日至 4 月 1 日，历时 14 d，出现两个洪峰，如图 1-1 所示。最大洪峰流量为 2 570 m³/s，最大含沙量为 17.1 kg/m³。桃汛期间潼关站水量为 17.3 亿 m³，沙量为 0.190 亿 t，平均流量为 1 429 m³/s，平均含沙量为 11 kg/m³。

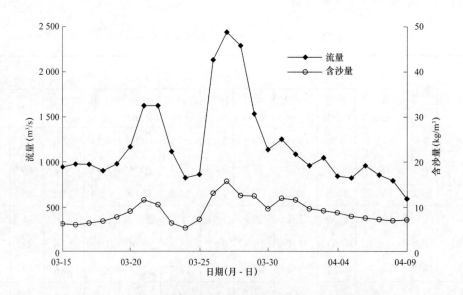

图 1-1　2006 年桃汛期潼关站日平均流量、含沙量过程

从表 1-2 可以看出，与以往不同时段平均值相比，2006 年桃汛洪量较大，并且洪峰流量接近于 1974~1986 年和 1987~1998 年两个时段的平均值，远大于 1999~2005 年即万家寨水库运用以来的平均值 1 687 m³/s(最大值为 2 130 m³/s，1999 年)。

表 1-2　2005 年桃汛洪水特征值

时段	天数(d)	水量(亿 m³)	沙量(亿 t)	洪峰流量平均值(m³/s)	最大含沙量平均值(kg/m³)
1974~1986	12	13.3	0.154	2 660	23.5
1987~1998	10	13.2	0.230	2 640	28.4
1999~2005	15	13.9	0.186	1 687	22.8
2006	14	17.3	0.190	2 570	17.1

(三)汛期洪水特点

2006 年汛期入库水量偏枯，洪水流量小，黄河干流和支流渭河均无大的洪水过程，如图 1-2 所示。干流日均流量大于 1 500 m³/s 的洪水过程有两场，发生在 8 月 26 日至 9 月 11 日和 9 月 12~25 日两个时段。8 月 26 日至 9 月 11 日，干流和渭河相继来水，在潼关站形成时间较长的一个洪水过程。龙门站洪峰流量为 3 250 m³/s，最大含沙量为 148 kg/m³，华县站洪峰流量为 1 010 m³/s，为汛期渭河最大洪峰，最大含沙量为 83.4 kg/m³。潼关站洪峰流量为 2 630 m³/s，为汛期最大洪峰，最大含沙量为 70 kg/m³。9 月 12~25 日龙门站出现汛期最大洪峰流量为 3 710 m³/s，相应最大含沙量为 210 kg/m³，亦为汛期最大含沙量，同期渭河来水较少，最大流量只有 200 m³/s。传播到潼关相应洪峰流量削减为 2 600 kg/m³，含沙量削减为 47 kg/m³。洪水特征值见表 1-3。

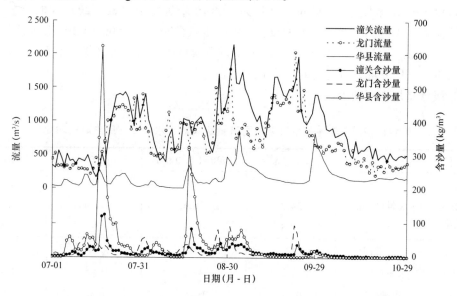

图 1-2　2006 年汛期龙门、华县、潼关站日平均流量、含沙量过程

7 月 17~23 日和 8 月 16~20 日渭河下游出现两次高含沙小洪水过程，最大流量分别为 602 m³/s 和 618 m³/s，最大含沙量分别为 720 kg/m³ 和 494 kg/m³。同期干流流量较小，高含沙小洪水过程演进至潼关，含沙量分别为 140 kg/m³ 和 100 kg/m³，前者为潼关汛期最大含沙量。

表 1-3　2006 年汛期洪水特征值

时段 (月-日)	洪水来源	站名	洪峰 流量 (m³/s)	最大 含沙量 (kg/m³)	水量 (亿 m³)	沙量 (亿 t)	平均 流量 (m³/s)	平均 含沙量 (kg/m³)
07-17～07-22	渭河(高含沙小洪水)	龙门	1 220	44	4.1	0.08	791	20
		华县	602	720	0.79	0.27	152	342
		潼关	520	140	3.5	0.17	675	49
08-16～08-22	渭河(高含沙小洪水)	龙门	1 380	51	4.7	0.1	777	21
		华县	620	494	1	0.2	165	200
		潼关	1 450	100	5.1	0.18	843	35
08-26～09-11	黄河、渭河	龙门	3 250	148	14.2	0.48	967	34
		华县	1 010	83.4	5.1	0.23	347	45
		潼关	2 630	70	19.9	0.55	1 355	28
09-12～09-25	黄河	龙门	3 710	210	15.9	0.35	1 314	22
		华县	200		1.59	0.004	131	3
		潼关	2 600	47	16.8	0.25	1 389	15

对潼关站汛期不同流量级天数统计表明(表 1-4),2006 年汛期日平均流量大于 2 000 m³/s 的天数仅 1 d,水量仅为 1.8 亿 m³,沙量为 0.08 亿 t,远小于 1986～2005 年时段平均值。日平均流量在 1 500～2 000 m³/s 天数、水沙量也减少较多。1 000～1 500 m³/s 流量级天数、水量增加,沙量仍然减少,1 000 m³/s 以下流量级天数、水量变化不大,但沙量也有所减少。可见流量级的变化主要是 1 500 m³/s 以上流量削减为 1 000～1 500 m³/s,而不同流量级沙量均有所减少。

表 1-4　2006 年潼关站汛期不同流量级天数、水沙量与历史时段对比

时段	项目	<1 000 m³/s	1 000～1 500 m³/s	1 500～2 000 m³/s	>2 000 m³/s
1986～ 2005 年 平均	天数(d)	73	25	12	13
	水量(亿 m³)	34.9	26.6	17.6	32.2
	沙量(亿 t)	0.75	0.85	0.95	2.49
2006	天数(d)	72	40	10	1
	水量(亿 m³)	37.2	42.4	14.5	1.8
	沙量(亿 t)	0.51	0.75	0.36	0.08

二、水库运用情况

(一)非汛期

2006 年非汛期运用过程较为平稳,基本在 315～318 m 之间变化,如图 1-3 所示,期间有两个时段运用水位较低,一是桃汛期间 3 月中旬至 4 月初,水库运用水位降至 313 m 以

下，最低水位 312.76 m；二是 6 月 25～30 日，为配合小浪底水库调水调沙并向汛期运用过渡，水库实施敞泄运用，最低水位 286.62 m。非汛期平均水位 316.21 m，最高水位 317.96 m。最高水位回水末端约在黄淤 34 断面，潼关以下较长河段不受水库蓄水影响。水位在 317～318 m 和 316～317 m 的天数分别为 107 d 和 87 d，共占非汛期运用天数的 80%。

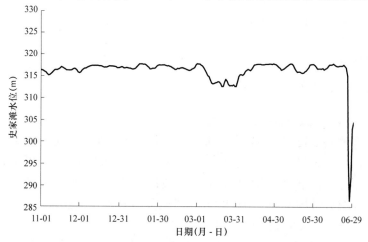

图 1-3　2006 年非汛期坝前日平均水位过程

(二)汛期

汛期水库运用基本按洪水期敞泄排沙、平水期控制水位不超过 305 m，其过程见图 1-4。6 月 25 日起为配合小浪底水库调水调沙，三门峡水库开始降低水位敞泄运用，6 月 27 日水位降至最低 286.62 m，之后库水位逐步抬升，6 月 30 日达到 304.53 m，进入汛期 305 m 控制运用。汛期先后进行了 3 次排沙运用，但敞泄时间短，敞泄力度较小。敞泄时段水位特征值见表 1-5。

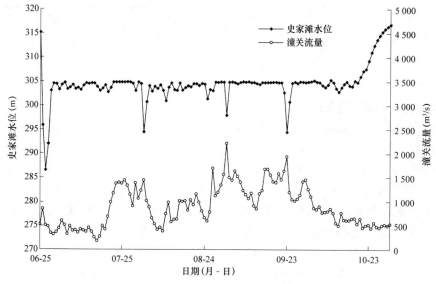

图 1-4　2006 年汛期水库运用过程

表 1-5　2006 年三门峡水库敞泄运用水位统计

时段 (月-日)	天数 (d)	坝前水位(m)		潼关最大流量(m³/s)
		平均	最低	
06-26~06-28	3	291.52	286.62	950
08-02~08-03	2	297.63	294.51	1 780
09-01	1	297.96	297.96	2 630
09-22~09-24	3	299.32	294.49	2 600

三、冲淤变化特点

(一)小北干流冲淤量及分布

根据库区实测断面资料,2006 年小北干流河段共冲刷泥沙 0.623 亿 m³,其中非汛期冲刷 0.725 亿 m³,汛期淤积 0.103 亿 m³(表 1-6)。沿程分布见图 1-5,从冲淤量沿程分布来看,非汛期小北干流全段均为冲刷,并且下段冲淤量大于上段。黄淤 41—黄淤 55 河段长占全段的 47%,冲刷量为 0.440 亿 m³,占全段的 61%;黄淤 55—黄淤 68 河段长占全段的 53%,冲刷量 0.286 亿 m³,占全段的 39%。汛期淤积主要集中在黄淤 48—黄淤 61 河段,该段河长占全段的 50%,淤积量为 0.109 亿 m³,超过全段淤积量。黄淤 41—黄淤 48 河段和黄淤 61—黄淤 68 河段有冲有淤,冲淤量较小,黄淤 41—黄淤 48 河段冲刷 0.013 亿 m³,黄淤 61—黄淤 68 河段淤积 0.007 亿 m³。全年来看也表现为沿程冲刷,黄淤 41—黄淤 55 河段冲刷量较大,为 0.380 亿 m³,占全段的 61%,黄淤 55—黄淤 68 河段冲刷量为 0.243 亿 m³,占全段的 39%。

表 1-6　2006 年小北干流河段冲淤量分布　　　　(单位:亿 m³)

时段	黄淤 41—黄淤 48	黄淤 48—黄淤 55	黄淤 55—黄淤 61	黄淤 61—黄淤 68	全段
非汛期	-0.166	-0.274	-0.089	-0.196	-0.725
汛期	-0.013	0.073	0.036	0.007	0.103
全年	-0.179	-0.201	-0.053	-0.190	-0.622

(二)潼关以下冲淤量及分布

2006 年非汛期潼关以下库区共淤积泥沙 0.725 亿 m³,冲淤量沿程分布如图 1-6 所示。非汛期淤积末端在黄淤 32 断面上下,淤积最大河段为黄淤 12—黄淤 22 河段,淤积量为 0.343 亿 m³,占全段的 47%。黄淤 22—黄淤 30 河段淤积量 0.269 亿 m³,仅次于黄淤 12—黄淤 22 河段。黄淤 32 断面至潼关,冲淤基本平衡。汛期潼关以下库区共冲刷泥沙 0.571 亿 m³,非汛期淤积量较大的河段汛期冲刷量也较大,黄淤 12—黄淤 22 和黄淤 22—黄淤 30 河段分别冲刷 0.234 亿 m³ 和 0.265 亿 m³,分别占全段的 41%和 46%。全年潼关以下库区共淤积泥沙 0.155 亿 m³,多数河段都未实现冲淤平衡,淤积集中在北村(黄淤 22 断面)以下,黄淤 12—黄淤 22 河段淤积 0.109 亿 m³,占全段淤积量的 70%;大坝—黄淤 12 淤积 0.040 亿 m³,占全段淤积量的 26%。各河段冲淤量见表 1-7。

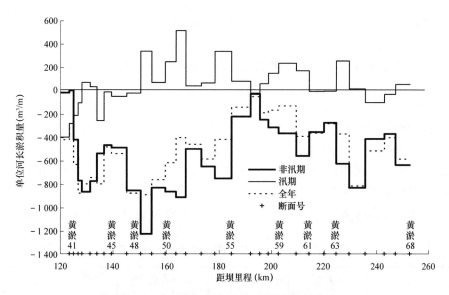

图 1-5　2006 年小北干流冲淤量沿程分布

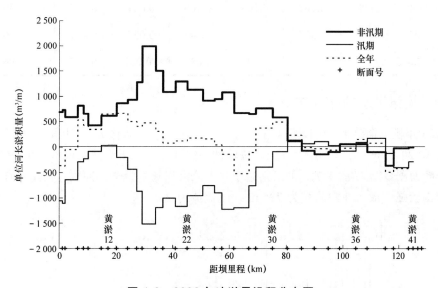

图 1-6　2006 年冲淤量沿程分布图

表 1-7　2006 年潼关以下库区各河段冲淤量　　　（单位：亿 m³）

时段	大坝— 黄淤 12	黄淤 12— 黄淤 22	黄淤 22— 黄淤 30	黄淤 30— 黄淤 36	黄淤 36— 黄淤 41	大坝— 黄淤 41
非汛期	0.103	0.343	0.269	0.027	−0.016	0.726
汛期	−0.064	−0.234	−0.265	0.007	−0.015	−0.571
全年	0.040	0.109	0.004	0.033	−0.031	0.155

　　2003 年起非汛期最高水位控制 318 m 运用以来，2004 年和 2006 年由于汛期来水量少，年内均未实现冲淤平衡(表 1-8)。从各河段淤积分布来看，淤积主要集中在北村(黄

淤 22 断面)以下，2004 年北村以下淤积量占全段的 70%，2006 年占 96%。1986~2002 年间淤积年份共有 12 年，平均而言北村以下只占全段淤积量的 39%。2004 年和 2006 年淤积明显靠下，一方面是由于非汛期控制 318 m 运用后运用水位的降低和来沙量的减少，黄淤 22 以上淤积量和淤积比重也相应减少，而黄淤 22 断面以下淤积比重则增加，即使年内冲淤不平衡，黄淤 22 断面以上河段残留淤积量及其所占淤积比重也较小；另一方面，2004 年和 2006 年汛期来水量较小，敞泄时间短，305 m 控制运用时间长，坝前段拦淤泥沙较多，从而使得黄淤 22 断面以下淤积比重较大。目前三门峡水库敞泄的流量条件为 1 500 m³/s，2004 年汛期日均流量在 1 000~1 500 m³/s 天数为 20 d，在 1 500 m³/s 以上的仅为 3 d，敞泄天数为 8 d，即有 5 d 敞泄流量在 1 500 m³/s 以下；2006 年汛期日均流量在 1 000~1 500 m³/s 天数为 40 d，在 1 500 m³/s 以上的为 11 d，敞泄天数为 9 d。

表 1-8　潼关以下库区淤积年份各河段淤积量　　　(单位：亿 m³)

年份	大坝—黄淤 22	黄淤 22—黄淤 30	黄淤 30—黄淤 36	黄淤 36—黄淤 41	大坝—黄淤 41	黄淤 22 以下占全段(%)
1986~2002 年间 12 年平均	0.162	0.103	0.106	0.041	0.412	39
2004	0.307	0.054	0.045	0.035	0.441	70
2006	0.149	0.004	0.033	−0.031	0.155	96

四、桃汛洪水的冲刷作用

2006 年桃汛期(3 月 19 日至 4 月 1 日)龙门站水量 17.78 亿 m³，沙量 0.111 亿 t，潼关水量 17.29 亿 m³，沙量 0.190 亿 t，按输沙率法计算小北干流冲刷泥沙 0.079 亿 t。根据部分断面测量结果(图 1-7)，可以判断小北干流沿程基本为全线冲刷，尤其是潼关附近断面冲刷较强，最大冲刷面积为 725 m²，过流能力增大。

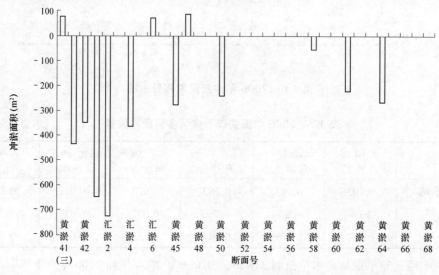

图 1-7　桃汛期小北干流断面冲淤面积变化

桃汛期间三门峡水库运用水位在 313 m 以下的有 7 d，潼关以下库区黄淤 26 断面以上发生冲刷，黄淤 26 断面以下发生淤积，如图 1-8。桃汛前后黄淤 41—黄淤 26 断面资料较全，黄淤 26 断面以下只测量了部分断面。根据断面法黄淤 41—黄淤 26 河段冲刷 0.117 亿 m³，但黄淤 26 断面以下冲淤量尚不能根据断面法求得。桃汛期出库沙量为 0.02 亿 t，进出库差为 0.17 亿 t，换算成体积淤积量为 0.121 亿 m³，加上黄淤 41—黄淤 26 河段冲刷量一共为 0.238 亿 m³，也就是说，桃汛期包括入库泥沙和上段河道冲起的泥沙，共有约 0.238 亿 m³ 泥沙被调整到黄淤 26 断面以下，从而改善了非汛期淤积部位，有利于汛期排沙。

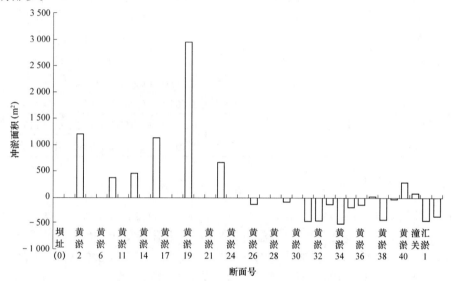

图 1-8　桃汛期潼关以下断面冲淤面积变化

五、汛期排沙特点

按输沙率法统计，汛期三门峡水库排沙量为 2.305 亿 t(从 6 月 26 日第一次敞泄起算)，相应入库沙量为 1.704 亿 t，冲刷量为 0.601 亿 t，见表 1-9。汛期排沙量占潼关站全年入库沙量的 90%。汛期平水期和敞泄期水库均进行排沙，排沙效果差别较大。平水期排沙比均小于 1，而敞泄期排沙比较大，其中第一次敞泄排沙比高达 50，其余各次敞泄排沙比也在 4~7。平水期入库流量小，水库控制水位 305 m 运用，坝前有一定程度壅水，入库泥沙部分淤积在坝前，排沙比一般在 0.6~0.8，汛末由于库水位逐步抬高向非汛期运用过渡，壅水程度增加，排沙比减小，如 9 月 25 日至 10 月 31 日坝前水位 307.01 m，排沙比只有 0.31。敞泄期入库流量较大，库水位较低，产生自下而上的溯源冲刷，冲刷量大，效率高。在 4 次敞泄运用中，有 3 次单位水量冲刷量在 130 kg/m³ 以上，其中第一次最高达 152.5 kg/m³。敞泄期一共有 9 d，来水量 9.54 亿 m³，仅占汛期水量的 9.8%，但冲刷量达 1.12 亿 t，是汛期冲刷量的 1.87 倍。非敞泄期共淤积 0.52 亿 t。可见汛期排沙主要集中在敞泄期。

表 1-9　2006 年三门峡水库汛期排沙统计

时段 (月-日)	敞泄 天数 (d)	史家滩 水位 (m)	潼关		三门峡 沙量 (亿 t)	冲淤量 (亿 t)	单位水量 冲淤量 (kg/m³)	排沙 比
			水量 (亿 m³)	沙量 (亿 t)				
06-26~06-28	3	291.52(敞泄)	1.47	0.004 6	0.229 5	−0.224 9	−152.5	49.89
06-29~08-01		304.14	20.55	0.358 4	0.231 9	0.126 5	6.2	0.65
08-02~08-03	2	297.63(敞泄)	2.10	0.053 1	0.349 5	−0.296 4	−141.2	6.58
08-04~08-31		303.79	21.31	0.469 9	0.332 8	0.137 0	6.4	0.71
09-01	1	297.96(敞泄)	1.85	0.075 1	0.318 8	−0.243 7	−131.8	4.25
09-02~09-21		304.76	23.05	0.425 5	0.313 3	0.112 2	4.9	0.74
09-22~09-24	3	299.32(敞泄)	4.11	0.106 4	0.462 9	−0.356 6	−86.7	4.35
09-25~10-31		307.01	23.55	0.211 1	0.066 1	0.145 0	6.2	0.31
非敞泄期			88.08	1.464 6	0.943 9	0.520 7	5.9	0.64
敞泄期	9		9.54	0.239 1	1.360 7	−1.121 6	−117.6	5.69
汛期			97.62	1.703 7	2.304 6	−0.600 9	−6.2	1.35

六、潼关高程变化

非汛期潼关河段不受水库运用回水影响，基本处于自然演变状态，潼关高程从 2005 年汛后的 327.75 m 上升至 2006 年汛前的 328.10 m，上升 0.35 m。2005 年汛后至桃汛前，潼关高程升至 327.99 m，桃汛期受桃汛洪水冲刷，潼关高程降至 327.79 m，下降 0.20 m。汛前潼关高程升至 328.10 m。汛后潼关高程降至 327.79 m，汛期下降 0.31 m。运用年内潼关高程上升 0.04 m。

表 1-10 按不同来水时段统计了潼关高程变化，图 1-9 是相应的潼关高程变化过程。可以看出，7 月 21 日至 8 月 3 日、8 月 27 日至 9 月 11 日和 9 月 12 日至 10 月 2 日三个时段为大流量过程，平均流量都在 1 000 m³/s 以上，7 月 1~20 日、8 月 4~26 日和 10 月 3~31 日三个时段为平水时段，流量基本都在 1 000 m³/s 以下。三个大流量过程中，7 月 21 日至 8 月 3 日潼关高程下降 0.14 m，下降值最大，9 月 12 日至 10 月 2 日潼关高程下降 0.05 m，8 月 27 日至 9 月 11 日潼关高程基本冲淤平衡。三个平水时段中，7 月 1~20 日流量较小，

表 1-10　汛期平水和洪水时段潼关高程变化

	时段 (月-日)	最大日均流量 (m³/s)	平均流量 (m³/s)	平均含沙量 (kg/m³)	潼关高程变化值 (m)
平水	07-01~07-20	689	416	26.1	0
洪水	07-21~08-03	1 450	1 240	14.7	− 0.14
平水	08-04~08-26	1 160	774	20.1	− 0.07
洪水	08-27~09-11	2 210	1 390	29.1	0.01
洪水	09-12~10-02	1 940	1 350	15.4	− 0.05
平水	10-03~10-31	902	629	5.4	− 0.06

潼关高程没有变化，8 月 4~26 日和 10 月 3~31 日两个时段潼关高程分别下降 0.07 m 和 0.06 m。7 月 1~20 日和 8 月 4~26 日两平水时段含沙量均在 20 kg/m³，主要是期间渭河高含沙小洪水的影响。汛期流量总体较低，潼关高程冲刷幅度小，没有实现年内冲淤平衡。

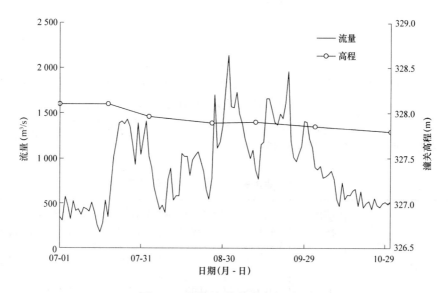

图 1-9　汛期潼关高程变化过程

第二章 非汛期 318 m 控制运用以来库区冲淤变化

1974 年蓄清排浑运用以来三门峡水库非汛期最高运用水位逐步下降，特别是 1993 年以后除个别年份外，基本不超过 322 m。2003 年起三门峡水库非汛期最高水位控制不超过 318 m，较之前降低 2 m 以上。2003～2006 年非汛期平均水位在 315.59～317.1 m，平均 316.31 m，与 1993~2002 年非汛期平均水位 315.72 m 相比高出 0.59 m。

2003~2006 年非汛期淤积量在 0.726 亿~0.866 亿 m³，平均为 0.817 亿 m³(表 2-1)，比 1993~2002 年非汛期平均值减少 0.464 亿 m³。

表 2-1　非汛期各河段淤积量及比例

时段	项目	坝址—黄淤 12	黄淤 12—黄淤 22	黄淤 22—黄淤 30	黄淤 30—黄淤 36	黄淤 36—黄淤 41	坝址—黄淤 41
1993~2002	淤积量(亿 m³)	0.048	0.328	0.592	0.303	0.011	1.281
2003		0.033	0.290	0.431	0.068	−0.002	0.821
2004		0.022	0.294	0.452	0.113	−0.03	0.850
2005		0.191	0.268	0.359	0.082	−0.035	0.866
2006		0.103	0.343	0.269	0.027	−0.016	0.726
1993~2002	占潼关至大坝的比例(%)	4	26	46	24	0.9	100
2003		4	35	52	9	−0.2	100
2004		3	35	53	13	−4	100
2005		22	31	41	9	−4	100
2006		14	47	37	4	−2	100

非汛期最高水位的降低影响库区淤积分布，使淤积体下移，如图 2-1 所示。2003～2006 年大禹渡(黄淤 30 断面)以下各河段淤积量显著增加。1993～2002 年大禹渡以下淤积量占潼关以下淤积量的 76%，2003～2006 年增加至 91%～98%。坫垲—大禹渡河段淤积比重则明显减小，由 1993~2002 年的 24.1%减少为 4%~13%。潼关—坫垲河段连续 4 年均为冲刷。

2003~2006 年汛期水库仍按平水控制 305 m、洪水敞泄运用。2003 年渭河下游遇多年不遇的"华西秋雨"，出现连续长时段洪水过程，潼关汛期水量达 157 亿 m³(表 2-2)，为 1990 年以来汛期最大值，水库进行了 4 次共计 32 d 的敞泄运用，库区冲刷强烈，共冲刷泥沙 2.183 亿 t，不仅将当年非汛期淤积物冲出库外，还将前期淤积物 1.357 亿 m³冲出库。2005 年汛期来水量也较大，渭河下游出现 1981 年以来最大洪峰 4 880 m³/s，潼

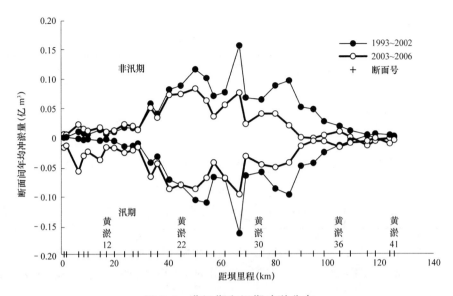

图 2-1 非汛期和汛期冲淤分布

关汛期水量为 113 亿 m³，大于 1993~2002 年汛期平均水量 95 亿 m³，水库进行了 6 次共计 25 d 的敞泄运用，水库冲刷泥沙 1.577 亿 t，除去当年非汛期淤积物，还冲出前期淤积物 0.711 亿 t。2004 年和 2006 年汛期黄河干支流来水均较少，潼关水量分别为 75 亿 m³ 和 96 亿 m³，水库敞泄时间分别只有 8 d 和 9 d，水库冲刷量分别为 0.409 亿 t 和 0.571 亿 t，均小于非汛期淤积量。

表 2-2 汛期入库水量与冲淤量

年份	汛期入库水量(亿 m³)	敞泄天数(d)	冲淤量(亿 t)
2003	157	32	−2.183
2004	75	8	−0.409
2005	113	25	−1.577
2006	96	9	−0.571

运用年内，2003 年和 2005 年分别冲刷 1.362 亿 m³ 和 0.711 亿 m³(表 2-3)，且为全程冲刷，北村(黄淤 22 断面)以下冲刷量分别占全段的 57%和 55%。2004 年和 2006 年分别淤积 0.441 亿 m³ 和 0.155 亿 m³，不仅总量不平衡，而且分段也不平衡，各段均呈现不同程度的淤积，并且主要集中北村以下，分别占全段的 55%和 70%。2003~2006 年累计冲刷 1.477 亿 m³，各段均发生冲刷，坝前—黄淤 12 冲刷量为 0.447 亿 m³，为各段最大，黄淤 12 以上各段冲淤量较接近，在 0.21 亿~0.28 亿 m³。

1995~2002 年潼关高程均处于较高状态(图 2-2)，特别是 2002 年 6 月渭河的高含沙小洪水造成潼关高程上升，最高达 329.14 m，为历史最高，汛后降为 328.78 m，为历年汛后最高值。2003 年来自渭河的秋汛洪水使得潼关站汛期水量增加，为 1990 年以来的

表 2-3　年内冲淤分布　　　　　　　　　　　　　　　　　　（单位：亿 m³）

年份	坝址—黄淤 12	黄淤 12—黄淤 22	黄淤 22—黄淤 30	黄淤 30—黄淤 36	黄淤 36—黄淤 41	坝址—黄淤 41
2003	−0.374	−0.400	−0.198	−0.253	−0.137	−1.362
2004	0.066	0.241	0.054	0.045	0.035	0.441
2005	−0.178	−0.216	−0.140	−0.097	−0.080	−0.711
2006	0.040	0.109	0.004	0.033	−0.031	0.155
合计	−0.447	−0.267	−0.279	−0.271	−0.213	−1.477

最大值，2 000 m³/s 以上流量持续时间增长，潼关高程发生持续稳定冲刷，汛末降到 327.94 m，下降值达 0.88 m。2004 ～ 2006 年非汛期抬升、汛期下降，汛末潼关高程均在 328 m 以下，已接近 1991 ～ 1994 年的年均水平。

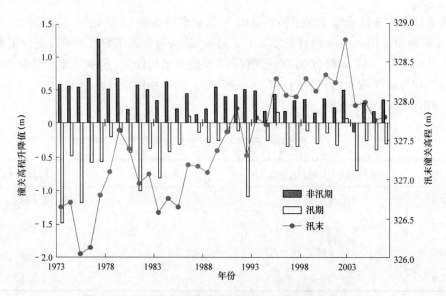

图 2-2　三门峡水库蓄清排浑运用以来潼关高程变化

第三章　敞泄期排沙分析

一、敞泄期排沙量

表 3-1 按输沙率法统计了 2003～2006 年汛期各敞泄期排沙特征值,可以看出敞泄期的冲刷总量大于整个汛期的冲刷总量,如 2003 年汛期冲刷量为 2.38 亿 t,而敞泄期冲刷总量为 3.06 亿 t,比汛期大 0.68 亿 t,说明汛期非敞泄时段水库是淤积的。首次敞泄的冲刷效率(单位水量冲刷量)往往最大,但随着敞泄次数的增加,敞泄期冲刷效率逐渐降低,如 2003 年汛期第一次敞泄冲刷效率为 219 kg/m³,到第四次敞泄则减小到 30 kg/m³。

表 3-1　汛期和敞泄期排沙统计

年份	时段		天数 (d)	洪峰流量 (m³/s)	坝前平均水位 (m)	潼关		三门峡沙量 (亿 t)	冲刷量 (亿 t)	单位水量冲刷量 (kg/m³)
						水量 (亿 m³)	沙量 (亿 t)			
2003	敞泄期	07-17～07-19	3	901	300.17	1.9	0.07	0.49	0.42	219
		08-01～08-03	3	2 150	295.98	3.2	0.19	0.65	0.46	144
		08-27～09-10	15	3 250	294.82	35.1	2.18	3.47	1.29	37
		10-03～10-13	11	4 430	297.86	30.1	0.87	1.76	0.89	30
		合计	32		296.48	70.3	3.31	6.37	3.06	44
	汛期		123		304.06	157	5.38	7.76	2.38	15
2004	敞泄期	07-07～07-10	4	1 140	287.75	2.8	0.03	0.43	0.40	143
		08-22～08-25	4	2 300	292.84	5.7	1.01	1.60	0.59	103
		合计	8		292.37	8.5	1.04	2.03	0.99	111
	汛期		123		304.78	75	2.33	2.72	0.39	5
2005	敞泄期	06-28～06-30	3	1 060	288.58	1.2	0.005	0.41	0.405	333
		07-04～07-07	4	1 840	292.51	4.2	0.39	0.79	0.40	96
		07-23	1	1 420	294.05	0.5	0.12	0.27	0.15	294
		08-20～08-22	3	2 130	297.3	4.6	0.17	0.51	0.34	74
		09-22～09-25	4	2 810	294.3	6.6	0.14	0.59	0.45	69
		09-30～10-09	10	4 500	297.6	23.9	0.57	0.93	0.36	15
		合计	25		295	41.0	1.39	3.50	2.11	52
	汛期		123		303.36	115	2.50	4.03	1.53	13
2006	敞泄期	06-26～06-28	3	853	291.52	1.5	0.005	0.23	0.225	153
		08-02～08-03	2	1 450	297.63	2.1	0.05	0.35	0.30	141
		09-01	1	2 210	297.96	1.9	0.08	0.32	0.24	132
		09-22～09-24	3	1 940	299.32	4.1	0.11	0.46	0.35	87
		合计	9		296.19	9.54	0.24	1.36	1.12	118
	汛期		123		304.43	97.6	1.70	2.30	0.60	6

二、冲刷发展特点

敞泄期水库冲刷以溯源冲刷为主，当入库流量较大时同时产生自上而下的沿程冲刷，以 2003 年汛期为例来说明二者的发展过程(图 3-1)。图中 4 条平均河底高程线按时间顺序依次代表汛前、第一次敞泄后、第二次敞泄后以及第四次敞泄后的河底高程，3 条冲刷量分布线为各次敞泄后的累积冲刷量分布。可以看出，第一次敞泄期溯源冲刷最初在坝前和北村(黄淤 22 断面)河段两处同时发生，并向上发展，北村河段正是非汛期淤积三角洲顶点所在。第一次敞泄后溯源冲刷自坝前向上发展到黄淤 14 断面，自北村向上发展到大禹渡(黄淤 30 断面)。到 8 月 9 日第二次敞泄后，上下两段溯源冲刷基本衔接，溯源冲刷发展到黄淤 32 断面。前两次敞泄期，入库流量相对较小，基本没有产生沿程冲刷。第三、四次敞泄期间，入库流量较大，库区冲刷强烈，到 10 月 20 日溯源冲刷发展到黄淤 34 断面，黄淤 34 断面以上河段发生沿程冲刷。以黄淤 34 断面为界划分汛期溯源冲刷和沿程冲刷的范围，二者冲刷量分别为 2.009 亿 m^3 和 0.195 亿 m^3，分别占汛期总冲刷量的 91% 和 9%，可见溯源冲刷效果远大于沿程冲刷效果。

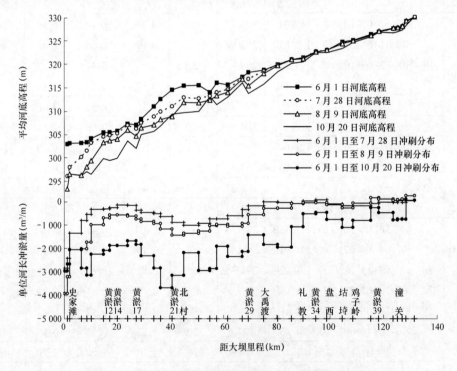

图 3-1　2003 年汛期平均河底高程与冲刷量分布变化

三、出库沙量与水量的关系

根据表 3-1 中历次敞泄期入库水量和冲刷量值，点绘敞泄期累积冲刷量和累积入库水量的关系，如图 3-2 所示，可以看出冲刷量随入库水量的增大而增大。根据图中点据建立冲刷量与入库水量关系式

$$W_S=0.642\ 3\ \ln W-0.123\ 3 \qquad (3\text{-}1)$$

式中：W_S为当年敞泄期累积冲刷量，亿 t；W为当年敞泄期累积水量，亿 m³。

式(3-1)的相关系数为 0.96。由式(3-1)可得

$$\frac{\Delta W_S}{\Delta W}=\frac{0.642\ 3}{W} \qquad (3\text{-}2)$$

式中：$\dfrac{\Delta W_S}{\Delta W}$为冲刷量随水量的增量，其随水量 W 的增大而减小，表明随冲刷的进行冲刷效率逐步降低。

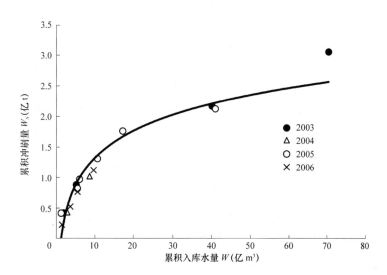

图 3-2　敞泄期累积冲刷量与累积入库水量的关系

四、汛初首次敞泄排沙规律

近几年汛期首次敞泄均是为配合小浪底水库人工塑造异重流而进行的。其特点是来水流量较小，最大流量都在 1 000 m³/s 左右，来水量 1.2 亿～2.8 亿 m³，敞泄时间 3～4 d。

从 4 年统计资料（表 3-2）看，汛初首次敞泄净排沙量在 0.230 亿～0.425 亿 t，其中 2003 年、2004 年和 2005 年净排沙量很接近，在 0.402 亿～0.425 亿 t，2006 年只有 0.230 亿 t。所排泥沙中粒径小于 0.025 m 的细泥沙排沙量在 0.101 亿～0.123 亿 t，占全沙的 29%～44%。小流量敞泄运用下，冲刷量与前期淤积物储备情况有关。2003 年和 2005 年敞泄期同为 3 d，来水量相差 0.7 亿 m³，但两年首次敞泄冲刷量非常接近，主要是因为这两年坝前淤积物较多，2003 年之前有多年的累积性淤积，2005 年坝前段有 2004 年的淤积残留。2004 年虽然有 2003 年汛期冲刷在先，但其首次敞泄来水量较多，敞泄时间多了一天，故其冲刷量与 2003 年和 2005 年相比并未明显减少。2006 年冲刷量之所以较小主要有两方面原因：一是敞泄期流量小和水量少；二是 2003 年和 2005 年大冲之后，库区尤其是坝前淤积物减少，并且 2006 年非汛期淤积物比前三年小，淤积物减少是主要原因。

表 3-2 汛期首次敞泄分组泥沙冲刷量及其百分比

年份	分组泥沙冲刷量(亿 t)				分组泥沙占全沙(%)		
	<0.025 mm	0.025~0.05 mm	>0.05 mm	全沙	<0.025 mm	0.025~0.05 mm	>0.05 mm
2003	0.123	0.217	0.085	0.425	29	51	20
2004	0.125	0.172	0.104	0.402	31	43	26
2005	0.142	0.134	0.130	0.407	35	33	32
2006	0.101	0.064	0.064	0.230	44	28	28

2006 年库区未达冲淤平衡，全年淤积 0.155 亿 m³，并且主要集中在北村以下近坝库段，由此估计 2007 年汛期首次敞泄排沙量要大于 2006 年的 0.230 亿 t。但由于 2006 年淤积量小于 2004 年的 0.441 亿 m³，在入库水沙条件相似情况下，2007 年汛期首次敞泄排沙量至多与 2005 年接近，可达 0.41 亿 t 左右。因此，2007 年汛期首次敞泄排沙量估计值在 0.230 亿~0.41 亿 t。细泥沙排沙量应在 0.101 亿~0.142 亿 t。

对类似来水条件下的汛初首次敞泄而言，出库含沙量随流量的增大而增大(图 3-3)，但是这种关系具有相对性，图中 2003 年和 2005 年与 2004 年和 2006 年处于两条不同的关系带上，2003 年和 2005 年形成的关系带靠上，具有如下关系式

$$S = 221\ln Q - 1\,158 \tag{3-3}$$

式中：S 为日均含沙量，kg/m³；Q 为日均流量，m³/s。

2004 年和 2006 年的点据处于下方关系带上，具有如下关系式

$$S = 184\ln Q - 1\,071 \tag{3-4}$$

式中：S 为日均含沙量，kg/m³；Q 为日均流量，m³/s。

也就是说，在相同流量下 2003 年和 2005 年具有较大的出库含沙量，原因已如前所述，与前期淤积物储备情况有关。

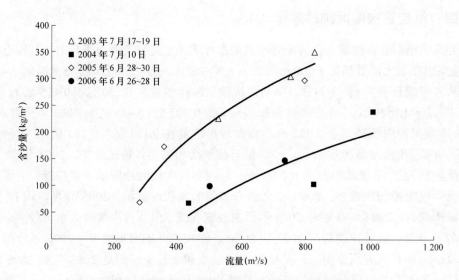

图 3-3 汛初首次敞泄出库含沙量与流量的关系

第四章 小北干流河段冲淤变化与水沙条件的关系

1974年以来小北干流河段累积淤积泥沙5.455亿 m³,其中1974～1986年仅淤积0.038亿 m³,基本冲淤平衡;1987～1999 年累积淤积 6.248 亿 m³;2000～2006 年发生冲刷,冲刷量为 0.831 亿 m³,见表 4-1。小北干流在年内表现为非汛期冲刷、汛期淤积,其冲淤变化与来水来沙条件密切相关。与 1974～1986 年比较,1987～1999 年汛期龙门站水量减少 46%,沙量减少 17.8%,含沙量从 33.3 kg/m³ 增加到 50.4 kg/m³,而非汛期水量减少,沙量增加,冲刷量减少,全年河段累积淤积达 6.248 亿 m³;2000～2006 年汛期龙门站水量减少 60%,沙量减少 68%,平均含沙量减少为 27.0 kg/m³,汛期淤积量减少,非汛期沙量的减少显著大于水量的减少,河段冲刷量增加,时段累积为冲刷。

表 4-1 不同时段龙门站水沙量及小北干流冲淤量

时段	时段总冲淤量(亿 m³)	年均水量(亿 m³)		年均沙量(亿 t)		平均含沙量(kg/m³)	
		非汛期	汛期	非汛期	汛期	非汛期	汛期
1974~2006	5.455	121.3	114	0.790	4.186	6.51	36.7
1974~1986	0.038	136.4	160	0.836	5.326	6.13	33.3
1987~1999	6.248	117.2	86.8	0.920	4.379	7.85	50.4
2000~2006	-0.831	101.4	63.3	0.463	1.709	4.57	27.0

龙门以上是粗泥沙来源区,汛期洪水出禹门口进入开阔河段,流速减小,泥沙开始落淤,而非汛期含沙量低,水流经过小北干流河段发生冲刷。从各河段冲淤变化与流量和含沙量的关系看,上河段(黄淤 59—黄淤 68)的淤积量与龙门含沙量的关系密切(见图 4-1),含沙量越大,河段淤积量越大;而下河段(黄淤 41—黄淤 45)的冲淤与龙门流量的关系更为密切(见图 4-2),流量增大时河段淤积量呈减少趋势,当汛期平均流量达到1 800 m³/s 以上时,河段发生冲刷。

从全河段看,汛期和非汛期的冲淤量与含沙量具有较好关系,其相关系数达 0.89(见图 4-3),当含沙量大于 13 kg/m³ 时,河段一般发生淤积,反之发生冲刷。

考虑水沙搭配对冲淤的影响,建立冲淤量与来沙系数(S/Q)关系,如图 4-4 所示,平均情况下,当 S/Q 小于 0.013 kg/(m⁶·s)时不会造成河段的严重淤积,多会发生冲刷当 S/Q 大于 0.013 kg/ (m⁶·s)时一般发生淤积。在含沙量 13 kg/m³ 的情况下,平均流量达到 1 000 m³/s 可以基本保持小北干流河段的不淤积。

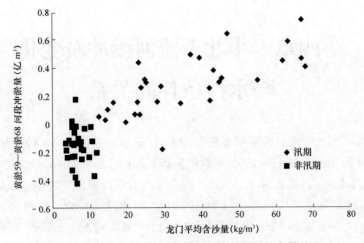

图 4-1　黄淤 59—黄淤 68 河段冲淤量与含沙量关系

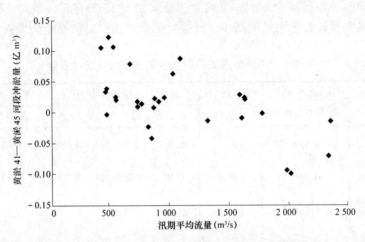

图 4-2　黄淤 41—黄淤 45 河段冲淤量与流量的关系

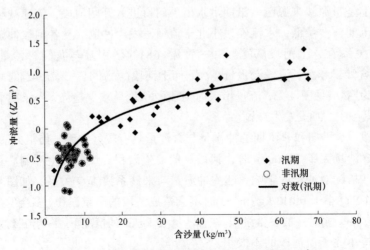

图 4-3　小北干流河段冲淤量与龙门含沙量的关系

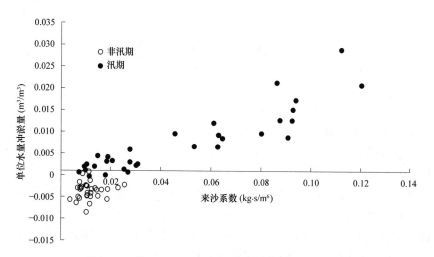

图 4-4 小北干流冲淤量与来沙系数(S/Q)的关系

第五章　结论与建议

一、结论

(1)2006 年潼关站来水量偏枯，来沙量大幅度减少，汛期洪水场次少，洪峰流量小。非汛期水库运用仍然按 318 m 控制，汛期平水按 305 m 控制，洪水敞泄。汛期敞泄时间较短，共有 9 d。

(2)通过实施优化桃汛洪水，桃汛洪峰流量恢复到 2 570 m³/s，潼关高程下降 0.20 m，小北干流和潼关以下较长河段受到冲刷，调整了库区淤积分布。

(3)由于汛期来水量少，洪峰流量小，2006 年潼关以下库区未实现冲淤平衡，淤积主要集中在北村以下河段。潼关高程未能实现年内升降平衡。

(4)非汛期 318 m 控制运用有效改善了库区淤积分布，有利于汛期排沙。2003 年潼关高程的大幅度下降是洪水流量大、水库积极敞泄运用综合作用的结果。

(5)汛期敞泄是实现水库排沙、年内冲淤平衡的重要方式。通过近几年汛期敞泄的分析发现敞泄期出库沙量与来水量具有较好的相关关系；汛期首次敞泄出库含沙量与流量具有较好的相关关系，并受前期冲淤的影响；类似来水条件下汛期首次敞泄排沙量在 0.230 亿~0.4 亿 t，细泥沙排沙量在 0.101 亿~0.125 亿 t，占全沙的 29% ~ 44%。

(6)小北干流河段一般非汛期冲刷、汛期淤积，近年来龙门非汛期和汛期来沙量锐减，使非汛期冲刷量增大，汛期淤积量减少，小北干流呈现冲刷态势。对冲淤量和水沙条件相关性分析表明，小北干流冲淤的临界水沙搭配参数(S/Q)约为 0.013 kg·s/m⁶，冲淤临界含沙量为 13 kg/m³。

二、建议

(1)为进一步降低潼关高程、避免累积性淤积，建议今后汛期大水年份充分利用大流量敞泄排沙，枯水年份充分利用 1 500 m³/s 以上流量过程进行敞泄，以利于水库冲淤平衡。

(2)建议加强对小北干流水沙和冲淤演变规律的研究，为小北干流的治理开发和将来的流域调水调沙服务。

第五专题 2006 年小浪底水库运用及库区水沙运动特性分析

　　小浪底水库开始蓄水到 2006 年 10 月，全库区淤积量为 21.58 亿 m^3，其中在干流淤积 18.315 亿 m^3，支流淤积 3.267 亿 m^3，分别占总淤积量的 84.87% 和 15.13%。库区淤积总量仍小于设计的拦沙初期与拦沙后期界定值 21 亿～22 亿 m^3。因此，小浪底水库自投入运用至今，均处于拦沙初期运用阶段。

　　通过对小浪底水库自蓄水以来历次异重流期间入出库水量、沙量、库区淤积量、排沙情况分析认为，异重流排沙比总体上呈逐渐增大的趋势，汛期异重流的排沙比均大于汛前异重流排沙比。

　　建议加强洪水期异重流潜入点、运行到坝前时间等的观测，才能更好地把握水库排沙时机，及时开启排沙洞；同时积累异重流观测资料，为研究异重流产生、输移机理提供基础资料。

第一章 入库与出库水沙条件

一、入库水沙条件

相对干流而言，2006 年小浪底库区支流入汇水沙量较少，可忽略不计，本章仅以干流三门峡站水沙量代表小浪底水库入库值。2006 年(水库运用年，2005 年 11 月至 2006 年 10 月，下同)入库水沙量分别为 221 亿 m³、2.32 亿 t，从三门峡水文站 1987~2006 年实测的水沙量来看(见表 1-1)，2006 年入库水沙量为这一枯水少沙时段年均水量(229.39 亿 m³)的 96.34%和年均沙量(6.50 亿 t)的 35.69%。

表 1-1 三门峡水文站 1987~2006 年水沙量统计结果

年份	水量(亿 m³)			沙量(亿 t)		
	汛期	非汛期	全年	汛期	非汛期	全年
1987	80.81	124.55	205.36	2.71	0.17	2.88
1988	187.67	129.45	317.12	15.45	0.08	15.53
1989	201.55	173.85	375.40	7.62	0.50	8.12
1990	135.75	211.53	347.28	6.76	0.57	7.33
1991	58.08	184.77	242.85	2.49	2.41	4.90
1992	127.81	116.82	244.63	10.59	0.47	11.06
1993	137.66	157.17	294.83	5.63	0.45	6.08
1994	131.60	145.44	277.04	12.13	0.16	12.29
1995	113.15	134.21	247.36	8.22	0	8.22
1996	116.86	120.67	237.53	11.01	0.14	11.15
1997	50.54	95.54	146.08	4.25	0.03	4.28
1998	79.57	94.47	174.04	5.46	0.26	5.72
1999	87.27	104.58	191.85	4.91	0.07	4.98
2000	67.23	99.37	166.60	3.34	0.23	3.57
2001	53.82	81.14	134.96	2.83	0	2.83
2002	50.87	108.39	159.26	3.40	0.97	4.37
2003	146.91	70.70	217.61	7.55	0.01	7.56
2004	65.89	112.50	178.39	2.64	0	2.64
2005	104.73	103.80	208.53	3.62	0.46	4.08
2006	87.51	133.49	221.00	2.07	0.25	2.32
平均	104.26	125.12	229.39	6.14	0.36	6.50

2006 年小浪底水库入库共有 5 场洪水，其水沙特征值见表 1-2。最大入库日均流量为 2 760 m³/s(6 月 25 日)，最大日均含沙量为 198 kg/m³(8 月 2 日)。日平均流量大于 2 000 m³/s 流量级出现 6 d，日平均流量大于 1 000 m³/s 流量级出现 58 d。入库日平均各级流量及

含沙量持续时间及出现天数见表 1-3 及表 1-4。

表 1-2　2006 年三门峡水文站洪水期水沙特征值统计表

时段 (月-日)		水量 (亿 m³)	沙量 (亿 t)	流量(m³/s)		含沙量(kg/m³)	
				最大日均	日期(月-日)	最大日均	日期(月-日)
非汛期	03-16~04-02	18.74	0.020	2 490	03-28	5.82	03-28
	06-20~06-29	7.99	0.230	2 760	06-25	144	06-27
汛期	07-21~08-04	14.20	0.534	1 920	08-02	198	08-02
	08-29~09-12	17.21	0.635	2 360	09-01	156	09-01
	09-13~09-24	14.84	0.531	2 210	09-23	148	09-23

从年内分配看，汛期 7~10 月入库水量为 87.51 亿 m³，占全年入库水量的 39.60%，非汛期入库水量为 133.49 亿 m³，占全年入库水量的 60.40%；全年入库沙量为 2.32 亿 t，绝大部分来自 6~10 月，其中汛期为 2.07 亿 t，占全年入库沙量的 89.22%(见图 1-1)。

表 1-3　2006 年三门峡水文站各级流量持续情况及出现天数

流量级 (m³/s)	>2 000		1 000~2 000		800~1 000		500~800		<500	
	持续	出现	持续	出现	持续	出现	持续	出现	持续	出现
天数(d)	2	6	9	52	17	81	12	94	44	132

注：表中持续天数为全年该级流量连续最长时间。

表 1-4　2006 年三门峡水文站各级含沙量持续情况及出现天数

含沙量级 (kg/m³)	>200		100~200		50~100		0~50		0	
	持续	出现	持续	出现	持续	出现	持续	出现	持续	出现
天数(d)	0	0	1	4	1	5	24	91	146	265

注：表中持续天数为全年该级含沙量连续最长时间。

2006 年是调水调沙生产运用的第二年，根据当年预案要求，小浪底水库自 6 月 10 日开始预泄，至 6 月 15 日调水调沙生产运行正式开始。三门峡水库 6 月 25 日 1 时 30 分流量 906 m³/s，此后开始加大泄量，至 2 时 18 分流量达到 2 850 m³/s，经过调整后从 6 月 25 日 12 时开始三门峡水库大流量下泄，6 月 26 日 7 时 12 分到达峰顶，最大流量为 4 820 m³/s，随三门峡水库蓄水量的减少，从 26 日 7 时开始下泄流量迅速减小，至 28 日 14 时流量仅为 9.11 m³/s。下泄泥沙滞后于流量过程，6 月 26 日 10 时三门峡水库开始拉沙，含沙量为 31.4 kg/m³，26 日 12 时含沙量达到最大，沙峰含沙量 276 kg/m³。此后含沙量稍有降低，26 日 18 时含沙量为 134 kg/m³，随后含沙量又有所增加，27 日 0 时含沙量达到 219 kg/m³。调水调沙期间三门峡水库水沙过程见图 1-2。调水调沙期间三门峡水库下泄水量 11.709 亿 m³，沙量 0.23 亿 t。

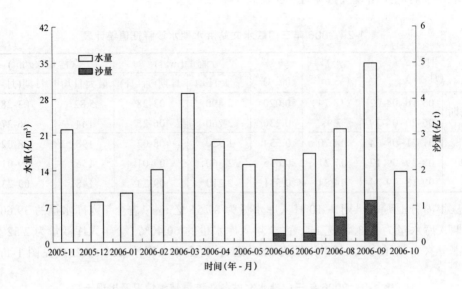

图 1-1　2006 年三门峡水文站水沙量年内分配

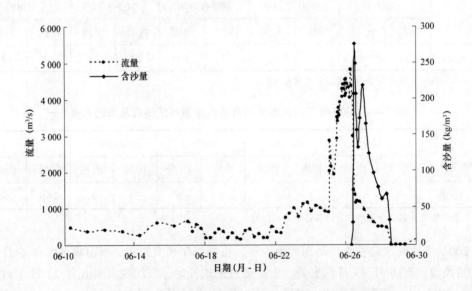

图 1-2　2006 年调水调沙期间小浪底入库水沙过程(瞬时)

二、出库水沙条件

小浪底水库出库站为小浪底水文站,2006 年全年出库水量为 265.28 亿 m³,其中 7~10 月水量为 71.55 亿 m³, 占全年的 26.97%, 春灌期 3~5 月份水量为 78.13 亿 m³。2006 年除调水调沙期间出库流量较大外,其他时间出库流量较小且过程均匀。年出库最大流量为 4 200 m³/s(6 月 26 日 8 时 48 分)。全年有 217 d 出库流量小于 800 m³/s。

全年出库沙量为 0.398 亿 t, 主要集中在汛期 8 月 1 日至 9 月 29 日, 期间排沙量为

0.274 亿 t，占全年排沙量的 68.8%。最大日均含沙量为 85.53 kg/m³(8 月 3 日)。

出库水沙量年内分配及水沙过程分别见表 1-5。出库日平均各级流量及含沙量持续时间及出现天数见表 1-6 及表 1-7。各时段排沙量见表 1-8。

表 1-5　小浪底水库出库水沙量年内分配

年份	月份	水量(亿 m³)	沙量(亿 t)
2005	11	17.34	0
	12	11.95	0
2006	1	8.04	0
	2	11.16	0
	3	26.43	0
	4	25.18	0
	5	26.52	0
	6	67.11	0.069
	7	18.87	0.048
	8	20.93	0.153
	9	18.78	0.128
	10	12..96	0
汛期		71.55	0.329
非汛期		193.73	0.069
全年		265.28	0.398

表 1-6　小浪底水文站各级流量持续情况及出现天数

流量级 (m³/s)	>3 000		2 000~3 000		1 000~2 000		800~1 000		500~800		<500	
	持续	出现	持续	出现	持续	出现	持续	出现	持续	出现	持续	出现
天数(d)	15	15	3	4	16	77	9	52	25	105	39	112

注：表中持续天数为全年该级流量连续最长时间。

表 1-7　小浪底水文站各级含沙量持续情况及出现天数

含沙量级 (kg/m³)	>200		100~200		50~100		0~50		0	
	持续	出现	持续	出现	持续	出现	持续	出现	持续	出现
天数(d)	0	0	0	0	1	1	7	25	237	339

注：表中持续天数为全年该级含沙量连续最长时间。

表 1-8 小浪底水库主要时段排沙情况

时段 (月-日)	水量(亿 m³)		沙量(亿 t)		排沙比 (%)
	三门峡	小浪底	三门峡	小浪底	
06-25 ~ 06-29	5.402	12.279	0.230	0.071	30.87
07-22 ~ 07-29	7.990	8.097	0.127	0.048	37.93
08-01 ~ 08-06	4.671	7.698	0.379	0.153	40.41
08-31 ~ 09-07	10.791	7.608	0.554	0.121	21.77

黄河调水调沙期间小浪底水库自6月9日14时开始预泄,小浪底水文站流量1 310 m³/s。至6月12日10时39分达到3 190 m³/s,13日之后日均流量在3 000 m³/s以上,26日8时48分小浪底水文站流量达4 240 m³/s,29日0时54分排沙洞关闭,当日水库下泄流量开始回落,日均流量降到902 m³/s;小浪底水文站26日0时30分含沙量为0.335 kg/m³,26日1时含沙量2.35 kg/m³,至27日14时含沙量增大至33.5 kg/m³,27日19时出现最大含沙量58.7 kg/m³,以后逐渐减少,至29日0时54分含沙量为0(图1-3)。期间小浪底水库下泄水量55.790亿 m³,占全年的21.03%,沙量0.071亿 t。

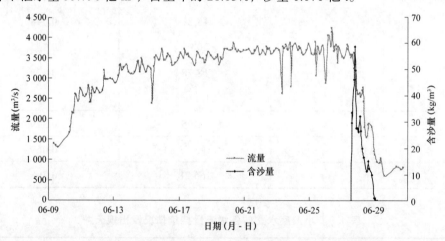

图 1-3 2006 年调水调沙期间小浪底水库出库水沙过程(瞬时)

第二章 水库调度方式及过程

2006 年小浪底水库以满足黄河下游防洪、减淤、防凌、防断流以及供水等为主要目标，进行了防洪和春灌蓄水、调水调沙及供水等一系列调度。

2006 年水库日均最高水位(本专题中库水位除调水调沙期间外，其余均采用陈家岭水位站水位)达到 263.30 m(3 月 31 日)，相应蓄水量为 81.38 亿 m³，库水位及蓄水量变化过程见图 2-1。

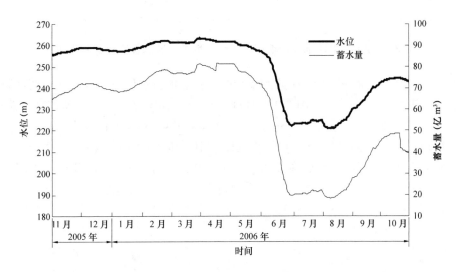

图 2-1　小浪底水库库水位(陈家岭站)及蓄水量变化过程

根据库水位变化可将水库运用分为四个阶段：

第一阶段为 2005 年 11 月 1 日至 2006 年 3 月 31 日防凌和春灌蓄水期。水库水位逐步抬高，从 255.42 m 上升至 263.30 m(3 月 31 日)，蓄水量由 64.95 亿 m³ 增至 81.38 亿 m³。

第二阶段为 2006 年 3 月 31 日至 2006 年 6 月 9 日。为保证黄河下游工农业生产、城市生活及生态用水，水库向下游补水。6 月 9 日库水位下降至 254.44 m，库水位下降幅度约 8.86 m。水库向下游补水 15.01 亿 m³，相应蓄水量减至 66.37 亿 m³，保证下游用水及河道不断流。

第三阶段为 6 月 9 日至 6 月 29 日调水调沙生产运行期。在此期间黄河干流没有发生洪水，主要依靠水库蓄水，通过万家寨、三门峡、小浪底水库联合调度，在小浪底库区塑造异重流。三门峡水库从调水调沙开始至 6 月 25 日属正常运用，水位保持在 316~318 m。6 月 25 日 1 时，三门峡水库开始加大泄量，三门峡水库蓄水量逐步减少。6 月 27 日 12 时三门峡水库基本泄空，水位降至 286.2 m。万家寨水库泄水运行到坝前，在三门峡水库敞泄冲刷，进入小浪底水库作为异重流的后续动力。6 月 28 日 9 时三门峡水库水位开始回升，至 6 月 30 日 8 时库水位回升至 304.58 m(见图 2-2)。

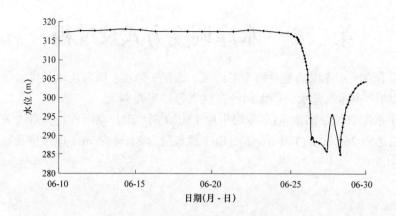

图 2-2 2006 年调水调沙期间三门峡水库史家滩水位变化过程(瞬时)

小浪底水库从 6 月 9 日 14 时开始预泄时,相应坝前水位为 254.52 m,调水调沙结束,库水位基本处于下降过程(图 2-3),期间 6 月 25～26 日由于三门峡水库加大泄量(25日、26 日日均下泄流量分别为 2 750 m³/s 和 2 500 m³/s,对应的两天小浪底出库流量分别为 3 730 m³/s 和 3 830 m³/s)库水位下降幅度较小,其余时间下降幅度较大。6 月 25 日塑造异重流开始时,坝前水位已降至 229.75 m,29 日 8 时调水调沙结束时小浪底水库坝前水位为 224.51 m。

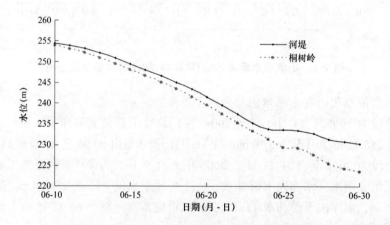

图 2-3 调水调沙期间河堤、桐树岭水位(日均)

第四阶段为 6 月 29 日至 10 月 31 日。8 月 27 日之前,库水位在 225.15～221.09 m 变动。8月 27 日之后,水库运用以蓄水为主,库水位持续抬升,最高库水位一度上升至 244.75m(10 月 19 日 8 时),相应水库蓄水量为 48.85 亿 m³。至 10 月 31 日,库水位为 243.16 m,相应水库蓄水量为 39.49 亿 m³。

经过小浪底水库调节,进出库流量及含沙量过程发生了较大的改变。图 2-4、图 2-5分别为进出库日均流量、日均含沙量过程。

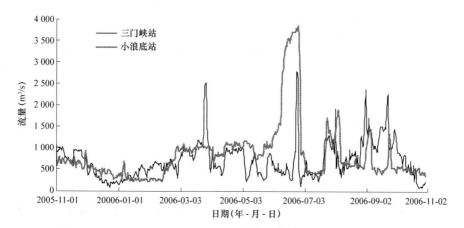

图 2-4　小浪底进出库日均流量过程对比

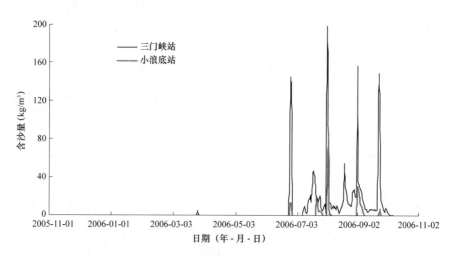

图 2-5　小浪底进出库日均含沙量过程对比

第三章　库区冲淤特性及库容变化

一、库区冲淤特性

由库区断面测验资料统计，2006年小浪底全库区淤积量为3.450亿 m³。泥沙的淤积分布有以下特点：

(1)泥沙主要淤积在干流库区，淤积量为2.46亿 m³，占全库区淤积总量的71.3%，支流淤积量为0.99亿 m³，占全库区淤积总量的28.7%。

(2)淤积主要集中于汛期。2006年4~10月小浪底库区淤积总量为3.43亿 m³，为全年库区淤积总量的99.42%。其中干流淤积量2.54亿 m³，占汛期库区淤积总量的74.05%。支流淤积主要分布在畛水、石井河、沇西河、西阳河、芮村河、大峪河等较大的支流，其他支流的淤积量均较小。表3-1及图3-1为各时段库区淤积量。

表 3-1　2006 年各时段库区淤积量

时段(年-月)		2005-11~2006-04	2006-04~2006-10	2005-11~2006-10
淤积量 (亿 m³)	干流	−0.072	2.536	2.463
	支流	0.092	0.894	0.987
	合计	0.020	3.430	3.450
占全年的百分比(%)		0.58	99.42	100

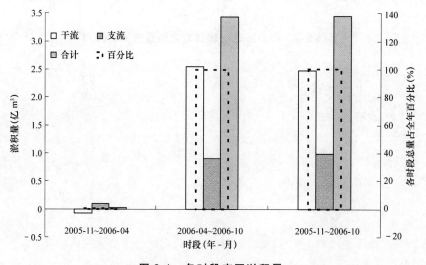

图 3-1　各时段库区淤积量

(3)淤积主要分布在180~230 m高程，淤积量为4.022亿 m³；冲刷则主要发生在235~275 m高程，冲刷量为0.572亿 m³。不同高程的冲淤量分布见图3-2。

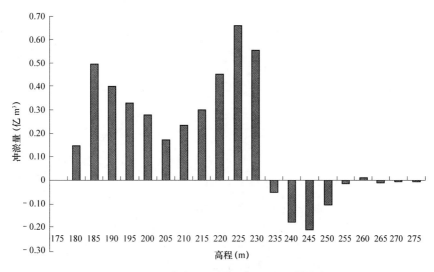

图 3-2 小浪底库区不同高程冲淤量分布

(4)泥沙主要淤积在坝前—HH39 断面库段(含支流)，淤积量为 4.011 亿 m³，与 180～230 m 高程相当；HH39 断面以上库段(含支流)发生冲刷，冲刷量为 0.561 亿 m³，不同库段冲淤量见表 3-2。

表 3-2 2006 年小浪底库区不同库段(含支流)冲淤量分布

库段	HH10 以下	HH10–HH18	HH18–HH26	HH26–HH39	HH39–HH56	合计
距坝里程(km)	0～13.99	13.99～29.35	29.35～42.96	42.96～67.99	67.99～123.41	
冲淤量(亿 m³)	0.928	0.884	1.426	0.772	−0.561	3.449

(5)支流泥沙主要淤积在沟口附近，沟口向上沿程减少。

二、库区淤积形态

(一)干流淤积形态

1. 纵向淤积形态

2005 年 11 月至 2006 年 4 月下旬，大部分时段三门峡水库下泄清水，小浪底水库进库沙量为 0.020 亿 t，出库沙量基本为 0；库水位基本上经历了先升后降的过程，日均库水位在 255.42~263.30 m 变化，均高于水库淤积三角洲洲面，因此干流纵向淤积形态几乎没有变化(图 3-3)。

自 6 月份调水调沙开始，库水位由 255.42 m 逐步下降，7~8 月期间一度降至 221.09 m，在来水来沙条件的共同作用下,库区淤积形态发生较大幅度的调整,见图 3-3。距坝约 67.99 km 的 HH39 断面和至坝约 105.85 km 的 HH52 断面之间三角洲发生大幅度冲刷，冲起的泥沙一部分随异重流排泄出库，另一部分堆积在三角洲的前坡段，使三角洲向坝前推进，如图中 HH34 断面至距坝约 31.85 km 的 HH19 之间有较大幅度的淤积抬升。三角洲顶点由距坝 48 km 左右下移 14.52 km 至距坝 33.48 km 处，顶点高程也由 224.68 m 降至 221.87 m。异重流在输移过程中的沿程淤积，使 HH19 断面以下亦发生少量的淤积。10 月份库区纵剖

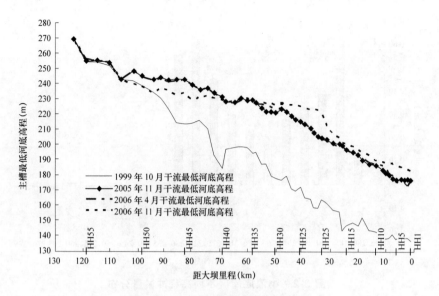

图 3-3 干流纵剖面套绘(深泓点)

面三角洲洲面段位于距坝 34.8 ~ 105.85 km,比降为 2.8‰;距坝 27.19 ~ 34.8 km 库段为三角洲前坡段,比降约为 23.7‰;距坝 27.19 ~ 11 km 为异重流坝前淤积段,淤积面总体上有所抬升,距坝 11 km 以下库段抬升幅度较大,其主要原因是异重流及浑水水库淤积沉降。

2. 横断面淤积形态

图 3-4 为 2004 年 10 月至 2005 年 11 月期间三次库区横断面套绘图。可以看出,不同的库段的冲淤形态及过程有较大的差异。

2005 年 11 月至 2006 年 10 月的两次观测表明,HH1—HH19 断面主要是异重流及浑水水库淤积,库底高程基本上为平行抬升。在坝前局部河段受前期库区淤积物随时间延长逐渐密实的影响较为显著,2006 年 4 月较 2005 年 11 月河底高程有所下降,例如 HH2 断面;HH20—HH33 断面 2006 年 4 月与 2005 年 11 月相比基本无变化,汛后较 4 月份相比抬升较大,抬升幅度最大值达到 18.53 m(HH20 断面);HH34—HH39 全年横断面基本没有变化,如 HH37 断面;HH40—HH52 断面在调水调沙期及汛期发生冲刷,如 HH45 断面;HH43—HH56 断面处于回水末端,河道形态窄深,坡度陡,断面形态变化不大,例如 HH55 断面。

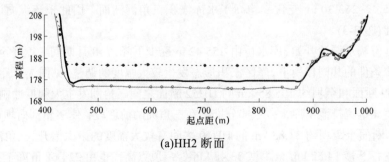

(a)HH2 断面

图 3-4 横断面套绘图

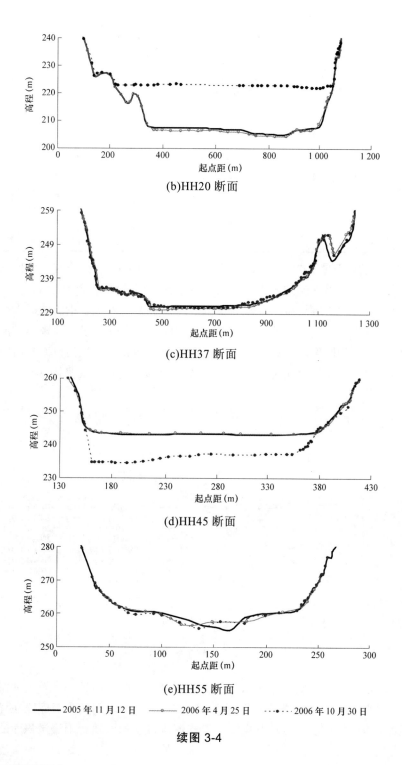

(b)HH20 断面

(c)HH37 断面

(d)HH45 断面

(e)HH55 断面

——2005 年 11 月 12 日　—○—2006 年 4 月 25 日　----•---2006 年 10 月 30 日

续图 3-4

(二)支流淤积形态

从汛期干、支流淤积量分布看，汛期大峪河、东洋河、西阳河、芮村河、沇西河、石门沟、畛水河、石井河等支流淤积量较大，表 3-3 为主要支流冲淤量。

表 3-3　典型支流冲淤量　　　　　　　　（单位：亿 m³）

支流	位置	2005 年 11 月至 2006 年 4 月	2006 年 4～10 月	全年
大峪河	HH3—HH4	−0.009 8	0.052 7	0.042 9
东洋河	HH18—HH19	0.004 1	0.042 6	0.046 8
西阳河	HH23—HH24	0.004 2	0.101 0	0.105 2
芮村河	HH25—HH26	0.010 3	0.090 3	0.100 6
沇西河	HH32—HH34	0.022 6	0.117 2	0.139 8
石门沟	坝前—HH1	−0.009 6	0.050 5	0.040 9
畛　水	HH11—HH12	−0.011 5	0.324 1	0.312 6
石井河	HH13—HH14	−0.005 0	0.113 0	0.108 0

　　2006 年支流淤积量 0.99 亿 m³，淤积时段主要为 4～10 月，小浪底库区支流自身来沙量可略而不计，所以支流的淤积主要为干流来沙倒灌所致。异重流期间，水库运用水位较高，库区较大的支流均位于干流异重流潜入点下游，由于异重流清浑水交界面高程超出支流沟口高程，干流异重流沿河底向支流倒灌，并沿程落淤，表现出支流沟口淤积较厚，沟口以上淤积厚度沿程减少。随干流淤积面的抬高，支流沟口淤积面同步上升，支流淤积形态取决于沟口处干流的淤积面高程，如畛水的纵剖面见图 3-5。

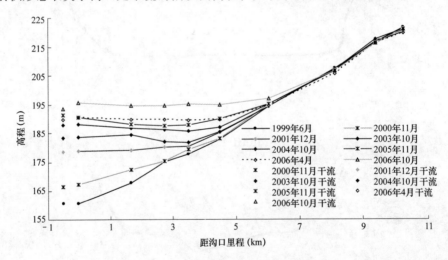

图 3-5　畛水纵剖面

　　调水调沙之后，小浪底水库三角洲洲面及其以下库段床面进一步发生冲淤调整，在小浪底库区回水末端以下形成异重流。HH34—HH19 断面之间的干流库段在异重流运行过程中产生淤积，该库段干流抬升幅度大，支流沟口淤积面随着干流淤积面的调整而产生较大的变化，而支流内部的调整幅度小于沟口处，其间的支流如西阳河、沇西河等；HH1—HH18 断面主要是异重流及浑水水库淤积，异重流倒灌亦产生大量淤积，沟内河底高程同沟口干流河底高程基本持平，如东洋河、畛水、石井河等。需要说明的是，由于干流淤积面在非汛期降低，其间的支流如大峪河淤积面亦随之下降，而汛期随着干流淤积淤积面迅速抬升。

三、库容变化

随着水库淤积的发展，水库的库容也随之变化，见图 3-6。

从图 3-6 中可以看出，由于库区的冲淤变化主要发生在干流，小浪底水库总库容的变化量与干流库容变化量接近，支流冲淤变化较小。1997 年 10 月至 2006 年 10 月，小浪底全库区断面法淤积量为 21.58 亿 m³。其中，干流淤积量为 18.31 亿 m³，支流淤积量为 3.27 亿 m³，分别占总淤积量的 84.85%和 15.15%。水库 275 m 高程下干流库容为 56.47 亿 m³，支流库容为 49.41 亿 m³，全库总库容为 105.88 亿 m³。

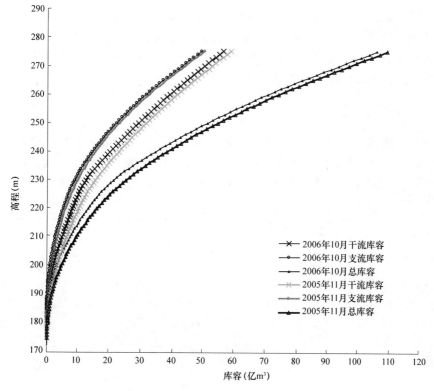

图 3-6　小浪底水库不同时期库容曲线

第四章　水库异重流运动特点

2006 年小浪底水库共发生了 4 次异重流排沙过程,分别为 6 月 25～29 日、7 月 22～29 日、8 月 1～6 日及 8 月 31 日至 9 月 7 日。仅对 6 月 25～29 日期间发生的异重流进行了观测,这次异重流的排沙过程是在调水调沙生产运行期间万家寨、三门峡、小浪底三库联调塑造的异重流。下面仅对这次异重流运动特点进行分析。

2006 年汛前调水调沙基本模式为干流水库群联合调度。调水调沙期间黄河干流没有发生洪水,主要依靠万家寨、三门峡、小浪底水库前期蓄水,并通过水库联合调度,在小浪底库区塑造人工异重流。根据预案要求,小浪底水库自 6 月 10 日开始预泄,至 6 月 15 日调水调沙正式开始,塑造异重流时期(即排沙期)安排在调水调沙过程中的最后 2 天。排沙期第 1 天为三门峡水库泄空期,排沙期第 2 天为三门峡水库敞泄期。整个调水调沙过程结束,坝前水位接近汛限水位 225 m。

一、异重流概况

调水调沙期间小浪底水库异重流测验断面分为固定断面和辅助断面。固定断面有桐树岭、HH1、HH9、河堤断面和潜入点下游断面,采用横断面测验与主流线法相结合的测验方法;辅助断面有 HH5、HH13、HH17、潜入点,采用主流线法测验(见图 4-1 及表 4-1)。

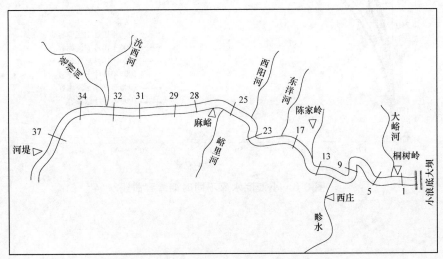

图 4-1　异重流测验固定断面布设示意

在测验过程中,还根据潜入点位置,在 HH23、HH25、HH28、HH31、HH32 等断面进行了巡测。

2006 年小浪底水库人工塑造异重流可分为两个阶段。第一阶段从 6 月 25 日 1 时 30 分三门峡水库开始加大流量下泄清水开始,到万家寨水库水流到达三门峡坝前(26 日 12 时左右)为止,此阶段最大流量为 4 830 m³/s(26 日 7 时 12 分),下泄水流对小浪底水库上

表 4-1 2006 年异重流测验断面布设情况一览

断面号	距坝里程(km)	断面性质	断面号	距坝里程(km)	断面性质
坝前	0.41	辅助	HH17	27.19	辅助
HH1	1.32	基本	HH22	36.33	
HH5	6.54	辅助	HH23	37.54	基本
HH9	11.42	基本	HH24	39.48	(潜入点下游断面)
HH13	20.35	辅助	HH25	41.10	

段产生冲刷，含沙量沿程增加，满足形成异重流并持续运行的水沙条件。第二阶段为万家寨水流进入三门峡水库拉沙下泄高含沙水流，使第一阶段形成的异重流得到加强。在整个异重流塑造过程中，冲刷三门峡水库产生的最大含沙量为 318 kg/m³(26 日 12 时)。

三门峡水库加大下泄流量之后，6 月 25 日 9 时 42 分在 HH27 断面下游 200 m 监测到异重流潜入现象，自三门峡水库增大下泄流量至异重流潜入时间间隔约 8 h。6 月 26 日 5 时 20 分桐树岭断面监测到异重流，标志着塑造的异重流运行至坝前。异重流自潜入到运行至坝前时间约 19.6 h，平均运行速度约 0.63 m/s。此后异重流潜入点在 HH27—HH24 断面位移，距坝最近处位于 HH24 断面上游 500 m。

随着三门峡水库下泄流量、含沙量相继开始减少，至 28 日 14 时三门峡水文站流量为 9.11 m³/s，16 时含沙量为 1.67 kg/m³，异重流开始衰退直至消亡。6 月 28 日 17 时桐树岭断面异重流厚度仅为 1.39 m，从 29 日开始小浪底排沙洞关闭，水库排沙结束。

二、异重流形成

水库异重流的发生或形成是指两种不同密度的水流相遇时，在一定条件下，一种流体自明流过渡到异重流的过程。小浪底水库形成异重流的主要原因是库区清水与进入库区的浑水之间的容重差异。从异重流运动的方式看，异重流潜入的现象是异重流开始形成的标志。

6 月 25 日 1 时 30 分三门峡水库开始加大泄量，至 26 日 8 时含沙量仍为 0。下泄水流对三门峡—小浪底水库区间沿程河道以及水库淤积三角洲发生较为强烈的冲刷，25 日 8 时河堤含沙量为 52.0 kg/m³，10 时含沙量达到 81.6 kg/m³，从而在小浪底水库形成了流量级为 2 000 m³/s、含沙量级为 80 kg/m³ 的水沙过程。

25 日 9 时 42 分在 HH27 断面下游 200 m 处发现异重流潜入点，在横向宽为 400 m、纵向宽为 20 m 的范围内遍布漂浮物，并于 25 日 10 时在 HH26 断面采用主流线施测异重流，水深 10.3 m，异重流厚度 5.6 m，异重流平均流速 0.66 m/s，平均含沙量为 27.6 kg/m³，最大测点流速 1.48 m/s，最大测点含沙量为 49.7 kg/m³。

25 日 14 时 30 分在 HH27 断面下游 500 m 处观察到水面漂浮物较多，有很多旋涡，流向紊乱，有明显的清浑水分界，表明此处即为异重流潜入点，属于典型的异重流潜入特征，此时小浪底水库回水末端位于 HH27 断面上游 300 m 处。潜入点位置水深 8.8 m，异重流厚度 6.6 m，异重流平均流速为 1.00 m/s，平均含沙量为 34.0 kg/m³，最大测点流速为 1.40 m/s，最大测点含沙量 70.7 kg/m³。

随着小浪底库水位及水沙条件的变化，异重流潜入点不断发生位移，26 日 18 时下移到 HH24 断面上游 500 m 处。

此后随三门峡下泄流量、含沙量的减少，潜入点开始上移，27 日 20 时潜入点上移至 HH25 断面上游 1 000 m，28 日 7 时 6 分潜入点位于 HH25 断面，水深 6.0 m，异重流厚度 3.97 m，异重流层平均流速 0.40 m/s，平均含沙量 34.8 kg/m³，最大测点流速为 0.86 m/s，最大测点含沙量为 131 kg/m³。异重流特征值统计见表 4-2。

表 4-2 2006 年小浪底水库异重流特征值统计

时间	断面	距坝里程 (km)	最大点流速 (m/s)	垂线平均流速 (m/s)	垂线平均含沙量(kg/m³)	浑水厚度 (m)	d_{50} (mm)
6 月 26 ~ 28 日	HH26	42.96	1.48	0.33	29.75	5.60	0.015
	HH25	41.10	1.13	0.39	82.40	4.22	0.028
	HH24	39.49	1.22	0.03 ~ 0.42	22.76 ~ 43.97	1.98 ~ 4.82	0.010 ~ 0.020
	HH23	37.55	1.77	0.12 ~ 0.71	2.69 ~ 59.43	1.24 ~ 12.9	0.010 ~ 0.037
	HH22	36.33	2.10	0.01 ~ 0.58	6.38 ~ 111.55	1.82 ~ 12.6	0.008 ~ 0.024
	HH17	27.19	1.66	0.7	12.05	19	0.014
	HH13	20.39	0.64	0.20	7.97	6.2	0.012
	HH9	11.42	0.94	0.03 ~ 0.22	0.97 ~ 15.30	1.48 ~ 6.10	0.006 ~ 0.009
	HH5	6.54	0.53	0.03 ~ 0.14	1.22 ~ 15.60	0.80 ~ 2.24	0.006 ~ 0.012
	HH1	1.32	0.90	0.09 ~ 0.31	0.06 ~ 13.37	0.20 ~ 2.49	0.005 ~ 0.010

范家骅等在水槽内进行潜入条件的试验，得到异重流潜入条件关系为

$$Fr^2 = \frac{V_0^2}{\frac{\Delta r}{\gamma'} g h_0} = 0.6 \quad \text{或} \quad Fr = \frac{V_0}{\sqrt{\frac{\Delta r}{\gamma'} g h_0}} = 0.78 \tag{4-1}$$

式中：h_0 为异重流潜入点处水深，V_0 为潜入点处平均流速；γ' 为浑水重率，$\gamma' = 1\ 000 + 0.63S$ (kg/m³)；$\Delta\gamma$ 为清浑水容重差，$\Delta\gamma = \gamma' - \gamma$。

将 6 月 25 日 14 时 30 分异重流初潜入位置的水流特征值代入式(4-1)，得到 25 日 14 时 30 分的 Fr 为 0.74(表 4-3)，基本符合范家骅等在水槽内进行潜入条件的试验结果；28 日 7 时由于观测位置偏下，Fr 值偏小。

表 4-3 Fr 计算值(其他时段)

时间 (年-月-日 T 时:分)	潜入点位置	异重流深(m)	平均流速(m/s)	平均含沙量(kg/m³)	Fr
2006-06-25T14:30	HH27 断面下游 500 m	6.6	1	34	0.74
2006-06-28T07:06	HH25 断面	3.97	0.4	34.8	0.36

三、异重流流速及含沙量垂线分布

(一)流速与含沙量分布特征

异重流潜入点附近下游断面，由于横轴环流的存在，表层水流往往逆流而上，带动水面漂浮物缓缓向潜入点聚集，这种现象是判断是否形成异重流并确定其潜入位置的标志。由于受异重流潜入后带动上层清水向上游流动的作用，潜入点及其下游断面表层清水会表现为回流(负流速)或 0 流速现象，负流速大小与异重流的强弱及距离潜入点的距离有关，潜入点及其下游附近断面流速较大。在异重流和清水的交界面处，由于异重流流速较大，水流运动的过程中，将挟带一部分交界面上的清水相随而行，所以认为流速为 0 的位置往往会稍高于清浑水交界面的位置(图 4-2)。

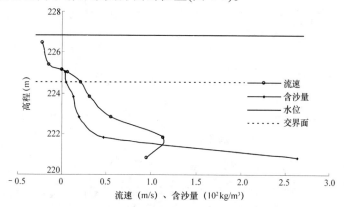

图 4-2　HH25 断面 6 月 27 日 8 时 15 分流速、含沙量分布

含沙量垂线分布表现为上表层含沙量为 0，清浑水交界面以下含沙量逐渐增加，其极大值位于库底附近。异重流潜入点的下游附近库段，含沙量沿垂线梯度变化较小，交界面不明显，主要原因是异重流形成之初流速较大，水流紊动和泥沙的扩散作用使清浑水掺混。随着异重流的输移和趋于稳定，两种水流交界处含沙量梯度增大，清浑水交界面清晰，见图 4-3，这是异重流稳定时含沙量沿垂线分布的基本形状。

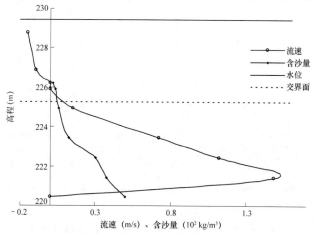

图 4-3　HH26 断面 6 月 25 日 10 时 25 分流速、含沙量分布

(二)横向变化分析

距潜入点较近的断面由于异重流刚刚潜入，动能沿程损耗较小，异重流平均流速较大。从 HH24 断面流速、含沙量横向分布图(图 4-4)中可以看出，因为距潜入点较近，表层出现负流现象明显，从图 4-5、图 4-6 可以看出，随沿程动能的损耗，负流减少，直至消失，同时流速沿程减小。

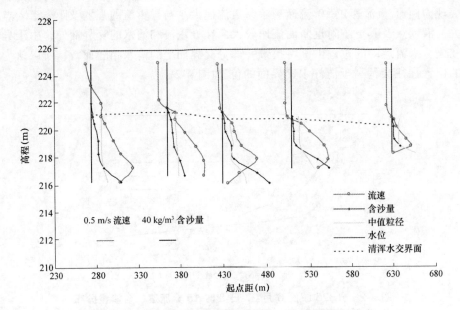

图 4-4　6 月 28 日 HH24 断面流速、含沙量横向分布

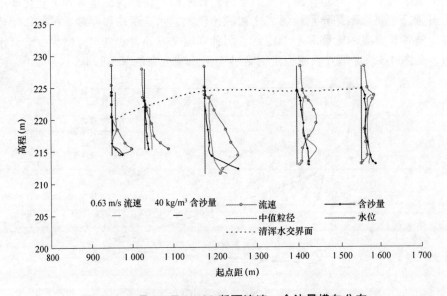

图 4-5　6 月 26 日 HH23 断面流速、含沙量横向分布

从 HH23 断面流速、含沙量横向分布图(图 4-5)中可以看出,在横断面各垂线异重流的流速变化较大,垂线上最大异重流流速介于 0.66 ~ 1.33 m/s,表现为主流异重流流速较大,边流流速较小,这与自然河道流速分布形态有相似之处。

在微弯河段如 HH24 断面(图 4-4)、HH9 断面(图 4-6),异重流主流往往位于凹岸,主流区浑水交界面略高,在同一高程上流速及含沙量均较大。

从图 4-5、图 4-6 也可以看出,主流区垂线流速明显大于非主流区,清浑水交界面分明,不同垂线的清浑水交界面高程略有差异。

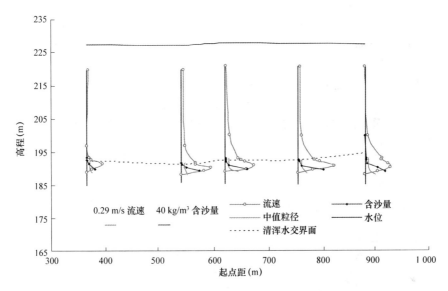

图 4-6 6 月 27 日 HH9 断面流速、含沙量横向分布

(三)异重流流速及含沙量沿程变化

异重流从潜入点向坝前运行过程中会发生能量损失,包括沿程损失及局部损失,沿程损失即床面及清浑水交界面的阻力损失。而局部损失在小浪底库区较为显著,影响因素包括支流倒灌、局部地形的扩大或收缩、弯道等。一般表现为潜入点附近流速较大,随着纵向距离的增加,由于受阻力影响,流速逐渐变小,泥沙沿程发生淤积,交界面的掺混及清水的析出等,均可使异重流的流量逐渐减小,其动能相应减小。异重流到坝前后,如果下泄浑水流量小于到达坝前的流量,则部分异重流的动能转为势能,产生壅高现象,形成坝前浑水水库。在演进过程中,异重流层的流速受地形影响也很明显,当断面宽度较小或在缩窄段,其流速会增大,在断面较宽或扩大段,其流速就会减小。

从异重流潜入点至坝前,各断面的最大流速(除 HH17 断面出现递增外)均呈现为递减趋势,其中 HH5(距坝 6.54 km)—HH1 断面(距坝 1.32 km)递减幅度较大(图 4-7~图 4-9),其原因是断面的增宽和河床比降减小,HH17 断面(距坝 27.19 km,图 4-9)流速偏大的原因是该断面位于八里胡同河段的中间,断面相对较窄。而坝前附近断面的流速分布往往受水库泄流的影响。

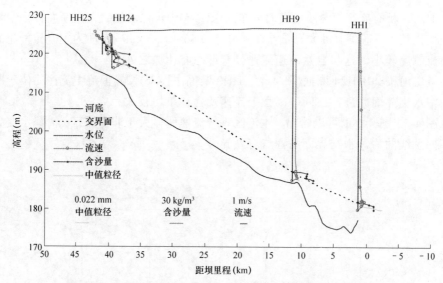

图 4-7　28 日主流线处流速、含沙量和中值粒径沿程变化

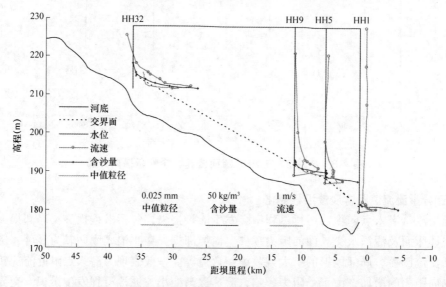

图 4-8　27 日主流线处流速、含沙量和中值粒径沿程变化

四、异重流随时间变化分析

图 4-10～图 4-13 分别绘制了 HH22、HH9、HH5、HH1 断面主流线异重流垂线分布及变化过程。因洪峰的持续时间较短，异重流期间各断面依次呈现异重流发生、增强、维持、消失等阶段的过程亦短，从图中可以看出，异重流厚度、位置、流速、含沙量等因子基本表现出与各阶段相适应的特性。

图 4-10 为 HH22 断面主流线流速、含沙量随时间变化，可以看出，HH22 断面因距潜入点较近，异重流刚刚潜入，动能沿程损耗较小，异重流层平均流速较大，上部清水层流速为负值。

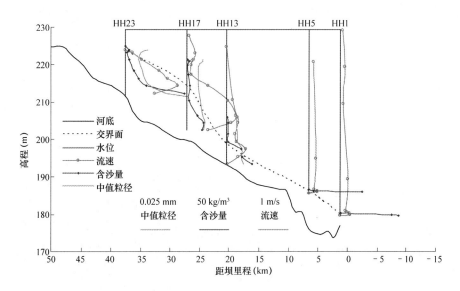

图 4-9　26 日主流线处流速、含沙量和中值粒径沿程变化

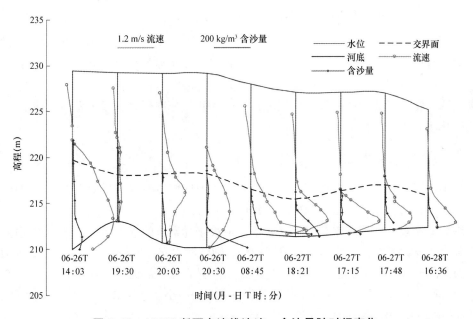

图 4-10　HH22 断面主流线流速、含沙量随时间变化

从图 4-11 ~ 图 4-13 中，HH5、HH9 及 HH1 断面垂线流速、含沙量分布随时间变化过程可以看出，因距潜入点较远，动能沿程损耗较大，异重流层平均流速较小。

同时，随着时间的变化，异重流后续动力减弱，异重流流速、含沙量也在逐渐减小。

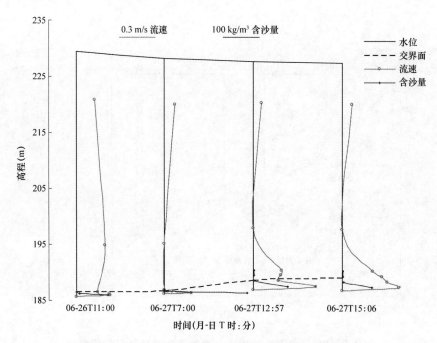

图 4-11　HH5 断面主流线流速、含沙量随时间变化

五、异重流泥沙粒径的变化

图 4-14、图 4-15 为异重流泥沙中值粒径沿垂线分布，呈现出上细下粗的变化规律。在运动过程中，泥沙颗粒发生分选，较粗颗粒沉降，而细颗粒泥沙悬浮于水中继续向坝前输移。图 4-16~图 4-18 给出了 6 月 26~28 日异重流泥沙中值粒径沿程变化状况，测验结果表明，在距坝约 10 km 以上库段悬沙逐步细化，分选明显，以下库段悬沙中值粒径沿程变化不大。

六、清浑水交界面变化过程

异重流运行过程中，因清浑两种水流相互掺混而使清浑水交界面存在一定厚度，为便于表示，以含沙量为 5 kg/m³ 作为清浑水交界面。

综合分析表明，清浑水交界面高程主要取决于异重流的水力特征，即异重流厚度及紊动强度，异重流水深大或清浑水掺混剧烈，则清浑水交界面较高，反之亦然，如 HH22 断面因距潜入点较近，强度大，清浑水掺混剧烈，清浑水交界面较高，介于 215~219 m；而 HH9 断面和 HH1 断面，异重流沿程逐渐损失强度减小，清浑水交界面低；HH9 断面介于 189~192 m，HH1 断面介于 179~182 m。

2006 年调水调沙期间没有对异重流排沙进行控制，异重流运行至坝前后全部排泄出库，清浑水交界面几乎与河底平行(图 4-21)。异重流的厚度受运行距离和库区地形的影响显著，八里胡同(HH17)狭窄地形使其厚度有所增大，出狭窄库段后又有较大幅度削减，总体呈现沿程减小趋势。

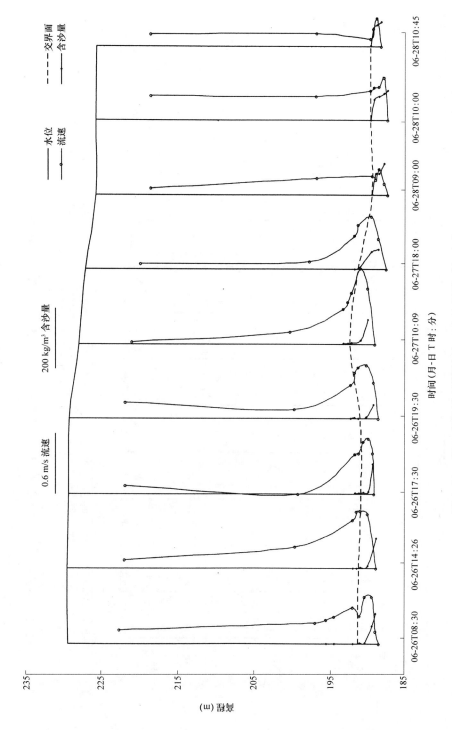

图 4-12　HH9 断面主流线速、含沙量随时间变化

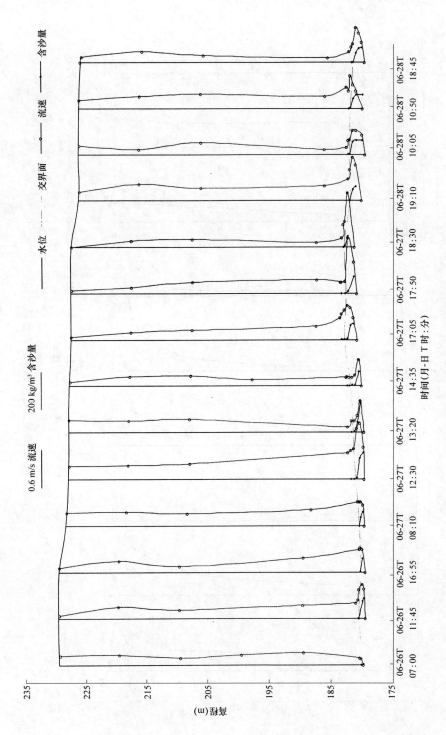

图 4-13 HH1 断面主流线流速、含沙量随时间变化

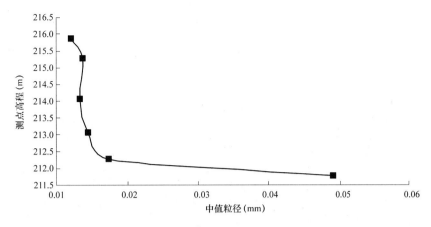

图 4-14　HH22 断面主流线中值粒径沿垂线分布

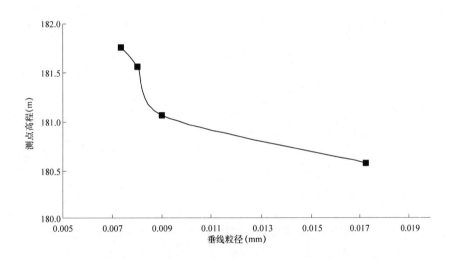

图 4-15　HH1 断面主流线中值粒径沿垂线分布

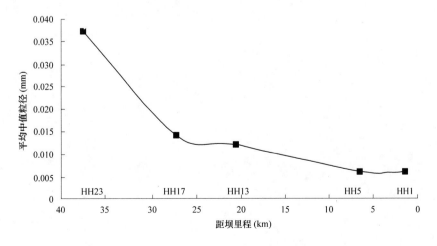

图 4-16　6 月 26 日垂线平均中值粒径沿程变化

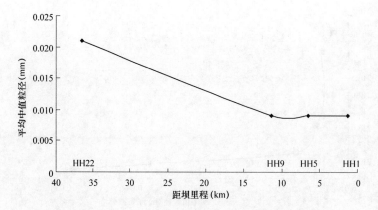

图 4-17　6 月 27 日垂线平均中值粒径沿程变化

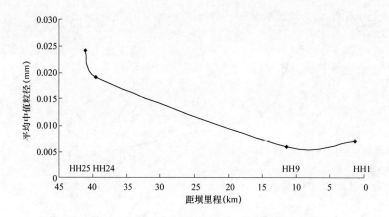

图 4-18　6 月 28 日垂线平均中值粒径沿程变化

第五章 小浪底水库运用以来水库调度 及排沙淤积分析

小浪底水库 1997 年 10 月截流，1999 年 10 月 25 日开始下闸蓄水，至 2006 年汛后，已经蓄水运用 7 年，库区淤积量为 21.58 亿 m³。7 年来，黄河流域洪水较少，仅 2003 年秋汛期水量较为丰沛。水库为满足黄河下游防洪、减淤、防凌、防断流以及供水(包括城市、工农业、生态用水以及引黄济津等)需要，进行了一系列调度。水库运用以蓄水拦沙运用为主，洪水期以异重流形式排细泥沙出库为主，其余时期基本为下泄清水，69%左右的细泥沙和 94%以上的中粗泥沙被拦在库内(统计至 2005 年底)，进入黄河下游的泥沙明显减少，从而使得下游河道发生了持续的冲刷。

一、水库运用情况

小浪底水库自 1999 年蓄水以来，历年蓄水情况见表 5-1 及图 5-1。从表 5-1 看出，非汛期运用水位最高为 2004 年的 264.3 m，最低为 2000 年的 180.34 m；汛期运用水位变化复杂，2000~2002 年主汛期平均水位在 207.14~214.25 m 变化，2003~2006 年在 225.98~233.86 m 变化，其中 2003 年主汛期平均水位最高达 233.86 m。

水库运用调节了水量在年内的分配。由 2000~2006 年进出库水量变化可以看出 (表 5-2)，7 年汛期入库的水量占年水量的 43.87%，经过水库调节后，汛期出库水量占年水量的比例减小到了 34.15%，除 2002 年汛期外，其余年份出库水量汛期占年水量百分比均较入库水量的百分比小 10%左右。

表 5-1 2000~2006 年小浪底水库蓄水运用情况

项目		2000 年	2001 年	2002 年	2003 年	2004 年	2005 年	2006 年
汛期	汛限水位(m)	215	220	225	225	225	225	225
	最高水位(m)	234.3	225.42	236.61	265.48	242.26	257.47	244.75
	最高水位日期(月-日)	10-30	10-09	07-03	10-15	10-24	10-17	10-19
	最低水位(m)	193.42	191.72	207.98	217.98	218.63	219.78	221.09
	最低水位日期(月-日)	07-06	07-28	09-16	07-15	08-30	07-22	08-11
	平均水位(m)	214.88	211.25	215.65	249.51	228.93	233.84	231.57
	汛期开始蓄水的日期(月-日)	08-26	09-14	—	08-07	09-07	08-21	08-27
	主汛期平均水位(m)	211.66	207.14	214.25	233.86	225.98	230.17	227.4
非汛期	最高水位(m)	210.49	234.81	240.78	230.69	264.3	259.61	263.3
	最高水位日期(月-日)	04-25	11-25	02-28	04-08	11-01	04-10	03-11
	最低水位(m)	180.34	204.65	224.81	209.6	235.65	226.17	223.61
	最低水位日期(月-日)	11-01	06-30	11-01	11-02	06-30	06-30	06-30
	平均水位(m)	202.87	227.77	233.97	223.42	258.44	250.58	257.79
年平均运用水位(m)		208.88	219.51	224.81	236.46	243.68	242.21	248.95

注：1.主汛期为 7 月 11 日~9 月 30 日。

2.汛期开始蓄水的日期是指汛期库水位开始超过当年汛限水位之日。

3.2006 年采用陈家岭水位资料。

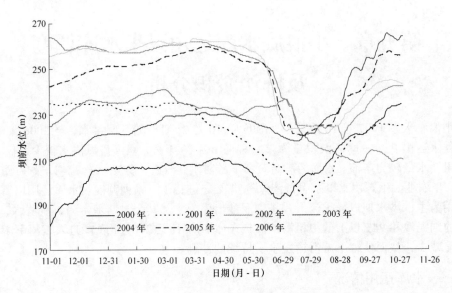

图 5-1　2000～2006 年小浪底水库库水位变化对比

表 5-2　历年实测进出库水量变化

年份	年水量(亿 m³)		汛期水量(亿 m³)		汛期占年(%)	
	入库	出库	入库	出库	入库	出库
2000	166.60	141.15	67.23	39.05	40.35	27.67
2001	134.96	164.92	53.82	41.58	39.88	25.21
2002	159.26	194.27	50.87	86.29	31.94	44.42
2003	217.61	160.70	146.91	88.01	67.51	54.77
2004	178.39	251.59	65.89	69.19	36.94	27.50
2005	208.53	206.25	104.73	67.05	50.22	32.51
2006	221.0	265.28	87.51	71.55	40.22	26.98
7 年平均	183.76	197.74	82.42	66.10	43.87	34.15

　　水库运用调节了洪水过程。2000～2006 年入库日均最大流量大于 1 500 m³/s 的洪水共 21 场，对其中汛前或汛初的 4 场洪水进行了调水调沙(2002 年 7 月、2003 年 9 月初、2004 年 7 月初、2005 年 6 月)，对 2004 年 8 月和 2006 年的洪水相机排沙，其余洪水均被水库拦蓄和削峰，削峰率最大达 65%。此外，为满足下游春灌要求，2001 年 4 月和 2002 年 3 月，分别向下游河道泄放了日均最大流量 1 500 m³/s 左右的洪水过程；2006 年 3 月黄委组织实施的利用并优化桃汛洪水过程冲刷降低潼关高程试验中，小浪底水库在非汛期入库流量超过 1 500 m³/s 并持续 4 d。

二、水库排沙分析

(一)水库历年排沙状况

　　小浪底水库排沙情况主要取决于来水来沙条件、库区边界条件和水库调度运用情况。水库投入运用以来主要以蓄水运用为主，结合来水来沙情况，进行了防洪、防凌、供水、调水调沙及防断流等一系列调度。从已有的 2000～2006 年的资料分析，小浪底入库沙量主要集中在汛期，占全年沙量的 93.02%；出库沙量也集中在汛期，汛期排沙占全年排沙量的 97.5%，汛期平均排沙比为 17.2%；水库排沙属异重流排沙或异重流形成的浑水水库排沙。由于各年水库运用条件不同，不同时期排沙比差别较大，历年进出库不同粒径组的沙量、库区淤积量及淤积物组成、排沙情况见表 5-3。

表 5-3　小浪底水库历年排沙情况

年份	级配	入库沙量(亿 t)		出库沙量(亿 t)		淤积量(亿 t)		全年淤积物组成(%)	排沙比(%)		细泥沙占全年出库沙量的百分比(%)
		汛期	全年	汛期	全年	汛期	全年		汛期	全年	
2000	细沙	1.152	1.23	0.037	0.037	1.116	1.195	33.9	3.2	3	88.1
	中沙	1.1	1.17	0.004	0.004	1.095	1.17	33.2	0.4	0.4	
	粗沙	1.089	1.16	0.001	0.001	1.088	1.16	32.9	0.1	0.1	
	全沙	3.34	3.57	0.042	0.042	3.298	3.528	100	1.3	1.2	
2001	细沙	1.318	1.318	0.194	0.194	1.125	1.125	43.1	14.7	14.7	87.8
	中沙	0.704	0.704	0.019	0.019	0.685	0.685	26.2	2.7	2.7	
	粗沙	0.808	0.808	0.008	0.008	0.8	0.8	30.7	1	1	
	全沙	2.831	2.831	0.221	0.221	2.61	2.61	100	7.8	7.8	
2002	细沙	1.529	1.905	0.61	0.61	0.919	1.295	35.2	39.9	32	87.0
	中沙	0.981	1.358	0.058	0.058	0.924	1.301	35.4	5.9	4.2	
	粗沙	0.894	1.111	0.033	0.033	0.861	1.078	29.3	3.7	3	
	全沙	3.404	4.375	0.701	0.701	2.704	3.674	100	20.6	16	
2003	细沙	3.471	3.475	1.049	1.074	2.422	2.401	37.8	30.2	30.9	89.1
	中沙	2.334	2.334	0.069	0.072	2.265	2.262	35.6	3	3.1	
	粗沙	1.755	1.755	0.058	0.06	1.696	1.695	26.7	3.3	3.4	
	全沙	7.559	7.564	1.176	1.206	6.383	6.358	100	15.6	15.9	
2004	细沙	1.199	1.199	1.149	1.149	0.05	0.05	4.3	95.8	95.8	77.3
	中沙	0.799	0.799	0.239	0.239	0.56	0.56	48.7	29.9	29.9	
	粗沙	0.64	0.64	0.099	0.099	0.541	0.541	47	15.5	15.5	
	全沙	2.638	2.638	1.487	1.487	1.151	1.151	100	56.4	56.4	
2005	细沙	1.639	1.815	0.368	0.381	1.271	1.434	39.5	22.5	21	84.9
	中沙	0.876	1.007	0.041	0.042	0.835	0.965	26.6	4.7	4.2	
	粗沙	1.104	1.254	0.025	0.026	1.079	1.228	33.9	2.3	2.1	
	全沙	3.619	4.076	0.434	0.449	3.185	3.626	100	12	11	
2006	全沙	2.075	2.324	0.329	0.398	1.746	1.926	100	15.9	17.1	—
平均	全沙	3.638	3.911	0.627	0.643	3.011	3.268	100	17.2	16.5	—

注：1.细沙粒径<0.025 mm，中沙粒径 0.025~0.05 mm，粗沙粒径>0.05 mm。
　　2.缺少 2006 年级配资料。

由表 5-3 可以看出，出库细泥沙占总出库沙量的比例在 77.3%~89.1%(2006 年缺少级配资料，此统计截至 2005 年 10 月)，库区淤积物中细泥沙的比例均在 45%以下。水库运用前两年(2000 年和 2001 年)排沙比较小，不到 10%，主要是因为 2000 年异重流运行到了坝前，但坝前淤积面高程低于 150 m，浑水面离水库最低泄流高程 175 m 相差太远，虽然开启了排沙洞，大部分泥沙也不能排泄出库；2001 年主要是为了在坝前形成铺盖，减少坝体渗漏，对运行到坝前的异重流进行了控制。之后 2002~2005 年排沙比明显增加，尤其是"04·8"洪水期间，水库投入运用以来第一次对到达坝前的天然异重流实行敞泄排沙，加之前期浑水水库已存蓄的异重流泥沙，促使出库最大含沙量达到 346 kg/m³，水库排沙量达 1.42 亿 t。因此，2004 年汛期排沙比较大，为 56.4%。

(二)场次洪水异重流排沙分析

小浪底水库自蓄水以来历次异重流期间入出库水量、沙量、库区淤积量、排沙情况见表 5-4，可以看出异重流排沙比总体上呈逐渐增大的趋势，汛期异重流的排沙比均大于汛前异重流排沙比。

表 5-4　小浪底水库各时段异重流排沙情况统计

年份	时段 (月-日)	历时 (d)	水量(亿 m³)		沙量(亿 t)		出库/入库(%)	
			三门峡	小浪底	三门峡	小浪底	排水比	排沙比
2001	08-19 ~ 09-05	18	14.04	2.51	2	0.13	17.9	6.5
2002	06-23 ~ 07-04	12	10.975	8.614	1.06	0.01	78.5	9
	07-05 ~ 07-09	5	6.46	11.465	1.71	0.19	177.4	11.1
2003	08-01 ~ 09-05	36	36.78	7.15	3.77	0.04	19.4	1.1
2004	07-07 ~ 07-14	8	4.77	15.32	0.385	0.054 8	321.17	14.23
	08-22 ~ 08-31	10	10.27	13.83	1.711 3	1.423 2	134.66	83.16
2005	06-27 ~ 07-02	6	4.03	11.09	0.45	0.02	275.19	4.44
	07-05 ~ 07-10	6	4.16	7.86	0.7	0.31	188.94	44.29
2006	06-25 ~ 06-29	5	5.402	12.279	0.23	0.071	227.3	30.87
	07-22 ~ 07-29	8	7.989 4	8.097	0.126 8	0.048 1	101.35	37.93
	08-01 ~ 08-06	6	4.671 6	7.698	0.378 9	0.153 1	164.78	40.41
	08-31 ~ 09-07	8	10.791 4	7.607 5	0.554 4	0.120 7	70.50	21.77

(三)异重流排沙能力分析

实际上，小浪底水库实测的异重流排沙比并不反映异重流自身的排沙能力。在水库实际调度过程中，由于调度目标不同，异重流期间排沙洞并没有全部开启。含沙水流以异重流的形式运行至坝前后，出库浑水流量小于异重流流量，部分浑水被拦蓄在库内，在坝前段形成浑水水库。随着异重流不断向大坝推移，清浑水交界面不断升高，浑水水库的范围逐渐向上游延伸。由异重流挟带到坝前所形成的浑水水库的泥沙非常细，中值粒径 d_{50} 一般介于 0.005 ~ 0.012 mm，d_{90} 也基本都在 0.030 mm 以下，聚集在坝前的浑水以浑液面的形式整体下沉。沉降速度与浑水含沙量、悬沙级配及水温等因素有关。由于坝前流速很小，扰动掺混作用弱，因此沉降极其缓慢，浑水水库可维持较长时间。通过估算场次洪水浑水水库中悬沙量的变化过程，进而利用韩其为不平衡输沙公式进行异重流的排沙潜力分析，结果见表 5-5。

表 5-5 异重流排沙潜力估算结果

洪水时段(年-月-日)	2001-08-19~09-05	2002-06-23~07-04	2002-07-05~09	2003-08-01~09-05
入库水量(亿 m^3)	14.04	10.975	6.46	36.8
入库沙量(亿 t)	2	1.06	1.71	3.77
最大入库流量(m^3/s)	2 200	2 670	2 320	2 880
平均入库流量(m^3/s)	875	1 058	1 496	931
最大入库含沙量(kg/m^3)	449	359	419	338
平均入库含沙量(kg/m^3)	147	96.5	264.7	102.5
库水位(m)	202.4~217.1	233.4~236.2	232.8~235	221.2~244.5
入库 d<0.025 mm 泥沙含量(%)	42.7	54.1	34	46.4
出库沙量(亿 t)	0.13	0.01	0.19	0.04
水库实际排沙比(%)	6.5	0.9	11.1	1.1
浑水水库沙量(亿 t)	0.41	0.34	0.24	0.99
异重流排沙潜力(亿 t)	0.54	0.35	0.43	1.03
异重流可能排沙比(%)	27.1	32.8	24.8	27.5

从表 5-5 中可以看出异重流可能达到的排沙比随着入库细泥沙含量增大而增大,同时与来水来沙过程、水库边界条件等因素有关。分析得出历次洪水异重流排沙比能力在 24.8%~32.8%。但是,如果异重流运行到坝前的流量大于排沙洞的泄流能力,即使及时打开排沙洞,仍会形成坝前浑水水库而降低水库排沙比。

下面对 2004 年"8·23"洪水期间异重流排沙进行分析。

2004 年 8 月 22~31 日(简称"8·23"洪水,下同),伴随着中游的一场小洪水,三门峡水库泄放了一场洪峰流量为 2 960 m^3/s、最大含沙量 542 kg/m^3 的高含沙洪水,在小浪底水库又一次形成了异重流,同期小浪底水库下泄两场洪峰流量分别为 2 590 m^3/s 和 2 430 m^3/s、最大含沙量分别为 352 kg/m^3 和 151 kg/m^3 的洪水。小浪底入出库沙量、不同粒径组排沙比、淤积物组成见表 5-6。细泥沙、中泥沙、粗泥沙、全沙排沙比分别为 187.12%、33.45%、25.66%、83.17%。

表 5-6 小浪底水库不同粒径组排沙情况

项目	细泥沙	中泥沙	粗泥沙	全沙
入库沙量(亿 t)	0.583 7	0.534 6	0.593 0	1.711 3
入库泥沙组成(%)	34.11	31.24	34.65	100
出库沙量(亿 t)	1.092 3	0.178 8	0.152 1	1.423 2
出库泥沙组成(%)	76.75	12.57	10.69	100
排沙比(%)	187.12	33.45	25.66	83.17

"8·23"洪水期间,因没有对上述现象及过程进行水文观测,在2004~2005年度咨询报告中分别利用沙量平衡法及韩其为不平衡输沙公式对"8·23"洪水小浪底水库排沙过程进行粗略的估算分析,其排沙比分别为36%和37.7%。分析认为"8·23"洪水期间,小浪底水库之所以有较大的排沙比,是由两种因素造成的:其一,入库洪水在小浪底库区淤积三角洲产生较强烈的冲刷,增加了水流含沙量;其二,在"8·23"洪水之前,小浪底坝区存在浑水水库。

(四)人工塑造异重流排沙分析

按照异重流期间入库水沙条件可分为洪峰型异重流和冲刷型异重流两种。洪峰型异重流是水库具有一定调蓄库容条件下,由于进库洪峰、沙峰挟带一定数量细泥沙进入水库回水区以后,粗泥沙发生强烈的分选沉降淤积,细泥沙($d<0.025$ mm)潜入库底形成异重流;冲刷型异重流是在入库未发生明显的沙峰,由自身的补给(冲刷库区回水末端以上淤积物)形成沙峰,随水流挟带至壅水区潜入库底而形成的异重流,全库区排沙比可大于100%(对全库区而言为上冲下淤)。人工塑造异重流在第一阶段属冲刷型异重流,第二阶段为洪峰型异重流和冲刷型异重流的结合。

2004年调水调沙试验、2005~2006年调水调沙生产运行,在小浪底库区塑造异重流,其排沙比分别为10.2%、4.4%、30.7%,相差较大。分析其来水来沙及排沙情况,可对今后的异重流塑造提供参考。

2004~2006年调水调沙期间小浪底水库异重流塑造时,界定水位分别为235、230、230 m左右。

2004年汛前小浪底库区三角洲洲面比降约4.7‰,在人工塑造异重流的第一阶段,三门峡水库泄放大流量清水时,回水以上河段发生溯源冲刷与沿程冲刷,至7月6日15时河堤站含沙量仅为35 kg/m³,不能为异重流的持续运行提供后续条件,异重流在运行至HH5断面后逐渐消失。显然该阶段初始流量偏小,且三角洲洲面泥沙偏粗,致使异重流能量较弱,不足以克服沿程阻力而运行至坝前;7月7日上午9时左右万家寨水库泄流进入三门峡水库,与此同时,三门峡水库加大下泄流量,14时水流开始变浑,三门峡站含沙量2.19 kg/m³、流量4 910 m³/s。人工塑造异重流第二阶段,即利用三门峡水库沙源塑造异重流阶段开始,7月7~8日异重流潜入点随库水位的抬升及流量减小,从HH30—HH31断面上移至HH33—HH34断面。第二阶段的塑造异重流于8日13时50分排出库外。

2005年汛前三角洲顶坡段比降约为1‰,三角洲洲面处于汛限水位225 m回水范围之内,三门峡泄放的大流量在淤积三角洲洲面部分库段呈壅水明流输沙流态,在塑造异重流期间,不仅不能补充入库水流含沙量,而且水流在淤积三角洲洲面输移过程中会产生较大的淤积,使水流含沙量沿程减少。

2006年三角洲洲面介于两者之间,比降约为4.3‰,且大部分河段床面组成偏细。当三门峡下泄大流量清水时,即异重流塑造的第一阶段,在小浪底库区三角洲洲面产生溯源冲刷与沿程冲刷,形成异重流;在异重流塑造的第二阶段,万家寨水流进入三门峡水库拉沙下泄高含沙水流,使第一阶段形成的异重流得到加强。

2004~2006年在小浪底库区塑造异重流,其排沙比分别为10.2%、4.4%、30.7%,相差较大,且 2006 年由于万家寨水库为迎峰渡夏提前泄水,可调水量较少,因此塑造异重流的重要动力条件减弱。不过,尽管这样 2006 年小浪底水库排沙 0.071 亿 t,远远大于 2004 年、2005 年的排沙量 0.044 亿 t 和 0.02 亿 t(表 5-7)。影响异重流排沙多少的原因主要有以下几点:

(1)异重流运行距离。由于异重流潜入位置不同,运行距离也不同,其排沙效果就不同。例如,2004 年 7 月 5 日 18 时在 HH35 断面附近形成异重流,距坝约 58.51 km;2005 年 29 日 10 时 40 分于 HH32 断面附近潜入,异重流最大运行距离 53.44 km;2006 年 6 月 25 日 9 时 42 分在 HH27 断面下游 200 m 监测到异重流潜入,异重流运行距离 44.13 km。因此,2006 年异重流排沙比就较 2004 年、2005 年大。

表 5-7　2004~2005 年人工塑造异重流期间水库排沙情况

年份	日期 (月-日)	潼关			三门峡			小浪底		
		流量 (m³/s)	输沙率 (t/s)	含沙量 (kg/m³)	流量 (m³/s)	输沙率 (t/s)	含沙量 (kg/m³)	流量 (m³/s)	输沙率 (t/s)	含沙量 (kg/m³)
2004	07-06	493	10.2	20.7	1 870	0	0	2 650	0	0
	07-07	920	15.1	16.4	2 870	161	56.1	2 670	0	0
	07-08	1 010	10.4	10.3	972	231	237.7	2 630	5.16	2
	07-09	824	7.27	8.8	777	79.9	102.8	2 680	30.7	11.5
	07-10	415	1.77	4.3	427	28.7	67.2	2 650	12.4	4.7
	07-11	310	1.06	3.4	13.1	0.18	13.8	2 680	1.65	0.6
	07-12	309	1.39	4.5	40.7	0.79	19.5	2 680	0	0
	07-13	232	0.88	3.8	299	2.23	7.5	1 350	0	0
累计沙量(亿 t)		0.042			0.433			0.044		
2005	06-26	72.2	0.12	1.6	23.9	0	0	3 020	0	0
	06-27	863	7.13	8.3	2 490	38.3	15.4	3 060	0	0
	06-28	794	4.11	5.2	1 260	373	296	3 040	0	0
	06-29	346	1.23	3.6	570	97.9	171.8	3 120	4.35	1.4
	06-30	276	0.77	2.8	171	11.7	68.4	2 300	13.2	5.7
	07-01	297	0.9	3	17.5	0.18	10.3	970	5.88	6.1
	07-02	272	0.59	2.2	153	1.97	12.9	345	0	0
累计沙量(亿 t)		0.013			0.45			0.02		
2006	06-25	518	1.502	2.9	2 750	0	0	3 720	0	0
	06-26	730	2.570	3.52	2 500	147.000	58.8	3 830	4.366 2	1.14
	06-27	500	1.260	2.52	689	99.216	144	3 570	51.408	14.4
	06-28	477	1.340	2.81	220	19.602	89.1	2 190	26.061	11.9
	06-29	376	0.790	2.1	93.6	0.219	2.34	902	0.001 804	0.002
	06-30	358	0.473	1.32	268	0.041	0.152			
累计沙量(亿 t)		0.005 6			0.23			0.071		

(2)水沙条件。产生异重流的流量、含沙量、级配与历时不同,排沙效果就不同。例如,2004 年、2005 年塑造异重流的沙源包括小浪底水库上段淤积三角洲及三门峡水库淤积的泥沙。2004 年潜入点以上淤积物细颗粒泥沙含量为 0.3%~70.1%,而 2005 年潜入点以上的细颗粒泥沙含量为 10.4%~81.4%(表 5-8);2005 年小浪底水库淤积三角洲的细

颗粒泥沙含量明显高于 2004 年,因此 2005 年补充至水流中的细颗粒泥沙含量就高,2006 年的排沙效果就较 2004 年好。

(3)边界条件。其主要指潜入点以下河底纵比降及支流分布等,是影响排沙多少的重要因素之一。2004 年潜入点 HH35 断面以下河底比降为 9.62‰,2005 年潜入点以下 9 km 左右坡度较缓,HH32—HH27 断面河底比降 1.84‰,HH27 断面以下 10.88‰,而 2006 年潜入点 HH27 断面以下较陡,比降约 10.63‰,有利于异重流的运行;同时 2006 年潜入点距坝近,比 2004~2005 年少了沇西河、毫清河等支流倒灌,因此 2006 年异重流排沙效果就较 2004 年、2005 年好。

表 5-8   2004 年、2005 年潜入点上游细颗粒泥沙含量

时间(年-月-日)	断面	细泥沙含量(%)	时间(年-月-日)	断面	细泥沙含量(%)
2004-05-10	HH36	70.1	2005-11-02	HH30	81.4
2004-05-10	HH38	56.2	2005-11-01	HH32	74.9
2004-05-09	HH40	16.9	2005-10-30	HH34	58.8
2004-05-09	HH42	9.1	2005-10-30	HH36	65.6
2004-05-09	HH44	5.8	2005-10-29	HH38	66.5
2004-05-09	HH46	3.1	2005-10-29	HH40	75.5
2004-05-09	HH48	1.7	2005-10-29	HH42	76.8
2004-05-08	HH50	0.9	2005-10-29	HH44	73.1
2004-05-08	HH52	0.3	2005-10-29	HH46	49.8
2004-05-07	HH54	2.7	2005-10-28	HH48	45.2
2005-11-02	HH28	79.4	2005-10-28	HH50	10.4

三、库区淤积状况分析

截至 2006 年 10 月,小浪底全库区断面法淤积量为 21.581 亿 m³,年均淤积量 3.083 亿 m³,其中,干流淤积量为 18.315 亿 m³,支流淤积量为 3.267 亿 m³,分别占总淤积量的 84.87%和 15.13%。其中,支流淤积量占支流原始库容 45.16 亿 m³ 的 7.23%,不同时期库区淤积量见表 5-9。

表 5-9   小浪底水库历年干、支流冲淤量统计

时段(年-月)	干流(亿 m³)	支流(亿 m³)	总冲淤量(亿 m³)
1999-09 ~ 2000-11	3.842	0.241	4.083
2000-11~2001-12	2.550	0.422	2.972
2001-12 ~ 2002-10	1.938	0.170	2.108
2002-10 ~ 2003-10	4.623	0.262	4.885
2003-10 ~ 2004-10	0.297	0.877	1.174
2004-10 ~ 2005-11	2.603	0.308	2.911
2005-11 ~ 2006-10	2.463	0.987	3.450
1999-09 ~ 2006-10	18.315	3.267	21.581

小浪底水库自1999年10月下闸蓄水运用,至2000年11月,干流淤积呈三角洲形态,三角洲顶点距坝70 km左右,此后,三角洲形态及顶点位置随着库水位的运用状况而变化及移动,总的趋势是逐步向下游推进。历年干流淤积形态见图5-2。

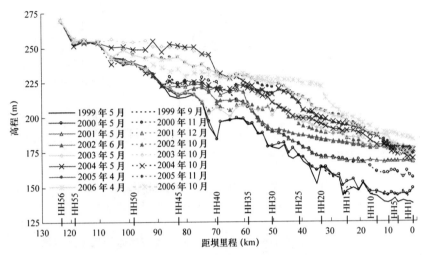

图5-2　历次干流纵剖面套绘(深泓点)

由图5-2可见,距坝60 km以下回水区河床持续淤积抬高;距坝60～110 km的回水变动区冲淤变化与库水位的升降关系密切。例如2003年5~10月,库水位上升35.06 m,入库沙量7.56亿t,三角洲洲面发生大幅度淤积抬高,10月与5月中旬相比,原三角洲洲面HH41断面处淤积抬高幅度最大,深泓点抬高41.51 m,河底平均高程抬高17.7 m,三角洲顶点高程升高36.64 m,顶点位置上移25.8 km。然而,随着2004年的调水调沙试验及"04·8"洪水期间运用水位降低,距坝90～110 km库段发生强烈冲刷,如距坝约88.5 km以上库段的河底高程基本恢复到了1999年水平;2005年汛期距坝50 km以上库段进一步淤积抬高,淤积面高程介于2004年汛前和汛后;经过2006年调水调沙期间异重流的塑造及小洪水的调度排沙,三角洲尾部段发生冲刷,至2006年10月,距坝94 km以上的库段仍保持1999年的水平,三角洲顶点向前推移至距坝33.48 km处,顶点高程为221.87 m。

从淤积部位来看,泥沙主要淤积在汛限水位225 m高程以下,225 m高程以下的淤积量达到了20.08亿m³,占总量的93.04%,不同高程下的累计淤积量见图5-3和表5-10。支流淤积较少,仅占总淤积的15.1%,随干流淤积面的抬高,沟口淤积面同步抬升,但没有出现明显的倒锥体淤积形态。

通过对历年库区冲淤特性分析,泥沙的淤积时空分布有以下特点:①泥沙主要淤积在干流,占总淤积量的84.85%;②库区淤积物沿程细化,异重流淤积段细化幅度较小;③支流主要为干流异重流倒灌淤积,随干流淤积面的抬高,支流沟口淤积面同步发展,支流淤积形态取决于沟口处干流的淤积面高程;④支流泥沙主要淤积在沟口附近,沟口向上沿程减少,随着淤积的发展,支流的纵剖面形态不断发生变化,总的趋势将由正坡至水平而后可能会出现倒坡。

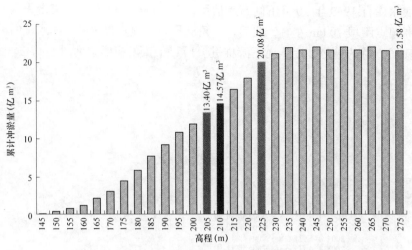

图 5-3　小浪底库区不同高程下的累计冲淤量分布

(1997 年 10 月至 2006 年 10 月)

表 5-10　1997 年 10 月至 2006 年 10 月小浪底库区干支流淤积量

高程(m)	干流(亿 m³)	支流(亿 m³)	总淤积(亿 m³)	高程(m)	干流(亿 m³)	支流(亿 m³)	总淤积(亿 m³)
145	0.124 7	0	0.124 7	215	13.768 8	2.650 5	16.419 2
150	0.345 6	0	0.345 6	220	15.142 2	2.794 9	17.937 1
155	0.774 3	0.011 5	0.785 8	225	16.803 3	3.281 1	20.084 3
160	1.203 0	0.023 0	1.226 0	230	17.862 4	3.325 0	21.187 4
165	2.026 0	0.100 5	2.126 5	235	18.348 7	3.573 5	21.922 2
170	2.849 0	0.178 0	3.027 0	240	18.293 4	3.359 5	21.652 9
175	4.012 5	0.386 5	4.399 0	245	18.419 0	3.615 1	22.034 1
180	5.176 0	0.595 0	5.771 0	250	18.300 5	3.346 0	21.646 5
185	6.658 4	0.988 4	7.646 8	255	18.460 2	3.553 4	22.013 7
190	7.878 4	1.254 8	9.133 1	260	18.338 1	3.328 8	21.666 9
195	9.072 8	1.725 8	10.798 5	265	18.470 5	3.555 2	22.025 6
200	10.003 4	1.881 4	11.884 8	270	18.321 8	3.276 7	21.598 4
205	11.238 6	2.165 0	13.403 6	275	18.314 7	3.266 7	21.581 4
210	12.269 7	2.295 5	14.565 2				

四、异重流运行规律及调度

(一)异重流运行规律

本书通过对小浪底水库异重流实测资料整理、二次加工及分析,以及水槽试验与模型相关试验成果,结合对前人提出的计算公式的验证等,提出了可定量描述小浪底水库天然来水来沙条件在现状边界条件下,异重流排沙的临界指标及其阻力、挟沙力、传播时间、干支流倒灌、不同水沙组合条件下异重流运行速度及排沙效果的表达式,为黄河调水调沙及水库拦沙初期优化调度奠定了基础。

1. 综合阻力

浑水异重流与一般明渠流的差异是其上边界为可动的清水层。上边界会随异重流运动而发生变化，反过来必然对异重流阻力产生不同的影响。异重流平均阻力系数值 λ_m 采用范家骅的阻力公式。即在恒定条件下，$\partial V / \partial t = 0$，从异重流非恒定运动方程可以得出

$$\lambda_m = 8 \frac{R}{h} \frac{\frac{\Delta \gamma}{\gamma_m} gh}{V^2} \left[J_0 - \frac{\mathrm{d}h}{\mathrm{d}s} \left(1 - \frac{V^2}{\frac{\Delta \gamma}{\gamma_m} gh} \right) \right] \tag{5-1}$$

式中：J_0 为河底比降；$\mathrm{d}h/\mathrm{d}s$ 为异重流厚度沿程变化，可根据上下断面求得。

异重流的湿周比明渠流湿周多了一项交界面宽度 B。分析小浪底水库不同测次异重流沿程综合阻力系数 λ_m，平均值为 $0.022 \sim 0.029$。

2. 异重流传播时间

异重流传播时间 T 的大小主要受来水洪峰、含沙量、水库回水长度、库底比降等多种因素的影响，异重流前锋的运动是属于不稳定流运动，但作为近似考虑可按韩其为公式计算

$$T = C \frac{L}{(qS_iJ)^{\frac{1}{3}}} \tag{5-2}$$

式中：L 为异重流潜入点距坝里程；q 为单宽流量；S_i 为潜入断面含沙量；J 为库底比降；C 为系数，采用小浪底水库异重流观测资料率定。

3. 异重流挟沙力

运用能耗原理，建立异重流挟沙力公式

$$S_{*e} = 2.5 \left[\frac{S_{ve} V_e^3}{\kappa \frac{\gamma_s - \gamma_m}{\gamma_m} g' h_e \omega_s} \ln \left(\frac{h_e}{\mathrm{e} D_{50}} \right) \right]^{0.62} \tag{5-3}$$

式(5-3)单位采用 kg、m、s 制，其中沉速可由下式计算

$$\omega_s = \omega_0 \left[\left(1 - \frac{S_{ve}}{2.25\sqrt{d_{50}}} \right)^{3.5} (1 - 1.25 S_{ve}) \right] \tag{5-4}$$

式中：κ 为浑水卡门常数；γ_m 为浑水容重；ω_s 为泥沙在浑水中的群体沉速；ω_0 为泥沙在清水中的沉速；D_{50} 为床沙中径；d_{50} 为悬沙中径；S_{ve} 为以体积百分比表示的异重流含沙量。

显然，式(5-3)能反映异重流多来多排的输沙规律。

4. 异重流排沙计算

采用韩其为含沙量及级配沿程变化计算模式，并利用小浪底及三门峡等水库异重流资料对饱和系数 α 进行了率定，公式如下

$$S_j = S_i \sum_{l=1}^{n} P_{l,i}\, e^{-\frac{\alpha \omega\, L}{q}} \tag{5-5}$$

$$P_l = P_{l,i}(1-\lambda)^{\left[\left(\frac{\omega_l}{\omega_m}\right)^v - 1\right]} \tag{5-6}$$

式中：$P_{l,i}$ 为潜入断面级配百分数；l 为粒径组号；ω_l 为第 l 组粒径沉速；P_l 为出口断面级配百分数；ω_m 为有效沉速；λ 为淤积百分数；v 取 0.5。

5. 异重流持续运动至坝前的临界水沙条件

水库产生异重流并能达到坝前，除需具备一定的洪水历时外，还需满足一定的流量及含沙量，即形成异重流的水沙过程所提供给异重流的能量，足以克服异重流的能量损失。

异重流的流速及挟沙力与其含沙量成正比，形成异重流的流速与含沙量具有互补性。基于小浪底水库发生异重流时入库水沙资料，得到异重流持续运动至坝前的临界条件为：小浪底水库入库洪水过程在满足一定历时且悬移质泥沙中 $d<0.025$ mm 的沙重百分数约为 50% 的前提下：若 500 m³/s $\leq Q_i < 2\,000$ m³/s，且满足 $S_i \geq 280-0.12Q_i$，或 $Q_i > 2\,000$ m³/s，且满足 $S_i > 40$ kg/m³。此外，若是处于洪水落峰期，此时异重流行进过程中需要克服的阻力要小于其前锋所克服的阻力，或在水库进口与水库回水末端之间的库段产生冲刷，使异重流潜入点断面含沙量增大或入库细泥沙的沙重百分数基本在 75% 以上时，异重流亦有可能运行至坝前。

入库流量 Q_i、水流含沙量 S_i、悬移质泥沙中 $d \leq 0.025$ mm 的沙重百分数 d_i 三者之间的函数关系基本可用式：$S_i = 980 e^{-0.025 d_i} - 0.12 Q_i$ 描述。

影响异重流输移条件不仅与水沙条件有关，而且与边界条件关系密切，若边界条件发生较大变化，上述临界水沙条件亦会发生相应变化。

(二)自然洪水异重流的调度与利用

汛期黄河中游往往发生较高含沙量洪水，对处于拦沙期的小浪底水库而言，充分利用异重流排沙是减少水库淤积的有效途径。在小浪底水库调度运用中，充分利用水库异重流排沙特点及规律，实现了多目标的调度。

1. 利用水库调节异重流满足调度指标

黄河首次调水调沙试验以保证黄河下游河道全线不淤积或冲刷为主要目标之一，因此调度预案对出库流量、历时及含沙量过程给出了控制条件。实施过程中，基于对异重流输移规律的认识，通过对泄水建筑物众多孔洞的合理调度，满足了调度指标。

2. 利用异重流排沙形成坝前铺盖

小浪底水利枢纽两岸坝肩渗漏问题急需解决，水库运用需适当兼顾尽快形成坝前铺盖。国内外许多工程实践表明，利用坝前淤积是减少坝基渗漏最经济有效的措施。

黄河首次调水调沙试验将形成坝前铺盖作为试验目标之一。试验过程中，为满足调度预案中对出库含沙量的控制指标，在异重流到达坝前后，控制了浑水泄量，其余部分

含沙水流被拦蓄而形成浑水水库。坝前清浑水交界面最高达 197.58 m。悬浮在浑水中的泥沙最终全部沉积在近坝段，使水库渗水量显著减少。

3. 利用异重流形成的浑水水库实现水沙空间对接

水库异重流运行至坝前后，若未能及时排出库外，则会集聚在坝前形成浑水水库。由于浑水中悬浮的泥沙颗粒非常细，泥沙往往以浑液面的形式整体下沉，且沉速极为缓慢。浑水水库的沉降特点，可使水库调水调沙调度更为灵活。2003 年调水调沙试验，正是利用了这一特点而实现了水沙的空间对接。

2003 年 8 月上旬洪水在小浪底水库形成的浑水水库沉降极其缓慢，至 8 月 28 日浑水水库清浑水交界面高程变化不大。8 月底小浪底水库再次产生的异重流到达坝前之后，坝前清浑水交界面在前期浑水水库的基础上，再一次迅速抬升，9 月 3 日达到最高 204.16 m，厚度为 22.2 m。经粗略估算，浑水水库体积最大约 9 亿 m³，沙量最大近 1 亿 t。

黄河第二次基于空间尺度的调水调沙试验的特色是：利用小浪底水库异重流及其坝区的浑水水库，通过启闭不同高程泄水孔洞，塑造一定历时的不同流量与含沙量过程，加载于小浪底水库下游伊洛河、沁河入汇的"清水"之上，并使其在花园口站准确对接，形成花园口站较为协调的水沙关系。调水调沙期间，小浪底水库排沙量为 0.815 亿 t，基本上将前期洪水形成的异重流所挟带至坝前的大部分泥沙排泄出库，同时实现了水库尽量多排泥沙且黄河下游河道不淤积的多项目标。

4. 利用水库联合调度延长异重流排沙历时

在水库边界条件一定的情况下，若要水库异重流持续运行并获得较大的排沙效果，必须使异重流有足够的能量及持续时间。异重流的能量取决于形成异重流的水沙条件，进库流量及含沙量大且细颗粒泥沙含量高，则异重流的能量大，具有较大的初速度；异重流的持续时间取决于洪水持续时间。若入库洪峰持续时间短，则异重流排沙历时也短，一旦上游的洪水流量减小，不能为异重流运行提供足够的能量，则异重流很快停止而消失。

三门峡水库的调度可对小浪底水库异重流排沙产生较大的影响。当黄河中游发生洪水时，结合三门峡水库泄空冲刷，可有效增加进入小浪底水库的流量历时及水流含沙量，对小浪底水库异重流排沙是有利的。

(三)水库异重流塑造

所谓塑造异重流，是在汛前充分利用万家寨、三门峡水库汛限水位以上水量泄放的能量，冲刷三门峡水库非汛期淤积的泥沙与堆积在小浪底库区上段的泥沙，在小浪底水库回水区形成异重流并排沙出库。汛前塑造异重流总体上可减少水库淤积，特别是在经常发生峰低且量小而含沙量高的洪水的年份，对保持水库库容并减缓下游淤积尤为重要。另外，在一定的时期内，随着小浪底水库淤积，库区地形更有利于异重流排沙，塑造异重流排沙的效果及作用将更加显著。

塑造异重流，并使之持续运行到坝前，必须使形成异重流的水沙过程提供给异重流的能量足以克服异重流沿程和局部的能量损失。因此，成功塑造异重流的关键，首先是确定在当时的边界条件下(包括小浪底水库地形条件及蓄水状态)，满足异重流持续运行的临界水沙条件；其二是各水库如何联合调度，使得形成异重流(水库回水末端)的水沙条件满足并超越其临界条件。即水库调度要把握时机(开始塑造异重流的时间，提供一个有利的边界条件)、空间(相距约 1 000 km 的万家寨、三门峡与小浪底水库水沙过程衔接)、量级(三门峡与万家寨下泄流量与历时的优化组合)三个主要因素。

2004~2006 年汛前的调水调沙过程中,均成功地塑造出异重流并实现排沙出库。虽然 3 次塑造异重流均为"基于干流水库群联合调度模式",但由于其来水来沙条件、河床边界条件及调度目标不同,在进行异重流排沙设计时的关键技术亦不同。

1. 2004 年异重流塑造

2004 年汛前在小浪底库区淤积三角洲堆积大量泥沙,调水调沙将调整小浪底三角洲淤积形态及塑造异重流排沙出库作为重要的调度目标。从满足上述目标的角度考虑,异重流设计的关键技术之一是论证三门峡水库下泄流量历时及量级,并准确预测三门峡下泄水流,历经小浪底库区上段产生沿程与溯源冲刷后,抵达水库回水区的水沙组合可否满足异重流持续运行条件;之二是万家寨与三门峡水库泄流的衔接时机。

2. 2005 年异重流塑造

2005 年汛前调水调沙之前,小浪底库区三角洲洲面位于调水调沙结束时库水位 225 m 高程以下,这就意味着在调水调沙过程中三角洲洲面均处于壅水状态。因此,关键问题之一是准确判断三角洲洲面各部位不同时期,随着入库流量与含沙量、水库蓄水位、库区地形等条件不断变化,其流态(壅水明流或异重流)以及转化过程;之二是准确判断异重流潜入位置。在三角洲洲面比降较缓的条件下,异重流潜入条件应同时满足潜入点水深及异重流均匀流运动水深要求。

3. 2006 年异重流塑造

2006 年与往年不同的是,作为提供塑造异重流后续动力的万家寨水库可调水量较少,因此关键点之一是准确判断满足异重流持续运行的临界条件(流量、含沙量、级配、历时之间的组合);之二是预测万家寨与三门峡水库下泄水流及其随之产生的沙量过程。

今后,随着小浪底库区淤积形态的不断变化,异重流排沙的临界条件、传播过程、输移特点均将发生调整,进一步深入研究与不断实践是成功塑造异重流的保障。

五、水库运用与设计及研究对比分析

(一)水库实际运用与初设、招标设计运用对比分析

1. 初步设计及招标设计阶段研究成果

1)设计水沙条件

小浪底水库初步设计选择 2000 年设计水平 1950~1975 年 25 年系列翻番组合 50 年代表系列,龙、华、河、洑 4 站(龙门、华县、河津、洑头,下同)年平均水沙量分别为 335.5 亿 m³ 及 14.75 亿 t,经过 4 站至潼关及三门峡水库的调整,进入小浪底库区年平均水沙量分别为 315.0 亿 m³ 及 13.35 亿 t。

招标设计阶段采用 2000 年水平 1919~1975 年 56 年系列,并从水库运用初期遭遇丰或平或枯水沙条件的角度考虑,从 56 年系列中组合 6 个不同的 50 年系列进行水库淤积及黄河下游减淤效益的敏感性分析。56 年系列龙、华、河、洑 4 站年平均水沙量分别为 302.2 亿 m³ 及 13.90 亿 t。6 个 50 年系列平均,小浪底入库年水沙量分别为 289.2 亿 m³ 及 12.74 亿 t。

2)水库运用方式

小浪底水库主汛期(7月11日至9月30日)采用以调水为主的调水调沙运用方式。水库拦沙期,通过调水调沙提高拦沙减淤效益,正常运用期,通过调水调沙持续发挥调节减淤效益。

小浪底水库以调水为主的调水调沙运用目标是:发挥大水大沙的淤滩刷槽作用、控制河道塌滩及上冲下淤、满足下游供水灌溉、提高发电效益、改善下游河道水质和生态环境等。

调水调沙调度方式可概括为:增大来流小于400 m³/s的枯水,保证发电,改善水质及水环境;泄放400~800 m³/s的小水,满足下游用水;调蓄800~2 000 m³/s的平水,避免河道上冲下淤;泄放2 000~8 000 m³/s的大水,有利于河槽冲刷或淤滩刷槽;调节400 kg/m³以上的高含沙水流;滞蓄8 000 m³/s以上的洪水。显然,水库调度下泄流量的基本原则是两极分化,水库主汛期调节方式见表5-11。

表5-11 小浪底水库主汛前调度方式

入库流量(m³/s)	出库流量(m³/s)	调节目的
<400	400	①保证最小发电流量;②维持下游河道基流,改善水质及水环境
400~800	400~800	①满足下游用水要求;②下游淤积量较小
800~2 000	800	①消除平水流量,避免下游河道上冲下淤;②控制蓄水量不大于3亿m³,若大于3亿m³,按5 000 m³/s或8 000 m³/s造峰至蓄水量1亿m³
2 000~8 000	2 000~8 000	较大流量敞泄,使全下游河道冲刷
>8 000	8 000	大洪水滞洪或蓄洪运用

10月至翌年7月上旬为水库调节期,其中10月1~15日预留25亿m³库容防御后期洪水,1~2月防凌运用,其他时间主要按灌溉要求调节径流,并保证沿程河道及河口有一定的基流,6月底预留不大于10亿m³的蓄水供7月上旬补水灌溉。

3)水库运用阶段

为最大限度地发挥水库拦沙减淤效益并满足水库发电的需要,水库采取逐步抬高主汛期水位运用方式。

(1)蓄水拦沙阶段。起调水位为205 m,进行蓄水拦沙调水调沙运用。

(2)逐步抬高水位拦沙阶段。当坝前淤积面高程达205 m以后,水库转为逐步抬高主汛期水位拦沙调水调沙运用。坝前淤积面高程由205 m逐步抬升至245 m,主汛期运用水位亦随淤积面的抬高而逐渐升高。

(3)淤滩刷槽阶段。随着库区壅水淤积及敞泄冲刷,滩地逐步淤高而河槽逐步下切,最终形成坝前滩面高程为254 m、河底高程为226.3 m的高滩深槽形态。

(4)正常运用期。水库正常运用期采用调水调沙多年调沙运用。主汛期一般水沙条件下,利用滩面以下10亿m³库容进行调水调沙运用,遇大洪水进行防洪调度运用。水库各运用阶段坝前淤积面高程及淤积量见表5-12。

表 5-12　水库各阶段淤积量(各设计系列年平均)

阶段	坝前淤积面高程(m)		年序	累积淤积量 (亿 m³)
	槽	滩		
蓄水拦沙	≤205		1~3	17
逐步抬高水位拦沙	205~245		4~15	76
淤滩刷槽	226.3~245	245~254	16~28	76~81
正常运用	226.3~248	254	29~50	76~81

4)水库拦沙及减淤效益

采用 2000 年设计水平 6 个 50 年代表系列进行水库淤积效益分析的结果表明,水库运用 50 年,各系列水库淤积 104.3 亿~99.9 亿 t,黄河下游的总减淤量为 72.1 亿~84.6 亿 t,全下游相当不淤年数 18.3~22.3 年。

以设计的 6 个系列平均计,水库拦沙 101.7 亿 t,下游减淤 78.7 亿 t,拦沙减淤比 1.3,全下游相当 20 年不淤积。其中,前 20 年水库拦沙 100 亿 t,下游利津以上减淤约 69 亿 t,进入河口段沙量减少 31 亿 t;后 30 年小浪底库区为动平衡状态,调水调沙的作用,可使下游减淤 9.7 亿 t。

2. 水库排沙及水位对比分析

在招标设计阶段成果中前 3 年淤积量为 19.11 亿 m³,年均淤积量 6.37 亿 m³,平均排沙比为 10.52%(见表 5-13)。由于自水库运用以来来水来沙量偏小,延长了水库拦沙初期运用时间,至 2006 年 10 月淤积量为 21.58 亿 m³,实际年均入、出库沙量平均分别为 3.91 亿、0.643 亿 t,排沙比 16.5%,年均淤积量 3.08 亿 m³。也就是说,实际运用的年均淤积量较设计运用年均淤积量小 51.65%。

表 5-13　招标设计阶段前 3 年排沙

年序	入库沙量(亿 t)	出库沙量(亿 t)	淤积量(亿 m³)	排沙比(%)
1	9.20	0.64	6.58	6.96
2	9.93	1.12	6.78	11.28
3	8.63	1.16	5.75	13.44
平均	9.25	0.97	6.37	10.52
合计	27.76	2.92	19.11	10.52

招标设计阶段起调水位为 205 m,进行蓄水拦沙调水调沙运用。对比分析实际运用 7 年的资料与招标设计的前 3 年成果认为,7~8 月水位平均运用水位偏高 3.133~6.526 m,在主汛期的 9 月份由于提前蓄水,水位偏高(见表 5-14)。

(二)水库实际运用与施工期研究对比分析

1. 水库施工期研究成果

1)运用方式

小浪底水库施工期水库运用方式的研究,更侧重于建成后如何进行实际操作和运用。分析认为,小浪底水库运用是一个动态过程,应随水库淤积及下游河道冲刷发展过程中出现的问题不断作出合理调整。基于这种思路,首先开展水库拦沙初期运用方式的研究，拟订了拦沙初期水库减淤运用方案。运用方案的拟订，既考虑提高艾山以下河道的减淤效果，又注意避免宽河道冲刷塌滩等不利情况。在满足防洪减淤要求的同时，提高了灌溉、发电的综合利用效益。

表 5-14　招标设计阶段同实际运用阶段汛期水位对比

时间 （年-月）	实际运用水位(m)			年份	招标设计期水位(m)		
	最高	最低	平均		最高	最低	平均
2000-07	203.65	193.42	199.44	第 1 年	216.4	207.55	211.21
2001-07	204.06	191.5	196.56	第 2 年	217.87	210.23	213.2
2002-07	236.49	216.87	225.62	第 3 年	219.74	212.61	215.34
2003-07	221.42	217.98	219.47	—	—	—	—
2004-07	236.58	224.19	227.98	—	—	—	—
2005-07	225.21	219.78	221.91	—	—	—	—
2006-07	225.07	222.36	223.7	—	—	—	—
7 月平均	221.783	212.3	216.383	7 月平均	218.003	210.13	213.25
2000-08	217.3	203.53	209.52	第 1 年	211.16	200.6	209.81
2001-08	213.81	196.2	203.8	第 2 年	213.78	210.65	211.63
2002-08	216.39	210.93	213.32	第 3 年	215.68	213.42	214.09
2003-08	237.07	221.26	228.23	—	—	—	—
2004-08	224.89	218.63	223.68	—	—	—	—
2005-08	234.42	222.82	226.59	—	—	—	—
2006-08	227.94	221.09	223.44	—	—	—	—
8 月平均	224.546	213.494	218.369	8 月平均	213.54	208.223	211.843
2000-09	223.83	217.64	220.83	第 1 年	211.1	209.65	210.36
2001-09	223.93	214.36	219.82	第 2 年	214.07	211.79	212.34
2002-09	213.82	208.32	210.27	第 3 年	216.01	214.02	214.91
2003-09	254.78	238.75	249.5	—	—	—	—
2004-09	236.24	220.91	229.03	—	—	—	—
2005-09	246.47	235.12	240.21	—	—	—	—
2006-09	241.64	229.15	235.31	—	—	—	—
9 月平均	234.387	223.464	229.281	9 月平均	213.727	211.82	212.537
2000-10	234.3	224.75	230.432	第 1 年	232.74	210.03	217.93
2001-10	225.43	223.9	224.48	第 2 年	229.29	211.98	221.89
2002-10	213.7	208.86	211.13	第 3 年	214.56	212.72	213.62
2003-10	265.48	254.15	262.07	—	—	—	—
2004-10	242.26	236.68	240.59	—	—	—	—
2005-10	257.47	247.51	225.1	—	—	—	—
2006-10	244.75	242.14	243.92	—	—	—	—
10 月平均	240.484	233.999	233.96	10 月平均	225.53	211.577	217.813

根据研究结果，推荐调控上限流量采用 2 600 m³/s，调控库容采用 8 亿 m³，起始运行水位 210 m。具体的调节操作方法如下：

(1)当水库蓄水量小于 4 亿 m³ 时，小浪底水库出库流量仅满足供水需要，即凑泄花园口流量 800 m³/s，同时小浪底水库出库流量不小于 600 m³/s，满足 2 台机组发电。

(2)当潼关、三门峡平均流量大于 2 500 m³/s 且水库可调节水量不小于 4 亿 m³ 时，水库凑泄花园口流量大于或等于 2 600 m³/s，至水库可调水量余 2 亿 m³。

(3)7 月中旬至 9 月上旬水库可调节水量达 8 亿 m³，水库凑泄花园口流量大于或等于 2 600 m³/s，至水库可调水量余 2 亿 m³。

(4)9 月中下旬水库可提前蓄水。

(5)当花园口断面过流量可能超过下游平滩流量时，小浪底水库开始蓄洪调节，尽量控制洪水不漫滩。

小浪底水库在主汛期进行防洪和调水调沙运用，10 月份在满足防御后期洪水的前提下，综合考虑下游用水和兼顾电站发电要求进行蓄水调节。11 月至翌年 7 月上旬，与三门峡水库联合运用，按照黄河干流水量分配调度预案所统一安排的三门峡以下非汛期水量调度要求进行调度运用。

2)库区淤积过程

对拟定的水库调度方式，通过小浪底库区物理模型试验及数学模型计算对库区淤积过程进行了研究。模型试验结果表明，在小浪底水库初步运用 5 年内，水库运用初期基本上为异重流排沙，潜入点一般位于三角洲顶点下游的前坡段；库区干流淤积形态为三角洲，随着水库运用时间的延长，三角洲洲面逐步抬升，三角洲顶点不断向下游推进；若支流位于干流异重流潜入点下游，则干流异重流会沿河底倒灌支流。模型试验结果表明，初期运用 5 年库淤积量为 29.44 亿 m³，其中干流淤积 23.69 亿 m³，占总量的 80.55%(见表 5-15)，库区淤积形态见图 5-4。

表 5-15　小浪底水库运用初期 1~5 年模型试验淤积量测验成果　　　(单位：亿 m³)

年序	汛期			非汛期			全年		
	干流	支流	干+支	干流	支流	干+支	干流	支流	干+支
1	7.16	1.33	8.49	0.61	0	0.61	7.77	1.33	9.1
2	4.48	1.3	5.78	0.57	0.04	0.61	5.05	1.34	6.39
3	2.15	1.06	3.21	0.61	0	0.61	2.76	1.06	3.82
4	4.61	1.41	6.02	0.84	0.2	1.04	5.45	1.61	7.06
5	1.72	0.22	1.94	0.94	0.19	1.13	2.66	0.41	3.07
1~5	20.12	5.32	25.44	3.57	0.43	4	23.69	5.75	29.44

2. 水库淤积及运用水位对比分析

1)运用水位

小浪底水库自 1999 年蓄水以来，非汛期 2004 年运用水位最高为 264.3 m，2000 年运用水位最低为 180.34 m；汛期运用水位变化复杂，2000~2002 年主汛期平均水位在

207.14~214.25 m 变化；2003~2006 年主汛期平均水位在 225.98~233.86 m 变化，其中 2003 年主汛期平均水位最高达 233.86 m。

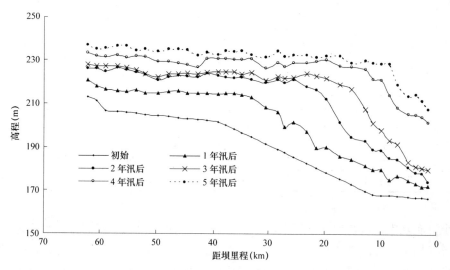

图 5-4　小浪底水库运用初期 1~5 年模型试验主槽纵剖面

小浪底水库施工期研究拟定的水库运用方式进行调节试验计算的结果是，运用初期按照前 3 年主汛期平均水位在 220.27~222.96 m 变化，后两年平均水位升高至 226~228.89 m，见图 5-5；非汛期水库运用水位亦随水库运用时间逐步抬高，第 1 年运用水位最低为 224.13 m，第 5 年最高达 268.59 m。

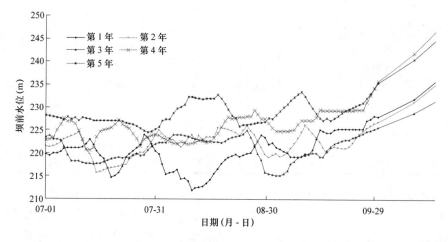

图 5-5　小浪底水库运用初期 1~5 年模型试验水位

表 5-16 列出了水库施工期研究拟订方案水库调节与水库实际运用过程，主汛期历年汛期水位特征值。两者对比可以看出，在运用前 3 年，除 2002 年实际运用最高水位偏高外，其余实际运用的都低于施工期设计水位；在运用的后 4 年，实际运用最高水位、平均水位偏高。

表 5-16　小浪底水库拦沙初期汛期 7～9 月水位对比　　（单位：m）

时间	模型试验			年份	实际运用		
	最高水位	最低水位	平均水位		最高水位	最低水位	平均水位
第 1 年	228.19	211.81	220.27	2000	228.83	193.42	209.81
第 2 年	226.95	215.69	222.04	2001	223.93	191.50	206.59
第 3 年	225.66	215.23	220.96	2002	236.49	208.32	216.47
				2003	254.78	217.98	233.68
				2004	236.58	218.63	226.87
				2005	246.47	219.78	229.46
				2006	241.64	221.09	227.40
平均	226.93	214.24	221.09	平均	238.39	210.10	221.47

2)水库排沙特性

小浪底水库拦沙初期处于蓄水状态,且保持较大的蓄水体,当高含沙水流进入库区,唯有形成异重流方能排沙出库。水库运用以来回水区水流挟沙基本为异重流输沙流态,水库排沙比有增大之势,这与小浪底水库模型试验结论是一致的。历年模型试验与水库实际运用排沙情况见表 5-17。

表 5-17　小浪底水库运用初期实际运用及模型试验排沙比

时间	模型试验			年份	实际运用		
	入库沙量 (亿 t)	出库沙量 (亿 t)	排沙比 (%)		入库沙量 (亿 t)	出库沙量 (亿 t)	排沙比 (%)
第 1 年	11.960	1.495	12.50	2000	3.570	0.042	1.18
第 2 年	8.650	1.302	15.05	2001	2.831	0.221	7.81
第 3 年	4.890	0.497	10.16	2002	4.375	0.701	16.02
第 4 年	10.560	2.441	23.12	2003	7.564	1.206	15.94
第 5 年	5.480	1.950	35.57	2004	2.638	1.487	56.37
				2005	4.076	0.449	11.02
1～3 年平均	8.500	1.095	12.94	2006	2.324	0.398	17.13
1～5 年平均	8.308	1.537	18.40	平均	3.911	0.643	16.45

自水库运用以来至 2006 年 10 月实际年均入、出库沙量平均分别为 3.911 亿 t 和 0.643 亿 t,排沙比 16.45%;小浪底水库运用初期 1～5 年模型试验排沙年均入、出库沙量分别为 8.308 亿、1.537 亿 t,排沙比为 18.40%。扣除来沙量偏小的因素,排沙比基本接近。

3)水库淤积形态

图 5-6 为小浪底水库运用以来库区干流淤积形态变化过程与模型试验的对比。可以看出,两者库区淤积体均呈三角洲淤积形态,且三角洲洲面逐步抬升,顶点逐步下移而向坝前推进,两者的变化趋势基本一致。只是设计来沙量大于实际来沙量,因而三角洲推进速度大于实际运用的速度。

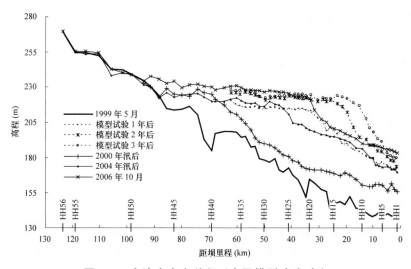

图 5-6　小浪底水库淤积形态同模型试验对比

图 5-7 为距坝 11.42 km 处的 HH9 断面淤积过程，可以看出，HH9 断面一直处于异重流淤积段，淤积面基本为平行抬升过程。

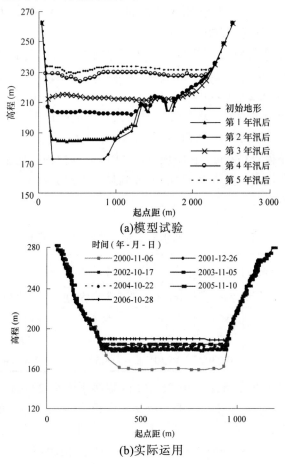

图 5-7　HH9 断面淤积过程

可见，尽管模型预报试验所采用的水沙条件及水库运用水位与小浪底水库运用以来实际情况不完全相同，但两者在输沙流态、淤积形态及变化趋势等方面是一样的。

从淤积部位看，总体上偏向上游，205 m 高程以下淤积量偏小。淤积部位偏向上游主要是因为近年入库水量持续偏枯，为了保证黄河下游水资源的安全、不断流和减少下游滩区的淹没损失，水库在主汛期提前蓄水，库水位较高。淤积部位虽然偏向上游，但不至于对三门峡水库电站尾水造成不利影响。

六、库区淤积形态可调整性分析

库区内黄河干流河段上窄下宽，自坝址至水库中部的板涧河河口长 61.59 km，除八里胡同河段外，河谷底宽一般在 500～1 000 m；坝址以上 26～30 km 为峡谷宽 200～300 m的八里胡同库段，该段山势陡峻，河槽窄深，是全库区最狭窄河段。板涧河口—三门峡水文站河道长度 62 km，河谷底宽 200～300 m，亦属窄深河段。这种库区平面形态对调整库区淤积是有利的。

运用实践表明，小浪底水库上段三角洲洲面的淤积物遇有利的水流条件，相机降低库水位，利用三门峡水库泄放的持续大流量过程冲刷三角洲洲面，可产生大幅度的调整，使三角洲淤积体向坝前推进，可实现恢复小浪底调节库容、调整库区泥沙淤积分布的目标。

(一)汛前调水调沙对库区形态调整的作用

2003 年小浪底蓄水位较高，受 2003 年秋汛洪水的影响，上游洪水挟带的大量泥沙淤积在距坝 50～110 km 的库段内。黄河第三次调水调沙试验(6 月 19 日 9 时至 7 月 13日 8 时)期间，库水位从 249.06 m 降至 225 m，在距坝 70～110 km 库段内三角洲洲面发生了明显的冲刷。同调水调沙试验以前 5 月份淤积纵剖面相比，三角洲的顶点从 HH41断面(距坝 72.6 km)下移到 HH29 断面(距坝 48 km)，下移距离 24.6 km，高程从 244.86 m下降至 221.17 m，下降 23.69 m。在距坝 94～110 km 河段内，河底高程降到了 1999 年水平。冲刷三角洲所用水量为 6.76 亿 m³，冲刷量为 1.376 亿 m³，最大冲深在 HH48 断面，达 18.41 m(表 5-18)。

表 5-18　小浪底水库三角洲冲刷时期特征值

时段 (年-月-日)	入库水量 (亿 m³)	入库沙量 (亿 t)	最大洪峰流量 (m³/s)	三角洲顶点		冲刷量 (亿 m³)	最大冲刷深度(m)
				推进距离(km)	下降高度(m)		
2004-07-05～10	6.76	0.382	5 130	24.6	23.69	1.376	18.41
2004-08-22～31	10.27	1.711	2 920	3.47	3.78	1.046	14.20
2006-06-25～28	5.339	0.230	4 820	14.52	2.81	0.530	9.99

2006 年调水调沙期间，库水位由 255.42 m 逐步下降至 225 m 左右，期间所用水量5.339 亿 m³，库区淤积形态发生较大幅度的调整，距坝约 67.99 km 的 HH39 断面至距坝约 105.85 km 的 HH52 断面三角洲发生大幅度冲刷，冲起的泥沙大部分堆积在相邻库段HH34 断面至距坝约 31.85 km 的 HH19 断面。三角洲顶点由距坝 48 km 左右下移 14.52 km至距坝 33.48 km 处，顶点高程也由 224.68 m 降至 221.87 m；冲刷量为 0.53 亿 m³，最大

冲深在 HH44 断面，达 9.99 m(表 5-18)。

(二)洪水期的调整作用

2004 年 8 月，受"04·8"洪水(8 月 22～31 日)的影响，三门峡水库敞泄运用库，水位从 224.16 m 降至 219.61 m，期间所用水量 5.339 亿 m³。小浪底水库三角洲顶坡段继调水调沙之后再次发生冲刷，三角洲顶点从 HH29 断面(距坝 48 km)下移到 HH27 断面附近(距坝 44.53 km)，顶点高程从 221.17 m 下降至 217.39 m，下降 3.78 m。冲刷量为 1.046 亿 m³，最大冲深在 HH47 断面，达 14.2 m。在距坝 88.54(HH47 断面)～110 km 的库段内，河底高程略低于 1999 年河底高程，10 月份三角洲顶坡段(HH27—HH47 断面)平缓，比降约为 1.4‰(表 5-18)。

综合以上分析，在小浪底水库拦沙初期，水库水位运用较高引起的淤积部位偏向上游，通过万家寨、三门峡、小浪底三库联调塑造人工洪峰或利用汛期洪水，降低库水位运用，可以冲刷三角洲洲面，使三角洲顶点向坝前推进，改变不利的淤积形态，同时增强小浪底水库运用的灵活性和调控水沙的能力。

七、2007 年小浪底水库异重流塑造可能性分析

小浪底水库异重流塑造已经进行了 3 年，2007 年进入第 4 年。根据前 3 年的资料及 2006 年 10 月小浪底水库纵剖面，对 2007 年小浪底水库异重流塑造有以下几点初步认识：

(1)从 2006 年 10 月纵剖面(图 5-8)分析，三角洲洲面比降介于 2.4‰～2.8‰，基本上处于输沙平衡状态，也就是说，潜入点的含沙量同入库含沙量相近。

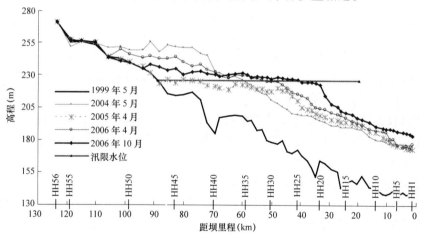

图 5-8 小浪底水库近年汛前纵剖面

(2)三角洲顶点位于 HH20 断面附近，如果 2007 年调水调沙期间衔接水位仍为 230 m，异重流将于距坝 33～40 km 潜入；如果万家寨水库能够提供足以冲刷三门峡坝前泥沙的水流，异重流还是能够运行至坝前。

综合分析认为，如果 2007 年万家寨、三门峡、小浪底水库三库联调，2007 年调水调沙期间在小浪底水库形成异重流并排沙出库还是很有可能的。

第六章　主要结论及建议

一、主要结论

(1)小浪底水库开始蓄水到 2006 年 10 月，全库区淤积量为 21.58 亿 m³，其中在干流淤积 18.315 亿 m³，支流淤积 3.267 亿 m³，分别占总淤积量的 84.87% 和 15.13%。库区淤积总量仍小于设计的拦沙初期与拦沙后期界定值 21 亿 ~ 22 亿 m³。因此，小浪底水库自投入运用至今，均处于拦沙初期运用阶段。

(2)截至 2006 年 10 月，水库 275 m 高程下干流库容为 56.47 亿 m³，支流库容为 49.41 亿 m³，全库总库容为 105.88 亿 m³。

(3)从淤积部位来看，泥沙主要淤积在汛限水位 225 m 高程以下，225 m 高程以下的淤积量达到了 20.08 亿 m³，占总量的 93%；支流淤积较少，仅占总淤积的 15.1%。从总体来看，淤积部位较设计相比偏向上游，其原因主要是近年来小浪底入库水量持续偏枯，为了保证黄河下游水资源的安全、不断流和减少下游滩区的淹没损失，水库在主汛期提前蓄水运用。

(4)通过对小浪底水库自蓄水以来历次异重流期间入出库水量、沙量、库区淤积量、排沙情况分析认为，异重流排沙比总体上呈逐渐增大的趋势，汛期异重流的排沙比均大于汛前异重流排沙比。

二、建议

(1)从小浪底库区淤积总量看已达到水库拦沙初期与拦沙后期的界定值，但淤积部位靠上，225 m 高程以下还有 16.576 亿 m³ 的库容，水库蓄水拦沙及异重流排沙仍是 2007 年汛期的主要运用方式及输沙流态。

(2)在遇较大流量及较高含沙量水流入库时，尽量控制较低的运用水位，并以三角洲顶点作为运用水位的参考，创造水库上段溯源冲刷的条件，以增加水库排沙能力，并合理调整库区淤积形态，适当改变淤积部位偏上的现状。

(3)建议加强洪水期异重流潜入点、运行到坝前时间等的观测，才能更好地把握水库排沙时机，及时开启排沙洞；同时积累异重流观测资料，为研究异重流产生、输移机理提供基础资料。

第六专题　小浪底水库运用以来下游河道冲淤效果分析

　　黄河下游 2006 年为枯水枯沙年,年水沙量与多年同期相比均偏少,其中水量减少 24%～34%,沙量减少在 80%以上。非汛期由于水库调水调沙,水沙量均较多年同期有所增加。全年花园口最大洪峰流量和最大含沙量分别为 3 970 m³/s 和 116 kg/m³,花园口洪峰流量 2 000 m³/s 以上的小洪水过程仅 2 场,分别是非汛期 6 月中下旬小浪底水库调水调沙洪水和 8 月上旬小浪底水库异重流排沙产生的"06·8"洪水,其中"06·8"洪水在小花间发生洪峰流量沿程增大等"异常"现象。2006 年下游利津以上冲刷 1.318 亿 m³,其中汛期占 65%,冲刷量集中在夹河滩以上,尤其是花园口—夹河滩河段。非汛期冲淤量的沿程分布具有"上冲下淤"的特点,除夹河滩以上河段显著冲刷外,其余河段冲淤量都不大;汛期整个下游河道均为冲刷,冲刷量为 0.854 亿 m³,其中花园口—夹河滩河段占 53%。

　　小浪底水库 1999 年 10 月 25 日下闸蓄水至 2006 年 10 月,已运用 7 年。7 年来黄河流域历经枯水少沙系列年,大洪水较少,仅 2003 年秋汛期水量较为丰沛。7 年来小浪底水库运用以蓄水拦沙为主,期间进行了 5 次调水调沙,绝大多数中粗泥沙拦在库里,进入黄河下游的泥沙明显减少。一般情况下,小浪底水库下泄清水,洪水期间水库以异重流为主排出细泥沙,从而使得下游河道发生了持续的冲刷。到目前为止,下游河道共冲刷 8.895 亿 m³,由于漫滩洪水不多,所以冲刷主要发生在河槽内;平滩流量在 3 700～6 000 m³/s。为了及时了解小浪底水库运用以来的情况,不断完善小浪底水库运用方式,以实测资料为主,对 7 年来小浪底库区和下游河道的冲淤情况进行了分析,并通过与三门峡水库蓄水运用初期对比,初步揭示了小浪底水库运用以来在新的水沙和边界条件下下游河道的冲淤演变规律。

第一章 2006年黄河下游水沙概况

一、水沙属于枯水枯沙年

2006年运用年(2005年11月至2006年10月,下同)是枯水枯沙年,年水沙量与多年(1956～1999年,下同)同期相比均减少(图1-1和图1-2),其中水量减少24%～34%,沙量减少均在80%以上,沙量减少幅度大于水量减少幅度。

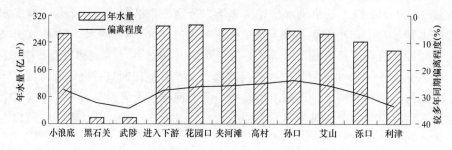

图 1-1 2006年下游主要干支流年水量沿程变化

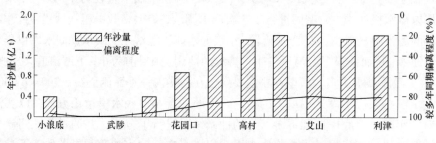

图 1-2 2006年下游主要干支流年沙量沿程变化

黄河下游主要控制站下游(小黑武)、花园口和利津站年水量分别为289.12亿、292.28亿、215.63亿 m³(表 1-1),与多年同期相比减少26%～33%;年沙量分别为0.398亿、0.865亿、1.592亿 t,较多年同期减少86%～96%。

二、水量年内分配不均匀

非汛期花园口和利津由于小浪底水库调水调沙大量泄水,水量分别为208.49亿 m³和139.38亿 m³,较多年同期分别增加19%和12%;沙量分别为0.476亿 t和0.985亿 t,较多年同期分别增加15%和115%。

汛期进入下游、花园口和利津的水量分别为81.8亿、83.78亿、76.25亿 m³,较多年同期相比减少61%～63%;相应沙量分别为0.331亿、0.389亿、0.607亿 t,与多年同期相比减少91%～96%。汛期占年比例水量在28%～35%,沙量在86%～99%。

汛期下游小流量级占主导,日平均3 000 m³/s以上的大流量没有一天,1 000 m³/s以下花园口和利津均为97 d,占汛期历时的79%,与2005年同期该流量级相比略有增加。

表 1-1   2006 年下游主要控制站水沙量统计

水文站	水量(亿 m³)		沙量(亿 t)		汛期/年(%)	
	年	汛期	年	汛期	水量	沙量
小浪底	265.29	71.56	0.397	0.329	27	83
黑石关	18.38	6.30	0	0	34	
武陟	5.45	3.94	0	0.002	72	
进入下游	289.12	81.80	0.398	0.331	28	83
花园口	292.28	83.79	0.865	0.389	29	45
夹河滩	282.04	80.70	1.354	0.461	29	34
高村	278.30	86.12	1.502	0.556	31	37
孙口	275.40	84.41	1.594	0.598	31	38
艾山	265.66	85.25	1.803	0.615	32	34
泺口	242.85	80.57	1.512	0.588	33	39
利津	215.63	76.25	1.592	0.607	35	38

注：支流主要为报汛资料，其他主要为月报资料。

三、洪水情况

全年花园口最大洪峰流量为 3 970 m³/s(6 月 21 日 16 时)，最大含沙量 116 kg/m³(8 月 4 日 17.1 时)。花园口洪峰流量 2 000 m³/s 以上的洪水仅 2 场，分别是非汛期 6 月中下旬小浪底水库调水调沙洪水和 8 月上旬小浪底水库异重流排沙产生的"06·8"洪水。

(一)调水调沙情况

非汛期根据主要水库蓄水情况，6 月 9 日 14 时小浪底水库开始预泄，6 月 15 日 9 时调水调沙正式开始，29 日 0 时 36 分排沙洞关闭，期间小浪底水库最大泄流量 4 200 m³/s(表 1-2)，最大含沙量 53.7 kg/m³，出库水量 54.97 亿 m³，排沙量 0.084 亿 t；花园口洪峰流

表 1-2   2006 年 6 月黄河调水调沙期间水沙量统计

站名	开始 (月-日 T 时)	历时 (h)	水量 (亿 m³)	沙量 (亿 t)	最大流量		最大含沙量	
					数值 (m³/s)	时间 (月-日 T 时:分)	数值 (kg/m³)	时间 (月-日 T 时:分)
小浪底	06-09T14	480	54.97	0.084	4 200	06-26T08:48	53.7	06-27T18:48
黑石关	06-09T08	480	0.46	0				
武陟	06-09T08	480	0.014	0				
花园口	06-10T16	472	55.01	0.182	3 970	06-21T16:00	26.4	06-29T07:12
夹河滩	06-11T14	474	53.71	0.368	3 930	06-22T11:18	21.8	06-30T00:00
高村	06-11T20	479	52.57	0.350	3 900	06-29T04:00	23.3	06-30T20:00
孙口	06-12T08	472	51.12	0.492	3 870	06-29T11:30	17.2	07-01T20:00
艾山	06-13T02	486	50.3	0.529	3 850	06-29T20:00	16.0	06-14T08:00
泺口	06-13T08	480	49.37	0.522	3 820	06-30T06:00	13.6	07-02T24:00
利津	06-13T14	474	48.13	0.648	3 750	06-30T20:00	22.5	06-16T08:00

量 3 970 m³/s，最大含沙量 26.4 kg/m³，水量 55.01 亿 m³，沙量 0.182 亿 t，为历次调水调沙以来持续时间最长、流量最大的一次；入海利津水沙分别为 48.13 亿 m³ 和 0.648 亿 t，最大流量为 3 750 m³/s，最大含沙量为 22.5 kg/m³。

(二)"06·8"洪水

受中游洪水影响，潼关站于 8 月 2 日 5.7 时出现洪峰流量 1 780 m³/s、最大含沙量 28 kg/m³ 的洪水，由于入库潼关站发生流量超过 1 500 m³/s 的流量，达到了三门峡水库泄空冲刷的来水条件，三门峡水库在 8 月 2 日 3 时左右开始畅泄排沙，历时达 17 h，出库最大流量 4 860 m³/s，最大含沙量达 454 kg/m³，三门峡泄空冲刷产生的高含沙水流在小浪底水库发生了异重流，小浪底水库下泄高含沙洪水，最大含沙量达 303 kg/m³，在小浪底到花园口期间没有明显大流量加入情况下，相应下游花园口出现洪峰流量 3 360 m³/s，比相应小浪底最大流量 2 230 m³/s 明显增大，即使扣除小花间支流的 110 m³/s 流量，花园口的流量仍然增大了约 1 020 m³/s，即增大了 46%，说明小花间发生了流量沿程增大现象。这是小浪底水库投入运用以来，第 3 次在黄河下游小花间发生洪峰流量沿程增大等"异常"现象，该次洪水在夹河滩洪峰流量为 3 030 m³/s，较花园口减少 10%；利津洪峰流量 2 380 m³/s，最大含沙量 59.2 kg/m³。

第二章 2006 年下游河道冲淤及排洪能力变化

一、下游河道冲淤量

运用沙量平衡法计算各河段冲淤量结果见表 2-1，可以看出，非汛期高村以上河段冲刷 0.929 亿 t，高村以下河段冲刷 0.361 亿 t，全下游冲刷 1.290 亿 t；汛期高村以上和以下河段分别冲刷 0.198 亿 t 和 0.110 亿 t，全下游冲刷 0.308 亿 t。运用年内下游河道冲刷 1.598 亿 t，其中高村以上冲刷 1.127 亿 t。

表 2-1　2006 运用年各河段冲淤量

河段	不同时段冲淤量(亿 t)		
	非汛期(11~6 月)	汛期(7~10 月)	运用年
小黑武—花园口	−0.384	−0.009	−0.393
花园口—夹河滩	−0.487	−0.093	−0.580
夹河滩—高村	−0.057	−0.097	−0.154
高村—孙口	−0.100	−0.054	−0.154
孙口—艾山	−0.227	−0.012	−0.239
艾山—泺口	0.166	0.010	0.176
泺口—利津	−0.220	−0.054	−0.254
高村以上	−0.929	−0.198	−1.127
利津以上	−1.290	−0.308	−1.598

根据黄河下游河道 2005 年 10 月、2006 年 4 月和 2006 年 10 月三次统测大断面资料计算各河段冲淤量(见表 2-2)可以看出，非汛期除夹河滩以上河段显著冲刷外，其余河段冲淤量都不大，全下游总冲刷量为 0.464 亿 m³(见图 2-1)；汛期下游河道均为冲刷，冲刷量为 0.854 亿 m³，其中花园口—夹河滩河段占 53%。全年冲刷 1.318 亿 m³，其中汛期占 65%，全年冲刷量集中在夹河滩以上，尤其是花园口—夹河滩河段，这主要是由于汛期和非汛期同时冲刷造成的。

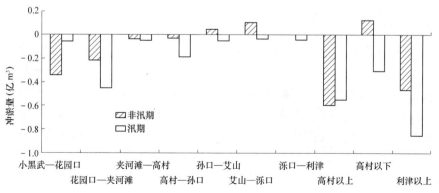

图 2-1　2006 年下游冲淤量(断面法)时空分布

表 2-2　2006 运用年断面法冲淤量计算成果

河段	不同时段冲淤量(亿 m³)		
	非汛期(10月至翌年4月)	汛期(4~10月)	运用年
小黑武—花园口	−0.343	−0.052	−0.395
花园口—夹河滩	−0.216	−0.452	−0.668
夹河滩—高村	−0.033	−0.044	−0.077
高村—孙口	−0.025	−0.189	−0.214
孙口—艾山	0.046	−0.047	−0.001
艾山—泺口	0.105	−0.031	0.074
泺口—利津	0.002	−0.040	−0.038
高村以上	−0.591	−0.548	−1.139
高村以下	0.127	−0.306	−0.179
利津以上	−0.464	−0.854	−1.318

　　断面法和沙量平衡法相比,断面法全年冲淤量偏多 16%,但冲淤量的沿程分布定性一致(见图 2-2),只是断面法冲淤量上段偏大,沙量平衡法冲淤量上段偏小,下段的绝对值均偏大。由于沙量法中引水引沙存在一定误差,断面法相对比较合理。

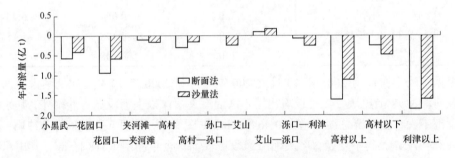

图 2-2　2006 年下游各河段冲淤量对比

二、洪水期冲淤概况

　　2006 年汛期黄河下游只有两场小洪水,但为了分析较大流量过程对黄河下游冲淤变化的影响,还统计了汛前下游春灌期及汛期较大流量过程共 7 场,洪水特征值和冲淤量见表 2-3。可以看出,春灌期平均流量在 1 000 m³/s 左右时,高村以上河段均为冲刷(见图 2-3),高村以下河段以淤积为主,全下游表现为冲刷;调水调沙洪水期,下游冲刷量最大为 0.678 亿 t,占全年沙量平衡法冲刷量的 42%;其余各场洪水黄河下游总体上是冲刷的,但在高村以下河段有冲有淤,冲淤量值均比较小(见图 2-4)。从总体来看,除调水调沙期平均流量较大外,其余在 800~1 300 m³/s,当径流量较大时,下游河道的总冲刷量较大。

表 2-3　2006 年黄河下游各场较大流量特征值和冲淤量统计

时间(月-日)		02-17 ~ 04-05	04-06 ~ 05-20	06-05 ~ 30	07-22 ~ 31	08-01 ~ 09	08-30 ~ 09-10	09-21 ~ 30
历时(d)		47	44	25	9	9	12	10
径流量(亿 m³)		41.6	38.6	62.9	10.4	11.2	11.1	7.0
平均流量(m³/s)		1 002	992	2 800	1 203	1 293	1 066	816
平均含沙量(kg/m³)		1.96	1.88	3.82	5.28	14.30	12.34	1.32
冲淤量(亿 t)	花园口以上	−0.081	−0.073	−0.172	−0.007	−0.007	−0.016	−0.002
	花园口—夹河滩	−0.077	−0.063	−0.182	−0.021	−0.012	0.009	−0.013
	夹河滩—高村	−0.054	−0.027	−0.034	−0.012	−0.004	−0.026	−0.003
	高村—孙口	0.041	0.037	−0.143	−0.006	−0.026	−0.009	−0.001
	孙口—艾山	−0.035	−0.062	−0.034	0.009	−0.003	−0.005	−0.001
	艾山—泺口	0.037	0.027	0.017	−0.006	−0.007	−0.009	0.004
	泺口—利津	0.018	−0.014	−0.129	0.015	−0.015	−0.005	−0.004
	下游	−0.153	−0.174	−0.678	−0.027	−0.060	−0.061	−0.021

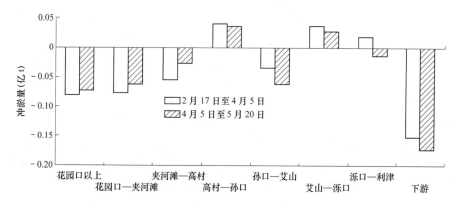

图 2-3　春灌期冲淤量沿程分布

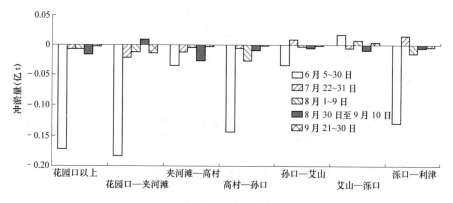

图 2-4　汛期较大流量冲淤量沿程分布

三、同流量水位变化

汛期首场洪水和末场洪水的同流量水位变化可以大体上反映汛期河道的过流能力变化。2006 年黄河下游发生洪峰流量超过 2 000 m³/s 的洪水只有两场，分别是 6 月中下旬的调水调沙洪水和 8 月上旬的"06·8"洪水。点绘两次洪水的水位流量关系(见图 2-5)，可以看出从调水调沙涨水期到"06·8"洪水落水期，花园口同流量(3 000 m³/s)水位上升 0.1 m，而同流量(2 000 m³/s)水位下降 0.12 m；夹河滩下降 0.46 m、高村(2 000 m³/s)下降 0.03 m、孙口上升 0.03 m、艾山上升 0.06 m、泺口下降 0.18 m、利津上升 0.06 m。夹河滩同流量水位下降幅度大的主要原因，是其下游的贯台古城附近的畸形河湾在 2006 年 5 月 1 日前后突然发生了自然裁弯，流路大大缩短。

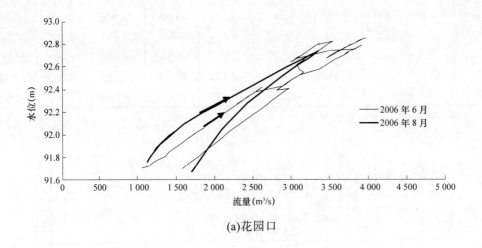

(a)花园口

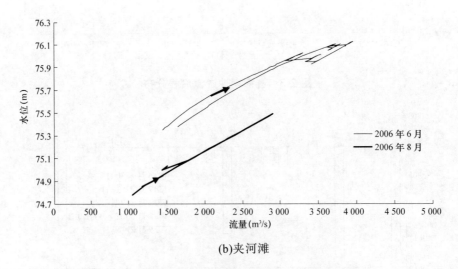

(b)夹河滩

图 2-5 2006 年黄河下游各水文站水位流量关系变化

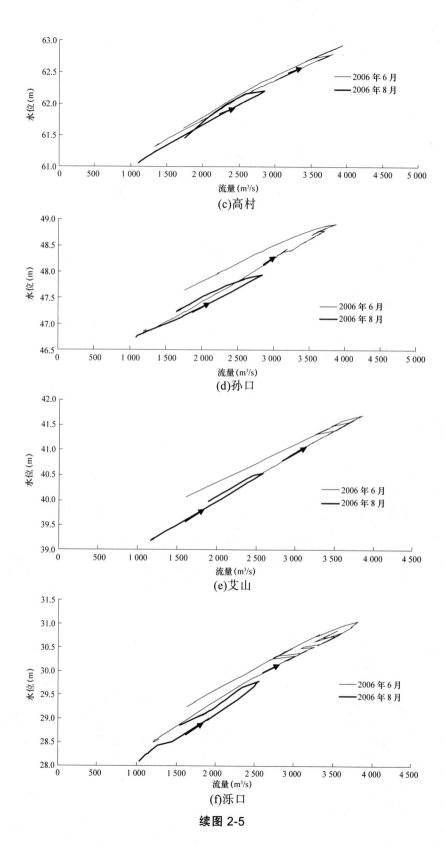

(c)高村

(d)孙口

(e)艾山

(f)泺口

续图 2-5

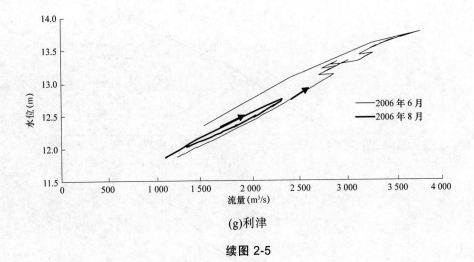

(g)利津

续图 2-5

第三章　小浪底水库运用以来
下游河道冲淤效果分析

一、下游水沙特点

(一)属于枯水枯沙系列

小浪底水库投入运用以后，1999 年 11 月 1 日至 2006 年 10 月年均进入下游水量 223.10 亿 m³(见表 3-1)，较多年均值偏少 44%，年均进入下游沙量 0.648 亿 t，较多年均值偏少 94%，属于枯水枯沙系列。其中汛期平均水沙量分别为 82.10 亿 m³ 和 0.630 亿 t，较多年同期均值分别偏少 62%和 94%。年平均含沙量 2.9 kg/m³，汛期平均含沙量 7.7 kg/m³，与多年年均值(29 kg/m³)和多年汛期均值(48 kg/m³)相比均大幅度减少。

表 3-1　1999 年 11 月至 2006 年 10 月进入下游水沙特征统计

项目		2000 年	2001 年	2002 年	2003 年	2004 年	2005 年	2006 年	平均
水量 (亿 m³)	非汛期	105.13	132.15	112.81	77.04	203.03	149.51	207.33	141.0
	汛期	50.62	46.49	90.95	135.23	83.21	86.40	81.80	82.10
	运用年	155.75	178.64	203.76	212.28	286.24	235.92	289.12	223.1
沙量 (亿 t)	非汛期	0	−0.009	0.013	0.028	0	0.024	0.067	0.018
	汛期	0.047	0.240	0.725	1.194	1.423	0.450	0.331	0.630
	运用年	0.047	0.230	0.738	1.222	1.424	0.474	0.398	0.648
含沙量 (kg/m³)	汛期	0.9	5.2	8.0	8.8	17.1	5.2	4.0	7.7
	运用年	0.3	1.3	3.6	5.8	5.0	2.0	1.4	2.9
汛期占年 (%)	水量	33	26	45	64	29	37	28	37
	沙量	99	104	98	98	100	95	83	97

汛期水量占年水量的 37%，较多年均值的 56%明显减少；汛期沙量占年沙量的 97%，较多年均值的 88%有所增加，水沙量年内分配变化也比较大。

(二)入海水沙明显偏少

1999 年 11 月至 2006 年 10 月，年均入海(利津站)水量 131.85 亿 m³(见表 3-2)，较多年均值偏少 59%，年均入海沙量 1.520 亿 t，较多年均值偏少 81%，也属于枯水枯沙系列。其中汛期平均水沙量分别为 68.69 亿 m³ 和 1.062 亿 t，较多年均值分别偏少 66%和 85%。年平均含沙量 11.5 kg/m³，汛期平均含沙量 15.5 kg/m³，与多年年均值(25 kg/m³)和多年汛期均值(35 kg/m³)相比均大幅度减少。

表 3-2 1999 年 11 月～2006 年 10 月利津水沙统计

项目		2000 年	2001 年	2002 年	2003 年	2004 年	2005 年	2006 年	平均
水量 (亿 m³)	非汛期	20.78	46.56	15.11	8.50	141.22	70.60	139.38	63.16
	汛期	17.20	13.07	29.50	123.33	108.15	113.34	76.25	68.69
	运用年	37.97	59.62	44.61	131.84	249.37	183.94	215.63	131.85
沙量 (亿 t)	非汛期	0.052	0.223	0.024	0.008	1.352	0.562	0.985	0.458
	汛期	0.094	0.064	0.523	2.924	1.973	1.250	0.607	1.062
	运用年	0.146	0.287	0.547	2.932	3.325	1.812	1.592	1.520
含沙量 (kg/m³)	汛期	5.5	4.9	17.7	23.7	18.2	11.0	8.0	15.5
	运用年	3.8	4.8	12.3	22.2	13.3	9.9	7.4	11.5
汛期占年 (%)	水量	45	22	66	94	43	62	35	52
	沙量	64	22	96	100	59	69	38	70

(三)进入下游洪水场次少、洪峰流量小

1999 年 11 月以来花园口洪峰流量大于 2 000 m³/s 的洪水仅 16 场(含调水调沙 5 场),年平均仅 2.4 场, 较多年平均偏少 60%; 洪峰流量大于 4 000 m³/s 的洪水没有一场, 多年平均 3.6 场, 洪水场次明显偏少。7 年中花园口最大洪峰仅 3 970 m³/s, 洪峰流量减小明显(见图 3-1)。

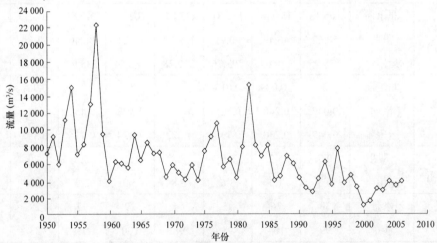

图 3-1 花园口站历年最大洪峰过程线

(四)汛期下游水沙变化特点

1. **径流过程以小流量为主,中、大流量较少**

小浪底水库运用以来汛期下游水流过程以 1 000 m³/s 流量级以下的小流量为主。花园口和利津小于 500 m³/s 流量级的历时汛期平均分别为 49.7 d 和 75.3 d, 分别占汛期历时的 40%和 61%;500～1 000 m³/s 流量级分别为 51 d 和 21.3 d,分别占汛期总天数的 41%和 17%。大于 3 000 m³/s 流量级 7 年中仅花园口出现 2 d, 分别是 2002 年的调水调沙期间和 2004 年 8 月的异重流高含沙量洪水。2 000～3 000 m³/s 的流量级花园口和利津平均

12 d 左右，占汛期总天数的 10%左右。花园口—利津小于 1 000 m³/s 流量级沿程变化比较大，如小于 500 m³/s 流量级花园口到利津增加 25.6 d，较花园口该流量级增加 51%；500～1 000 m³/s 花园口到利津减少 30.7 d，较花园口该流量级减少 60%。

2. 汛期水量在各级流量的沿程分布不同

水量在各流量级分布沿程不同。花园口水量主要集中在 500～1 000 m³/s 流量级，该流量级平均水量 29.75 亿 m³，占汛期水量的 35%。利津水量较大的流量级集中在 2 500～3 000 m³/s 流量级，占汛期水量的 24%。

3. 汛期输沙以较大流量为主

汛期小流量级历时虽然比较长，但输沙仍然是较大流量级。由表 3-3 可见，花园口和利津输沙量较大的流量级均为 2 000～3 000 m³/s，输沙量分别为 0.419 亿 t 和 0.738 亿 t，分别占该站汛期沙量的 51%和 69%。尤其是利津站，2 500～3 000 m³/s 流量级输沙量占汛期输沙量的 42%。

表 3-3　汛期各级流量下的沙量统计

水文站	年份	不同流量级(m³/s)的沙量(亿 t)						
		＜500	500～1 000	1 000～1 500	1 500～2 000	2 000～2 500	2 500～3 000	≥3 000
花园口	2000	0.058	0.109	0	0	0	0	0
	2001	0.136	0.134	0.010	0	0	0	0
	2002	0.045	0.497	0.017	0	0	0.304	0.058
	2003	0.020	0.011	0.037	0.056	0.873	0.605	0
	2004	0.025	0.040	0.053	0.332	0.588	0.120	0.566
	2005	0.011	0.072	0.068	0.114	0.225	0.147	0
	2006	0.003	0.037	0.119	0.156	0.073	0	0
	平均	0.042	0.129	0.043	0.094	0.251	0.168	0.089
利津	2000	0.082	0.012	0	0	0	0	0
	2001	0.038	0.026	0	0	0	0	0
	2002	0.018	0.009	0.044	0.078	0.375	0	0
	2003	0.018	0.008	0.083	0.365	1.153	1.303	0
	2004	0.019	0.124	0.179	0.081	0.150	1.419	0
	2005	0.011	0.144	0.157	0.258	0.263	0.417	0
	2006	0.024	0.120	0.269	0.105	0.061	0.028	0
	平均	0.030	0.063	0.105	0.127	0.286	0.452	0

二、下游河道冲淤效果分析

(一)河道冲淤量及分布

2000～2006 年小浪底水库除调水调沙和洪水期间外，其他时段以下泄清水为主，下游河道全程持续冲刷，河道淤积萎缩的局面得到有效遏制。根据实测大断面资料计算，7 年下游累计冲刷量为 8.895 亿 m³(见表 3-4)，其中汛期冲刷量为 5.993 亿 m³，占全年冲刷量的 67%，5 次调水调沙冲刷 1.954 亿 m³，占汛期冲刷量的 33%。2000~2006 年的 7 年中，除 2002 年调水调沙期间滩地淤积 0.477 亿 m³ 外，其余冲淤均发生在河槽。7 年主槽累计冲刷量为 9.373 亿 m³，其中汛期占 69%。

表 3-4   小浪底水库运用后下游各河段断面法冲淤量

年份	不同河段冲淤量(亿 m³)							
	白鹤—花园口	花园口—夹河滩	夹河滩—高村	高村—孙口	孙口—艾山	艾山—泺口	泺口—利津	白鹤—利津
2000	-0.659	-0.435	0.054	0.133	0.006	0.110	0.038	-0.753
2001	-0.473	-0.315	-0.100	0.071	-0.017	-0.003	0.021	-0.816
2002	-0.304	-0.397	0.133	0.048	-0.003	-0.040	-0.185	-0.748
2003	-0.648	-0.698	-0.319	-0.300	-0.108	-0.228	-0.319	-2.620
2004	-0.178	-0.397	-0.284	-0.039	-0.055	-0.110	-0.125	-1.188
2005	-0.160	-0.308	-0.304	-0.205	-0.117	-0.184	-0.174	-1.452
2006	-0.395	-0.668	-0.077	-0.214	-0.001	0.074	-0.038	-1.318
7 年非汛期合计	-1.475	-1.658	-0.345	-0.072	0.006	0.273	0.368	-2.902
7 年汛期合计	-1.342	-1.560	-0.551	-0.435	-0.301	-0.655	-1.150	-5.993
7 年年合计	-2.817	-3.218	-0.897	-0.506	-0.295	-0.381	-0.782	-8.895

注：汛期和非汛期按断面测量时间划分，调水调沙均在汛期。

1. 冲淤量时空分布不均

从年际冲刷量看，2003 年冲刷量最大，为 2.62 亿 m³，占 7 年总冲刷量的 29%；2000~2002 年冲刷量相对较小，均在 0.8 亿 m³ 左右，3 年合计占冲刷总量的 26%。

7 年来黄河下游河道实现全程冲刷。从冲刷量沿程分布看，全年呈现出两头大中间小的特点(见图 3-2)。其中高村以上河段冲刷量占冲刷总量的 78%，泺口—利津河段占冲刷总量的 9%；而孙口—艾山和艾山—泺口河段冲刷量仅占冲刷总量的 3%~4%。

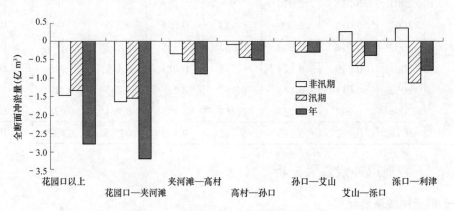

图 3-2   下游河道 7 年纵向冲刷分配

在孙口以上非汛期沿程冲刷量逐渐减少(见图 3-2)，冲刷主要发生在夹河滩以上，其冲刷量为 3.133 亿 m³，占整个非汛期冲刷量的 108%，孙口以下沿程淤积量逐渐增加，泺口—利津河段淤积量达到 0.368 亿 m³。

汛期全程冲刷(见图 3-2),冲刷量与年冲刷量表现一样,也呈现出两头大中间小的特点。

花园口以上河段主槽持续累计冲刷 2.886 亿 m³,占下游主槽冲淤量的 31%。冲刷量最大的是 2003 年汛期(见图 3-3(a)),占该河段主槽总冲刷量的 22%,其次是 2000 年非汛期,占主槽总冲刷量的 20%。2003 年非汛期冲刷量最小,仅 0.006 亿 m³。

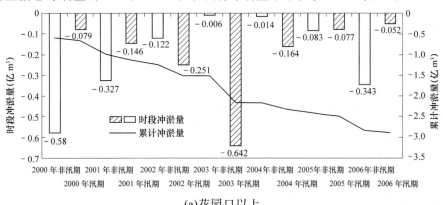

(a)花园口以上

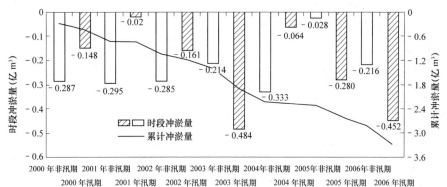

(b)花园口—夹河滩河段

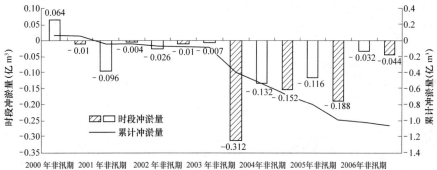

(c)夹河滩—高村河段

注:图中标注数字为时段冲淤量(亿 m³)。

图 3-3　不同河段主槽冲刷量年际变化

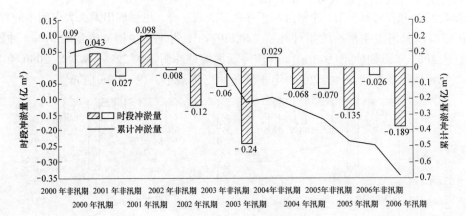

(d)高村—孙口河段

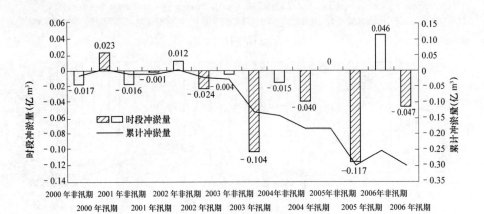

(e)孙口—艾山河段

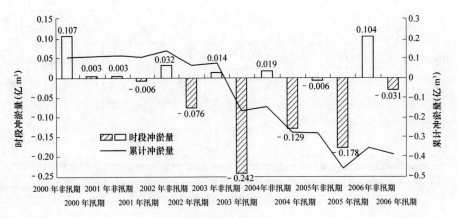

(f)艾山—泺口河段

续图 3-3

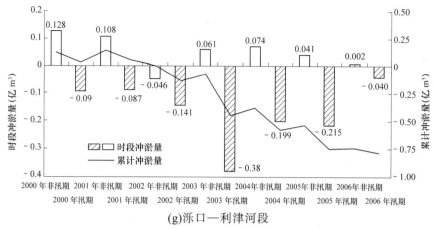

(g)泺口—利津河段

续图 3-3

花园口—夹河滩河段主槽持续累计冲刷 3.267 亿 m³(见图 3-3(b)),占全下游主槽冲刷量的 35%,是下游冲刷量最多的河段。冲刷量最大的是 2003 年汛期,占该河段主槽总冲刷量的 15%;2001 年汛期和 2005 年非汛期冲刷量最小,仅 0.02 亿 m³ 左右。

夹河滩—高村河段主槽累计冲刷 1.066 亿 m³,占全下游主槽冲刷量的 11%。冲刷量最大的是 2003 年汛期(见图 3-3(c)),占该河段主槽总冲刷量的 29%。该河段在小浪底水库开始运用时,主槽处于淤积状态,2000 年汛期主槽开始冲刷,以后持续冲刷,但 2003 年汛期以后冲刷量明显加大。

高村—孙口河段主槽累计冲刷 0.682 亿 m³,占全下游主槽冲刷量的 7%。冲刷量最大的是 2003 年汛期,占河段主槽总冲刷量的 35%(见图 3-3(d))。该河段主槽 2001 年非汛期才开始冲刷,汛期平均流量小,加上小浪底水库小水排沙(花园口最大流量 392 m³/s,最大含沙量 127 kg/m³),汛期淤积 0.098 亿 m³,是 7 年淤积最多的。2002 年非汛期又开始冲刷,除 2004 年非汛期淤积 0.029 亿 m³ 外,其他时段均冲刷,但冲刷量取决于来水来沙过程。

孙口—艾山河段主槽累计冲刷 0.304 亿 m³,占全下游主槽冲刷量的 3%,是下游冲刷量最小的河段。该河段汛期除 2000 年汛期淤积外,其余汛期均冲刷。非汛期除 2002 年和 2006 年淤积外,其余非汛期均冲刷。冲刷量最大的是 2005 年汛期,占该河段主槽总冲刷量的 39%(见图 3-3(e))。

艾山—泺口河段主槽累计冲刷 0.385 亿 m³(见图 3-3(f)),占全下游主槽冲刷量的 4%,是下游冲刷量比较少的河段。冲刷量最大的是 2003 年汛期,占总冲刷量的 63%。该河段刚开始持续淤积,2002 年汛期才开始冲刷,以后基本上汛期冲刷、非汛期淤积。

泺口—利津河段主槽累计冲刷 0.784 亿 m³,占全下游河槽冲刷量的 8%。冲刷量最大的是 2003 年汛期,占该河段主槽总冲刷量的 48%。该河段除 2002 年非汛期冲刷外,基本上是非汛期淤积、汛期冲刷(见图 3-3(g))。

全下游主槽累计冲刷 9.373 亿 m³,非汛期和汛期均冲刷,但汛期冲刷量远大于非汛期(见图 3-4)。汛期冲刷量最大的是 2003 年,为 2.404 亿 m³,占全下游主槽冲刷量的 26%;非汛期量最大的是 2001 年,为 0.65 亿 m³,占全下游主槽冲刷量的 7%。

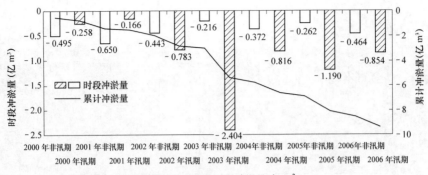

注：图中标注数字为时段冲淤量(亿 m³)。

图 3-4　利津以上河段主槽冲刷量年际变化

2. 河段冲刷发展过程

小浪底水库拦沙期，下游河道沿程冲刷随着时间的推移不断向下游发展。从冲刷发展过程看，2000 年为小浪底水库运用后的第一年，夹河滩以上河段发生冲刷，夹河滩以下均发生淤积。2001 年冲刷发展到高村，高村以下河段处于微淤(或基本处于冲淤平衡)状态(见图 3-5(a))。

2002 年由于调水调沙冲刷集中在两头，即高村以上和泺口以下两个河段，高村—泺口河段发生淤积(见图 3-5(b))，主要是因为该河段在洪水期发生漫滩，部分泥沙落淤到滩地上。2003 年由于调水调沙和秋汛期洪水持续冲刷，基本上达到全程冲刷。

2004～2006 年，全下游各河段均发生冲刷，且均以孙口—艾山河段的冲刷量为最小(见图 3-5(c))。2006 年冲刷主要集中在孙口以上和泺口以下河段。孙口—艾山基本冲淤平衡，艾山—泺口河段发生淤积；初步分析认为，孙口以下河段没有发生冲刷，甚至发生淤积，主要是由于汛期水量少(仅为全年水量的 27%)，特别是洪水的量级很小，只有调水调沙的平均流量在 3 000 m³/s 以上，其他 4 场洪水的平均流量均在 1 500 m³/s 以下。

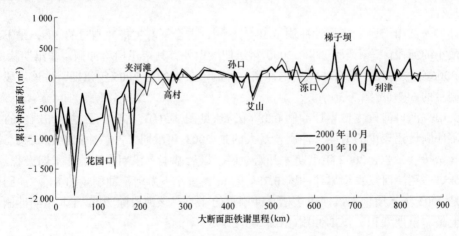

(a)2000 年 10 月至 2001 年 10 月

图 3-5　小浪底运用以来累计冲刷发展过程

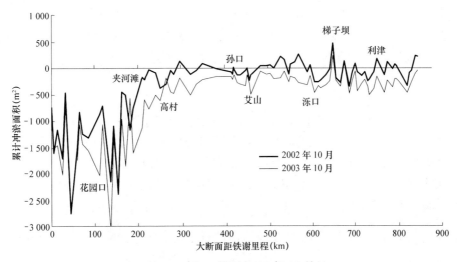

(b)2002年10月至2003年10月

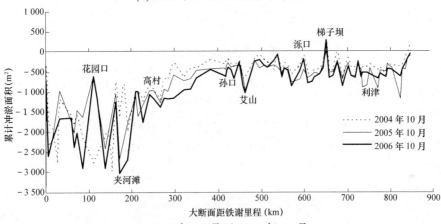

(c)2004年10月至2006年10月

续图 3-5

3. 洪水冲刷特点

在黄河下游花园口洪峰流量大于 2 000 m³/s 的 16 场洪水(含 5 次调水调沙)中,花园口水量占 7 年总水量的 28%,沙量占 7 年总沙量的 59%,历时占 7 年总历时的 10%,利津以上冲淤量占 7 年总冲刷量的 42%(见表 3-5)。各河段洪水冲刷量占相应河段的冲刷比例分别为:花园口以上 37%、花园口—夹河滩 20%、夹河滩—高村 36%、高村—孙口 97%、孙口—艾山 243%、艾山—利津 29%。由于部分洪水期间没有考虑引沙,实际冲淤量可能更大。

表 3-5 6 场洪水冲刷量占相应河段 7 年总冲刷量的比例

项目	白鹤—花园口	花园口—夹河滩	夹河滩—高村	高村—孙口	孙口—艾山	艾山—利津	白鹤—利津
16 次洪水(含调水调沙)(%)	37	20	36	97	243	29	42
5 次调水调沙(%)	18	11	22	45	94	50	22

由表 3-5 还可以看出，高村—艾山河段冲刷主要发生在洪水期间，洪水冲刷量占相应河段的冲刷量比例超过 95%，特别是孙口—艾山河段达到 243%。高村—孙口和孙口—艾山河段 5 次调水调沙冲刷量分别占相应河段的 45%和 94%，即高村—艾山河段主要依靠洪水冲刷。

(二)断面形态调整

小浪底水库运用后，黄河下游各河段纵横断面得到相应调整。高村以上河段的断面形态调整基本以展宽和下切并举，高村以下河段是下切为主。从表 3-6 可以看出，夹河滩以上河段展宽比较大，平均达 420 ~ 450 m；花园口以上河床下切幅度最大，平均达 1.49 m，孙口—艾山河段河床下切幅度小，仅 1.05 m。河床下切幅度沿程表现为两头大、中间小，与河道冲刷量和水位表现变化一致。

若用河槽宽深比 $\sqrt{B}/H$ 的变化反映河槽横断面调整情况，2004 年汛后与小浪底水库运用前相比(见表 3-6)，各河段沿程均有所减小，说明横断面趋于窄深，其中孙口以上河段减小幅度较大。

表 3-6　黄河下游各河段断面特征变化统计

河段	1999 年 10 月河宽 B(m)	2006 年 10 月河宽 B(m)	河宽变化(m)	冲淤厚度(m)	1999 年 10 月 $\sqrt{B}/H$	2006 年 10 月 $\sqrt{B}/H$
白鹤—花园口	1 040	1 492	452	−1.49	17.9	12
花园口—夹河滩	1 072	1 494	422	−1.32	24.5	19.8
夹河滩—高村	725	773	48	−1.17	15.6	10.8
高村—孙口	518	527	9	−1.33	12.1	8.1
孙口—艾山	505	497	−8	−1.05	8.8	6.3
艾山—泺口	446	429	−17	−1.33	6.0	4.2
泺口—利津	405	410	5	−1.18	6.5	5.3

点绘典型断面历年平均河底变化情况(见图 3-6)，高村和孙口 2002 年汛前、艾山 2000 年汛前、泺口 2003 年汛前达到有资料以来最高，目前经过 5 次调水调沙冲刷，到 2006 年，汛后高村恢复到 1990 年水平，孙口和艾山均恢复到 1995 年水平，泺口恢复到 1991 年水平。

(三)主槽过流能力增加

1. 同流量水位下降

同流量水位的变化是对一定时期河槽过流能力变化的间接反映，即同流量水位降低，说明河槽过流能力将会增大。依据下游主要水文站水位流量关系(见图3-7)，2006 年与 1999 年相比，同流量下的水位均表现为降低，如 1 000 m³/s 流量水位累计降低 0.81 ~ 1.48 m，其中花园口、夹河滩、高村同流量水位下降幅度均超过 1.3 m；2 000 m³/s 流量水位降低 0.69 ~ 1.61 m；3 000 m³/s 流量水位降低 0.65 ~ 1.73 m(图 3-8)。同流量水位降低幅度均表现出两头大、中间小，与前述断面法冲淤量沿程分布定性表现一致。

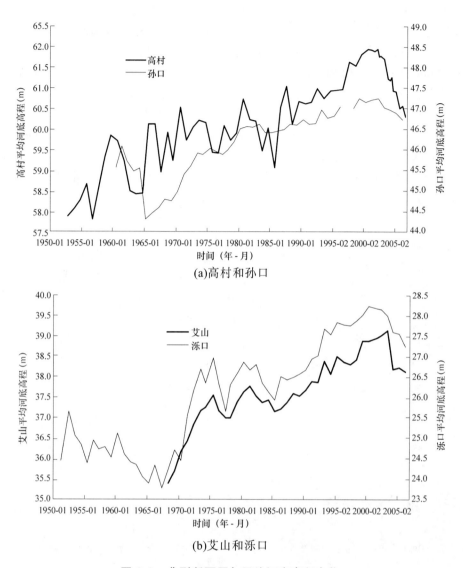

(a)高村和孙口

(b)艾山和泺口

图 3-6　典型断面历年平均河底高程变化

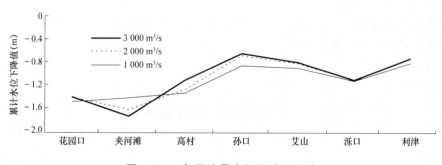

图 3-7　7 年同流量水位累计下降值

2006 年与 1996 年水位流量关系基本平行，即 2006 年水位随流量的涨幅与 1996 年接近；与 1982 年相比，2006 年水位随流量的涨幅明显偏大，花园口和高村站流量在 3 500 ~ 4 000 m³/s 以下时相应流量水位低于 1982 年水平，流量在 4 000 m³/s 以上时相应流量水位高于 1982 年水平；孙口和利津站水位仍高于 1982 年水平，流量越大，水位差值越大。经过 7 年的冲刷，下游各站小流量水位明显降低，但大流量水位都有所升高。

点绘历年典型断面流量 3 000 m³/s 的水位相对变化情况可知(见图 3-8)，2006 年典型断面 3 000 m³/s 水位恢复水平有所不同，其中花园口恢复到 1985 年水平，夹河滩恢复到 1990 年水平，高村恢复到 1993 年水平，孙口和艾山均恢复到 1995 年水平，泺口和利津均恢复到 1991 年水平。

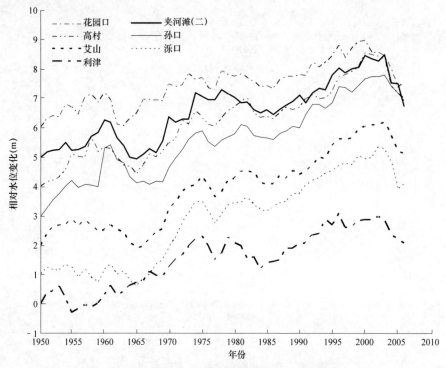

图 3-8 主要水文站同流量(3 000 m³/s)水位相对变化

2. 主槽平滩流量增加

主槽是排洪输沙的主要通道，其过流能力大小直接影响到黄河下游的防洪安全。平滩流量是反映河道排洪能力的重要指标，平滩流量越小，主槽过流能力以及对河势的约束能力越低，防洪难度越大。通过初步分析发现，黄河下游河道经过 7 年冲刷，平滩流量增加了 800 ~ 2 300 m³/s(见表 3-7)。

表 3-7 平滩流量变化情况 (单位：m³/s)

项目	花园口	夹河滩	高村	孙口	艾山	泺口	利津
1999 年汛后	3 500	3 400	2 700	2 800	3 000	2 800	3 200
2007 年汛前	5 800	5 400	4 700	3 650	3 800	4 000	4 000
平滩流量增加	2 300	2 000	2 000	850	800	1 200	800

目前下游主要水文站平滩流量基本在 3 650～5 800 m³/s，花园口和夹河滩平滩流量已基本恢复到 1988 年水平，高村和利津平滩流量基本恢复到 1990 年水平(见图 3-9)，孙口平滩流量基本恢复到 1995 年水平。

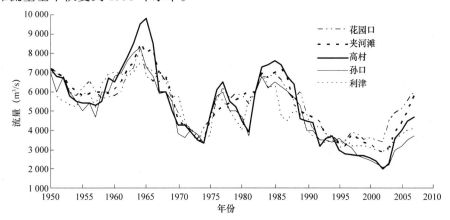

图 3-9　历年平滩流量变化

(四)河床粗化

小浪底水库运用 7 年来，随着河道冲刷，河床逐渐粗化。由图 3-10 可以看出，2006年 6 月与 1999 年汛后相比，中值粒径比值在 1.5～2.1，全下游主槽河床质粗化非常明显，其中花园口粗化最为明显，中值粒径由原来的 0.082 mm 增大为 0.2 mm；其次为夹河滩和高村，由 0.06 mm 左右增大为 0.13 mm 左右。

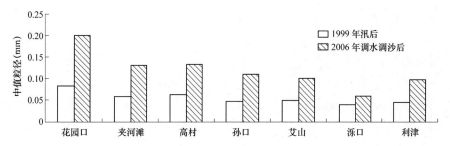

图 3-10　下游主槽河床质级配变化

第四章 小浪底水库拦沙运用初期与三门峡水库拦沙期对比分析

一、水沙条件比较

(一)水沙量对比

小浪底水库拦沙初期 7 年中,年均泄水量 197.72 亿 m^3,年均排沙量 0.63 亿 t,较三门峡水库拦沙初期 4 年出库水沙量分别减少 60%和 88%(见表 4-1),其中汛期年均水沙量分别为 66.3 亿m^3 和 0.612 亿 t,与三门峡拦沙初期相比,分别偏小 76%和 85%。从水沙量年内分配看,小浪底水库汛期出库水量集中程度降低,而沙量集中程度提高,如汛期水量由三门峡初期的 57%降低到 34%,沙量则由 74%提高 97%。

表 4-1 小浪底水库拦沙期间与三门峡水库蓄水期间下游水沙比较

河段	水沙量	三门峡水库拦沙初期年均	小浪底水库拦沙初期年均	三门峡汛期	小浪底汛期	三门峡汛期占年(%)	小浪底汛期占年(%)
水库出库	水量(亿 m^3)	493.03	197.72	281.03	66.3	57	34
	沙量(亿 t)	5.433	0.630	4.00	0.612	74	97
进入下游	水量(亿 m^3)	558.75	223.1	320.25	82.1	57	37
	沙量(亿 t)	5.82	0.648	4.29	0.63	74	97
花园口	水量(亿 m^3)	582.45	223.98	338.95	84.39	58	38
	沙量(亿 t)	7.87	1.231	5.885	0.817	75	66
利津	水量(亿 m^3)	621.25	131.85	377	68.69	61	52
	沙量(亿 t)	11.22	1.52	8.62	1.062	77	70
花园口平均流量(m^3/s)		1 846	710	3 189	794		
花园口水沙搭配系数 S/Q		0.007	0.008	0.006	0.012		

注:小浪底水库拦沙初期为 1999 年 11 月 1 日至 2006 年 10 月 31 日;三门峡水库拦沙初期为 1960 年 11 月 1 日至 1964 年 10 月 31 日。

小浪底水库运用初期,进入下游的年均水沙量分别为 223.1 亿m^3 和 0.648 亿 t,与三门峡水库运用初期的相比分别减少 60%和 89%;年均汛期水沙量分别为 82.1 亿 m^3 和 0.63 亿 t,与三门峡水库相比分别减少 74%和 85%。

小浪底水库运用初期与三门峡水库运用初期相比,花园口年均水沙量分别减少了 62%和 84%,其中汛期分别减少 75%和 86%;年平均来沙系数基本接近,而汛期的差别大,两者分别为 0.006 和 0.012;汛期占年比例水量由过去的 58%减少到 38%,沙量由过去的 75%减少到 66%。

从水沙量沿程变化情况看，小浪底水库运用初期，下游区间加水少，引水比较多，利津站年均水量较进入下游的年均水量减少 91.83 亿m³，减少了41%；而三门峡水库运用初期下游区间加水多，引水少，利津站年均水量较进入下游的年均水量增加 62.5 亿m³，增大了11%。小浪底拦沙初期利津站年均水沙量分别为 131.85 亿m³和 1.52 亿 t，与三门峡水库拦沙初期相比，减小幅度较大，前者仅分别为后者的 21%和 14%，汛期差别更大，前者仅分别为后者的 18%和 12%。

(二)洪水对比

与三门峡水库运用初期相比，小浪底初期花园口洪水场次减少，洪峰流量大于 2 000 m³/s 的洪水年均仅 2.4 场，而三门峡水库运用初期年均 4.75 场，减少了约 50%；洪峰流量也明显减小，如三门峡水库运用初期洪峰流量大于 3 000 m³/s 的洪水从年均 3.3 场减小为 0.86 场。洪水历时缩短，三门峡水库运用初期洪水平均历时 20 d，而小浪底运用初期洪水平均历时仅 14 d，减少 30%。

(三)流量级对比

统计两个水库蓄水拦沙期间花园口站全年不同流量级的历时、水量和沙量情况(见表 4-2)可以看出，日平均小于 1 000 m³/s 历时小浪底运用初期年平均 313.1 d，而三门峡水库运用初期相应流量级历时仅 119 d，增加了 163%；而日平均大于 3 000 m³/s 历时小浪底水库运用初期年平均仅 3.5 d，而三门峡水库运用初期相应流量级历时达 68.5 d，减少 95%，特别是日平均大于 4 000 m³/s 历时小浪底运用初期没有一天，而三门峡水库运用初期相应流量级历时达 39.8 d。

表 4-2　花园口全年流量级对比

流量级 (m³/s)	小浪底水库运用初期			三门峡水库运用初期		
	历时(d)	沙量(亿 t)	水量(亿 m³)	历时(d)	沙量(亿 t)	水量(亿 m³)
<500	152.6	0.101	44.14	51.8	0.031	7.93
500~1 000	160.6	0.318	96.78	67.3	0.283	41.29
1 000~1 500	24.4	0.095	24.78	66.5	0.686	70.57
1 500~2 000	6.6	0.120	9.65	51.8	0.811	77.43
2 000~2 500	8.7	0.279	17.47	36.8	0.812	69.91
2 500~3 000	8.9	0.192	20.64	22.8	0.754	53.75
3 000~3 500	2.1	0.113	5.94	13.3	0.566	37.13
3 500~4 000	1.4	0.014	4.58	15.5	0.971	50.39
4 000~4 500	0	0	0	8.3	0.503	30.21
4 500~5 000	0	0	0	10.3	0.849	42.41
5 000~5 500	0	0	0	14.3	0.995	64.44
5 500~6 000	0	0	0	4.3	0.319	20.83
6 000~6 500	0	0	0	1.0	0.057	5.27
6 500~7 000	0	0	0	1.0	0.102	5.80
>7 000	0			0.8	0.127	5.13

二、冲淤效果对比

对比小浪底水库运用初期与三门峡水库运用初期下游冲刷情况(见表 4-3)看出,前者年均冲刷量为 1.779 亿 t,后者为 5.78 亿 t,较后者偏少 69%;其中高村以上河段累计冲刷量占全下游冲刷量的 78%,大于三门峡水库运用初期的 73%,即小浪底水库运用初期,下游的冲刷量更集中在高村以上河段。从图 4-1 可以看出,除泺口—利津河段外,小浪底水库运用初期的其他河段冲刷量均小于三门峡水库运用初期。

表 4-3　全断面冲淤量对比

河段	累计冲刷量(亿 t)		年平均冲淤量(亿 t)		沿程分布(%)	
	三门峡水库运用初期	小浪底水库运用初期	三门峡水库运用初期	小浪底水库运用初期	三门峡水库运用初期	小浪底水库运用初期
花园口以上	−7.6	−3.943	−1.9	−0.563	33	32
花园口—夹河滩	−5.88	−4.505	−1.47	−0.644	25	36
夹河滩—高村	−3.36	−1.255	−0.84	−0.179	15	10
高村—孙口	−4.12	−0.709	−1.03	−0.101	18	6
孙口—艾山	−0.88	−0.412	−0.22	−0.059	4	3
艾山—泺口	−0.76	−0.534	−0.19	−0.076	3	4
泺口—利津	−0.52	−1.095	−0.13	−0.156	2	9
白鹤—利津	−23.12	−12.454	−5.78	−1.779	100	100

注:小浪底水库运用初期为 1999 年 11 月至 2006 年 11 月;三门峡水库运用初期为 1960 年 9 月至 1964 年 10 月。

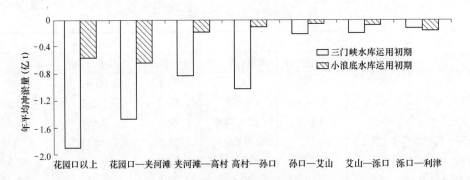

图 4-1　不同时期下游冲刷量对比

从沿程分布情况看,小浪底水库运用初期花园口以上、孙口—艾山和艾山—泺口三个河段的冲刷量占全下游冲刷量的比例与三门峡水库运用初期基本相同;花园口—夹河滩和泺口—利津两个河段占的比例有所提高,分别增加 11%和 7%;夹河滩—高村和高村—孙口两个河段所占比例有所降低,分别减少 5%和 12%。

点绘历年花园口累计水量与相应河段累计冲刷量关系(见图 4-2),可以看出,两个时期冲刷量均随着水量的增加而增加,累计水量相同时,由于历时相差较大,流量过程不同,冲刷量差别很大。小浪底水库拦沙期间冲刷量明显小于三门峡水库拦沙期。特别是高村—艾山河段，三门峡水库拦沙期花园口水量 480 亿 m³ 时已经冲刷，而小浪底拦沙期花园口水量 524 亿 m³ 时还在淤积。艾山—利津河段由于东平湖加水情况不同，冲刷量交替。

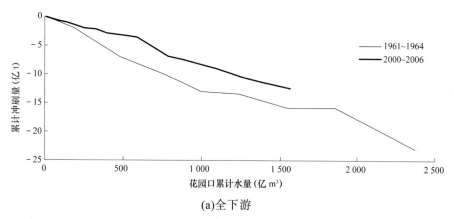

(a)全下游

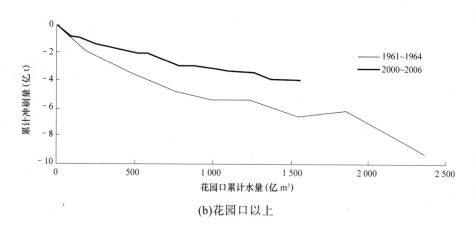

(b)花园口以上

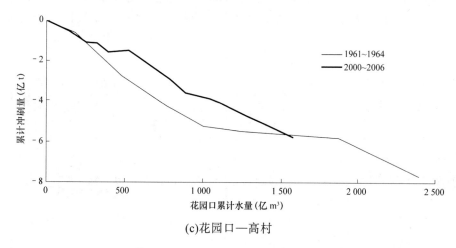

(c)花园口—高村

图 4-2　花园口累计水量与不同河段累计冲刷量关系

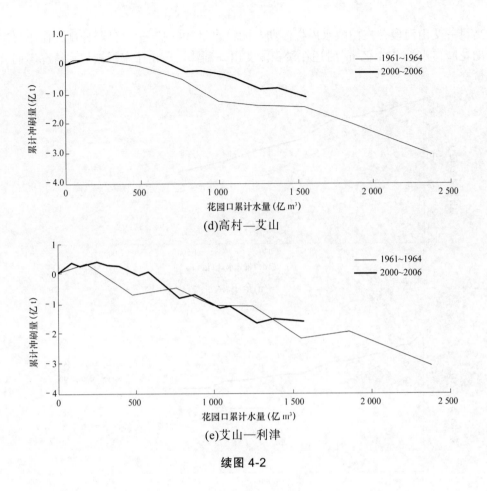

(d)高村—艾山

(e)艾山—利津

续图 4-2

三、排洪能力对比

对比不同时期下游主要水文站同流量(3 000 m³/s)水位变化情况可以看出(见图 4-3),除利津站外,其余各站均是三门峡水库运用初期下降幅度大,特别是孙口站小浪底水库拦沙期年均下降 0.09 m,较三门峡水库运用初期下降的 0.39 m 明显减少。

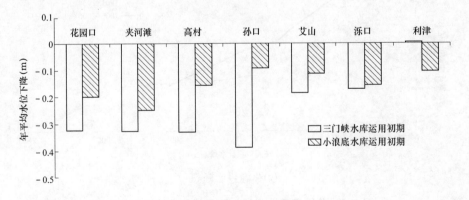

图 4-3　同流量水位下降幅度对比

可以看出，主要水文站同流量(3 000 m³/s)水位变化与花园口水量的关系(图 4-4)，相同水量时，同流量水位小浪底初期水位表现高。在累计水量较小时，小浪底水库拦沙运用初期同流量水位下降值小于三门峡水库拦沙期，当累计水量超过 600 亿～700 亿 m³ 时，花园口和高村断面在小浪底水库拦沙运用初期同流量水位下降值大于三门峡水库拦沙期，而孙口断面同流量水位下降值小浪底水库运用初期仍然偏小。这种变化除受水沙过程影响外，还与断面形态密切相关。

对比不同时期下游主要水文站平滩流量情况(见表 4-4)可以看出，与三门峡水库拦沙期相比，小浪底水库拦沙期高村以上平均增加幅度小，特别是高村减少 56%；而孙口和利津增加比较大，特别是孙口增加 62%。同时，还可以看出相同水量时，三门峡初期平滩流量大(见图 4-5)。

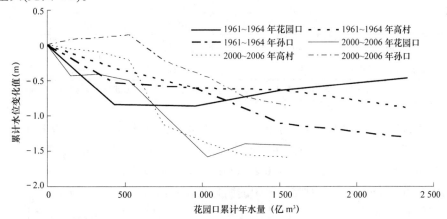

图 4-4　典型水文站同流量(3 000 m³/s)水位变化与花园口累计年水量关系

表 4-4　年平均平滩流量增加幅度对比

时期	平滩流量增加值(m³/s)				
	花园口	夹河滩	高村	孙口	利津
三门峡水库运用初期	450	375	650	75	100
小浪底水库运用初期	329	286	286	121	114

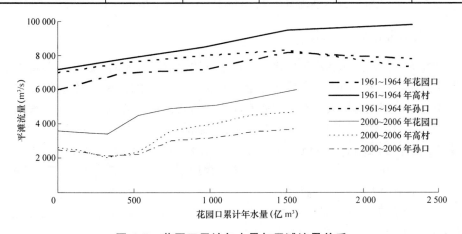

图 4-5　花园口累计年水量与平滩流量关系

四、冲刷效率对比

对比三门峡水库清水下泄期间和小浪底拦沙运用期间的冲刷效率(见表 4-5),可以看出,小浪底水库运用 7 年平均的河槽冲刷效率为 8 kg/m³,低于三门峡水库运用初期 4 年冲刷效率 10.3 kg/m³。同时可以看出,三门峡水库清水下泄期间第 1 年和第 2 年冲刷效率比较高,随后开始减弱;小浪底水库拦沙期间前 3 年冲刷效率低,第 4 年冲刷效率比较高,而后开始减弱。

表 4-5　水库运用初期下游河槽冲刷效率对比

年　份	不同年份冲刷效率(kg/m³)							平　均
	第 1 年	第 2 年	第 3 年	第 4 年	第 5 年	第 6 年	第 7 年	
三门峡水库运用初期	−20	−17	−8	−13				−10.3
小浪底水库运用初期	−4.8	−4.6	−4.4	−10.2	−4.9	−6.1	−4.6	−8

注:小浪底水库运用初期为 1999 年 11 月 1 日至 2006 年 10 月 31 日;三门峡水库运用初期为 1960 年 11 月 1 日至 1964 年 10 月 31 日。

根据小浪底水库运用 7 年来河床粗化情况分析,2006 年 6 月与 1999 年汛后相比,中值粒径比值在 1.5 ~ 2.1,全下游主槽河床质粗化非常明显,其中花园口粗化最为明显,中值粒径由原来的 0.08 mm 增大为 0.21 mm;其次是夹河滩和高村,由原来的 0.06 mm 左右增大为 0.13 mm 左右。因此,河床的明显粗化必然会使冲刷效率降低。

在三门峡水库运用初期下游河道经过 4 年持续冲刷后,主要水文站河床中值粒径比值在 1.0 ~ 1.5,而小浪底水库运用初期下游河道经过 7 年持续冲刷后,河床中值粒径比值在 1.5 ~ 2.4,较三门峡水库运用初期粗化程度大。这也可能成为影响小浪底水库运用初期下游河道冲刷效率的因素之一。

小浪底水库拦沙期粗化程度大的原因一方面是小浪底水库运用初期开始河床中值粒径小,另一方面是三门峡水库运用初期冲刷历时短。1961 年 9 月河床中值粒径花园口、高村、孙口和艾山分别为 0.128、0.062、0.09、0.097 mm;1999 年汛后河床中值粒径花园口、高村、孙口和艾山分别为 0.082、0.063、0.064、0.049 mm。

五、洪水冲淤特点对比

图 4-6 为三门峡水库和小浪底水库拦沙期下游河道洪水期的冲淤效率与洪水平均流量的关系。可以看出,两个时期洪水在全下游的冲淤调整规律基本一致,随着洪水平均流量的增加,冲刷效率增大。在小浪底水库运用初期,有 4 场洪水冲刷效率偏低,其中两场分别为"04·8"洪水和"05·7"洪水,这两场洪水的含沙量较高,平均含沙量分别为 95 kg/m³ 和 34 kg/m³,小浪底出库最大日平均含沙量分别达到 226 kg/m³ 和 73 kg/m³,且"05·7"洪水历时只有 3 d,平均流量和洪量均小于"04·8"洪水,因而"04·8"洪水在下游河道中发生微冲,而"05·7"洪水发生淤积。另外两场冲刷效率略低的洪水分别为 2002 年的调水调沙洪水和 2006 年的调水调沙洪水,均由于部分河段漫滩和较大流量长历时(历时大于 20 d)条件下,河道补给不足。

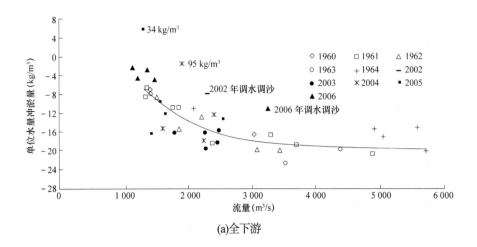

(a)全下游

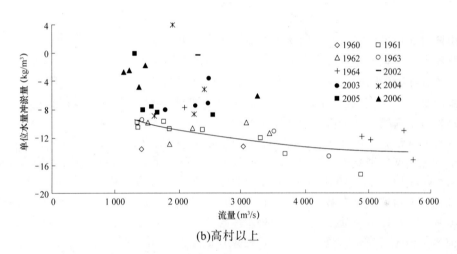

(b)高村以上

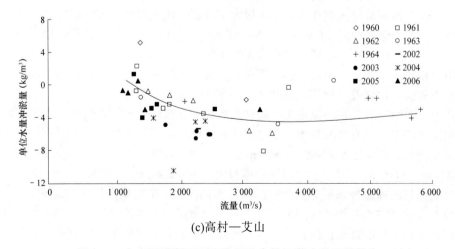

(c)高村—艾山

图 4-6　水库拦沙期不同流量级洪水的河道冲淤调整特点

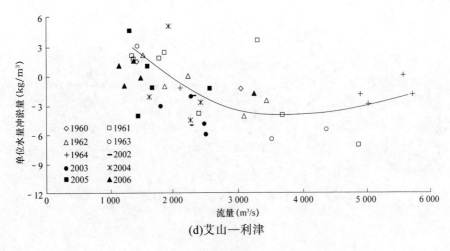

(d)艾山—利津

续图 4-6

由图 4-6 还可以看出，三门峡水库运用初期与小浪底水库运用初期相比，分河段冲淤调整特点基本相似。主要表现为高村以上各流量级均发生冲刷，其下河段低流量级时淤积；就相同流量级而言，高村以上河段冲刷强度远大于其下两个河段的冲刷强度；3 个河段冲刷强度最大的流量级并非完全相同，中间河段冲刷效率最大的流量级较两端河段大。

高村以上河段在每个流量级均发生冲刷，冲刷效率(即单位水量冲淤量，表示含沙量的变化，正值表示含沙量发生衰减降低，负值表示含沙量恢复增大)随着流量的增大而增大，但增加幅度逐渐减小。三门峡水库拦沙期，平均流量为 800 m³/s 时，含沙量的恢复值为 4.2 kg/m³，当流量级达到 4 400 m³/s 时，含沙量的恢复值最大，约为 13.0 kg/m³，之后则随着流量增大略有减小。小浪底水库拦沙期，在同流量条件下，该河段的冲刷效率有所降低。初步分析认为，与三门峡水库拦沙运用期相比，小浪底拦沙运用期下游河道的河道整治工程有显著增多，因而该时期内的塌滩冲刷减弱。

高村—艾山河段，在小流量级时发生淤积，流量达到一定量级后开始冲刷。三门峡水库拦沙期，当流量级达到 1 200 m³/s 后发生冲刷，流量级在 3 500 m³/s 时，含沙量恢复值达到最大，但仅约为 4.6 kg/m³，之后略有减小。小浪底水库拦沙期，该河段的冲刷效率略大于三门峡水库拦沙期，平均偏大约 1.0 kg/m³。初步分析认为，与三门峡水库拦沙运用期相比，由于上一河段冲刷效率偏低、含沙量恢复较小，因此到该河段的水流富裕挟沙力较大，冲刷效率比三门峡水库拦沙期大。

艾山—利津河段，在小流量级时同样发生淤积，流量达到一定量级后开始冲刷。三门峡水库拦沙期，只有当流量级大于 2 000 m³/s 时，该河段才发生冲刷，在该流量级以下时发生淤积，流量级为 1 400~1 600 m³/s 时含沙量衰减最大，为 2.0 kg/m³ 左右；流量级为 3 500~4 000 m³/s 时，含沙量恢复值最大，为 4.2 kg/m³。小浪底水库拦沙运用期，该河段同流量的冲刷效率明显大于三门峡水库拦沙期，平均偏大约 2.0 kg/m³。

综上所述，在水库拦沙运用期，当进入下游河道的洪水流量级在 2 000 m³/s 及以下时，存在上冲下淤的现象；流量级在 4 000 m³/s 左右时，全下游冲刷效率接近最大。在三门峡水库拦沙运用期，高村以上河段冲刷效率大于高村以下河段；在小浪底水库拦沙运用期，当流量级大于 2 000 m³/s 后，高村以下河段的冲刷效率大于高村以上河段。

第五章　结论与认识

(1)2006年进入下游水沙为枯水枯沙年，非汛期由于水库调水调沙，水沙量均较多年同期增加，但汛期水沙量较多年同期仍然减少。汛期流量过程仍然以小于 1 000 m³/s 为主，但输沙是以较大流量为主。全年花园口最大洪峰流量为 3 970 m³/s，大于 2 000 m³/s 的洪水仅 2 场，特别是 8 月上旬小浪底水库异重流排沙产生的"06·8"洪水，还出现了流量沿程增大的异常现象。

(2)2006年下游利津以上冲刷 1.318 亿 m³，其中汛期占 65%，冲刷量集中在夹河滩以上，尤其是花园口—夹河滩河段。非汛期冲淤量除夹河滩以上河段显著冲刷外，其余河段冲淤量都不大；汛期整个下游河道均为冲刷，冲刷量为 0.854 亿 m³，其中花园口—夹河滩河段占 53%。除夹河滩的同流量水位下降达 0.46 m 外，高村、孙口、艾山和泺口的同流量水位下降不明显，花园口和利津非但没有下降，还有所抬升。

(3)小浪底水库拦沙运用 7 年以来，黄河下游河道共冲刷 8.895 亿 m³，由于漫滩洪水不多，所以冲刷主要发生在河槽内。冲刷沿程分别呈现两头大、中间小的特点，其中高村以上河段冲刷量占冲刷总量的 78%，特别是夹河滩以上河段冲刷量占冲刷总量的 68%；泺口—利津河段冲刷量占冲刷总量的 9%；孙口—艾山和艾山—泺口河段冲刷量仅占冲刷总量的 3% ~ 4%。

(4)洪水冲刷作用较为明显，如花园口洪峰流量大于 2 000 m³/s 的洪水 16 场，进入下游河道的水沙量分别占 7 年总水沙量的 28%和 59%，历时占 7 年总历时的 10%，冲刷量则占到 7 年总冲刷量的 42%。

(5)同流量水位有明显降低，水位降幅也呈现出两头大、中间小的特点。统计表明，同流量 3 000 m³/s 水位降低 0.65 ~ 1.73 m，花园口已恢复到 1985 年水平，夹河滩已恢复到 1990 年水平，高村已恢复到 1993 年水平，孙口和艾山均恢复到 1995 年水平，泺口和利津均恢复到 1991 年水平。到 2006 年汛后，平滩流量基本在 3 650 ~ 5 800 m³/s，花园口和夹河滩平滩流量已基本恢复到 1988 年水平，高村和利津平滩流量基本恢复到 1990 年水平，孙口平滩流量基本恢复到 1995 年水平。

(6)河槽横断面形态有明显调整，其中高村以上河段的断面形态调整基本以展宽和下切并行为主，高村以下河段以下切为主，其中夹河滩以上河段展宽比较大，平均达 420 ~ 450 m；花园口以上河床下切幅度最大，平均达 1.49 m，孙口—艾山河段河床下切幅度小，仅 1.05 m。高村和孙口断面目前主槽已经基本恢复到 20 世纪 90 年代初水平。

(7)小浪底水库拦沙运用 7 年的出库水沙条件与三门峡水库拦沙运用期有较大差异，致使冲淤量及冲刷效率均有所不同。与三门峡水库运用初期相比，小浪底水库运用初期年均泄水排沙量分别为 197.72 亿m³和 0.63 亿 t，水沙量较三门峡水库运用初期的 490.03 亿m³和 5.43 亿 t 分别减少 60%和 88%。另外，小浪底水库运用初期的汛期出库水量集中程度也较三门峡水库运用初期有所降低，汛期水量分别为全年的 57%和 34%；而沙量集中程度提高，汛期沙量分别为全年的 74%和 97%。

(8)就小浪底水库与三门峡水库拦沙运用期的年均冲刷效率而言，两者有较大差异，如小浪底水库运用 7 年的下游河槽平均冲刷效率为 8 kg/m³，明显低于三门峡水库运用 4 年的平均冲刷效率10.3 kg/m³。但是，在小浪底水库下泄的洪水流量级范围内，两者的冲刷效率相差不大，尤其当洪水平均流量小于 1 500 m³/s 时，前者的冲刷效率还高于后者。

(9)在水库拦沙运用期，进入下游河道的洪水流量级在 2 000 m³/s 及以下时，存在上冲下淤的现象；流量级在 4 000 m³/s 左右时，冲刷效率接近最大。在三门峡水库拦沙运用期，高村以上河段冲刷效率大于高村以下河段；在小浪底水库拦沙期，当流量级大于 2 000 m³/s 后，高村以下河段的冲刷效率大于高村以上河段。

第七专题 黄河下游河道中粗泥沙不淤对小浪底水库排沙及相应级配的要求分析

　　黄河下游河道床沙组成中，粒径大于 0.05 mm 的较粗颗粒泥沙和特粗颗粒泥沙占80%左右，粒径在 0.025 ~ 0.05 mm 的中泥沙约占 10%，细泥沙极少。也就是说，造成黄河下游河道淤积的主要是粒径大于 0.025 mm 的中粗泥沙，而粒径小于 0.025 mm 的细泥沙易排、易冲，对黄河下游河道的淤积影响较小。因此，为减少下游河道淤积，必须减少中粗泥沙的淤积，这一方面要求小浪底水库在拦沙运用后期少排中粗泥沙、多排细泥沙；另一方面对进入下游河道的中粗泥沙应通过小浪底水库水沙调节使其能输送入海。为此本专题对维持黄河下游中粗泥沙不淤或冲刷的临界水沙条件进行了研究，并提出了能满足该临界条件又能最大限度地实现小浪底水库拦粗排细的水库调控指标。

第一章 水库拦沙期分组泥沙沿程调整特点

　　将进入黄河下游的泥沙分为 4 组，即粒径小于 0.025 mm 的泥沙为细颗粒泥沙，粒径在 0.025~0.05 mm 的泥沙为中颗粒泥沙，粒径在 0.05~0.1 mm 的泥沙为较粗颗粒泥沙，粒径大于 0.1 mm 的泥沙为特粗颗粒泥沙。为便于分析，将黄河下游河道分为高村以上、高村—艾山和艾山—利津三个河段。

　　第 6 专题对全沙沿程调整特点进行了分析，本章重点对分组泥沙的调整特点进行分析。

一、高村以上河段

　　三门峡水库拦沙运用期高村以上河段洪水期单位水量冲淤量与进入下游的洪水平均流量(三黑武或小黑武平均流量)之间的关系见图 1-1。从总体趋势上看，粒径小于 0.05 mm 泥沙的冲刷效率随着流量的增大而增大，但达到一定流量级后又有所减小。

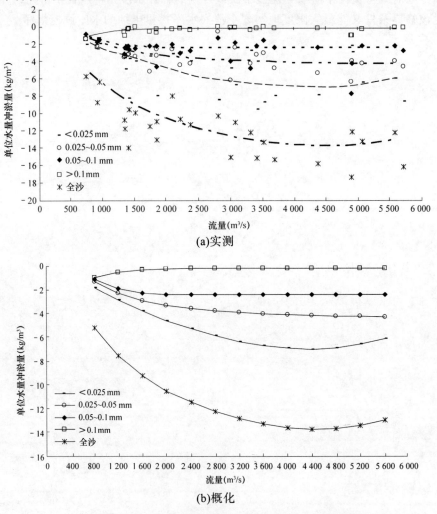

图 1-1　水库拦沙期高村以上河段冲淤效率与平均流量关系

平均来说，当流量达到 4 400 m³/s 时，粒径小于 0.025 mm 的细泥沙冲刷效率达到最大，为 7.0 kg/m³。对于粒径在 0.025~0.05 mm 的中颗粒泥沙的冲刷效率随着流量的增大而增大，但同流量下的冲刷效率远没有细颗粒泥沙的大。粒径在 0.05~0.1 mm 的较粗颗粒泥沙和粒径大于 0.1 mm 的特粗颗粒泥沙的冲刷效率随流量增大而变化不大。

二、高村—艾山河段

图 1-2 为高村—艾山河段的冲淤效率与平均流量的关系，从中可以看出，细颗粒泥沙和中颗粒泥沙在流量分别小于 1 000 m³/s 和 1 300 m³/s 时发生淤积，且流量越小含沙量的衰减越大。细颗粒泥沙的冲刷效率随着流量增大而增大，流量达到 4 000 m³/s 时冲刷效率接近最大，为 2.75 kg/m³，之后增大不明显。中颗粒泥沙的冲刷效率随着流量的增大先增大后减小，再增大，流量达到 3 000 m³/s 左右时冲刷效率最大，为 1.65 kg/m³，之后则又随流量增大而减小，流量约为 4 000 m³/s 后，冲淤达到平衡；粗颗粒泥沙在各流量级下的冲淤均基本达到平衡；特粗颗粒泥沙基本上一直呈淤积状态，单位水量淤积量为 0.15 kg/m³ 左右。

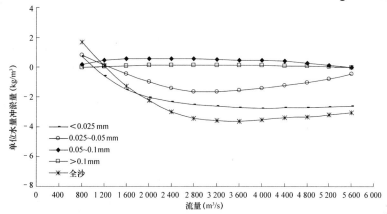

图 1-2　水库拦沙期高村—艾山河段冲淤效率与平均流量关系

三、艾山—利津河段

图 1-3 为水库拦沙期艾山—利津河段在洪水期单位水量冲淤量与平均流量的关系。

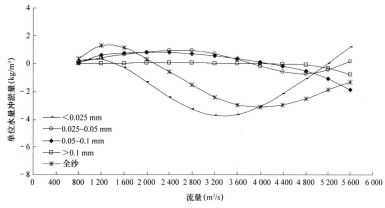

图 1-3　水库拦沙期艾山—利津河段冲淤效率与平均流量关系

可以看出，当流量小于 1 400 m³/s 时，进入该河段的所有粒径组的泥沙均发生淤积。流量大于 1 400 m³/s 后，细颗粒泥沙开始发生冲刷，但流量大于 3 600 m³/s 后，细泥沙冲刷效率则又随流量增大而减小；其他组次的泥沙基本上均呈淤积的状态，只有当流量大于 4 000 m³/s 以后，才有所冲刷，但效率不高。

第二章 细泥沙含量对黄河下游洪水冲淤的影响

一、场次洪水分组泥沙冲淤特性

图 2-1 为黄河下游 370 多场洪水冲淤效率与平均含沙量的关系，可以看出，洪水平均含沙量较低时河道发生冲刷，且随着含沙量的降低单位水量的冲刷量增大；当含沙量约大于 50 kg/m³ 后，基本上均呈淤积状态，且水流含沙量越高，单位水量的淤积量越大。

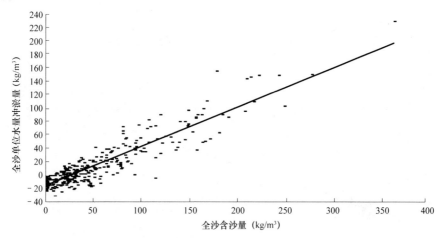

图 2-1　黄河下游洪水冲淤效率与平均含沙量关系

分析分组沙在洪水过程中的冲淤效率与来沙中各粒径组泥沙的含沙量关系(见图 2-2 ～图 2-5)发现，细泥沙、中泥沙、较粗泥沙和特粗泥沙四组泥沙在下游河道中的单位水量

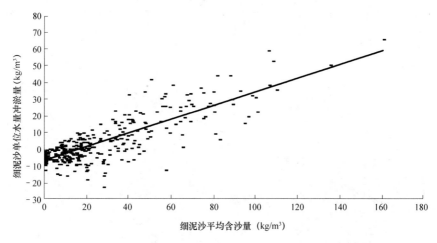

图 2-2　洪水期细泥沙冲淤效率与细泥沙平均含沙量关系

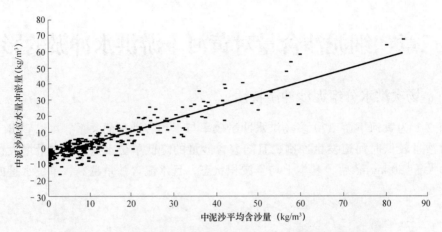

图 2-3　洪水期中泥沙冲淤效率与中泥沙平均含沙量关系

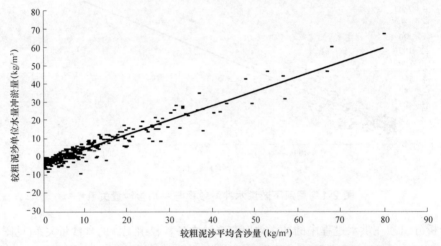

图 2-4　洪水期较粗泥沙冲淤效率与较粗泥沙平均含沙量关系

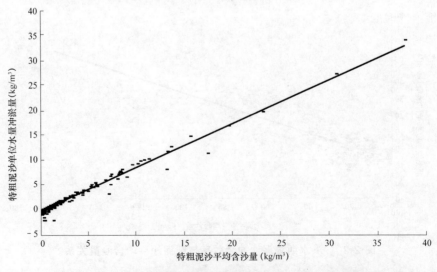

图 2-5　洪水期特粗泥沙冲淤效率与特粗泥沙平均含沙量关系

冲淤量与各自来沙含沙量关系均密切，且泥沙粒径越粗，其相关性越好。细、中、较粗和特粗泥沙的冲淤效率与各自含沙量大小成线性关系，相关系数分别为 0.688、0.840、0.911 和 0.981。可见，泥沙颗粒越细受其他条件(水流及边界条件等)的影响越大，泥沙颗粒越粗受其它条件的影响越小。

通过回归分析，可得出单位水量冲淤量与各粒径组泥沙的平均含沙量的关系为

$$\Delta S = kS - m \qquad (2-1)$$

式中：ΔS 为场次洪水的各粒径组泥沙的单位水量冲淤量，kg/m^3；S 为场次洪水来沙中各粒径组泥沙的平均含沙量，kg/m^3；k 为系数；m 为常数项。

不同粒径组泥沙的 k 值和 m 值见表 2-1。

表 2-1 各粒径组泥沙冲淤效率回归关系式的系数和常数项

系数和常数项	不同粒径组泥沙的关系系数值			
	< 0.025 mm	0.025 ~ 0.05 mm	0.05 ~ 0.1 mm	> 0.1 mm
k	0.441	0.696	0.779 1	0.876 2
m	6.709 4	4.928 7	3.175 5	0.190 8

从表 2-1 中可以看出，泥沙粒径越粗，k 值越大，m 值越小。因此，泥沙越粗，其单位水量的冲淤量随着含沙量的增大而增大的幅度越大。

定义冲淤量与来沙量的比值为淤积比，则单位水量的冲淤量与平均含沙量的比值也可以表示场次洪水的淤积比

$$Y_S = \frac{\Delta S}{S} = \frac{kS - m}{S} = k - \frac{m}{S} \qquad (2-2)$$

式中：Y_S 表示淤积比，与含沙量成反比，含沙量越大淤积比越大；m 为系数；k 为常数项。图 2-6 为分组沙的淤积比随含沙量的变化。

从图 2-6 中可以看出，泥沙粒径越细，淤积比越小，但变幅越大；泥沙粒径越粗，淤积比越大，但变幅越小。如，当分组泥沙的含沙量均从 20 kg/m³ 增加到 200 kg/m³ 条件下，细颗粒泥沙的淤积比从 0.11 增加到 0.41，变幅为 0.30；中颗粒泥沙的淤积比从 0.45 增加到 0.67，变幅为 0.22；较粗颗粒泥沙的淤积比从 0.62 增加到 0.76，变幅为 0.14；特粗颗粒泥沙的淤积比从 0.87 增加到 0.88，变幅为 0.01。

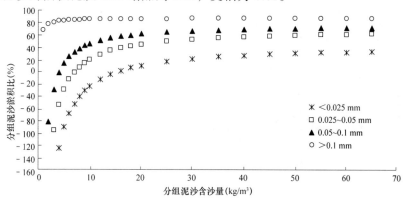

图 2-6 分组泥沙的淤积比与分组泥沙含沙量的关系

二、洪水冲淤平衡含沙量

通过分析洪水的单位水量冲淤量与洪水平均流量的关系发现(图 2-7)，洪水冲淤效率按照含沙量级的不同而分带分布，相同含沙量级的洪水，随着流量的增大冲淤效率有所降低；对于相同的流量级，冲淤效率自上而下随着洪水的含沙量级增大逐渐减小，即含沙量的大小决定了洪水的单位水量冲淤量的范围。因此，需进一步分析冲淤效率与洪水平均含沙量的关系(图 2-8)。

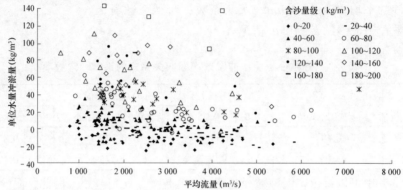

图 2-7　洪水冲淤效率随平均流量的变化

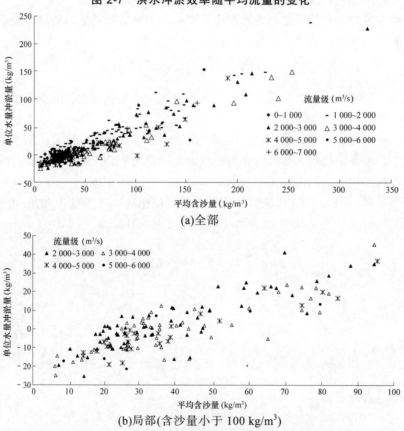

(a)全部

(b)局部(含沙量小于 100 kg/m³)

图 2-8　洪水冲淤效率随平均含沙量的变化

从图 2-8 中可以看出，冲淤效率随着平均含沙量的增大而增大。

由于平均流量低于 2 000 m³/s 的小洪水的输沙能力相对弱，且受沿程引水引沙等因素的影响大，因此着重分析平均流量大于 2 000 m³/s 的洪水在下游河道冲淤平衡的含沙量。大漫滩洪水的冲淤效率与平均含沙量的关系和一般洪水类似，因此在研究洪水的冲淤效率与水沙关系时，把漫滩洪水和非漫滩洪水放在一起分析。从图 2-8 中可以看出，平均含沙量小于 40 kg/m³ 的洪水在下游河道中以冲刷为主，当洪水的平均含沙量大于 40 kg/m³ 后，除少数场次洪水外，其他几乎均发生淤积。流量在 2 000 ~ 3 000 m³/s 的洪水平衡含沙量约为 33.0 kg/m³；流量在 3 000~4 000 m³/s 的洪水平衡含沙量约为 38.0 kg/m³；流量在 4 000~5 000 m³/s 的洪水平衡含沙量约为 42.5 kg/m³。从所有平均流量大于 2 000 m³/s 的洪水的平均情况看，使得下游河道冲淤平衡的含沙量为 36.0 kg/m³ 左右。

从图 2-8 可以看出，洪水的冲淤效率主要与含沙量关系密切，同时还受到流量级的影响，即 $\Delta S = f_1(Q)S + f_2(Q)$。根据实测资料进一步回归分析得出冲淤效率与洪水平均含沙量和平均流量的关系为

$$\Delta S = 7.52Q^{-0.306\,3}S + 1.012(Q/1\,000)^2 - 7.839(Q/1\,000) - 9.227 \tag{2-3}$$

式中：ΔS 为场次洪水的单位水量冲淤量，kg/m³；Q 为洪水平均流量，m³/s；S 为洪水平均含沙量，kg/m³。

根据洪水冲淤效率与洪水平均含沙量和平均流量的关系(见图 2-9)，可以看出，当洪水平均含沙量大于 40 kg/m³ 以后，洪水在下游河道中均发生淤积。同时还发现，对于低含沙洪水，冲刷效率随着流量的增加而增大的幅度小；对于较高含沙量洪水，淤积效率随着流量增加而减小的幅度相对较大。

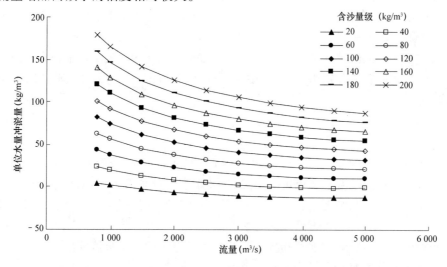

图 2-9　洪水冲淤效率与洪水平均含沙量和平均流量的关系

在下游河道冲淤临界含沙量的研究方面，已经取得不少成果。如，一般认为水沙搭配参数 $S/Q = 0.011$ 的洪水，在下游河道中处于冲淤平衡状态；石春先等认为，对于流量 4 000 m³/s 左右的非漫滩洪水，冲淤平衡的临界含沙量为 40 ~ 60 kg/m³；申冠卿利用实测

资料，采用回归分析法得出洪水期流量、含沙量与河道淤积比的关系：

$\dfrac{S}{Q^{2/3}} = 0.629\,8\eta^3 + 0.844\eta^2 + 0.451\,3\eta + 0.198\,2$，其中 η 为淤积比，令 $\eta = 0$，即可推算出不同流量级所对应的临界含沙量；李国英依据实测洪水资料得出冲淤临界含沙量与流量和细泥沙含量的关系：$S = 0.030\,8QP^{1.5514}$。根据上述几种方法可以计算出不同流量级下的冲淤临界含沙量，见图2-10。

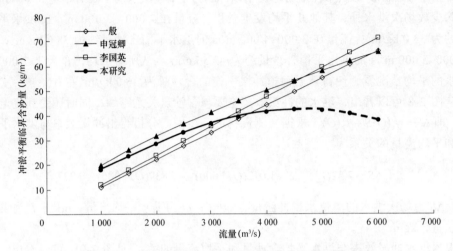

图 2-10　黄河下游洪水冲淤平衡临界含沙量计算成果

当流量在 3 500 m³/s 以下时，各家方法计算的平衡临界含沙量比较接近，当流量大于 3 500 m³/s 后，其他各家方法计算的临界含沙量随着流量的增大仍继续增大，而用本专题分析得出的计算公式计算的结果不再显著增大，当流量大于 5 000 m³/s 后甚至略有减小，其中原因有待进一步研究。

平均流量为 2 000～3 000、3 000~4 000、4 000~5 000 m³/s 的洪水平衡含沙量，利用本次回归的公式计算值分别为 32.9、39.3 kg/m³ 和 42.0 kg/m³，与前述实测资料得出的结果非常接近。

三、不同细泥沙含量下的冲淤特点分析

将细泥沙含量分为 4 组，即小于 40%、40%～60%、60%～80% 和大于 80%，并以利津站平均流量与进入下游平均流量(三黑小平均流量)的比值在 0.8～1.2 的 150 场洪水作为研究对象。点绘不同细泥沙含量条件下分组泥沙的冲淤效率与洪水全沙平均含沙量的关系(见图 2-11～图 2-15)。可见，随着细泥沙含量的增大，除了细泥沙的淤积有所增加外，中颗粒泥沙、较粗颗粒泥沙和特粗颗粒泥沙三组泥沙以及全沙的淤积均有所降低，以粗颗粒泥沙和特粗颗粒泥沙表现更为明显。

黄河下游河道床沙组成中，粒径大于 0.05 mm 的较粗颗粒泥沙和特粗颗粒泥沙占80%左右，粒径在 0.025～0.05 mm 的中泥沙约占 10%，细泥沙极少。但在清水下泄或低含沙洪水期，下游河道冲刷以细泥沙为主(细泥沙冲刷量约为 59%，中泥沙和较粗泥沙分别约为 24%和 13%)。因此，为减少粗泥沙淤积，提高来沙的细泥沙含量是很有必要的。

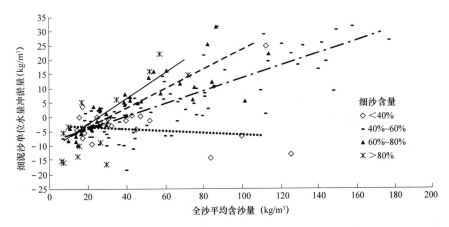

图 2-11   不同细泥沙含量对细颗粒泥沙冲淤效率的影响

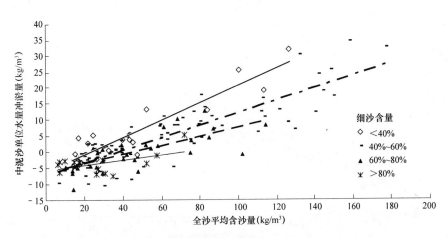

图 2-12   不同细泥沙含量对中颗粒泥沙冲淤效率的影响

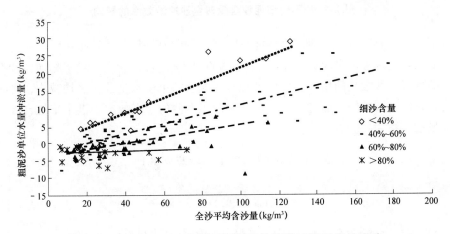

图 2-13   不同细泥沙含量对较粗颗粒泥沙冲淤效率的影响

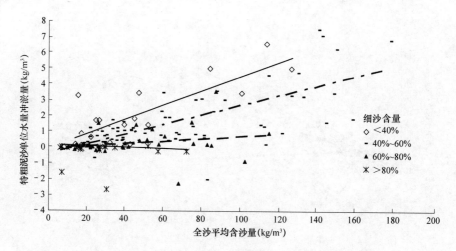

图 2-14　不同细泥沙含量对特粗颗粒泥沙冲淤效率的影响

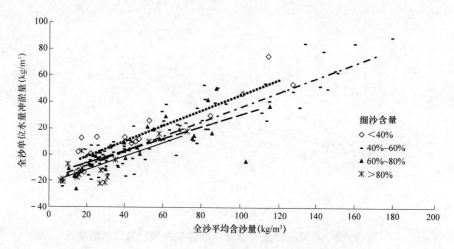

图 2-15　不同细泥沙含量对全沙冲淤效率的影响

　　分别点绘黄河下游洪水期中颗粒泥沙和较粗颗粒泥沙的冲淤效率与洪水的平均含沙量、细颗粒泥沙含量之间的关系(图 2-16 和图 2-17)。可以看出，对于相同含沙量级的洪水，随着细泥沙含量的增大，中泥沙和较粗泥沙的单位水量冲淤量均减小，且减小的幅度随着含沙量级的增大而增大。中泥沙和较粗泥沙的冲淤效率与洪水平均含沙量和细泥沙含量的关系为：

$$\Delta S_z = (-0.46S + 3.45)P + 0.427S - 8.1 \qquad (2-4)$$

$$\Delta S_c = (-0.6S + 5.07)P + 0.5S - 7.7 \qquad (2-5)$$

式中：ΔS_z 和 ΔS_c 分别为粒径为 0.025 ~ 0.05 mm 的中泥沙和粒径为 0.05 ~ 0.1 mm 的较粗泥沙的冲淤效率，kg/m^3，正值表示淤积，负值表示冲刷；P 为细泥沙含量，以小数计；S 为洪水全沙平均含沙量，kg/m^3。

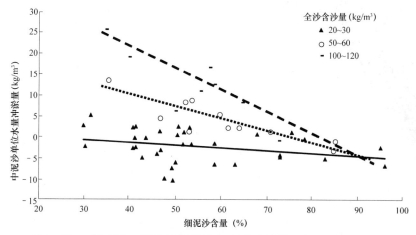

图 2-16   洪水期中泥沙冲淤效率与平均含沙量和细泥沙含量关系

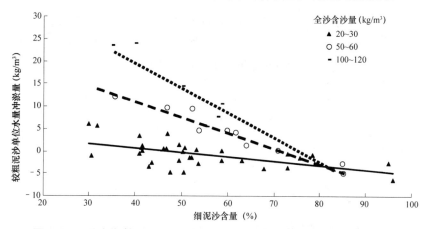

图 2-17   洪水期较粗泥沙冲淤效率与平均含沙量和细泥沙含量关系

依据式(2-4)和式(2-5)可以绘制不同含沙量级洪水的中泥沙、较粗泥沙冲淤效率与全沙平均含沙量和细泥沙含量的关系图(见图 2-18 和图 2-19)。

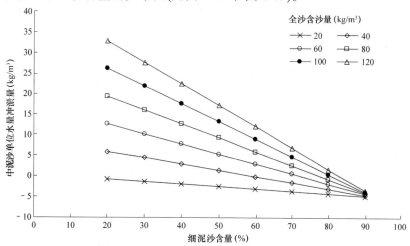

图 2-18   洪水期中颗粒泥沙冲淤效率与平均含沙量和细泥沙含量关系

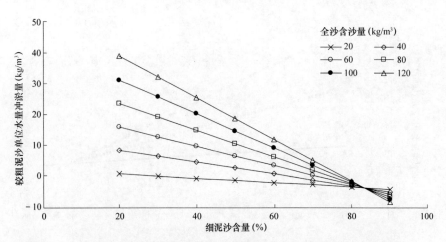

图 2-19 洪水期较粗颗粒泥沙冲淤效率与平均含沙量和细泥沙含量关系

在分析的 140 多场洪水中，69%的洪水的平均含沙量在 60 kg/m³ 以下，平均含沙量大于 60 kg/m³ 的仅占 30%。因此，为了减少中泥沙和较粗泥沙在下游河道中的淤积，使得中、粗泥沙在平均含沙量超过 60 kg/m³ 的洪水过程中少淤，由关系图可以粗估知，洪水来沙中细颗粒泥沙的含量需要达到 70%以上。

第三章　下游中粗泥沙不淤积对小浪底水库运用的要求

一、水库分组泥沙排沙比分析

根据三门峡水库滞洪排沙期(1962~1973 年)洪水期全沙排沙比与分组沙排沙比的关系(见图 3-1~图 3-3)。细沙排沙比随全沙排沙比的增大而增大,当全沙排沙比小于 0.6 时,细沙排沙比增幅较大,并且细沙排沙比大于全沙排沙比;当全沙排沙比大于 0.6 后,细沙排沙比随全沙排沙比的增幅骤减;当全沙排沙比大于 1.0 时,细沙排沙比小于全沙排沙比。中沙排沙比同样随全沙排沙比的增大而增大,但大多小于全沙排沙比。粗沙排沙比也随全沙排沙比的增大而增大,当全沙排沙比小于 0.6 时,粗沙排沙比较小,且增幅小;当全沙排沙比大于 0.6 时,粗沙排沙比增幅较大;全沙排沙比小于 1.0 时,粗沙排沙比小于全沙排沙比,全沙排沙比大于 1.0 时,粗沙排沙比大于全沙排沙比。

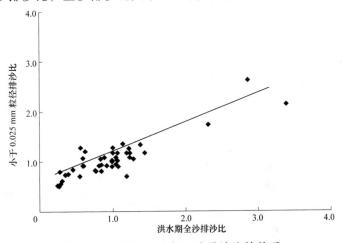

图 3-1　全沙排沙比与细沙排沙比的关系

因此,在水库拦沙运用后期,排沙比按 0.6 控制时,细泥沙排沙比可达 0.8,中泥沙排沙比为 0.4,粗泥沙排沙比只有 0.2,可以起到拦粗排细、减少下游河道淤积的作用。

二、下游中粗泥沙不淤条件

在 1950~1960 年的天然条件下和 1973 年以后三门峡水库"蓄清排浑"运用时期,进入下游河道的泥沙组成基本一致,细、中、粗颗粒泥沙的比例分别为 53%、27%和 20%。根据水库分组泥沙的排沙比与全沙排沙比的关系,假定来沙组成与上述的泥沙组成一致,可以得到水库不同排沙比条件下,进入下游河道的泥沙组成(图 3-4)。例如,当全沙排沙比为 0.6 时,相应的细泥沙、中泥沙和粗泥沙的排沙比分别为 0.8、0.4 和 0.2。此时,进入下游河道的细泥沙的含量可达到约 75%。

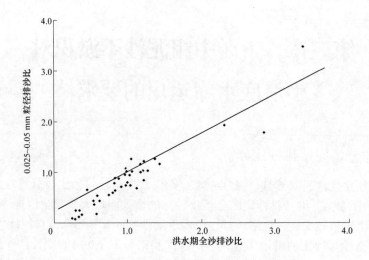

图 3-2　全沙排沙比与中粗沙排沙比的关系

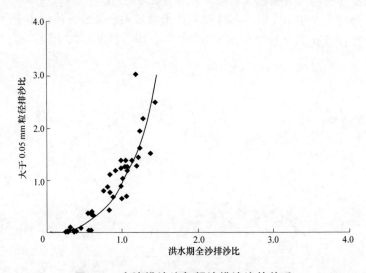

图 3-3　全沙排沙比与粗沙排沙比的关系

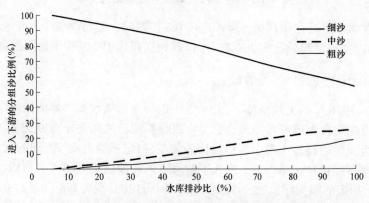

图 3-4　进入下游的泥沙组成与水库排沙比关系

按图 3-4 确定不同水库排沙比下的细沙含沙量如表 3-1 中第 1、2 行，并认为其为实际出库细泥沙百分比，第 4~11 行为各级进库含沙量在不同排沙比下的相应出库含沙量，第 13~20 行为计算确定的各出库含沙量下中粗沙不淤所需细泥沙含量百分比。由于含沙量 40 kg/m³ 以下的洪水在下游基本不淤积，而在壅水排沙状态下，当进库含沙量为 40 kg/m³ 时，

表 3-1　不同进库含沙量和出库排沙比下中粗泥沙不淤积所需细泥沙含量

水库排沙比	0.40	0.50	0.60	0.70	0.80	0.90
实际出库细泥沙含量百分比(%)	86	81	76	70	65	60
进库含沙量 (kg/m³)	出库含沙量(kg/m³)					
50	20	25	30	35	40	45
60	24	30	36	42	48	54
70	28	35	42	49	56	63
80	32	40	48	56	64	72
90	36	45	54	63	72	81
100	40	50	60	70	80	90
110	44	55	66	77	88	99
120	48	60	72	84	96	108
进库含沙量 (kg/m³)	满足下游中粗泥沙不淤的出库细泥沙含量 (%)					
50	33	48	56	62	65	67
60	46	56	62	66	69	71
70	54	62	66	69	71	74
80	59	65	69	71	74	76
90	62	67	71	74	76	78
100	65	69	73	76	78	80
110	67	71	75	78	80	81
120	69	73	76	79	81	82

其出库含沙量必然小于 40 kg/m³，故此处只考虑 50 kg/m³ 以上的入库含沙量级。可以看出，在相同排沙比下，进库含沙量越大，出库含沙量越大，满足中粗沙不淤积的细泥沙含沙量越高。在同一排沙比下，当计算的细泥沙含量小于或接近实际出库细沙含量时，则该排沙比可获得满足中粗泥沙不淤积所需的细泥沙含量。排沙比在 0.6 以下时，在各级进库含沙量条件下均可获得满足中粗沙不淤积所需的细泥沙含量。排沙比为 0.7 时，进库含沙量在 80 kg/m³ 以下，基本可获得满足中粗泥沙不淤积所需的细泥沙含量；排沙比为 0.8 时，进库含沙量在 50 kg/m³ 以下，可获得满足中粗泥沙不淤积所需的细泥沙含量；排沙比为 0.9 时，各级进库含沙量均不能满足中粗泥沙不淤积所需的细泥沙含量。同一含沙量级，在满足中粗泥沙不淤积的前提下，为减轻水库淤积，延长使用寿命，宜取较大排沙比。因此，入库含沙量为 50 kg/m³ 时宜按排沙比 0.8 控制，入库含沙量为 60~80 kg/m³ 时宜按排沙比 0.7 控制，入库含沙量为 90~120 kg/m³ 时宜按排沙比 0.6 控制。

三、满足中粗泥沙不淤的水库控制条件

水库排沙比除与水沙条件和下泄流量密切相关外，主要取决于调蓄库容的影响，随着调蓄库容的增加，排沙比减小。

根据水流挟沙力公式可以推求水库壅水排沙关系，并据此来探讨水库调控指标。水库排沙比关系可表达为

$$\eta = \frac{Q_{So}}{Q_{Si}} = \frac{Q_o S_o}{Q_i S_i} \tag{3-1}$$

式中：η 为排沙比；Q_{So}、Q_o、S_o 分别为出库输沙率、流量和含沙量；Q_{Si}、Q_i、S_i 分别为入库输沙率、流量和含沙量。

按照赵业安等的方法，入库输沙率 Q_{Si} 和入库流量 Q_i 可用下列关系式表示

$$Q_{Si} = k_1 Q_i^2 \tag{3-2}$$

出库含沙量 S_o 大致等于坝前区平均含沙量，可近似用下列公式表示

$$S_o = k \frac{U^3}{gh\omega} \tag{3-3}$$

调蓄库容 V 可近似表达为库宽 B 和壅水水深 h 的函数

$$V = k_2 B h^2 \tag{3-4}$$

将式(3-2)~式(3-4)代入式(3-1)得

$$\eta = \frac{k k_2^2}{g k_1} \left(\frac{Q_o^2}{V Q_i} \right)^2 \frac{1}{B\omega} \tag{3-5}$$

从式(3-5)可以看出库容、进出库流量、库宽和泥沙沉速均是影响排沙比的因素。其中 $\frac{Q_o}{V}$ 反映了泥沙在壅水段的停留时间，停留时间越长，泥沙淤积越多；出进库比 $\frac{Q_o}{Q_i}$ 越大，越有利于排沙；相同条件下 S_i 越大，淤积量越大，排沙比越小；对同一河段和同一水库泥沙沉速通常变化不大；在形成高滩深槽之后，库宽随槽库容的变化很小。因此，可以认为式(3-5)中 $\frac{Q_o^2}{V Q_i}$ 是影响排沙比的主要因素。利用三门峡水库滞洪排沙期洪水资料点绘排沙比 η 与 $\frac{Q_o^2}{V Q_i}$ 的关系，如图3-5所示。排沙比小于1的点据基本为壅水排沙，大于1的点据基本为敞泄排沙，二者有不同的 $\eta \sim \frac{Q_o^2}{V Q_i}$ 关系。根据壅水排沙点据回归得排沙比 η 与 $\frac{Q_o^2}{V Q_i}$ 的函数关系

$$\eta = 0.0213\left(\frac{Q_o{}^2}{VQ_i}\right)^{0.4408} \tag{3-6}$$

若假定小浪底水库与三门峡水库具有相似的壅水排沙关系，根据表 3-1、式(3-6)，按出库流量 4 000 m³/s 估算不同进库含沙量下，维持下游河道中粗沙不淤积的水库排沙比和相应调蓄库容，见表 3-2。如前所述，进库含沙量越高，维持下游河道中粗沙不淤积所要求的细泥沙含量越高，要求水库排沙比越小，所需调蓄库容越大。对某一进库含沙量，当入库流量越大时，要满足维持下游河道中粗沙不淤积所需的细泥沙含量和水库排沙比，所需调蓄库容越小。若按最有利于下游河道冲刷的流量 4 000 m³/s 下泄，当进库流量为 4 000 m³/s 时，即进出库流量相等时，所需调蓄库容为 1.07 亿~2.06 亿 m³；当进库流量为 2 500 m³/s 时，所需调蓄库容为 1.71 亿~3.29 亿 m³。

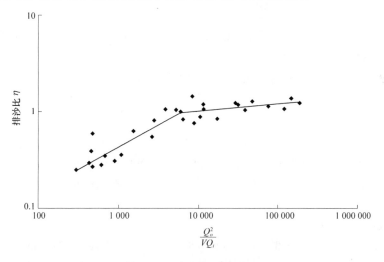

图 3-5　三门峡水库滞洪排沙期排沙关系

表 3-2　不同含沙量下维持中粗泥沙不淤积的相关指标

进库含沙量 (kg/m³)	水库排沙比	出库含沙量 (kg/m³)	细泥沙含量 (%)	$\dfrac{Q_o{}^2}{VQ_i}$	不同进库流量(m³/s)下库容 (亿 m³)			
					2 500	3 000	4 000	5 000
50	0.80	40	60	3 736	1.71	1.43	1.07	0.86
60	0.70	42	66	2 760	2.32	1.93	1.45	1.16
70	0.70	49	67	2 760	2.32	1.93	1.45	1.16
80	0.70	56	71	2 760	2.32	1.93	1.45	1.16
90	0.60	54	70	1 945	3.29	2.74	2.06	1.65
100	0.60	60	73	1 945	3.29	2.74	2.06	1.65
110	0.60	66	75	1 945	3.29	2.74	2.06	1.65
120	0.60	72	76	1 945	3.29	2.74	2.06	1.65

第四章　主要认识

(1)当进入下游河道的洪水流量级在 2 000 m³/s 及以下时，存在上冲下淤的现象：流量级在 1 200 m³/s 及以下时，主要淤积在高村—艾山河段，流量级在 1 200~2 000 m³/s 时，主要淤积在艾山—利津河段。当洪水流量级大于 2 000 m³/s 以后，黄河下游各河段均发生冲刷。

(2)有利于细颗粒泥沙在下游各河段冲刷的流量级为 2 800~4 400 m³/s；有利于中颗粒泥沙在下游各河段冲刷(或少淤)的流量级为 3 600~5 200 m³/s，最有利于中颗粒泥沙冲刷的流量级为 4 000 m³/s；有利于较粗颗粒泥沙在下游各河段冲刷(或少淤)的流量级为 3 600 m³/s 以上；特粗颗粒泥沙在下游河道的冲淤幅度很小，当流量大于 4 000 m³/s 后，特粗泥沙冲刷效果相对显著。

有利于各组泥沙在下游各河段冲刷的流量级为 3 600~4 400 m³/s，冲刷效率均较大的流量级为 4 000 m³/s 左右。

(3)分组泥沙的冲淤效率与分组泥沙的含沙量成正比，且粒径越粗相关性越好。

(4)洪水来沙组成中，细颗粒泥沙含量越高，中、较粗、特粗颗粒泥沙和全沙的淤积效率越小或冲刷效率越大。

(5)进入黄河下游的洪水中，70%左右洪水的平均含沙量在 60 kg/m³ 以下，平均含沙量大于 60 kg/m³ 的仅占 30%。对于平均流量大于 2 000 m³/s 洪水，若要实现平均含沙量为 60 kg/m³ 的洪水过程中，粗颗粒泥沙在下游河道中不发生淤积，中颗粒泥沙只有微量淤积，则此时水库的排沙比不宜超过 70%，进入下游河道洪水的细颗粒泥沙含量在 70% 以上。

(6)入库含沙量为 50 kg/m³ 时宜按排沙比 0.8 控制，入库含沙量为 60~80 kg/m³ 时宜按排沙比 0.7 控制，入库含沙量为 90~120 kg/m³ 时宜按排沙比 0.6 控制。若水库按流量 4 000 m³/s 下泄，当进库流量为 4 000 m³/s 时，即进出库流量相等时，所需调蓄库容为 1.07 亿~2.06 亿 m³；当进库流量为 2 500 m³/s 时，所需调蓄库容为 1.71 亿~3.29 亿 m³。

参考文献

[1] 吕光圻，赵业安，等. 2000～2004 年黄河水沙分析[R]. 黄科技 ZX-2005-03-04，2005.

[2] 侯素珍，李勇. 黄河上游来水来沙特性及宁蒙河道冲淤情况的初步分析[R]. 黄河水利科学研究院，1990.

[3] 侯素珍，王平，等. 宁蒙河段水沙变化及河床演变分析[R]. 黄河水利科学研究院，2006.

[4] 曾茂林，等. 十大孔兑的洪水泥沙特性与对内蒙古河道淤积影响综合分析[R]. 黄河水利科学研究院，2007.

[5] 支俊峰，时明立. "89·7·21"十大孔兑区洪水泥沙淤堵黄河分析[M]∥汪岗，范昭. 黄河水沙变化研究(第一卷). 郑州:黄河水利出版社，2002.

[6] 黄河防办. 黄河宁蒙河段水库河道特性调查报告[R]. 2005.

[7] 支俊峰. 兰州—河口镇未计算区及内蒙古十大孔兑区水沙变化[M]∥汪岗，范昭. 黄河水沙变化研究(第一卷). 郑州：黄河水利出版社，2002.

[8] 清华大学黄河研究中心. 黄河内蒙古河段河道冲淤变化规律研究[R]. 2004.

[9] 申冠卿，等. 黄河输沙水量研究[R]. 黄河水利科学研究院，2005.

[10] 清华大学. 黄河宁夏河段河道冲淤情况分析及发展趋势预估[R]. 2000.

[11] 侯素珍，常温花，王平，等. 黄河内蒙古段河道萎缩特征及原因[J]. 人民黄河，2007,29(1).

[12] 冉大川，柳林旺，赵力仪，等. 黄河中游河口镇至龙门区间水土保持与水沙变化[M]. 郑州：黄河水利出版社，2000.

[13] 冉大川，刘斌，王宏，等. 黄河中游典型支流水土保持措施减洪减沙作用研究[M]. 郑州:黄河水利出版社，2006.

[14] 徐建华，吕光圻，张胜利，等. 黄河中游多沙粗沙区区域界定及产沙输沙规律研究[M]. 郑州：黄河水利出版社，2000.

[15] 汪岗，范昭. 黄河水沙变化研究(第二卷)[M]. 郑州：黄河水利出版社，2002.

[16] 姚文艺，李占斌，康玲玲. 黄土高原土壤侵蚀治理的生态环境效应[M]. 北京：科学出版社，2005.

[17] 张经济，冀文慧，冯晓东. 无定河流域水沙变化现状、成因及发展趋势的研究[M]∥汪岗，范昭.黄河水沙变化研究(第二卷). 郑州：黄河水利出版社，2002.

[18] 陈江南，王云璋，徐建华，等. 黄土高原水土保持对水资源和泥沙影响评价方法研究[M]. 郑州:黄河水利出版社，2004.

[19] 韩鹏，倪晋仁. 水土保持对黄河中游泥沙粒径影响的统计分析[J]. 水利学报，2001,32(8): 69-74.

[20] 汪岗，范昭. 黄河水沙变化研究(第一卷)[M]. 郑州：黄河水利出版社，2002.

[21] 付凌. 黄土高原水保措施淤地坝减沙减蚀研究[D]. 南京：河海大学，2007.

[22] 陈江南，张胜利，赵业安，等. 清涧河流域水利水保措施控制洪水条件分析[J]. 泥沙研究，2005(1).

[23] 张胜利，赵业安. 黄河河口镇至龙门区间水沙变化近期趋势及治理对策探讨[R]. 黄河水利科学研究院，2005.

[24] 左仲国, 陈江南, 张晓华. 2003 年黄河中游典型支流水利水保工程措施减水减沙作用[R]. 黄河水利科学研究院, 2004.

[25] 冉大川. 河龙区间水土保持措施的减沙效应分析[R]. 黄河水利科学研究院, 2006.

[26] 冉大川, 左仲国, 上官周平. 黄河中游多沙粗沙区淤地坝拦减粗泥沙分析[J]. 水利学报, 2006, 37(4): 443-450.

[27] 冉大川. 黄河中游水土保持措施的减水减沙作用研究[J]. 资源科学, 2006, 28(1): 93-100.

[28] 黄河水利科学研究院. 2002~2003 年三门峡水库非汛期运用控制水位原型试验及效果分析[R]. 黄科技 ZX-2004-04-09, 2004.

[29] 黄河水利科学研究院. 2005 年三门峡水库冲淤变化分析[R]. 黄科技 ZX-2006-12-19(N09), 2006.

[30] 赵业安, 周文浩, 等. 黄河下游河道演变基本规律[M]. 郑州:黄河水利出版社, 1998.

[31] 赵文林. 黄河泥沙[M]. 郑州:黄河水利出版社, 1996.

[32] 钱宁, 张仁, 周志德. 河床演变学[M]. 北京: 科学出版社, 1987.

[33] 李国英. 维持黄河健康生命[M]. 郑州: 黄河水利出版社, 2005.

[34] 潘贤娣, 李勇, 张晓华, 等. 三门峡水库修建后黄河下游河床演变[M]. 郑州:黄河水利出版社, 2006.

[35] 张原锋, 刘晓燕, 张晓华. 黄河下游中常洪水调控指标[J]. 泥沙研究, 2006(6).

[36] 姚文艺, 李勇, 等. "十五"国家科技攻关计划重大项目——维持黄河下游排洪输沙基本功能的关键技术研究[R]. 黄河水利科学研究院, 2006.